普通高等教育"十二五"规划教材

Visual FoxPro 程序设计
（第二版）

主　编　高巍巍

副主编　李云波　侯相茹　苍　圣

中国水利水电出版社
www.waterpub.com.cn

内 容 提 要

本书面向数据库的初学者,以 Visual FoxPro 6.0 为背景,介绍了数据库管理系统的基本概念和系统开发技术,其中包括 Visual FoxPro 6.0 语言基础、Visual FoxPro 6.0 数据库与表的基本操作、结构化查询语言 SQL、查询和视图、程序设计、面向对象程序设计、表单设计、报表设计、菜单设计、应用系统开发等。此外,本书依据新版《全国计算机等级考试考试大纲》增加了公共基础知识部分内容,并附有大量练习题。

本书内容通俗易懂、讲解循序渐进、实例丰富多样、表达图文并茂,书中配有大量的例题和习题,既可作为高等院校相关专业数据库课程的教材,也可作为全国计算机等级考试二级培训教材。

本书配有电子教案,读者可以从中国水利水电出版社网站和万水书苑免费下载,网址为:http://www.waterpub.com.cn/softdown/和 http://www.wsbookshow.com。

图书在版编目(C I P)数据

Visual FoxPro程序设计 / 高巍巍主编. -- 2版. --
北京:中国水利水电出版社,2014.2(2021.8 重印)
普通高等教育"十二五"规划教材
ISBN 978-7-5170-1697-7

Ⅰ.①V… Ⅱ.①高… Ⅲ.①关系数据库系统-程序
设计-高等学校-教材 Ⅳ.①TP311.138

中国版本图书馆CIP数据核字(2014)第015078号

策划编辑:石永峰   责任编辑:陈 洁   封面设计:李 佳

书 名	普通高等教育"十二五"规划教材 Visual FoxPro 程序设计(第二版)
作 者	主 编 高巍巍 副主编 李云波 侯相茹 苍 圣
出版发行	中国水利水电出版社 (北京市海淀区玉渊潭南路 1 号 D 座 100038) 网址:www.waterpub.com.cn E-mail:mchannel@263.net(万水) sales@waterpub.com.cn 电话:(010)68367658(营销中心)、82562819(万水)
经 售	全国各地新华书店和相关出版物销售网点
排 版	北京万水电子信息有限公司
印 刷	三河市鑫金马印装有限公司
规 格	184mm×260mm 16 开本 23.25 印张 587 千字
版 次	2009 年 8 月第 1 版 2009 年 8 月第 1 次印刷 2014 年 2 月第 2 版 2021 年 8 月第 6 次印刷
印 数	11001—12000 册
定 价	45.00 元

第二版前言

本书的第一版从 2009 年 8 月出版至今已有 4 年多的时间，得到许多读者的厚爱，发行数万册，并且收到了许多读者的信息反馈，在此深表谢意。

根据教育部提出的非计算机专业基础教学三层次的要求，结合高等学校数据库课程教学特点，并配合全国计算机等级考试，我们对第一版的部分内容进行了修订，修订后的第二版整体上保持了第一版的体系和风格。

本书共 14 章，前 10 章为 Visual FoxPro 6.0 程序设计内容，包括 Visual FoxPro 6.0 概述、关系数据库理论的基础知识、常量、变量、表达式、各种常用的函数、数据库与表的基本操作、索引的创建与管理、数据完整性的实现、结构化查询语言 SQL、查询与视图、Visual FoxPro 编程基础、表单的基本操作、菜单的基本操作、报表的基本操作和数据库应用系统的开发。第 11～14 章为计算机等级考试的公共基础知识部分，包括算法的基本概念、各种数据结构、数据的查询与排序、程序设计方法与风格、结构化程序设计、面向对象程序设计、软件工程的基本概念、软件测试方法和数据库设计基础等。

在第二版中，编者为了帮助读者掌握每章的学习目标与要点，在每章开始处新增了学习目的与知识要点。本书修订后可以作为高等院校的教材和参考用书，同时也可以作为参加计算机等级二级考试的基本教材或参考用书，并适于广大计算机用户和计算机技术初学者使用。为了使广大读者更好地使用第二版教材，编者还编写了与本教材配套的实验教材，实验教材配有大量习题和实验指导，相关内容可为本教材的学习提供一些辅助作用。

本书由高巍巍任主编，李云波、侯相茹、苍圣任副主编。第 1、10 章由陈丽梅编写，第 2、3 章由侯相茹编写，第 4、7 章由邢丽波编写，第 5、8、9 章由李云波编写，第 6 章由张宪红编写，第 11、12、13、14 章由苍圣编写，其他的参编人员有马玲、范晶、高炜、赵磊等。

在编写过程中，我们力求做到严谨细致、精益求精，但由于时间仓促及作者的水平有限，书中难免有不足之处，诚请专家、学者、同行和广大读者不吝赐教。

编　者
2013 年 12 月

第一版前言

Visual FoxPro 是 Microsoft 公司推出的一个小型数据库管理系统，不仅具有强大的数据库管理功能，而且提供了面向对象程序设计的强大功能。它具有友好的界面、丰富的工具、完善的性能，从而使其成为小型数据库管理系统的重要开发工具。

本书介绍了数据库管理系统的基本概念和 Visual FoxPro 6.0 数据库管理系统对数据的管理与操作，以及面向对象的可视化程序设计方法。此外，编者依据新版《全国计算机等级考试考试大纲（二级 Visual FoxPro 考试大纲）》调整内容，并附有大量练习题，不仅适合作为高等学院的教材，而且适合作为全国计算机等级考试的培训教材。

本书由两部分组成，第一部分 Visual FoxPro 6.0 基本操作部分（第 1～10 章），第二部分是计算机等级考试的公共基础知识部分（第 11～14 章）。

第 1 章 Visual FoxPro 6.0 概述，包括数据库系统基础知识、Visual FoxPro 6.0 的安装与操作界面等相关内容；第 2 章 Visual FoxPro 6.0 编程基础，介绍编程的基本知识，包括常量、变量、表达式以及各种常用的函数；第 3 章数据库及表的基本操作，包括数据库及表的建立、修改、删除，为表建立索引及各种完整性操作；第 4 章结构化查询语言 SQL，包括数据的查询、数据操作、数据定义等功能；第 5 章查询和视图，包括建立视图与查询的各种方法；第 6 章 Visual FoxPro 程序设计基础，包括程序文件的建立与执行、程序的 3 种结构、过程与过程文件等；第 7 章表单设计与应用，包括面向对象的基本概念、Visual FoxPro 的各种类、表单的基本操作等；第 8 章菜单设计与应用，包括菜单的基本概念、下拉式与快捷菜单的设计方法与应用等；第 9 章设计报表与标签，包括报表的创建、编辑与打印；第 10 章应用系统的开发，包括应用系统开发的步骤、实例；第 11 章数据结构与算法，介绍数据结构和算法的基础知识；第 12 章数据库设计基础，包括数据系统的基本概念、代数运算等；第 13 章软件工程基础，包括软件工程的基础知识等；第 14 章程序设计基础，包括程序设计方法与风格、结构化程序设计、面向对象程序设计等。

全书内容通俗易懂，条理明确，讲解详尽，循序渐进。与本书配套的还有一本练习指导书《Visual FoxPro 程序设计实训与习题解析》，两本书相辅相成，针对教学中学生出现的各种问题，进行了透彻的讲解，既方便教师组织教学，又有利于学生自学。

本书由高巍巍任主编，侯相茹、杨巍巍、张蕾任副主编，张军任主审。具体分工为：第 5、8、9 章由高巍巍编写，第 1、4 章由侯相茹编写，第 2、6 章由杨巍巍编写，第 3、7 章由张蕾编写，第 10 章由马宪敏编写，第 11～14 章由范晶编写，其他的参编人员有苍圣、陈丽、高炜、马玲、张鑫瑜、张丽明等。

在编写过程中，我们力求做到严谨细致、精益求精，但由于时间仓促及作者的水平有限，书中难免有不足之处，恳请广大读者批评指正。

编 者
2009 年 5 月

目　　录

第二版前言

第一版前言

第1章　Visual FoxPro 6.0 概述 ·············· 1

1.1　数据库基础知识 ························· 1

　1.1.1　计算机数据管理的发展 ·········· 1

　1.1.2　数据库系统 ·························· 4

1.2　数据模型 ······························· 6

　1.2.1　相关概念 ····························· 6

　1.2.2　实体之间的联系 ··················· 7

　1.2.3　数据模型的分类 ··················· 7

1.3　关系数据库 ···························· 8

　1.3.1　关系概述 ····························· 8

　1.3.2　关系模式 ··························· 10

　1.3.3　关系运算 ··························· 10

1.4　Visual FoxPro 6.0 系统概述 ······· 12

　1.4.1　Visual FoxPro 的发展历程 ······ 12

　1.4.2　Visual FoxPro 6.0 的安装条件与配置 ·· 14

　1.4.3　Visual FoxPro 6.0 的操作界面 ·· 16

　1.4.4　项目管理器 ······················ 22

　1.4.5　设计器、向导和生成器简介 ······ 27

　1.4.6　Visual FoxPro 6.0 的操作方式 ·· 31

习题 1 ······································· 32

第2章　Visual FoxPro 6.0 语言基础 ·········· 34

2.1　常量与变量 ··························· 34

　2.1.1　常用数据类型 ···················· 34

　2.1.2　常量 ······························· 35

　2.1.3　变量 ······························· 41

2.2　表达式 ································· 51

　2.2.1　数值表达式 ······················ 51

　2.2.2　字符表达式 ······················ 53

　2.2.3　日期时间表达式 ················· 54

　2.2.4　关系表达式 ······················ 55

　2.2.5　逻辑表达式 ······················ 58

　2.2.6　各种运算符的优先级 ············ 59

2.3　常用函数 ···························· 59

　2.3.1　数值函数 ························· 60

　2.3.2　字符函数 ························· 62

　2.3.3　日期和时间函数 ················· 65

　2.3.4　数据类型转换函数 ··············· 66

　2.3.5　测试函数 ························· 67

　2.3.6　与表操作有关的测试函数 ······· 69

　2.3.7　其他函数 ························· 70

习题 2 ······································· 72

第3章　Visual FoxPro 数据库与表的基本操作 ··· 75

3.1　数据库的基本操作 ················· 75

　3.1.1　创建数据库 ······················ 75

　3.1.2　打开数据库 ······················ 77

　3.1.3　关闭数据库 ······················ 78

　3.1.4　设置当前数据库 ················· 79

　3.1.5　修改数据库 ······················ 80

　3.1.6　删除数据库 ······················ 81

3.2　表的基本操作 ····················· 81

　3.2.1　设计表结构 ······················ 82

　3.2.2　创建表结构 ······················ 84

　3.2.3　表设计器 ························· 86

　3.2.4　创建自由表 ······················ 89

　3.2.5　创建数据库表 ···················· 91

　3.2.6　表结构的操作 ···················· 93

　3.2.7　删除表 ··························· 94

　3.2.8　将自由表添加到数据库 ········· 96

　3.2.9　从数据库中移出表 ·············· 97

　3.2.10　表的打开与关闭 ················ 97

3.3　表记录的基本操作 ················· 99

　3.3.1　表记录的录入 ··················· 99

　3.3.2　浏览表中记录 ··················· 100

　3.3.3　定位记录指针 ··················· 101

3.3.4 显示表记录 …………………102
3.3.5 插入与追加表记录 …………103
3.3.6 删除与恢复表记录 …………104
3.3.7 修改表记录 …………………105
3.4 索引 ………………………………106
3.4.1 索引的基本概念 ……………106
3.4.2 创建索引 ……………………107
3.4.3 使用索引 ……………………110
3.4.4 索引查找 ……………………111
3.4.5 删除索引 ……………………112
3.5 数据库表之间的永久关系 ………112
3.5.1 创建数据库表之间的永久关系 …112
3.5.2 管理表间永久关系 …………113
3.6 数据完整性 ………………………114
3.6.1 实体完整性 …………………114
3.6.2 域完整性 ……………………114
3.6.3 参照完整性 …………………115
3.7 多个表的基本操作 ………………116
3.7.1 工作区的基本概念 …………116
3.7.2 创建表间的临时关联 ………117
3.8 排序 ………………………………118
习题 3 …………………………………119
第 4 章 结构化查询语言 SQL …………122
4.1 SQL 概述 …………………………122
4.2 数据查询功能 ……………………123
4.2.1 简单查询 ……………………125
4.2.2 排序查询 ……………………129
4.2.3 计算与分组查询 ……………130
4.2.4 带特殊运算符的条件查询 …133
4.2.5 利用空值查询 ………………135
4.2.6 嵌套查询 ……………………136
4.2.7 别名与自连接查询 …………138
4.2.8 超连接查询 …………………139
4.2.9 集合的并运算 ………………140
4.2.10 查询中的几个特殊选项 ……141
4.3 数据操作功能 ……………………144
4.3.1 插入操作 ……………………144
4.3.2 删除操作 ……………………144
4.3.3 更新操作 ……………………145

4.4 数据定义功能 ……………………146
4.4.1 定义表 ………………………146
4.4.2 删除表 ………………………149
4.4.3 修改表结构 …………………149
4.4.4 视图 …………………………151
习题 4 …………………………………152
第 5 章 查询与视图 ……………………155
5.1 查询 ………………………………155
5.1.1 使用查询向导创建查询 ……156
5.1.2 使用查询设计器创建查询 …158
5.1.3 修改查询 ……………………169
5.2 视图 ………………………………170
5.2.1 创建本地视图 ………………170
5.2.2 视图与数据更新 ……………175
5.2.3 视图与表的区别 ……………176
5.2.4 视图与查询的区别 …………176
习题 5 …………………………………176
第 6 章 Visual FoxPro 程序设计 ………178
6.1 程序设计基础 ……………………178
6.1.1 程序的基本概念 ……………178
6.1.2 程序文件的建立与运行 ……178
6.2 常用的交互式输入、输出语句 …183
6.2.1 输入语句 ……………………183
6.2.2 输出语句 ……………………188
6.3 程序的控制结构 …………………189
6.3.1 程序结构的概念及分类 ……189
6.3.2 顺序结构 ……………………190
6.3.3 选择结构 ……………………191
6.3.4 循环结构 ……………………197
6.4 过程与过程文件 …………………205
6.4.1 过程文件的建立与调用 ……205
6.4.2 过程调用中的参数传递 ……207
6.4.3 用户自定义函数 ……………211
6.4.4 变量的作用域 ………………211
习题 6 …………………………………214
第 7 章 表单设计 ………………………217
7.1 面向对象基础知识 ………………217
7.1.1 基本概念 ……………………217
7.1.2 面向对象程序设计的三个特性 …218

7.2 Visual FoxPro 的类·············218
　　7.2.1 Visual FoxPro 的基类·········218
　　7.2.2 容器与控件················219
　　7.2.3 事件与方法················220
7.3 表单的建立与管理···············221
　　7.3.1 数据环境·················221
　　7.3.2 创建表单·················223
　　7.3.3 管理表单·················227
　　7.3.4 运行表单·················232
7.4 常用表单控件·················232
　　7.4.1 输出类控件···············232
　　7.4.2 输入类控件···············235
　　7.4.3 控制类控件···············241
　　7.4.4 容器类控件···············246
习题 7·······················248
第 8 章　菜单设计················250
8.1 菜单设计概述·················250
　　8.1.1 菜单的类型···············250
　　8.1.2 菜单的热键和快捷键··········251
　　8.1.3 菜单系统的设计与原则········251
　　8.1.4 菜单系统的创建流程·········251
8.2 菜单设计器··················253
　　8.2.1 打开"菜单设计器"窗口·······253
　　8.2.2 "菜单设计器"窗口··········254
　　8.2.3 Visual FoxPro 的"显示"菜单··257
8.3 下拉式菜单设计与应用···········258
　　8.3.1 新建菜单·················259
　　8.3.2 保存菜单·················259
　　8.3.3 生成菜单·················260
　　8.3.4 运行菜单·················260
　　8.3.5 修改菜单·················261
　　8.3.6 退出菜单·················262
　　8.3.7 下拉式菜单的应用实例········262
8.4 快捷菜单设计与应用············269
　　8.4.1 定义快捷菜单··············269
　　8.4.2 在表单中调用快捷菜单········269
习题 8·······················272
第 9 章　报表设计················274
9.1 创建报表···················274

9.1.1 使用报表向导创建报表·········274
9.1.2 使用快速报表创建报表·········279
9.1.3 报表设计器···············280
9.1.4 报表数据源···············283
9.1.5 报表布局················285
9.1.6 报表控件················287
9.1.7 使用报表设计器创建报表·······290
9.2 分组报表···················292
　　9.2.1 设计报表的记录顺序·········292
　　9.2.2 设计单级分组报表··········292
　　9.2.3 设计多级数据分组报表·······295
9.3 分栏报表···················296
9.4 报表输出···················298
　　9.4.1 预览报表················298
　　9.4.2 报表输出················298
习题 9·······················298
第 10 章　数据库应用系统的开发·······300
10.1 数据库应用系统开发概述········300
10.2 程序开发实例：学生成绩管理系统
　　　总体设计··················301
　　10.2.1 系统的需求分析··········301
　　10.2.2 数据库设计与实现·········302
　　10.2.3 创建项目和数据库的实现····304
10.3 学生成绩管理系统主窗口、主菜单
　　　和登录的设计···············305
　　10.3.1 创建系统菜单···········305
　　10.3.2 创建系统的登录窗口······306
10.4 创建各模块表单·············308
　　10.4.1 学生管理模块的创建·······308
　　10.4.2 创建其他模块表单········314
10.5 应用系统程序的连编及运行······316
习题 10······················317
第 11 章　数据结构与算法··········319
11.1 算法····················319
　　11.1.1 算法的基本概念··········319
　　11.1.2 时间复杂度和空间复杂度····320
11.2 数据结构·················321
　　11.2.1 数据结构的定义·········321
　　11.2.2 线性结构和非线性结构·····323

11.3　线性表·····················323
　11.3.1　线性表的基本概念·····323
　11.3.2　非空线性表的结构特征·····323
　11.3.3　线性表的顺序存储结构·····324
　11.3.4　线性表的顺序存储结构的运算·····324
　11.3.5　线性表的链式存储结构·····324
　11.3.6　单链表的基本运算·····325
　11.3.7　双链表和循环链表·····326
11.4　栈和队列·····················327
　11.4.1　栈的基本概念和运算·····327
　11.4.2　队列的基本概念和运算·····329
11.5　树和二叉树·····················331
　11.5.1　树的基本概念·····331
　11.5.2　二叉树的基本概念·····332
　11.5.3　二叉树的性质·····332
　11.5.4　二叉树的存储结构·····334
　11.5.5　二叉树的遍历·····334
11.6　查找技术·····················335
　11.6.1　查找的概念·····335
　11.6.2　查找的基本方法·····336
11.7　排序技术·····················336
　11.7.1　排序的概念·····336
　11.7.2　基本排序算法·····336
习题 11·····················339
第 12 章　程序设计基础·····················341
12.1　程序设计方法和风格·····················341
12.2　结构化程序设计·····················342
　12.2.1　结构化程序设计的原则·····343
　12.2.2　结构化程序设计的基本结构·····343

12.3　面向对象的程序设计·····················344
习题 12·····················345
第 13 章　软件工程基础·····················346
13.1　软件工程的基本概念·····················346
　13.1.1　软件和软件工程的定义·····346
　13.1.2　软件生命周期·····348
　13.1.3　软件工程的目标与原则·····349
13.2　结构化分析方法·····················349
13.3　结构化设计方法·····················350
　13.3.1　软件设计的概念·····350
　13.3.2　软件设计的原理·····351
13.4　软件调试的方法·····················352
13.5　软件测试的方法·····················352
习题 13·····················353
第 14 章　数据库设计基础·····················355
14.1　数据库系统的基本概念·····················355
　14.1.1　数据、数据库、数据库管理系统和
　　　　　数据库系统的基本概念·····355
　14.1.2　数据库系统的内部结构体系·····356
14.2　数据模型·····················357
　14.2.1　数据模型的基本概念·····357
　14.2.2　E-R 模型·····358
　14.2.3　层次模型·····358
　14.2.4　关系模型·····358
14.3　代数运算·····················359
14.4　数据库设计方法和步骤·····················360
习题 14·····················361
参考文献·····················363

第 1 章　Visual FoxPro 6.0 概述

学习目的：

通过学习本章内容，使学生了解数据库的基础知识，掌握关系数据库以及数据库语言的基本概念和知识，对数据库语言及程序设计的思路有一定的基本了解，学习掌握 Visual FoxPro 的基本使用方法，为后续章节奠定基础。

知识要点：

- 数据、数据库、数据库管理系统、数据库系统、数据库应用系统等基本概念
- 数据库、数据库系统、数据库管理系统的关系
- 关系模型、关系的概念和特点
- 关系运算：选择、投影、连接
- 熟悉 Visual FoxPro 6.0 集成开发环境，了解 Visual FoxPro 6.0 的工作方式

1.1　数据库基础知识

1.1.1　计算机数据管理的发展

1. 数据、信息以及数据处理

（1）数据（Data）是指存储在某种媒体上能够被识别的物理符号。数据的表现形式不仅有数字、字母、文字和其他特殊字符组成的文本形式，还包括图像、图形、声音、动画等数据形式，但使用最多的仍是文本数据。在计算机中，数据是以二进制形式存储的。数据概念的两个方面：一是数据内容的不变性；二是数据形式的多样性。例如：日期的表示形式为"2013年 8 月 8 日"，也可以表示为"2013-08-08"或"08/08/13"。

（2）信息（Information）是指数据经过加工处理后人们所获取的有用知识。

数据和信息的区别：信息是抽象的、观念性的，数据是具体的、物理性的；信息的形式单一，而数据的形式可以多种多样；数据是信息的具体表示形式，信息必须通过数据才能传播。

（3）数据处理也称为信息处理，是指将数据转换成信息的过程，包括对各种数据的收集、存储、加工、分类、排序、检索、传播等一系列活动。其目的是从大量的原始数据中抽取和推导出有价值的信息，作为行动和决策的依据。例如：学生考试的各科成绩为原始数据，可以经过计算提取出平均成绩和总成绩等有效信息，计算过程可以看做为数据处理。

2. 数据管理技术的发展

利用计算机进行数据处理，数据处理的中心问题就是数据管理，数据管理指的是对数据进行分类、组织、编码、检索和维护的过程。计算机数据管理技术经历了由低级到高级的发展过程，通常将数据管理分为 3 个发展阶段：人工管理阶段、文件系统阶段、数据库系统阶段。

（1）人工管理阶段。

20 世纪 50 年代中期以前，数据处理都是通过手工进行的，数据管理处于人工管理阶段。在这一阶段，计算机的硬件与软件方面都有很大的局限性。在硬件方面，外存储器只有卡片、纸带、磁带，没有像磁盘这样的可以随机访问、直接存取的外部存储设备。在软件方面，没有专门管理数据的软件，数据由计算机或处理它的程序自行携带。数据管理任务包括存储结构、存取方法、输入输出方式等，完全由程序设计人员自负其责。如图 1-1 所示。

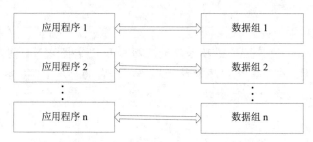

图 1-1　人工管理阶段中的程序与数据

人工管理阶段数据处理的特点：

- 数据量较少。数据和程序一一对应，即一组数据对应一个程序，数据面向应用，独立性很差。由于应用程序所处理的数据之间可能会有一定的关系，有很多重复数据，造成数据冗余。
- 数据不保存。因为在该阶段计算机主要用于科学计算，一般不需要将数据长期保存，只在计算一个题目时，将数据输入计算机，得到计算结果即可。
- 数据缺少系统软件管理。程序员不仅要规定数据的逻辑结构，而且在程序中还要设计物理结构，包括存储结构的存取方法、输入输出方式等。也就是说数据对程序不具有独立性，一旦数据在存储器上改变物理地址，就需要相应地改变用户程序。

（2）文件管理阶段。

20 世纪 50 年代后期到 60 年代，计算机的硬件和软件得到飞速发展，计算机不再只用于科学计算这项单一任务，而且还可以做一些非数值数据的处理。此外，这时也有了大容量的磁盘等存储设备，并且已经有了专门管理数据的软件，即文件系统。在文件系统中，按一定的规则将数据组织成为一个文件，应用程序通过文件系统对文件中的数据进行存取和加工。文件系统对数据的管理，实际上是通过应用程序和数据之间的一种接口实现的，如图 1-2 所示。

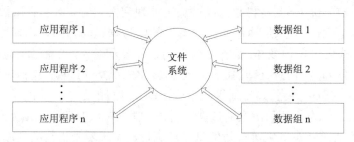

图 1-2　文件系统阶段中的程序与数据

文件管理阶段数据处理的特点：

- 程序和数据有了一定的独立性，程序和数据分开存储，有了程序和数据文件的区别。
- 数据和应用程序独立性差。尽管数据以文件方式独立存放，但是文件系统中的数据文件是为了满足特定业务领域，应用程序和数据相互依赖，数据文件离开了使用它的应用程序便失去了使用价值。

- 不同的应用程序建立各自的数据文件,同一数据文件存放在不同的数据文件中,不能相互共享,造成了数据冗余,不仅浪费存储空间,而且不能保证数据的一致性。
- 应用程序所需的数据分散在各文件中,无集中管理机制,缺乏对数据操作的控制方法,无法保证安全性和完整性。

（3）数据库系统阶段。

20 世纪 60 年代后期开始,需要计算机管理的数据急剧增长,并且对数据共享的需求日益增强。文件系统的数据管理方法已无法适应系统的需要,为了实现对数据的统一管理,达到数据共享的目的,数据库技术进一步发展了。

数据库也是以文件方式存储数据的,但它是数据的一种高级组织形式,数据库系统的目标是解决数据冗余问题,实现数据独立性,实现数据共享并解决由于数据共享而带来的数据完整性、安全性及并发控制等一系列问题。为实现这一目标,在应用程序与数据库之间,由数据库管理系统 DBMS（DataBase Management System）来控制,数据库管理系统是为数据库的建立、使用和维护而配置的软件,它是在操作系统支持下运行的。数据库管理系统对数据的处理方式和文件系统不同,它把所有应用程序中使用的数据汇集在一起,并以记录为单位存储起来,以便应用程序查询和使用。

数据库系统阶段数据处理的特点:

- 数据结构化。数据的结构化是数据库系统的主要特征之一,这是数据库与文件系统的根本区别。结构化是如何实现的,则与数据库系统采用的数据模型有关。
- 数据共享性高,冗余度小,易扩充。数据库是从整体的观点来看待和描述数据的,数据不再是面向某一应用,而是面向整个系统。这样就减小了数据的冗余,节约存储空间,缩短存取时间,避免数据之间的不相容和不一致。对数据库的应用可以很灵活,面向不同的应用,存取相应的数据库的子集。当应用需求改变或增加时,只要重新选择数据子集或者加上一部分数据,便可以满足更多更新的要求,这就是系统的易扩充性。
- 数据独立性高。数据库提供数据的存储结构与逻辑结构之间的映像或转换功能,使得当数据的物理存储结构改变时,数据的逻辑结构可以不变,从而程序也不用改变。
- 统一的数据管理和控制功能,包括数据的安全性控制、数据的完整性控制及并发控制、数据库恢复。数据库是多用户共享的数据资源,对数据库的使用经常是并发的。为保证数据的安全可靠和正确有效,数据库管理系统必须提供一定的功能来保证。
- 数据库的安全性。指防止非法用户的非法使用数据库而提供的保护。比如,不是学校的成员不允许使用学生管理系统,学生允许读取成绩但不允许修改成绩等。
- 数据的完整性。指数据的正确性和兼容性。数据库管理系统必须保证数据库的数据满足规定的约束条件,常见的有对数据值的约束条件。
- 数据的并发控制是多用户共享数据库必须解决的问题。

由于数据库的这些特点,它的出现使信息系统的研制从围绕加工数据的程序为中心转变到围绕共享的数据库来进行,便于数据的集中管理,提高了程序设计和维护的效率,也提高了数据的利用率和可靠性。当今的大型信息管理系统均是以数据库为核心。

Visual FoxPro 就是一种数据库管理系统软件,在数据库管理系统的支持下,数据与程序的关系如图 1-3 所示。

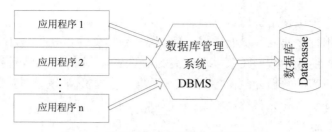

图 1-3　数据库系统中数据与程序的关系

数据库技术不断发展，涌现出许多不同类型的新型数据库系统：

● 分布式数据库系统阶段。

分布式数据库的研究始于 20 世纪 70 年代中期，随着传统的数据库技术日趋成熟、计算机网络技术的飞速发展和应用范围的扩大，以分布式为主要特征的数据库系统的研究与开发受到人们的注意。分布式数据库是数据库技术与网络技术相结合的产物，是逻辑上统一、地域上分布的数据集合，是计算机网络环境中各个节点局部数据库的逻辑集合，同时受分布式数据库管理系统的控制和管理。

● 面向对象数据库系统阶段。

面向对象数据库系统是 20 世纪 80 年代引入计算机科学领域的一种新的程序设计技术，它是将先进的数据库技术与面向对象的程序设计有机地结合而形成的新型数据库系统。面向对象数据库系统的主要特点是具有面向对象技术的封装性和继承性，提高了软件的可重用性。

● 多媒体数据库系统。

多媒体数据库是数据库技术与多媒体技术结合的产物。多媒体数据库不是对现有的数据进行界面上的包装，而是从多媒体数据与信息本身的特性出发，考虑将其引入到数据库中之后而带来的有关问题。多媒体数据库从本质上来说，要解决三个难题：第一是信息媒体的多样化，不仅仅是数值数据和字符数据，要扩大到多媒体数据的存储、组织、使用和管理；第二要解决多媒体数据集成或表现集成，实现多媒体数据之间的交叉调用和融合，集成度越细，多媒体一体化表现才越强，应用的价值也才越大；第三是多媒体数据与人之间的交互性。

1.1.2　数据库系统

数据库系统（DatabaseSystem，DBS）是指引进数据库技术后的计算机系统。它实质上是由有组织地、动态地存储的有密切联系的数据集合及对其进行统一管理的计算机软件和硬件资源所组成的系统。这类系统主要由五部分组成：硬件系统、以数据为主体的数据库、数据库管理系统、数据库应用系统、用户等部分组成。数据库系统结构如图 1-4 所示。

1. **数据库（Database，DB）**

数据库就是存储数据的仓库。具体而言是按一定的数据模型组织、描述和存储的有组织、可共享的数据的集合，是数据库系统的重要组成部分。它不仅包括描述事物的数据本身，而且还包括相关事物之间的联系。数据库具有数据结构化、数据独立性、数据安全性、数据冗余度小、数据共享等特点。

2. **数据库管理系统（Database Management System，DBMS）**

数据库管理系统是位于用户与操作系统之间的一层数据管理软件，它属于系统软件，为用户或应用程序提供访问数据库的方法，包括数据库的建立、查询、更新以及各种数据控制。数据库管理系统是数据库系统的核心部分，其主要功能如下：

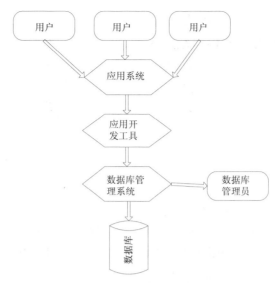

图 1-4　数据库系统结构图

（1）定义功能：DBMS 提供数据定义语言（Data Definition Language，DDL），用户通过它可以方便地对数据库中的数据对象进行定义，包括定义数据的完整性、安全控制等约束；在关系数据库中对数据库、基本表、视图和索引等进行定义。

（2）数据操作功能：DBMS 向用户提供数据操纵语言（Data Manipulation Language，DML），用户可以实现对数据库中数据的操作。基本的数据操作分为两类四种：对数据库中的检索（查询）和更新（插入、删除和修改）。

（3）数据库的运行管理：这是 DBMS 的核心部分，也是 DBMS 对数据库的保护功能。包括并发控制、安全性检查、完整性约束条件的检查和执行、数据库的内部维护等。所有数据库的操作都要在这些控制程序的统一管理、统一控制下进行，从而保证数据库的安全性、完整性、多用户对数据的并发使用以及发生故障后的系统恢复。

（4）数据库的监视和维护功能：包括数据库原始数据的输入、转换功能，数据库的转储、恢复功能，数据库的重新组织功能和监视、分析功能等。这些功能通常是由数据库管理员操作 DBMS 的许多实用程序来实现的。

目前最为流行的大型数据库管理系统有 Oracle、SQL Server 与 Sybase，这些系统也有微机版本，专门在微机上运行的数据库管理系统有 Visual FoxPro、Access 与 Delphi 等。

3. 数据库应用系统（Database Application System，DBAS）

数据应用系统是指系统开发人员利用数据库系统资源开发出来的，面向某一类实际应用的软件系统。一个数据库应用系统通常由数据库和应用程序两部分组成，它们是在数据库管理系统支持下设计和开发出来的。主要分为两大类：

（1）管理信息系统。

例如，教学管理系统、图书管理系统、学生管理系统、财务管理系统、生产管理系统等，它们是面向机构内部业务和管理的数据库应用系统。

（2）开放式信息服务系统。

例如，大型综合的科技情报系统、经济信息和专业的证券实时行情、商品信息等。他们是面向外部、能够提供动态信息查询功能，以满足用户的不同信息需求的数据库应用系统。

4．计算机硬件

计算机硬件是数据库系统赖以存在的物质基础，是存储数据库及运行数据库管理系统 DBMS 的硬件资源，主要包括主机、存储设备、I/O 通道等。大型数据库系统一般都建立在计算机网络环境下。

为使数据库系统获得较满意的运行效果，应对计算机的 CPU、内存、磁盘、I/O 通道等技术性能指标，采用较高的配置。

5．用户

用户是指使用数据库系统的人员。数据库系统中的用户主要有终端用户、应用程序员和管理员三类。

终端用户是指计算机知识不多的工程技术人员及管理人员，他们只能通过数据库系统所提供的命令语言、表格语言以及菜单等交互对话手段使用数据库中的数据。

应用程序员是指为终端用户编写应用程序的软件人员，他们设计的应用程序主要用途是使用和维护数据库。

数据库管理员（Database Administrator，DBA）是指全面负责数据库系统正常运转的高级人员，他们负责对数据库系统本身的深入研究。

1.2　数据模型

1.2.1　相关概念

现实世界存在各种事物，事物与事物之间存在着联系。这种联系是客观存在的，是由事物本身的性质所决定的。

1．实体（Entity）

客观存在并且可以互相区别的事物称为实体。实体可以是具体的实际事物，如学生、老师、教科书；也可以是抽象的事件，如选课、比赛等。

2．实体的属性（Attribute）

实体具有的特性称为属性。属性用型（type）和值（value）来表征，例如学号、姓名、年龄是属性的类型，而具体的值（0113016）、陈辰、18 等则是属性值。每个属性都有一个值域（domain），值域的类型可以是整数、实数或字符，例如学生的姓名、年龄都是学生这个实体的属性，姓名的类型为字符型、年龄的类型为整型。

3．实体型

用实体名及描述它的各属性值可以表示一种实体的类型，称为实体型。如学生实体，其型的描述为"学生（学号，姓名，年龄）"。

4．实体集（Entity Set）

同类型的实体的集合称为实体集，如一个班的所有学生、一批书籍等。

在 Visual FoxPro 6.0 中，用"表"来存放同一类实体，即实体集。例如：学生（student）表，表中包含若干个字段，就是实体的属性，字段值的集合组成了一条记录，代表一个具体的实体，即每一条记录表示一个实体。

1.2.2　实体之间的联系

实体之间的对应关系称为联系，它反映现实世界事物之间的相互关联。例如：一名教师可以教多个班级。常见的实体之间的联系有以下三种类型（设 A 和 B 是两个实体）：

1. 一对一联系（one-to-one relationship）记作 1:1

如果 A 中的任一属性至多对应 B 中的唯一属性，且 B 中的任一属性至多对应 A 中的唯一属性，则称 A 与 B 是一对一。例：电影院中观众与座位之间、乘车旅客与车票之间、病人与病床之间等都是一对一联系。

2. 一对多联系（one-to-many relationship）记作 1:n

如果 A 中至少有一个属性对应 B 中一个以上的属性，且 B 中任一属性至少对应 A 中的一个属性，则称 A 对 B 是一对多联系。例如：学校对系，班级对学生等都是一对多联系。

3. 多对多联系（one-to-many relationship）记作 m:n

如果 A 中至少有一个属性对应 B 中一个以上属性，且 B 中也至少有一个属性对应 A 中一个以上属性，则称 A 与 B 是多对多联系。例如：学生与课程、工厂与产品、商店与顾客等都是多对多联系。

上述 3 种联系是实体之间的基本联系，原则上，许多实体之间的复杂联系都可用若干组基本联系等价地表示。

1.2.3　数据模型的分类

数据库中的数据是有结构的，这些结构反映了事物与事物之间的联系，对这种结构的描述就是数据模型。数据模型是数据库管理系统用来表示实体及实体之间联系的方法。数据库设计的核心问题之一就是设计一个好的数据模型。数据库管理系统中常用的数据模型有如下 4 种：

1. 层次模型（Hierarchical Model）

数据的层次模型使用树状结构来表示实体的类型和实体间的联系，层次模型像一棵倒置的树，根结点在上，层次最高，子结点在下，逐层排列。它具有如下特点：

（1）有且仅有一个根结点无双亲。

（2）根结点以外的子结点向上有且仅有一个父结点，向下有若干子结点。

如某大学各机构的层次模型如图 1-5 所示。

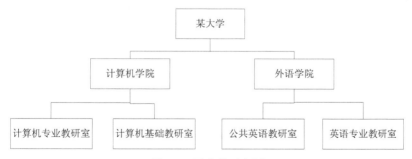

图 1-5　层次模型事例

2. 网状模型（Network Model）

网状模型是层次模型的拓展，广义上讲，任意一个连通的基本层次联系的集合就是个网状模型。网中的每一个结点表示一个实体类型。它能够表示实体间的多种复杂联系和实体类型之间的多对多联系。它具有如下特点：

（1）有一个以上结点无双亲。

（2）至少有一个结点多于一个双亲。

如某时刻几个城市之间火车班次的网络如图 1-6 所示。

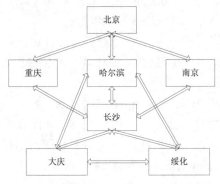

图 1-6 网状模式事例

3. 关系模型（Relational Model）

关系模型是用二维表结构来表示实体与实体之间联系的模型。在关系模型中，操作的对象和结果都是二维表，这种二维表就是关系。在二维表中，每一行称为一个记录，用于表示一组数据项，表中的每一列称为一个字段或属性，用于表示每列中的数据项，表中的第一行称为字段名，用于表示每个字段的名称。关系模型具有如下优点：

（1）描述单一。在关系模型中，每个关系是用一张表格来描述的，字段、记录描述的都很清楚，更重要的是可用关系的性质来衡量关系。

（2）关系规范化。每一个分量是一个不可分的数据项，即不允许表中有表。

支持关系模型的数据库管理系统称为关系数据库管理系统，Visual FoxPro 系统就是一种关系数据库管理系统。如一个名为“学生”的关系如图 1-7 所示。

学生

学号	姓名	性别	出生日期	民族	政治面貌	所属院
BC13010	李莉莉	女	03 12 94	汉	团员	外语
BC13010	陈伟杰	男	15 10 93	汉	团员	外语
BC13010	王丽卿	女	27 04 94	回	群众	外语
BC13010	张庆峰	男	20 07 96	汉	党员	外语
BC13020	王君龙	男	04 09 95	满	党员	计算机
BC13020	薛梅	女	16 05 94	汉	团员	计算机
BC13020	孙玮	男	23 11 93	汉	群众	计算机
BC13030	李志博	男	05 10 94	汉	团员	艺术
BC13030	钱晓霞	女	18 05 95	回	党员	艺术
BC13040	赵立强	男	17 08 94	蒙古	党员	自动化
BC13040	胡晓磊	男	10 11 94	汉	群众	自动化
BC13040	朴凤姬	女	12 10 95	朝鲜	团员	自动化

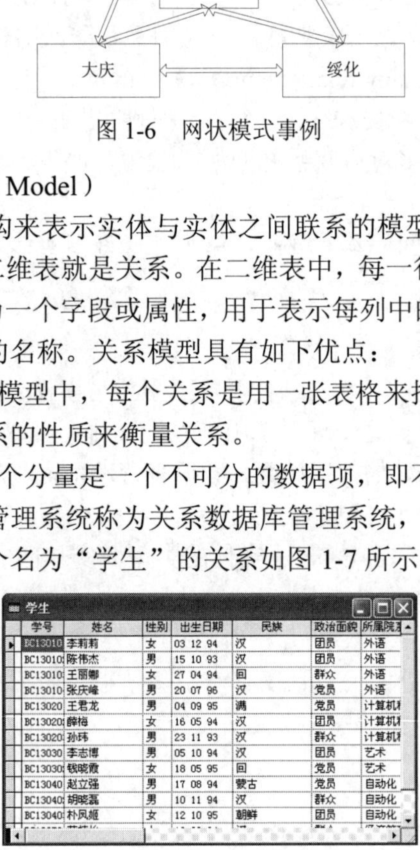

图 1-7 关系模型事例

4. 面向对象模型

面向对象的数据模型是面向对象技术与数据库技术相结合的产物。完全面向对象的数据库管理系统目前并没有完全成熟。

1.3 关系数据库

1.3.1 关系概述

1. 关系的基本概念

（1）关系：一个关系就是一张二维表。通常将一个没有重复行也没有重复列的二维表称为一个关系，每个关系有一个关系名。在 Visual FoxPro 中，一个关系就称为一个数据表。每个关系用一个文件来存储，扩展名为.DBF。例如，图 1-7 "学生"表代表了一个关系，关系名为"学生"。

（2）元组：在一个二维表（一个关系）中，水平方向的行称为元组，每一行是一个元组。元组对应存储文件中的一个具体记录。例如，图 1-7 中包括 10 条记录（或 10 个元组）。

（3）属性：二维表中垂直方向的列称为属性，每个属性都有一个属性名。一列是一个属性，在 Visual FoxPro 中一列也称为一个字段，一个属性对应表中一个字段，属性名对应字段名。每个字段的数据类型、宽度等在创建表的结构时规定。例如：学生表中的学号、姓名、性别等字段名及其相应的数据类型组成表的结构。

（4）域：属性的取值范围，即不同元组对同一个属性的取值所限定的范围。例如，性别只能从"男"、"女"两个汉字中取一；成绩要求在 0～100 分之间，这些都称为属性的域。

（5）主关键字：关系中能唯一区分、确定不同元组（记录）的属性或属性组合，称为该关系的一个主关键字。单个属性组成的关键字称为单关键字，多个属性组合的关键字称为组合关键字。需要强调的是，关键字的属性值不能取"空值"，所谓空值就是"不知道"或"不确定"的值，因而无法唯一地区分、确定元组。

例如，观察学生表和成绩表中的数据，在学生表中，"学号"字段可以唯一地标识一个元组（记录），因此称"学号"字段是学生表的主关键字（或单关键字）；而在成绩表中"学号"字段却不能够唯一地标识一个元组（记录），只有当"学号"与"课程号"结合在一起才能唯一地标识一个元组（记录），因此，称"学号+课程号"是成绩表的主关键字（或组合关键字），如图 1-8 和图 1-9 所示。

图 1-8　学生表　　　　　　　　　　　　图 1-9　成绩表

（6）候选关键字：关系中能够成为关键字的属性或属性组合。凡在关系中能够唯一区分、确定不同元组的属性或属性组合，称为关键字，选出一个作为主关键字，那么剩下的就是候选关键字。

（7）外部关键字：如果表中的一个字段不是本表的主关键字或候选关键字，而是另外一个表的主关键字或候选关键字，这个字段（属性）就称为外部关键字。关系之间的联系是通过外部关键字实现的，如图 1-10 所示。

2. 关系的性质

关系模型看起来简单，但是并不能把日常手工管理所用的各种表格，按照一张表一个关系直接存放到数据库系统中。在关系模型中对关系有一定的要求，关系必须具有以下特点：

（1）关系必须规范化。所谓规范化是指关系模型中的一个关系模式都必须满足一定的要求。最基本的要求是每个属性必须是不可分割的数据单元，即表中不能再包含表。

学号	姓名	性别
01	李岩平	男
02	孙丽丽	女
03	张小娇	女
04	刘军	男

学号	课程号	成绩
01	10003	95
01	10006	78
03	10004	86
04	10003	75

课程号	课程名	学分
10001	计算机	3
10003	外语	5
10004	高数	5
10006	哲学	2

1：n　　　　　　1：n

图 1-10　由外部关键字建立表与表之间的联系

（2）在同一个关系中不能出现相同的属性名，Visual FoxPro 不允许同一个表中有相同的字段名。

（3）关系中不允许有完全相同的元组，即无冗余。

（4）在一个关系中元组的次序无关紧要。也就是说，任意交换两行的位置并不影响数据的实际含义。

（5）在一个关系中列的次序无关紧要。任意交换两列的位置也不影响数据的实际含义。例如，学生表中"姓名"与"性别"哪一项在前面并不重要，重要的是实际数值。

1.3.2　关系模式

关系模式：对关系的描述称为关系模式。一个关系模式对应一个关系的结构，其格式为：

关系名（属性名 1，属性名 2，…，属性名 n）

在 Visual FoxPro 中表示为表结构：

表名（字段名 1，字段名 2，……，字段名 n）

例如，图 1-7 学生表的对应关系，其关系模式可以表示为：

学生（学号，姓名，性别，出生日期，家庭地址，所属院系，备注）

1.3.3　关系运算

关系数据库进行查询时，要查到用户需要的数据，这就需要对关系进行一定的关系运算。关系的基本运算有两类：一类是专门的关系运算（选择、投影、连接等），另一类是传统的集合运算（并、差、交等）。

1. 专门的关系运算

在 Visual FoxPro 中，查询是高度非过程化的，用户只需明确地提出"做什么"，而不用指出"怎么做"。系统将自动对查询过程进行优化，可以实现对多个相关联的表的高速存取。然而，要正确表示较复杂的查询并非是一件简单的事，当我们了解了专门的关系运算则有助于正确给出查询表达式。

（1）选择：选择运算是指从关系中找出满足条件的记录的操作。选择运算是从行的角度进行运算，即从水平方向抽取记录。

在 Visual FoxPro 中，选择运算时从表中选取若干个记录的操作，可以通过命令中的 FOR 子句或设置数据筛选实现选择运算。

例如，从图 1-8 学生表中查找家庭住址为哈尔滨的学生记录，解决这个问题可以使用选择运算来完成，结果如图 1-11 所示。

（2）投影：投影运算是从关系中选取若干属性（字段）组成新的关系。投影运算是从列的角度进行运算，相当于对关系进行垂直分解。投影运算可以得到一个新的关系，其关系模式所包含的属性个数往往比原关系少，或属性的排列顺序不同。

图 1-11　选择运算结果

在 Visual FoxPro 中，投影运算是在表中选取若干个字段的操作，通过命令 FIELDS 子句或设置允许访问的字段实现投影运算。

例如，从图 1-8 学生表中查找各个学生姓名对应的所属院系。解决这个问题可以使用投影操作，查找结果如图 1-12 所示。

图 1-12　投影运算结果

（3）连接：连接运算是关系的横向结合。连接运算将两个关系模式拼接成一个更宽的关系模式，生成的新关系中包含满足连接条件的记录。在 Visual FoxPro 中连接运算时通过 JOIN 命令或 SELECT-SQL 来实现。

等值连接：在连接运算中，按照字段值对应相等为条件进行的连接操作。

自然连接：是指去掉重复属性的等值连接。自然连接是最常用的连接运算。

2. 传统的集合运算

用来进行并、差、交集合运算的两个关系必须具有相同的关系模式，即有相同结构。

（1）并（R∪S）。

具有相同结构的两个关系的并运算是由这两个关系的所有元组构成的集合。并运算的结果是一个关系，它包括或者在 R 中、或者在 S 中、或者同时在 R 和 S 中的所有元组。关系 R、S 如表 1-1 和表 1-2 所示，（R∪S）如图 1-3 所示。

表 1-1　关系 R

A	B	C
1	a	c
2	b	a
3	c	b

表 1-2　关系 S

A	B	C
4	b	c
2	b	a
3	a	b

表 1-3　（R∪S）

A	B	C
1	a	c
2	b	a
3	c	b
4	b	c
3	a	b

（2）差（R-S）。

具有相同结构的两个关系 R 和 S，R 与 S 的差是由属于 R 但不属于 S 的元组成的集合，即差运算的结果是从 R 中去掉 S 中也有的元组。R-S 如表 1-4 表示。

（3）交（R∩S）。

具有相同结构的两个关系 R 和 S，R 与 S 的交是由既属于 R 又属于 S 的元组组成的集合。交运算的结果是一个关系，包括既在 R 中又在 S 中的所有元组。（R∩S）如表 1-5 所示。

表 1-4（R-S）

A	B	C
1	a	c
3	c	b

表 1-5 （R∩S）

A	B	C
2	b	a

1.4 Visual FoxPro 6.0 系统概述

根据不同的数据模型可以开发出不同的数据库管理系统，基于关系模型开发的数据库管理系统属于关系数据库系统。Visual FoxPro 6.0（简称 VF6）就是以关系模型为基础的关系数据库系统。

1.4.1 Visual FoxPro 的发展历程

1. Visual FoxPro 的发展历史

1989 年，FOX 软件公司开发了 FoxBASE+的后继产品——FoxPro，但其早期版本（1.0 版与 2.0 版）仍是在 DOS 平台上运行的。1992 年美国微软件公司收购了 FOX 公司，第二年就推出了 FoxPro for Windows (2.5 版)，使微机关系数据库系统由基于字符界面演变到基于图形用户界面。随着这一界面的改进，FoxPro 出现了下列重要变化：

（1）支持界面操作。

与其他 Windows 应用软件一样，FoxPro 大量使用菜单、对话框等人机交互工具，使不懂FoxPro 命令的用户也能方便地使用数据库。

（2）启用程序设计辅助工具。

随着 Windows 平台的流行，应用程序的界面也变得复杂起来。用传统的窗口命令或菜单命令，以手工方法来编制具有 Windows 风格的界面，会耗费用户大量的精力与时间。为此，FoxPro 的后期版本都提供了一些辅助工具，使用户通过交互方式来生成所需的界面与程序代码。这不仅大大简化了编程，也为后来的可视化程序设计打下了基础。

1995 年，微软公司首次将可视化程序设计（Visual Programming）引入了 FoxPro，并将其新版本取名为 Visual FoxPro 3.0，简称 VFP 3.0。与 FoxPro 相比，Visual FoxPro 的改进主要表现在：

①继续强化界面操作，把传统的命令执行方式扩充为界面操作为主、命令方式为辅的交互执行方式，大量使用向导、设计器等界面操作工具，充分体现了它们直观、易用的特点。

②将面向对象程序设计（Object-oriented Programming）的思想与方法引入 FoxPro，把单一的面向过程的结构化程序设计扩充为既有结构化设计、又有面向对象程序设计的可视化程序设计，大大减轻了编写应用程序代码的工具。

为了适应 Windows 操作系统的升级（16 位的 Windows 3.x 升级为 32 位的 Windows 95 与 Windows NT）FoxPro 的处理单元也从 FoxPro 的 16 位改成 32 位，从而处理速度、运算能力和存储能力上都提高了许多倍。到 1998 年，FoxPro 推出了 6.0 版。

2.　Visual FoxPro 的基本功能

作为一种数据库软件，Visual FoxPro 可以完成下列基本功能：

● 为第一种类型的信息创建一个表，用于存储相应的信息。

● 定义各个表之间的关系，从而很容易地将与各个表相关的数据有机地联系在一起。

● 创建查询搜索所有满足指定条件的记录，也可以根据需要对这些记录进行排序和分组，并根据查询结果创建报表、表及图形。

● 使用视图可以从一个或多个相关联的表中按一定条件抽取一系列数据，并可以通过视图更新这些表中的数据，还可以使用视图从网上获得数据，从而修改远程数据。

● 创建表单来直接查看和管理表中的数据。

创建一个报表来分析数据或将数据以特定的方式打印出来。例如，可以打印一份将数据分组并计算数据总和的报表，也可以打印一份带有各种数据格式的商品标签。

3.　Visual FoxPro 的基本特点

与其他数据库不同，Visual FoxPro 在实现上述功能时提供了各种向导，用户在操作时只需按照向导所提供的步骤执行即可，使用起来非常方便。

Visual FoxPro 具有界面友好、工具丰富、速度较快等优点，并在数据库操作与管理、可视化开发环境、面向对象程序设计等方面具有较强的功能。因此，Visual FoxPro 数据库深受广大用户青睐，其基本特点主要表现在以下几个方面：

（1）容易使用、兼容性好。

Visual FoxPro 作为一个关系数据库系统，不仅可以简化数据管理，使应用程序的开发流程更为合理，而且它还在早期版本的基础上实现了使计算机易于使用的构想，所以许多使用 Visual FoxPro 早期版本的用户在从事数据库开发时都可以很容易地转向使用 Visual FoxPro。对于进入数据库的新用户来说，使用 Visual FoxPro 建立数据库应用程序要比使用其他软件容易得多。

对于具备数据库应用开发能力的用户，可以用 Visual FoxPro 开发可单独运行的应用系统。Visual FoxPro 提供可视化、面向对象的编程环境，可使用微软标准的 ActiveX 控件，程序员在其中可以轻松自如地开发出具有专业水准的应用系统。

对于没有数据库使用经验的用户，可以在中文 Windows 环境中运行 Visual FoxPro 支持或可以脱离 Visual FoxPro 而单独运行的数据库应用系统，这是一种适合办公管理人员操作管理数据的方式。

（2）实现可视化开发。

● Visual FoxPro 6.0 提供向导（Wizard）、设计器（Designer）生成器（Builder）等 3 类界面操作工具，达 40 多种，它们普遍采用图形界面，能帮助用户以简单的操作快速完成各种查询和设计任务。

● Visual FoxPro 6.0 的设计器普遍配有工具栏和弹出式的快捷菜单。每个工具按钮对应一项功能，用户可通过它们方便地完成操作（如打开文件）或设计控件（如控制钮），不必编程或很少编程即可实现美观实用的应用程序界面。

（3）扩大了对 SQL 语言的支持。

SQL 语言是关系数据库的标准语言，其查询语句不仅功能强大，而且使用灵活。早在 Visual FoxPro 的后期版本中，就已移植了包括查询命令（SQL-Select 命令）在内的 4 条 SQL 型的命令。在 Visual FoxPro 中，SQL 型的命令已经扩充为 8 种。

（4）采用事件驱动。

Windows 系统采用的是事件驱动，也就是说，运行于该环境下的程序并不是逐条指令地顺序执行，而是偶尔停下来与用户交互。程序被写成许多独立的片段，某些程序只有当与其关联的事件发生时才会执行。例如：一段功能代码与一个按钮控件的 Click 事件相关联，如果我们要执行这个功能，那么通常只有当用户用鼠标单击该按钮时才会发生，否则该代码不会被执行。

（5）编程。

Visual FoxPro 仍然支持标准的面向过程的程序设计方式，但更重要的是它现在提供了真正的面向对象的程序设计能力，如借助 Visual FoxPro 对象模型可以充分使用面向对象程序设计所有功能，包括继承、封装、多态和子类。重复使用各种类，直观、创造性地建立应用程序，使用户能够更快、更容易地设计和修改应用程序界面。

（6）通过 OLE 实现应用集成。

"对象链接与嵌入"（Object Linking and Embedding，简称 OLE）是美国微软公司开发的一项重要技术。通过这种技术，Visual FoxPro 可与包括 Word、Excel 在内微软其他应用软件共享数据，实现应用集成。例如在不退出 Visual FoxPro 环境的情况下，用户就可在 Visual FoxPro 的表单中链接其他软件中的对象，直接对这些对象进行编辑。在通过必要的格式转换后，用户可以在 Visual FoxPro 与其他软件之间进行数据的输入与输出。Visual FoxPro 6.0 还提供自动的 OLE 控制，用户借助于这种控制，甚至能通过 Visual FoxPro 的编程来运行其他软件，让它们完成诸如计算、绘图等功能，实现应用的集成。

（7）支持网络应用。

Visual FoxPro 既适用于单机环境，也适用于网络环境，其网络功能主要包括：

- 支持客户/服务器结构，既可访问本地计算机，也支持对服务器的浏览。
- 对于来自本地、远程或多个数据库表的异种数据，Visual FoxPro 可支持用户通过本地或远程视图访问与使用，并在需要时更新表中的数据。
- 在多用户环境中，Visual FoxPro 还允许建立事务处理程序来控制对数据的共享，包括支持用户共享数据，或限制部分用户访问某些数据。

1.4.2　Visual FoxPro 6.0 的安装条件与配置

如果利用 Visual FoxPro 6.0 来开发应用系统，必须将 Visual FoxPro 6.0 的系统安装到本地机上，下面对已安装好的 Visual FoxPro 6.0 的软、硬件环境安装条件要求和配置、启动和退出进行介绍。

1. 软件与硬件条件

Visual FoxPro 6.0 系统的正确安装、运行必须具备相应的环境条件，其最低要求，一般应具备如下环境条件：

（1）处理器：配置 50MHz 主频 486 以上的 PC 机或兼容机；建议使用更高的处理器。

（2）内存储器：应选用 16 MB 以上。

（3）硬盘空间：典型安装需要 85MB 的硬盘空间，最大安装需要 90MB 硬盘空间。

（4）其他设备：一个鼠标、一个光盘驱动器、一台 VGA 或更高分辨率的显示器。

（5）操作系统：中文 Windows 95/98 或 Windows NT 以上操作系统。

2．启动 Visual FoxPro 6.0

与其他 Windows 应用程序（如 Word）的启动方法类似，通常用下面的方法启动 VFP：

（1）单击"开始"按钮→选择"程序"→单击"Microsoft Visual FoxPro 6.0"命令。

（2）双击桌面上的 VFP 图标。在启动 Visual FoxPro 后，显示如图 1-13 所示的窗口。

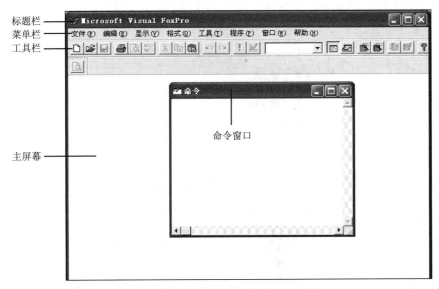

图 1-13　Visual FoxPro 6.0 窗口

3．退出 Visual FoxPro 6.0

在结束使用 Visual FoxPro 后，为保证数据的安全和软件本身的可靠性，需通过正常方式退出 Visual FoxPro，常用的有以下几种方法：

（1）单击"文件"菜单下的"退出"命令。

（2）单击标题栏最右端的关闭按钮 ✖ 。

（3）按 Alt+F4 组合键。

（4）在命令窗口中输入 QUIT 命令，按 Enter 键。

（5）单击标题栏最左端的控制按钮 ，打开下拉菜单，选择"关闭"命令。

4．Visual FoxPro 6.0 的配置

安装好 Visual FoxPro 6.0 后，系统自动用一些默认值来设置环境，为了使系统能满足个性化的要求，也可以定制自己的系统环境。环境设置包括主窗口标题、默认目录、项目、编辑器、调试器、表单工具选项、临时文件存储、拖放字段对应的控件和其他选项等内容。Visual FoxPro 6.0 可以使用"选项"对话框进行设置，还可以使用 SET 命令进行设置。

下面介绍使用"选项"对话框设置 Visual FoxPro 的配置，对于使用 SET 命令设置将在后面的进行学习。单击"工具"菜单，在其下拉菜单中选择"选项"命令，打开对话框如图 1-14 所示。在"选项"对话框中根据需要进行相应设置。"选项"中各选项卡的功能如表 1-6 所示。

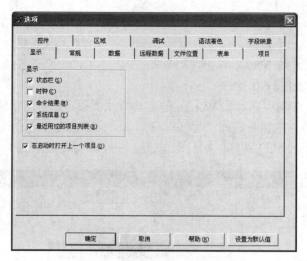

图 1-14 "选项"对话框

表 1-6 "选项"中选项卡的各功能

选项	功能
显示	界面选项，如是否显示状态栏、时钟、命令结果、系统住处或最近使用的项目列表等
常规	数据输入以及编程选项。设置是否记录编译错误、是否自动填充新记录、使用什么定位键、警告声音、使用什么调色板以及改写文件前是否警告
数据	表选项，如是否使用 Rushmore 优化、是否使用索引强制实现唯一性、备注块大小、记录查找计数器间隔以及使用什么锁定选项
远程数据	远程数据访问选项，如连接超时时间、一次拾取记录数目以及如何使用 SQL 更新
文件位置	Visual FoxPro 的默认位置、帮助文件和临时文件的存储位置
表单	表单设计器选项，如网格间距、所用量度单位、最大设计区域以及使用什么模板类
项目	项目管理器选项，如是否提示使用向导、双击时运行还是修改文件以及源代码管理的选项
控件	在"表单控件"工具栏上单击"查看类"按钮时出现可用的可视类库以及 ActiveX 控件的选项
区域	日期、时间、货币以及数字的格式
调试	调试器的显示以及跟踪选项，如使用的字体及颜色
语法着色	用于区分程序元素（如注释及关键字）等字体及颜色
字段映象	当从数据环境设计器、数据库设计器或者项目管理器中向表单拖动表或字段时创建的控件类型的选项

1.4.3 Visual FoxPro 6.0 的操作界面

Visual FoxPro 6.0 提供了 7 种交互式操作界面：菜单、对话框、设计器、向导、生成器、工具栏、窗口。Visual FoxPro 6.0 的主窗口主要由菜单、工具栏以及命令窗口组成。用户既可以通过输入命令，也可以通过使用菜单或对话框来完成所需操作。

1. 菜单系统

菜单由一系列菜单项组成，包括命令或子菜单。当从菜单栏上单击菜单标题时，相应的菜单将出现以供选择。任何菜单项被用户选中后，其下方都会弹出一个子菜单，列出该菜单所含的命令。如图 1-15 显示了菜单系统中每个菜单项展开后的子菜单。

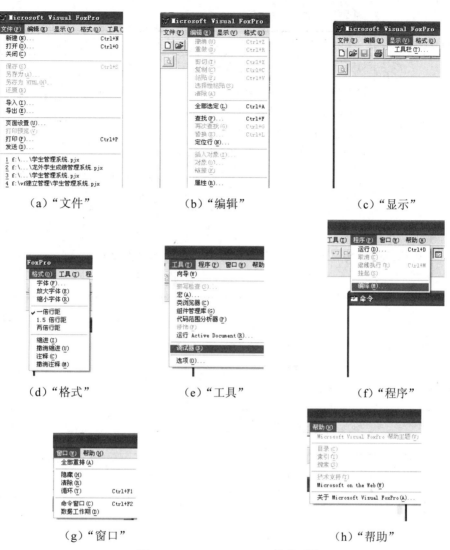

(a)"文件"　　　　(b)"编辑"　　　　(c)"显示"

(d)"格式"　　　　(e)"工具"　　　　(f)"程序"

(g)"窗口"　　　　(h)"帮助"

图 1-15　Visual FoxPro 6.0 菜单系统

（1）"文件"菜单。

"文件"菜单用来完成与文件有关的操作，包括创建、打开、保存文件或对文件进行其他操作的命令。在这个菜单中可以设置打印机信息、打印文件或退出 Visual FoxPro 6.0，如表 1-7 所示。

表 1-7　"文件"菜单

菜单项	功能
新建	创建新的文件，如项目、数据库、表等
打开	打开已存在的文件
关闭	关闭已打开的文件
保存	保存当前被改动或新建的文件
另存为	保存一个新文件，或用另一个文件名保存当前文件
另存为 HTML	将当前表单、菜单、报表或表保存为 HTML 文档
还原	放弃上次保存以来对当前文件所做的修改，将其还原为最后保存的版本

续表

菜单项	功能
导入	将其他应用程序文件中的数据导入 Visual FoxPro 6.0 中
导出	将 Visual FoxPro 6.0 的文件以其他应用程序的格式输出
页面设置	设置纸张大小、打印机属性、打印方式
打印预览	在屏幕上显示将要打印的结果
打印	打印文本文件、报表或命令窗口中的内容
发送	当计算机中装有电子邮件程序时，从 Visual FoxPro 6.0 中发送电子邮件
退出	退出 Visual FoxPro 6.0，并把控制权返回给操作系统

（2）"编辑"菜单。

"编辑"菜单是用于文字编辑的，它包含编辑、查找和操作文件等命令，如表 1-8 所示。

表 1-8 "编辑"菜单

菜单项	功能
撤消	撤消最后一次编辑命令所做的操作
重做	重做最后一次撤消的操作
剪切	将选定的内容移到剪贴板上
复制	将选定的内容复制到剪贴板上
粘贴	将剪贴板的内容粘贴到指定的位置
选择性粘贴	链接或嵌入剪贴板中的一个 OLE 对象
清除	移去选中的文字、对象或者任何可以选中的内容
全部选定	选定活动窗口中的全部对象
查找	查找指定文本，并可进行替换操作
再次查找	重复上次的查找
替换	用其他文本替换指定文本
定位行	将光标定位到指定的行中
链接	修改或断开一个对象链接
属性	设置编辑属性

（3）"显示"菜单。

"显示"菜单中的命令是由当前操作环境确定的，变化较大。当用户还没有打开任何用于显示"报表"、"选项卡"、"表单"等设计器和工具栏时，其中只包含有"工具栏"命令。

（4）"格式"菜单。

"格式"菜单用来确定活动窗口中的文本或其他对象的显示方式，包括字体、间距、对齐方式和对象位置等选项，如表 1-9 所示。

（5）"工具"菜单。

"工具"菜单中有一些可以设置系统选项、运行向导、进行拼写检查、优化代码、运行源代码管理器以及跟踪和调试代码的命令，如表 1-10 所示。

表 1-9　"格式"菜单

菜单项	功能
字体	规定字体的大小和字形
放大字体	将字体放大
缩小字体	将字体缩小
一倍行距	显示文本时，文本行间无空白行
1.5 倍行间距	把行间距设置为标准间距的 1.5 倍
两倍行间距	把行间距设为标准间距的两倍
缩进	将选定的行缩进一个 Tab 键的宽度
撤消缩进	删除一个选前插入的缩进
注释	在行首放轩一个"*! *"，把该行标记为注释行
撤消注释	删除一个先前插入的注释

表 1-10　"工具"菜单

菜单项	功能
向导	显示一个具有多种向导的子菜单，可以从中选择运行相应的向导
拼写检查	检查拼写错误
宏	定义执行一组命令的组合键
类浏览器	打开"类浏览器"窗口
修饰	调整编辑窗口中文本的首字母的大小写及缩进方式
调试器	打开"调试器"窗口，从中可以监视存储在变量、数组元素、字段以及属性中的值，也可以查看 Visual FoxPro 6.0 函数的返回值
组件管理库	打开"组件管理库"窗口
代码范围分析器	打开"代码范围分析器"实用程序
运行 Active Document	打开"运行 Active Document"对话框
选项	设置 Visual FoxPro 6.0 系统选项

（6）"程序"菜单。

"程序"菜单中包含用于运行和测试 Visual FoxPro 6.0 源代码的命令，如表 1-11 所示。

表 1-11　"程序"菜单

菜单项	功能
运行	运行程序、菜单或表单
取消	终止一个被挂起的 Visual FoxPro 6.0 文件的运行
继续执行	重新运行被挂起的程序
编译	编译程序、选项和查询文件

（7）"窗口"菜单。

"窗口"菜单中包含重排、显示、隐藏窗口等命令，如表 1-12 所示。

表 1-12　"窗口"菜单

菜单项	功能
全部重排	使全部打开的窗口重排，但不重叠
隐藏	将活动窗口隐藏
清除	从 Visual FoxPro 主窗口中清除所有文本
循环	将打开的活动窗口依次前置
命令窗口	显示"命令"窗口
数据工作期	显示"数据工作期"窗口

（8）"帮助"菜单。

"帮助"菜单中包括用来访问联机帮助及获得技术信息的选项，如表 1-13 所示。

表 1-13　"帮助"菜单

菜单项	功能
帮助主题	显示 Visual FoxPro 6.0 帮助的"索引"选项卡
文档	显示 Visual FoxPro 6.0 的联机文档
示例应用程序	显示 Visual FoxPro 6.0 的示例应用程序，概述帮助主题
Microsoft on the FoxPro	显示 Visual FoxPro 6.0 的系统信息
关于 Microsoft Visual FoxPro	显示 Visual FoxPro 的系统信息

2．工具栏

工具栏是单击后可以执行常用任务的一组按钮，工具栏可以浮动在窗口中，也可以停放在 Visual FoxPro 主窗口的上部、下部或两边。有效地使用工具栏可以简化从菜单中进行操作的步骤，达到快速执行命令的效果。

在"显示"菜单下的"工具栏"命令用于显示一个工具栏对话框，在其中可以创建、编辑、隐藏以及定制工具栏。

在 Visual FoxPro 6.0 中提供了十多种工具栏，用来方便操作。

表 1-14　Visual FoxPro 6.0 的工具栏

工具栏名称	工具栏名称
报表控件	查询设计器
报表设计器	打印预览
表单控件	调色板
表单设计器	视图设计器
布局	数据库设计器

（1）显示与隐藏工具栏。

若要显示或隐藏工具栏，可以单击"显示"菜单，从下拉菜单中选择"工具栏"，此时打开"工具栏"对话框，如图 1-16 所示。

图 1-16　"工具栏"对话框

在"工具栏"对话框中，选择要显示或隐藏的项，当"工具栏"中的某一项被选中时，该项前面出现一个"×"时，则表明显示该工具栏。若前没有出现"×"时，则表明隐藏该工具栏。例如：上图中只有"常用"工具栏是显示的，其他均为隐藏状态。

在"工具栏"对话框下方有三个复选框：

- "彩色按钮"：表示所有活动的工具按钮为彩色按钮，否则就为黑白的。
- "大按钮"：工具栏中的图标按钮放大一倍，系统默认小图标按钮。
- "工具提示"：表示所有的工具栏按钮都有文本提示功能，即鼠标指针停留在某一个图标按钮上时，用文字显示它的功能，否则不显示提示。

（2）定制工具栏。

在 Visual FoxPro 6.0 中用户可以根据需要创建自己的工具栏，或者修改现有的工具栏，这些统称为定制工具栏。

例如，为"学生管理系统"建立一个工具栏，其中包含"新建"、"打开"、"保存"、"复制"、"剪切"、"粘贴"、"运行"、"显示命令窗口"等。创建步骤如下：

①单击"显示→工具栏"，打开"工具栏"对话框，如图 1-16 所示。

②单击"新建"命令按钮，打开"新工具栏"对话框，如图 1-17 所示。在该对话框中输入工具栏名称："学生管理系统"，然后单击"确定"按钮，此时弹出一个"定制工具栏"对话框，如图 1-18 所示，同时在主窗口出现一个空的"学生管理系统"工具栏。

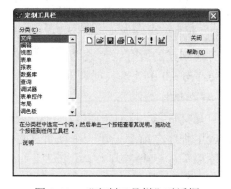

图 1-17　"新工具栏"对话框　　　　图 1-18　"定制工具栏"对话框

③在"定制工具栏"对话框左侧的"分类"列表框中选取所需类别，然后在其右侧便显示该类所对应的所有按钮。根据需要，选择其中的按钮，并将其拖动到空的"学生管理系统"工具栏上即可，所创建的工具栏如图 1-19 所示。

④最后，单击"关闭"按钮即可。

图 1-19　"学生管理系统"工具栏

（3）编辑工具栏。

①将要编辑的工具栏显示出来。单击"显示"菜单，从下拉菜单中选择"工具栏"，弹出"工具栏"对话框。

②在"工具栏"对话框上单击"定制"按钮，弹出"定制工具栏"对话框。

③向要编辑的工具栏上拖放新的图标按钮，此时可以增加新工具。

④从工具栏上用鼠标直接将按钮拖动到工具栏之外，可以删除该工具。

⑤最后单击"定制工具栏"对话框上的"关闭"按钮即可。

3. 命令窗口

命令窗口是桌面上的一个重要部分，在该窗口中，可以直接键入 Visual FoxPro 6.0 的各种命令，回车之后便立即执行该命令。对已经执行过的命令会在窗口中自动保留，如果需要执行一个前面已经执行过的命令，只要将光标移到该命令所在行的任意位置，然后按回车键即可。

命令窗口可以隐藏与显示，操作方法如下：

● 单击命令窗口右上角的关闭按钮可以关闭它，通过"窗口"菜单下的"命令"窗口选项可以重新打开。

● 单击"常用"工具栏上的"命令窗口"按钮。当按钮处于按下状态时，显示"命令窗口"；当它处于弹起状态时，则隐藏"命令窗口"。

● 快捷键方式：

➢ 隐藏命令窗口：Ctrl+F4 组合键

➢ 显示命令窗口：Ctrl+F2 组合键

1.4.4　项目管理器

当使用 Visual FoxPro 6.0 完成一定的管理任务，或开发应用程序时，一般需要创建相应的表、数据库、查询、视图、报表、选项卡、表单和程序。这些新创建的组件保存在不同类型的文件中。开发一个应用程序常常会生成许多文件，为了能方便地管理这些文件，Visual FoxPro 6.0 提供了"项目管理器"。在 Visual FoxPro 6.0 中，一个任务便是一个项目，项目中包含了完成该任务而创建的所有表、数据库、查询等，可用项目管理器来维护项目。"项目管理器"是 Visual FoxPro 6.0 中处理数据和对象的主要组织工具，是 Visual FoxPro 6.0 的"控制中心"。

1. 建立项目文件

项目是文件、数据、文档以及其他 Visual FoxPro 6.0 对象的集合。项目文件的扩展名为.pjx。在创建应用程序之前应先建一个项目文件。

下面以创建一个名为"学生管理"的项目文件为例，说明创建项目文件的方法。

（1）设置工作目录。

Visual FoxPro 6.0 有自己的默认工作目录，就是系统文件所在的 Visual FoxPro 6.0 的目录。为便于管理，用户最好设置自己的工作目录，以保存所建的文件。

例如在 D 盘的根目录下建立一个"学生管理"目录，并将其设置为工作目录。

①在 D 盘的根目录下建立一个"学生管理"子目录。

②选择"工具"→"选项"命令，打开"选项"对话框。

③选择"选项"对话框中的"文件位置"选项卡，如图 1-20 所示。

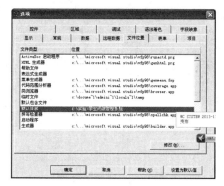

图 1-20 "选项"对话框中的"文件位置"选项卡

④在"文件位置"选项卡中选中"默认目录"，单击"修改"按钮，出现"更改文件位置"对话框，如图 1-21 所示。

图 1-21 "更改文件位置"对话框

⑤在"更改文件位置"对话框中，选择"使用默认目录"复选项，然后在"定位默认目录:"文本框中输入"d:\学生管理"，单击"确定"按钮，返回"选项"对话框。

⑥在"文件位置"选项卡中，可看到"默认目录"的"位置"已被设置为"d:\学生管理"，单击"设置为默认值"按钮，再单击"确定"按钮，即可把该目录设置为用户的工作目录。

（2）建立项目文件。

例如，建立项目文件"学生管理"，具体步骤如下:

①从"文件"菜单中选择"新建"命令，或直接单击工具栏上的"新建"按钮，打开"新建"对话框（见图 1-22），在"新建"对话框中，选定"文件类型"为"项目"，单击"新建文件"按钮，将弹出"创建"对话框（见图 1-23）。

图 1-22 "创建"对话框

图 1-23 "创建"对话框

②在"创建"对话框中将出现当前默认工作目录中的内容，现在这个目录还是空的，在"项目文件"编辑框中输入项目文件名"学生管理"，如图 1-23 所示。

③单击"保存"按钮，此时"创建"对话框关闭，"项目管理器"窗口（见图 1-24）打开。

这样就建立了一个空的项目文件。

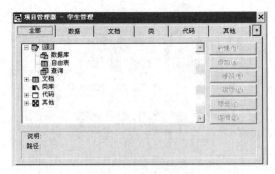

图 1-24　项目管理器

注意： 在 Visual FoxPro 6.0 中，项目文件中所保存的仅是对文件的引用，并非文件本身。同一文件可同时用于多个项目文件。

2. 项目管理器的界面

（1）项目管理器窗口的命令按钮。

在项目管理器窗口中命令按钮是动态的，选择不同的对象可能会有不同的命令按钮排列。

①新建。创建一个新文件或对象，其作用等同于"项目"→"新建文件"菜单项。新文件或对象的类型与当前选定的类型相同。

②添加。把已有的文件添加到项目中，其作用等同于"项目"→"添加文件"菜单项。

③修改。在合适的设计器中打开选定项，其作用等同于"项目"→"修改文件"菜单项。

④浏览。在浏览窗口中打开一个表，其作用等同于"项目"→"浏览文件"菜单项，且仅当选定一个表时可用。

⑤打开/关闭。打开或关闭一个数据库，其作用等同于"项目"→"打开文件"或"项目"→"关闭文件"菜单项，且仅当选定一个数据库时可用。如果选定的数据库已打开，此按钮为"关闭"；反之，此按钮变为"打开"。

⑥移去。从项目中移去选定文件或对象，Visual FoxPro 6.0 将询问是仅从项目中移去此文件，还是同时将其从磁盘中删除。其作用等同于"项目"→"移去文件"菜单项。

⑦连编。连编一个项目或应用程序，还可以连编可执行文件或自动服务程序，，其作用等同于"项目"→"连编"菜单项。

⑧预览。在打印预览方式下显示选定的报表或选项卡。当选定"项目管理器"中一个报表或标签时可用，其作用等同于"项目"→"预览文件"菜单项。

⑨运行。执行选定的查询、表单或程序。当选定"项目管理器"中一个查询、表单或程序时可用，其作用等同于"项目"→"运行文件"菜单项。

（2）项目管理器的选项卡。

项目管理器的选项卡用来分类显示各数据项，项目管理器为数据提供了一个组织良好的分层结构视图。若要处理项目中某一特定类型的文件或对象，可选择相应的选项卡。在建立表和数据库以及创建表单、查询、视图和报表时，所要处理的主要是"数据"和"文档"选项卡的内容。

1）"数据"选项卡。

该选项卡包含一个项目中所有的数据项，即数据库、自由表、查询和视图。

①数据库：是表的集合，一般通过公共字段彼此关联。使用"数据库设计器"可以创建一个数据库，数据库文件的扩展名为 DBC。

②自由表：存储在以 DBF 为扩展名的文件中，它不是数据库的组成部分。

③查询：是查找存储在表中的特定信息的一种方法。利用"查询设计器"可以设置查询的格式，该查询将按照用户输入的规则从表中提取记录。查询文件的扩展名为 QPR。

④视图：是特殊的查询，不仅可以查询记录，而且可以更新记录。视图只能存在于数据库中，它不是独立的文件。

2）"文档"选项卡。

"文档"选项卡中包含处理数据时所用的全部文档，即输入和查看数据所用的表单，以及打印表和查询结果所用的报表及标签。

①表单：用于显示和编辑表的内容

②报表：报表文件告诉 Visual FoxPro 6.0 如何从表中提取结果，以及如何将提取的结果打印出来。

③标签：打印在专用纸上的带有特殊格式的报表。

3）其他选项卡（如"类"、"代码"及"其他"）。

主要用于为最终用户创建应用程序。

（3）定制"项目管理器"窗口的显示外观。

项目管理器显示为一个独立的窗口，具有工具栏窗口的性质。与工具栏类似，可以移动项目管理器的位置、改变它的尺寸或者将它折叠起来，只显示选项卡。

1）移动窗口。将鼠标指针指向标题栏，然后将项目管理器拖到屏幕上的其他位置。

2）调整窗口尺寸。将鼠标指针指向项目管理器窗口的顶端、底端、两边或角上，拖动鼠标即可扩大或缩小它的尺寸。

3）压缩和恢复窗口。单击项目管理器右上角的按钮，可以展开和折叠项目管理器。在折叠情况下只显示选项卡，如图 1-25 所示。单击右上角的按钮，即可恢复项目管理器窗口。

图 1-25 折叠的"项目管理器"

4）移动表头。当项目管理器折叠时，把鼠标指针放到选项卡上拖动，可以将相应的选项卡从项目管理器中拖走，并根据需要重新安排它们的位置。拖开某一选项卡后，它可以在 Visual FoxPro 6.0 的主窗口中独立移动。图 1-26 为拖开的"数据"选项卡和"文档"选项卡。

图 1-26 拖开的"数据"和"文档"选项卡

如果希望选项卡始终显示在屏幕的最顶层，可以单击选项卡上的图钉图标，这样，该选项卡就会一直保留在其他 Visual FoxPro 6.0 窗口的上面。可以使多个选项卡都处于顶层显示的状态。再次单击图钉图标可以取消选项卡的顶层显示设置。

若要还原一个选项卡，只需要将其拖回到项目管理器或单击选项卡上的"关闭"按钮。

5）停放项目管理器。

将项目管理器拖动到屏幕顶部，或双击标题栏，可以停放项目管理器，使它显示在主窗口的顶部，如图 1-27 所示。

图 1-27　"项目管理器"的工具栏

项目管理器处于停放状态时，只显示选项卡，不能将其展开，但是可以单击每个选项卡来进行相应的操作。对于停放的项目管理器，同样可以从中拖开选项卡。如果想恢复项目管理器的窗口形式，只要双击项目管理器工具栏的空白处即可。

3．使用项目管理器

在项目管理器中，各个项目都是图形方式来组织和管理的，用户可扩展或压缩某一类型文件的图标。

（1）打开/关闭项目管理器。

1）打开项目管理器。

例如，打开"学生管理"项目。具体步骤如下：

①选择"文件"→"打开"菜单项。

②在弹出的"打开"对话框中选择所需的项目文件，如图 1-28 所示。

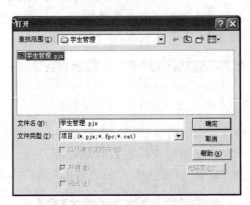

图 1-28　"打开"对话框

③单击"确定"按钮。

2）关闭项目管理器。

单击项目管理器右上角的"关闭"按钮即可。

（2）查看文件。

1）展开项目。

如果项目中具有一个以上同一类型的项，其类型符号旁边会出现一个"+"号。单击"+"号可以显示项目中该类型的所有明细，此时"+"变为"-"号。

2）折叠项目。

若要折叠已展开的列表，可单击列表旁边的"-"号，此时"-"变为"+"号。

（3）在项目管理器中新建或修改文件。

项目管理器简化了创建和修改文件的过程。只需要选定要创建或修改的文件类型，然后单击"新建"或"修改"按钮，将显示与所选文件类型相应的设计工具。对于某些项，还可以选择利用向导来创建文件。

（4）为文件添加说明。

在项目管理器中，可以为文件加上说明。具有文件说明的文件被选定时，说明将显示在项目管理器的底部。

（5）在项目间共享文件。

文件可以和不同的项目关联。通过与其他项目共享文件，可以使用在其他项目开发的工作成果。共享的文件并未复制，项目只储存了对该文件的引用。

（6）查看和编辑项目信息。

从"项目"菜单中选择"项目信息"菜单项，打开"项目信息"对话框（见图1-29），在其中可以查看和编辑有关项目和项目中文件的信息。

例如，编辑"学生管理"项目的项目信息。具体步骤如下：

①打开"学生管理"项目的项目管理器。

②选择"项目"→"项目信息"菜单项，打开"项目信息"对话框。

③单击"项目信息"选项卡，输入与编辑相应的项目信息。

④单击"确定"按钮。

图 1-29　"项目信息"选项卡

1.4.5　设计器、向导和生成器简介

1. Visual FoxPro 的设计器

Visual FoxPro 一个非常显著的特色就是提供了各种设计器，这些设计器为初学者进行项目的设计和开发提供了非常有利的帮助，如表 1-15 所示。一个设计器一般由主设计窗口和工具栏组成。

2. Visual FoxPro 的向导

Visual FoxPro 中提供了一类有用的工具，称为"向导"。向导是把一些复杂的操作分解为若干个简单的步骤来完成，每一步都使用一个对话框，然后把这些对话框按适当的顺序组合在一起。使用这些向导，用户只要逐步回答向导提出的问题，便可以自动完成相应的任务。在 Visual FoxPro 中有超过 20 个的向导，能帮助用户快速完成一般性的任务，针对不同的任务，可使用不同的向导。

表 1-15　Visual FoxPro 中经常使用的设计器

选项	功能
表设计器	创建并修改数据库表、自由表、字段和索引
数据库设计器	管理数据库中包含的全部表、视图和关系
报表设计器	建立用于显示和打印数据的报表
查询设计器	创建和修改在本地表中运行的查询
视图设计器	创建可更新的查询——视图；在远程数据源上运行查询
表单设计器	创建并修改表单和表单集
菜单设计器	创建菜单栏及弹出式子菜单
数据环境设计器	创建和修改表单、表单集和报表的数据环境
连接设计器	为远程视图创建连接

（1）Visual FoxPro 中的向导如表 1-16 所示。

表 1-16　Visual FoxPro 的向导

向导	功能
表向导	创建一个新表
数据库向导	生成一个数据库
查询向导	创建一个查询
表单向导	创建一个表单
一对多表单向导	创建一个一对多表单
报表向导	创建一个报表
一对多报表向导	创建一个一对多报表
本地视图向导	创建一个视图
远程视图向导	创建一个远程视图
应用程序向导	创建一个 Visual FoxPro 应用程序
交叉表向导	创建一个交叉表查询
数据透视表向导	创建数据透视表
图形向导	创建一个图形
导入向导	导入或追加数据
文档向导	从项目和程序文件的代码中生成文本文件，并编排文本文件的格式
选项卡向导	创建邮件选项卡
邮件合并向导	创建邮件合并文件
Oracle 升迁向导	创建一个 Oracle 数据库，该数据库将尽可能多地体现原 Visual FoxPro 数据库的功能

续表

向导	功能
SQL Server 升迁向导	创建一个 SQL Server 数据库，该数据库将尽可能多地体现 Visual FoxPro 数据库的功能
代码生成向导	从 Microsoft Visual Modeler（.mdl）文件中导入一个对象模型到 Visual FoxPro 中
Web 发布向导	在 HTML 文档中显示表或视图中的数据
WWW 搜索页向导	创建一个 Web 页，允许 Web 页的访问者从用户的 Visual FoxPro 表中搜索和下载记录。
示例向导	生成一个自定义向导
安装向导	基于发布树中的文件创建发布磁盘

（2）向导的使用。

方法 1：从"文件"菜单中选择"新建"命令，然后在"新建"对话框中单击"向导"按钮即可。

方法 2：在"工具"菜单的"向导"子菜单中选择相应的向导，如图 1-30 所示。

3. Visual FoxPro 的生成器

生成器的功能主要是为能够方便、快速地设置对象提供一些辅助选项。每个生成器显示一系列选项卡，用于设置选中对象的属性。

图 1-30　"向导"子菜单

表 1-17　Visual FoxPro 中所提供的生成器

选项	功能
表达式生成器	用于创建一个表达式
表单生成器	用于方便向表单中添加字段，这里的字段用作新的控件
应用程序生成器	如果选择创建一个完整的应用程序，可在应用程序中包含已经创建了的数据库和表单或报表，也可使用数据库模板从零开始创建新的应用程序
表格生成器	用于设置表格控件的属性
编辑框生成器	用于设置编辑框控件的属性
命令按钮组生成器	用于设置命令按钮组控件的属性
自动格式生成器	用于将一组样式应用于选定的同类型控件
选项按钮组生成器	用于设置选项按钮组控件的属性
参照完整性生成器	用于设置触发器来控制相关表中记录的插入、更新和删除，以确保参照完整性
文本框生成器	用于设置文本框控件的属性
组合框生成器	用于设置组合框控件的属性
列表框生成器	用于设置列表框控件的属性

4. 常用的表单生成器

（1）表单生成器有 3 种启动方法：

方法 1：在表单上右击，从弹出的快捷菜单中选择"生成器"，则打开表单生成器，如图

1-31 和图 1-32 所示。

　　方法 2：从"表单"菜单中选择"快速表单"菜单项即可打开表单生成器。

　　方法 3：单击"表单设计器"工具栏上的"表单生成器"按钮。

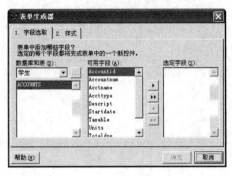

图 1-31　　"字段选取"选项卡　　　　　　　　　图 1-32　　"样式"选项卡

　　（2）表单中的控件生成器的使用方法如下：

　　首先创建一个新表单打开表单设计器，然后从"表单控件"工具栏中选择控件添加到表单上，最后右击表单上的控件，从快捷菜单中选择"生成器"选项，此时弹出一个"选项组生成器"对话框，如图 1-33 至 1-35 所示，设置相应属性后单击"关闭"图标即可。

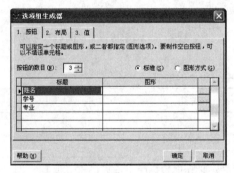
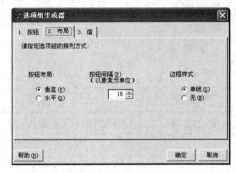

图 1-33　　"按钮"选项卡　　　　　　　　　　　图 1-34　　"布局"选项卡

　　（3）参照完整性生成器。

　　参照完整性生成器帮助设置触发器，用来控制如何在相关表中插入、更新或者删除记录确保参照完整性，具体操作如下：

　　在数据库设计器中右击两个表之间的关系线，弹出快捷菜单，如图 1-36 所示。

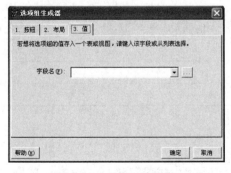
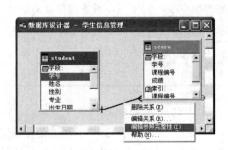

图 1-35　　"值"选项卡　　　　　　　　　　　图 1-36　　快捷菜单

　　然后在弹出的快捷菜单中选择"编辑参照完整性"命令，打开"参照完整性生成器"对话框，如图 1-37 所示。

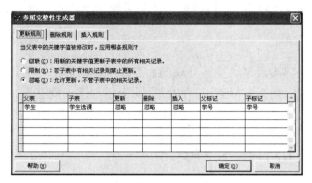

图 1-37　"参照完整性生成器"对话框

1.4.6　Visual FoxPro 6.0 的操作方式

　　Visual FoxPro 6.0 系统为用户提供了几种各具特点的操作方式，用户可根据情况以及应用的需要，选择合适的操作方式，实现数据库的操作和应用。Visual FoxPro 6.0 系统的操作方式主要有：命令操作方式、菜单操作方式、交互操作方式、程序操作方式。

　　1. 命令

　　Visual FoxPro 的操作窗口中提供了一个交互式的"命令"对话框，所谓命令操作是在命令窗口中逐条输入命令，直接操作指定对象的操作方式。

　　例如在命令窗口中输入：

　　　　USE 学生

　　　　BROWSE

　　其操作结果为：打开名为"学生"的表，并浏览该"学生"表中的信息。

　　命令操作为用户提供了一个直接操作的手段，其优点是能够直接使用系统的各种命令和函数有效操纵数据库，但需要开发人员熟练掌握各种命令和函数的格式、功能、用法等细节。

　　Visual FoxPro 中的命令格式通常为：命令动词+修饰子句，即命令动词开头，辅以若干个修饰和限制的子句。

　　在使用命令时，一般遵循如下的规则：

● 必须以命令动词开头，其后子句的顺序可以任意。

● 命令动词、修饰和限制子句之间要用空格分开。

● 命令动词可以缩写为前 4 个字符，并且命令动词中的英文字母不区分大小写。

● 变量名、字段名和文件名应避免使用保留字，以免产生错误。

● 在本书所给出的命令格式中，[ ]表示可选项，<>表示必选项，/表示在其左右参量中任选一项。

　　2. 菜单

　　Visual FoxPro 6.0 系统将许多命令做成菜单命令选项，用户通过选择菜单项来使用数据库的操作方式。在菜单方式中，很多操作是通过调用相关的向导、生成器、设计器工具，以直观、简便、可视化方式完成对系统的操作，用户不必熟悉命令的细节和相应的语法规则，通过对话来完成操作。有了这种方式，一般用户无需编程就可完成数据库的操作与管理。

3. 交互式操作

Visual FoxPro 6.0 提供了许多交互式操作工具，例如表设计器、表向导等，可以说命令操作、菜单操作也属于交互式操作。系统提供了许多围绕这些工具的选择和对话框，用户可以很方便地进行操作。

4. 程序

程序操作就是预先将实现某种操作处理的命令序列编成程序，通过运行程序来实现操作、管理数据库的操作方式。根据实际应用需要编写的应用程序，能够为用户提供界面简洁直观、操作步骤更符合业务处理流程和规范要求的操作应用环境。程序执行方式运行效率高，而且可以重复执行，但程序的编制需要经过专门训练，只有具备一定设计能力的专业人员方能胜任，普通用户很难编写大型的、综合性较强的应用程序。

习题 1

一、选择题

1. 不属于数据管理技术发展的 3 个阶段是（　　）。

　　A．文件系统管理阶段　　　　　　　　B．高级文件管理阶段

　　C．手工管理阶段　　　　　　　　　　D．数据库系统阶段

2. 在下列模式中，能够给出数据库物理存储结构与物理存取方法的是（　　）。

　　A．逻辑模式　　　　　B．概念模式　　　　　C．内模式　　　　　D．外模式

3. 数据库系统的三级模式不包括（　　）。

　　A．概念模式　　　　　B．内模式　　　　　C．外模式　　　　　D．逻辑模式

4. 以下术语描述的是属性的取值范围的是（　　）。

　　A．字段　　　　　　　B．域　　　　　　　C．关键字　　　　　D．元组

5. 在关系数据库中，用来表示实体间的联系的是（　　）。

　　A．二维表　　　　　　B．树状结构　　　　C．属性　　　　　　D．网状结构

6. 公司中有多个部门和多个职员，每个职员只能属于一个部门，一个部门只能可以有多名职员，则实体部门和职员之间的联系是（　　）。

　　A．m:1 联系　　　　　　　　　　　　B．1:m 联系

　　C．1:1 联系　　　　　　　　　　　　D．m:n 联系

7. 关系代数运算中的五种基本运算是（　　）。

　　A．并、交、差、除、笛卡尔积　　　　B．并、交、差、投影和选择

　　C．并、交、投影、选择和笛卡尔积　　D．并、差、投影、选择和笛卡尔积

8. 建立参照完整性的前提是（　　）。

　　A．先建立表之间的联系　　　　　　　B．系统存在两个自由表

　　C．系统存在两个数据表　　　　　　　D．有一个表

9. 数据处理的中心问题是（　　）。

　　A．数据　　　　　　　　　　　　　　B．处理数据

　　C．数据管理　　　　　　　　　　　　D．数据计算

10. 有关系 R、关系 S 和关系 T 如下，则由关系 R 和关系 S 得到关系 T 的操作是（　　）。

关系 R:		
A	B	C
a	1	2
b	2	1
c	3	1

关系 S:		
A	B	C
a	1	2
d	2	1

关系 T:		
A	B	C
b	2	1
c	3	1

　　　A．并　　　　　　　B．差　　　　　　　C．交　　　　　　　D．自然连接

11．VFP 支持的数据模型是（　　　）。

　　　A．层次数据模型　　　　　　　　　B．关系数据模型

　　　C．网状数据模型　　　　　　　　　D．树状数据模型

12．在 VFP 中，表是指（　　　）

　　　A．报表　　　　　　B．关系　　　　　　C．表格　　　　　　D．表单

13．对于关系 S 和关系 R 进行集合运算，结果中既包含 S 中的元组也包含 R 中的元组，这种集合运算称为（　　）

　　　A．并运算　　　　　B．交运算　　　　　C．差运算　　　　　D．积运算

14．在数据管理技术的发展过程中，可实现数据完全共享的阶段是（　　　）。

　　　A．人工管理阶段　　　B．文件系统阶段　　　C．数据库阶段　　　　D．系统管理阶段

15．从数据库的整体结构看，数据库系统采用的数据模型有（　　　）。

　　　A．网状模型、链状模型和层次模型　　　B．层次模型、网状模型和环状模型

　　　C．层次模型、网状模型和关系模型　　　D．链状模型、关系模型和层次模型

二、思考题

1．简述数据、数据库、数据库管理系统和数据库系统的概念。

2．简述数据库系统的特点。

3．数据模型的组成要素有哪些？

4．实体之间都有哪些联系？请举例说明。

5．数据库管理系统的基本功能有哪些？

第 2 章　Visual FoxPro 6.0 语言基础

学习目的：

Visual FoxPro 6.0 是一个关系型数据库管理系统，同时它还具有计算机高级程序设计语言的特点，Visual FoxPro 6.0 为了便于用户开发应用程序提供了一整套程序设计语言，包括数据类型、常量、变量、函数、表达式等，它们都是构成命令与程序的基本元素，也是后续深入学习 Visual FoxPro 6.0 与开发应用程序的基础。

本章主要介绍 Visual FoxPro 6.0 编程语言基础，通过本章学习，学生应熟练掌握 Visual FoxPro 6.0 常用的数据类型；熟练掌握 Visual FoxPro 6.0 的语法规则；熟练掌握 Visual FoxPro 6.0 的变量及表达式；熟练掌握 Visual FoxPro 6.0 常用命令与函数。

知识要点：

- 常量、变量的基本概念
- Visual FoxPro 6.0 常用的数据类型
- Visual FoxPro 6.0 的常量及应用（字符型常量、数值型常量、货币型常量、日期型常量、日期时间型常量、逻辑型）
- Visual FoxPro 6.0 表达式的概念及应用（算术表达式、字符表达式、日期和时间型表达式、关系表达式、逻辑表达式）
- Visual FoxPro 6.0 的常用函数及其应用（数值函数、字符函数、日期和时间函数、数据类型转换函数、测试函数）

2.1　常量与变量

常量在程序执行的过程中是一个不改变的值，而变量在程序执行过程中允许随时改变其值。下面介绍 Visual FoxPro 中常用的数据类型、常量和变量。

2.1.1　常用数据类型

在 Visual FoxPro 中，所有数据都有一个特定的数据类型，数据类型决定了数据的存储方式和使用方式，定义了数据的允许值和这些值的取值范围及大小。常用的数据类型有字符型、数值型、逻辑型、日期型、日期时间型、货币型。

表 2-1　Visual FoxPro 中常用的数据类型

数据类型	说明	大小	表示范围
字符型数据	用来表示文字或数字等文本	1～254 个字节	任何字符
数值型数据	用来表示十进制的数字	在内存中 8 个字节；在表中 1～20 个字节	-0.999999999 9E+19～0.9999999999E+20

续表

数据类型	说明	大小	表示范围
逻辑型数据	用来表示"真"或"假"的布尔值	1 个字节	"真"（.T.）或"假"（.F.）
日期型数据	用来表示日期的数据，由年、月、日组成	8 个字节	{^0001-01-01}～{^9999-12-31}，即公元 1 年 1 月 1 日～公元 9999 年 12 月 31 日
日期时间型数据	用来表示日期与时间的数据，由年、月、日、小时、分、秒组成	8 个字节	{^0001-01-01,}～{^9999-12-31,} 即公元 1 年 1 月 1 日上午 00：00：00～公元 9999 年 12 月 31 日下午 11:59:59
货币型数据	用来表示货币的数量	8 个字节	-$922337203685477.5807～$922337203685477.5807

2.1.2　常量

常量通常用于表示一个具体的、不变的值。常量在命令和程序中可以直接引用，其特征是在操作过程中其值和表现形式保持不变。常量包括数值型、货币型、字符型、日期型、日期时间型和逻辑型六种，不同类型的常量输入格式和运算规则不同。

1. 字符型常量

字符型常量由英文字符、中文字符、数字字符、空格和其他专用符号组成。字符型常量也称为字符串，字符串必须由定界符将字符串扩起来，其中定界符必须是英文半角状态的单引号（"）、双引号（""）和方括号（[ ]），例如："中华人民共和国"、'China'、[Visual FoxPro 6.0 程序设计]。

字符型常量在使用过程中需要注意以下几点：

- 定界符规定了字符型常量的开始和终止的界限，它不作为字符型常量本身的内容。
- 输入字符型常量时必须有定界符做限定，但输出字符型常量时不显示定界符，即除定界符之外的其他字符按原样输出。
- 定界符必成对匹配，不可以出现左边是单引号而右边是方括号等情况。
- 若定界符本身作为字符串的内容，那么必须选择其他定界符为该字符串定界。
- 在字符型常量中，空串（""）与包含空格的字符串（"　"）不同，空串指不包含任何内容的字符串，此字符串的长度为 0；而在包含空格的字符串中空格也是字符型常量，因此，包含一个空格的字符串的长度是 1。
- 字符型常量中字母区分大小写，即"ABC"与"abc"是两个不同的字符型常量。

例 2.1　在命令窗口中输入以下命令：

```
?"中华人民共和国"
?'China'
?[-125]
?["计算机等级考试"]
```

每条命令分别按 Enter 键执行，输出结果如下：

```
中华人民共和国
China
-125
"计算机等级考试"
```

屏幕显示如图 2-1 所示。

例 2.2　在命令窗口中输入以下命令：

　　　?" Visual FoxPro6.0 程序设计",[123],'字符型常量'
　　　??"[全国计算机等级考试] "

每条命令分别按 Enter 键执行，输出结果如下：

　　Visual FoxPro6.0 程序设计　123　字符型常量[全国计算机等级考试]

屏幕显示如图 2-2 所示。

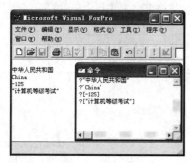

图 2-1　例 2.1 的执行过程及结果　　　　　　图 2-2　例 2.2 的执行过程及结果

输出命令：

● 单问号（?）命令的功能是：另起一行，在新的一行的开始处显示表达式的结果。
● 双问号（??）命令的功能是：不换行，在当前行光标所在处继续显示表达式的结果。

2. 数值型常量

数值型常量由数字 0～9、小数点和正负号组成，用来表示整数或实数的值，例如 7.29、-8、-10.18、100 都是数值型常量。

数值型常量常用的表示形式有两种，基本表示法和科学记数法。

基本表示法：用来直接表示数值型常量中的值，如 234、-100、1.56、-0.0012。

科学记数法：用来表示很大的或很小的数值型常量，如 3.625E15 表示 3.625×10^{15}，3.625E-15 表示 $3.625E15 \times 10^{-15}$。

例 2.3　在命令窗口中输入以下命令：

　　　?1000
　　　?-15.23,100

分别按 Enter 键执行，输出结果如下：

　　1000
　　-15.23 100

屏幕显示如图 2-3 所示。

图 2-3　例 2.3 的执行过程及结果

3. 逻辑型常量

逻辑型常量是用来表示逻辑判断结果"真"与"假"的逻辑值。逻辑型常量只有两个值，即"真"和"假"。

逻辑型常量在使用过程中需要注意以下几点：

● 逻辑真的表示形式有.T.、.t.、.Y.和.y.；
● 逻辑假的表示形式有.F.、.f.、.N.和.n.；
● 逻辑型常量左右两端各有一个句点，它们作为逻辑型常量的定界符是必不可少的，否则会被误认为变量名；

- 逻辑型常量输出时只有两个表示形式，逻辑"真"表示为.T.，逻辑"假"表示为.F.。

例 2.4　在命令窗口中输入以下命令：

    ?.f.,.N.,.T.,.y.,.t.

按 Enter 键执行，输出结果如下：

    .F. .F. .T. .T. .T.

屏幕显示如图 2-4 所示。

4. 日期型常量

日期型常量是用来表示日期值的数据，有两种表示形式，即严格的日期格式和传统的日期格式。

（1）严格的日期格式。

严格的日期格式的表示形式为 {^yyyy-mm-dd}。

在使用严格的日期格式时需要注意以下几点：

- 日期型常量的字界符为{}；
- 花括号内第一个字符必须是脱字符（^）；
- 日期型常量中的年份必须是 4 位数字，例如 2014、2020 等；
- 日期型常量中的年、月、日的顺序不可以变换，也不可以缺省。
- 日期型常量中年、月、日之间的分隔符可以用连字号（-）、斜杠（/）、空格或句点（.）等分隔符。
- 日期型常量的输出格式为 mm/dd/yy。
    - 斜杠（/）为输出日期型数据时系统默认的显示分隔符；
    - 日期型数据在输出时不显示定界符（{ }）；
    - 输出格式默认为 mm/dd/yy，此格式可通过命令进行更改。

例 2.5　在命令窗口中输入以下两条命令：

    ?{^2014-05-12}
    ?{^2014-5-22}

分别按 Enter 键执行，输出结果如下：

    05/12/14
    08/22/14

屏幕显示如图 2-5 所示。

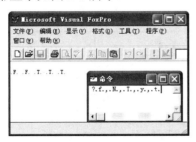　

图 2-4　例 2.4 的执行过程及结果　　　图 2-5　例 2.5 的执行过程及结果

（2）传统的日期格式。

传统的日期格式的表示形式很灵活，例如 {10/10/13}、{10-10-13}、{10 10 2013} 等。

在使用传统的日期格式时需要注意以下几点：

- 传统的日期格式的日期型常量的字界符为{}；

- 传统的日期格式中月、日各为 2 位数字，而年份既可以是 2 位数字，也可以是 4 位数字；
- 传统的日期格式的日期型常量受到 SET DATE TO 和 SET CENTURY TO 设置命令的影响。

（3）影响日期格式的命令。

本书中介绍的所有命令格式，均采用如下规定：方括号（[]）中的参数表示可选，用竖杠（|）分隔的参数表示只能任选其一，尖括号（<>）中的参数由用户提供。

①设置日期显示的分隔符。

命令格式：SET MARK TO [<日期分隔符>]

功能：用于设置显示日期型数据时所使用的分隔符，如"-"、"."等。

在使用该命令时需要注意以下几点：

- 设置的分隔符两边要加字符串定界符（' '、" "或[]）；
- 若执行 SET MARK TO 不指定任何分隔符的命令，则表示恢复系统默认的斜杠（/）分隔符。

例 2.6　在命令窗口中输入以下命令：

```
? {^2014-5-20}
SET MARK TO "."
? {^2014-5-20}
SET MARK TO
? {^2014-5-20}
```

分别按 Enter 键执行，输出结果如下：

```
05/20/14
05-20-14
05/20/14
```

屏幕显示如图 2-6 所示。

②设置日期的显示格式。

命令格式：

图 2-6　例 2.6 的执行过程及结果

SET DATE [TO] YDM|YMD|DMY|AMERICAN|BRITISH| FRENCH| ITALIAN| JAPAN| ANSI| USA| GERMAN

功能：用于设置输出日期型数据时年月日的显示次序。该格式也决定了系统如何解释一个传统格式的日期常量。命令格式中的各个短语所定义的日期格式如表 2-2 所示。

表 2-2　常用的日期格式

短语	格式	短语	格式
YMD	yy/mm/dd	ANSI	yy.mm.dd
MDY	mm/dd/yy	JAPAN	yy/mm/dd
DMY	dd/mm/yy	ITALIAN	dd-mm-yy
AMERICAN	mm/dd/yy	BRITISH/FRENCH	dd/mm/yy
GERMAN	dd.mm.yy	USA	mm-dd-yy

例 2.7　在命令窗口中输入以下命令：

```
?{^2014-05-15}
SET DATE TO YMD
SET MARK TO "-"
```

?{^2014-05-15}

分别按 Enter 键执行，输出结果如下：

05/15/14

14-05-15

屏幕显示如图 2-7 所示。

③设置日期中年份的显示位数。

命令格式：SET CENTURY　ON | OFF|TO[<世纪值>[ROLLOVER<年份参照值>]]

功能：用于设置输出日期时年份是以 2 位还是 4 位显示以及如何解释一个日期数据的年份。

在使用该命令时需要注意以下几点：

- SET CENTURY ON 表示年份以 4 位数字显示；
- SET CENTURY OFF 表示年份以 2 位数字显示，该状态为系统默认状态；
- TO 决定如何解释一个用 2 位数字年份表示的日期所处的世纪。若该日期的 2 位数字年份大于等于<年份参照值>，则它所处的世纪为<世纪值>；否则为<世纪值>+1。

例 2.8　在命令窗口中输入以下命令：

?{^2014-05-20}

SET DATE TO DMY

SET MARK TO " "

SET CENTURY ON

?{^2014-05-20}

分别按 Enter 键执行，输出结果如下：

05 20 14

05 20 2014

屏幕显示如图 2-8 所示。

图 2-7　例 2.7 的执行过程及结果　　　　图 2-8　例 2.8 的执行过程及结果

④设置日期格式检查命令。

命令格式：SET STRICTDATE TO [0|1|2]

功能：用于设置是否对日期格式进行检查。

在使用该命令时需要注意以下几点：

- 0 表示不进行严格的日期格式检查，目的是与早期的 Visual FoxPro 兼容。
- 1 表示进行严格的日期格式检查，它是系统默认的设置。
- 2 表示进行严格的日期格式检查，并且对 CTOD()和 CTOT()函数的格式也有效。

（4）在"选项"对话框中设置日期的输出格式。

单击"工具"→"选项"→"区域"菜单项，打开"选项"对话框，在"区域"选项卡中可以更改日期的输出格式，如图 2-9 所示。

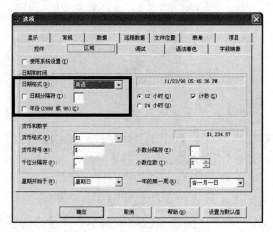

图 2-9　"工具/选项"对话框的"区域"选项卡

注意：无论使用命令方式还是使用对话框的方式对日期的输出格式进行设置，其有效范围都是在未关闭 Visual FoxPro 6.0 窗口之前。如果重新启动 Visual FoxPro 6.0，日期的输出格式将恢复到系统默认的方式。

5. 日期时间型常量

日期时间型常量由日期和时间两部分组成，即{<日期>,<时间>}，是用来表示具体的日期时间。

在使用日期时间型常量时需要注意以下几点：

● <日期>部分与日期型常量的输入格式相同，即{^yyyy-mm-dd}；

● <时间>部分的输入格式为：[hh[:mm[:s]][a|p]]，其中 h 代表小时数，m 代表分钟数，s 代表秒数，三部分之间用冒号（:）相隔，顺序不可颠倒；

● <日期>和<时间>两部分之间用逗号相隔，且逗号不可以省略；

● 日期时间型常量的输出格式为 mm/dd/yy hh:mm:ss AM|PM；

● 日期部分和时间部分之间的逗号输出时变为空格；

● 时间部分的各个参数在输入时如果省略，则输出时 hh、mm、ss、a|p 各参数对应的默认值分别为：12、00、00、AM；

● 如果指定的时间大于等于 12，则默认为下午时间。

例 2.9　在命令窗口中输入以下命令：

```
?{^2014-06-17,11:15 a}
?{^2014-06-17,11:15 p}
?{^2014-06-17,20:15}
?{^2014-06-17,}
?{^2014-06-17}
```

分别按 Enter 键执行，输出结果如下：

```
06/17/14 11:15:00 AM
06/17/14 11:15:00 PM
06/17/14 08:15:00 PM
06/17/14 12:00:00 AM
06/17/14
```

屏幕显示如图 2-10 所示。

6．货币型常量

货币型常量用来表示货币的值。货币型常量以 "$" 符号开头，并由数字和小数点组成。在使用货币型常量时，需要注意以下几点：

- 货币型常量的输入格式是在数值型常量前加一个美元符号（$），例如：$12.34、$-10 等；
- 货币型常量在存储和计算时采用 4 位小数，如果小数位数多于 4 位，系统会自动将多余的小数位进行四舍五入；如果小数位数少于 4 位，系统将自动补零至 4 位；
- 货币型常量输出时不显示$，并且四舍五入保留 4 位小数。

例 2.10 在命令窗口中输入以下命令：

```
?$1.23
?$1.234567
?$-100
```

分别按 Enter 键执行，输出结果如下：

```
1.2300
1.2346
-100.0000
```

屏幕显示如图 2-11 所示。

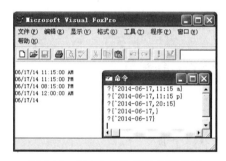

图 2-10　例 2.9 的执行过程及结果

图 2-11　例 2.10 的执行过程及结果

2.1.3　变量

变量是指在程序运行过程中其值可以随时改变的数据。在 Visual FoxPro 6.0 中定义了 3 种类型变量，即字段变量、用户内存变量和系统内存变量。

1．字段变量

Visual FoxPro 6.0 是一种关系型数据库管理系统，一个关系就是一张二维表。二维表中的行为记录，列为字段，也称字段变量，其中字段由字段名和字段值组成。在图 2-12 中，我们把学号、姓名、性别等称为字段名，把每个字段所对应的记录值称为该字段的值，例如，学号字段变量的值有 "BC130101"、"BC130102" 等，姓名字段变量的值有 "李莉莉"、"陈伟杰" 等。

学号	姓名	性别	出生日期	民族	政治面貌	所属院系
BC130101	李莉莉	女	12/03/94	汉	团员	外语
BC130102	陈伟杰	男	10/15/93	汉	团员	外语
BC130103	王丽娜	女	04/27/94	回	群众	外语
BC130104	张庆峰	男	07/20/96	汉	党员	外语

图 2-12　学生表中记录和字段

用户在对表中记录进行操作时，表的记录指针会发生变化。当打开一个表文件时，表中记录指针自动指向表的第一条记录，此时，每个字段变量的取值即为第一条记录对应的值。例如，当前学号字段变量的值为"BC130101"，当表的记录指针指向第二条记录时，学号变量的取值变为"BC130102"，可见字段变量的取值是随着表中记录指针的变化而不断变化的。

字段变量的类型包括字符型、货币型、数值型、浮动型、日期型、日期时间型、双精度型、整型、逻辑型、备注型、通用型、字符型（二进制）和备注型（二进制）等 13 种。

2. 用户内存变量

用户内存变量简称内存变量，内存变量又分为简单内存变量和数组。内存变量的类型包括字符型、数值型、逻辑型、日期型、日期时间型和货币型等 6 种。

（1）简单内存变量。

简单内存变量赋值不需要事先定义变量，给内存变量赋值的同时即表示定义了此变量。内存变量的赋值命令有以下两种格式：

格式 1：<内存变量名>=<表达式>

功能：将<表达式>的值计算出来并赋值给指定的内存变量。

格式 2：STORE <表达式> TO <内存变量名表>

功能：将<表达式>的值计算出来并赋值给指定内存变量名表中的各个内存变量，内存变量名表中的变量名与变量名之间用逗号相隔。

例 2.11　将数值型常量 123 赋值给简单内存变量 X，将字符型常量"Visual FoxPro"赋值给简单内存变量 Y，并在屏幕上输出结果。

按格式 1 给内存变量赋值。在命令窗口中依次输入以下命令：

```
X=123
Y="Visual FoxPro"
?X,Y
```

按格式 2 给内存变量赋值。在命令窗口中依次输入以下命令：

```
store 123 to X
store "Visual FoxPro" to Y
?X,Y
```

命令的执行过程及结果如图 2-13 所示。

图 2-13　例 2.11 的执行过程及结果

例 2.12　将字符型常量"中国"同时赋值给简单内存变量 X、Y、Z，并在屏幕上输出结果。

按格式 1 给内存变量赋值。在命令窗口中依次输入以下命令：

```
X="中国"
Y="中国"
Z="中国"
```

?X,Y,Z

按格式 2 给内存变量赋值。在命令窗口中依次输入以下命令：

store "中国" to X,Y,Z

?X,Y,Z

命令的执行过程及结果如图 2-14 所示。

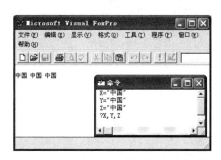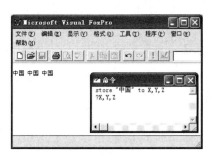

图 2-14　例 2.12 的执行过程及结果

在内存变量赋值时需要注意以下几点：

● 等号一次只能给一个内存变量赋值，STORE 命令可以同时给若干个内存变量赋相同的值。

● 内存变量实质上就是计算机内存中的一个存储区域，我们给这个存储区域取个名字以标识该存储单元的位置，称为变量名；存放在这个存储区域里的数据称为变量值，变量是由变量名和变量值组成。

● 内存变量的类型由赋予该变量的数据的数据类型决定。

● 可以通过对内存变量的重新赋值来改变该变量的数值和类型。

（2）数组变量。

数组是一组有序内存变量的集合。所有数组元素是用一个变量名命名的一个集合，而且每一个数组元素在内存中独占一个内存单元，被视为一个简单内存变量，可以给数组中的各个元素分别赋予相同或不同的数值。Visual FoxPro 6.0 允许定义一维数组和二维数组，数组变量在使用之前必须先定义再引用。

①数组变量的定义。

Visual FoxPro 6.0 中的数组和其他高级语言中的数组有所不同，数组本身是没有数据类型的，各种数组元素的数据类型与最近一次赋值的类型是相同的。

定义数组变量的命令格式有两种，分别为：

格式 1：DIMENSION <数组名 1>(<下标上限 1>[,<下标上限 2>])[,……]

格式 2：DECLARE <数组名 1>(<下标上限 1>[,<下标上限 2>])[,……]

以上两种命令格式的功能完全相同，用来定义一维数组或二维数组，以及有关数组各下标的上限值，各下标的下限值由系统统一规定为 1。数组下标的个数决定了数组的维数，只有一个下标的数组称为一维数组；有两个下标的数组称为二维数组，两个下标之间用逗号相隔。

例 2.13　定义一个包含 5 个数组元素的一维数组 A。

定义命令：

DIMENSION A(5)

或

DECLARE A(5)

以上两个语句都表示定义一个一维数组，数组名为 A，数组中共包含 5 个数组元素，分别为 A(1)、A(2)、A(3)、A(4)、A(5)。

例 2.14 定义一个 2 行 3 列的二维数组 B。

命令如下：

```
DIMENSION B(2,3)
```

或

```
DECLARE B(2,3)
```

以上两个语句都表示定义一个 2 行 3 列的二维数组，数组名为 B，数组 B 中共有 2*3=6 个数组元素，分别为：B(1,1)、B(1,2)、B(1,3)、B(2,1)、B(2,2)、B(2,3)。

例 2.15 定义一个长度为 4 的一维数组 M 和一个 3 行 2 列的二维数组 N。

命令如下：

```
DIMENSION M(4),N(3,2)
```

该语句表示定义一个一维数组 M 和一个二维数组 N。数组 M 中共有 5 个数组元素，分别为 M(1)、M(2)、M(3)、M(4)、M(5)；数组 y 中共有 6 个数组元素，分别为 N(1,1)、N(1,2)、N(2,1)、N(2,2)、N(3,1)、N(3,2)。

数组元素的名称由数组名和用圆括号扩起来的下标组成，例如 M(1)表示一维数组 M 的第 1 个元素，N(3,2)表示二维数组 N 的第 3 行、第 2 列的元素。

②数组变量的赋值和引用。

数组的赋值和引用遵循内存变量的赋值和引用规则。

例 2.16 定义数组 X(2)，Y(2,2)，为数组元素赋值并输出。

```
DIMENSION X(2),Y(2,2)
X(1)= "中国"
X(2)=123
Y(1,1)=.Y.
Y(2,1)=$1.23
Y(2,2)=X(1)
?X(1),X(2),Y(1,1),Y(1,2),Y(2,1),Y(2,2)
```

分别按 Enter 键执行，输出结果如下：

```
中国    123   .T.   .F.   1.2300    中国
```

屏幕显示如图 2-15 所示。

在使用数组和数组元素时，必须注意以下几个问题：

- 数组元素的数据类型与最近一次赋值的类型是相同；
- 数组创建后，系统自动给数组中的每个数组元素赋以逻辑值假.F.；
- 一个数组中各数组元素的数据类型可以不同；
- 给数组名赋值则表示给数组中的每个元素赋值；
- 在同一个运行环境下，数组名不能与简单内存变量名重复；
- 可用一维数组形式访问二维数组。例如，二维数组 B(2,2)中的各个数组元素 B(1,1)、B(1,2)、B(2,1)、B(2,2)分别对应于一维数组中的元素 B(1)、B(2)、B(3)、B(4)。

例 2.17 在命令窗口中输入以下命令：

```
DIMENSION A(5)
STORE "中国" TO A
?A(1),A(2),A(3),A(4),A(5)
```

分别按 Enter 键执行，输出结果如下：

中国　中国　中国　中国　中国

屏幕显示如图 2-16 所示。

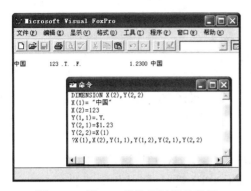

图 2-15　例 2.16 的执行过程及结果　　　　　图 2-16　例 2.17 的执行过程及结果

例 2.18　在命令窗口中输入以下命令：

```
X=12
Y=10
DIMENSION B(2,3)
B(1,1)="Visual FoxPro6.0"
B(1,2)={^2014-10-18}
B(2,1)={^2014-10-18,}
B(2,2)=X+Y
B(2,3)=$40
?B(1),B(2),B(3),B(4),B(5),B(6)
```

分别按 Enter 键执行，输出结果如下：

Visual FoxPro6.0　10/18/14　.F.　10/18/14 12:00:00 AM　22　40.0000

屏幕显示如图 2-17 所示。

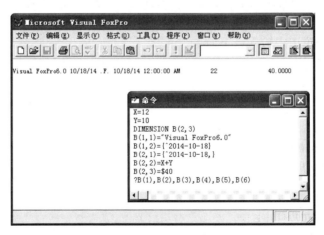

图 2-17　例 2.18 的执行过程及结果

（3）常用的内存变量命令。

①内存变量的赋值命令。

格式 1：<内存变量名>=<表达式>

格式 2：STORE <表达式> TO <内存变量名表>

功能：计算表达式并将表达式的值赋给一个或多个内存变量，格式 1 一次只能给一个变量赋值。

②表达式值的显示命令。

格式 1：?[<表达式表>]

格式 2：??<表达式表>

功能：计算表达式表中的各个表达式，并在屏幕上输出各表达式的值。格式 1 是先输出回车符，然后再输出表达式的值，即换行输出。格式 2 是直接在屏幕上当前光标处输出表达式的值，即同行输出。

③内存变量的显示命令。

格式 1：LIST MEMORY [LIKE<通配符>][TO PRINTER|TO FILE<文件名>]

格式 2：DISPLAY MEMORY [LIKE<通配符>][TO PRINTER|TO FILE<文件名>]

功能：用来显示内存变量的当前信息，包括变量名、作用域、类型和取值。

使用该命令时需要注意以下几点：

- LIST MEMORY 和 DISPLAY MEMORY 命令不加可选项，则表示显示所有内存变量；
- 若选用 LIKE 短语，则表示在主屏幕上显示与通配符相匹配的内存变量。通配符包括 "*" 和 "？"，"*" 表示 0 个或多个任意字符，"？" 表示任意一个字符。例如，LIST MEMORY LIKE A* 表示只显示首字母为 A 的所有内存变量；
- 可选项 TO PRINTERET 用于在显示的同时送往打印机；
- 可选项 TO FILE<文件名>用于在显示内存变量的同时将内存变量存入指定的文件名的文本文件中，文件的扩展名为.txt；
- LIST MEMORY 与 DISPLAY MEMORY 的区别：LIST MEMORY 是一次显示与通配符相匹配的所有的内存变量，如果内存变量一屏显示不下，则自动滚屏，直到显示到最后一屏停止；DISPLAY MEMORY 是分屏显示与通配符相匹配的所有的内存变量，一屏显示不下则暂停显示，等待用户按任意键之后继续显示下一屏，直到显示到最后一屏。

例 2.19　在命令窗口中输入以下命令：

```
X=12
Y=10
DIMENSION A(4),B(2,3)
STORE "中国" TO A(2),A(4)
B(1,1)="Visual FoxPro6.0"
B(1,2)={^2014-10-18}
B(2,1)={^2014-10-18,}
B(2,2)=X+Y
B(2,3)=$40
DISPLAY MEMORY LIKE B*
```

分别按 Enter 键执行之后，屏幕显示结果如图 2-18 所示。

若执行命令 DISPLAY MEMORY，则在主屏幕上显示第一屏的结果，如图 2-19 所示，按任意键之后跳到下一屏继续显示结果。

```
B
      (    1,    1)           Pub     A
      (    1,    1)                   C    "Visual FoxPro6.0"
      (    1,    2)                   D    10/18/14
      (    1,    3)                   L    .F.
      (    2,    1)                   T    10/18/14 12:00:00 AM
      (    2,    2)                   N    22          (           22.00000000)
      (    2,    3)                   Y    40.0000
```

图 2-18　显示例 2.19 中首字母为 B 的内存变量的信息

图 2-19　例 2.19 的执行结果中第一屏的显示信息

④内存变量的清除命令。

格式 1：CLEAR MEMORY

格式 2：RELEASE ALL [EXTENDED]

格式 3：RELEASE <内存变量名表>

格式 4：RELEASE ALL [LIKE <通配符>|EXCEPT <通配符>]

功能：

● 格式 1 表示清除所有内存变量；

● 格式 2 表示清除指定的内存变量；

● 格式 3 表示清除所有内存变量。在人机对话状态时其功能与格式 1 相同。如果该命令出现在程序中，则应该加上短语 EXTENDED，否则不能删除全局内存变量；

● 格式 4 中若选用 LIKE 短语，则表示清除与通配符相匹配的内存变量；若选用 EXCEPT 短语，则表示清除与通配符不匹配的内存变量。

例 2.20　在命令窗口中输入以下命令：

```
CLEAR MEMORY
X1=12
Y1=10
DIMENSION X(5),Y(2,2)
STORE "中国" TO X(2),X(4)
X(1)=123
Y(1,1)="Visual FoxPro6.0"
Y(1,2)={^2014-10-18}
```

　　Y(2,1)={^2014-10-18,}
　　Y(2,2)=X1+Y1
　　DISPLAY MEMORY

分别按 Enter 键执行之后，屏幕显示结果如图 2-20 所示。

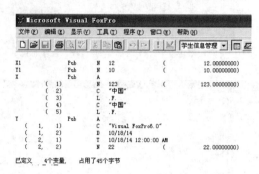

图 2-20　显示例 2.20 中定义的所有内存变量的信息

例 2.21　在执行例 2.20 命令以后，再执行以下命令：

　　RELEASE ALL LIKE Y*
　　X(3)={^2014-06-06}
　　LIST MEMORY LIKE X*

分别按 Enter 键执行之后，屏幕显示结果如图 2-21 所示。

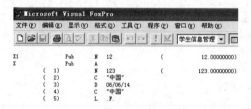

图 2-21　显示例 2.21 中所有内存变量的信息

⑤字段变量与内容变量之间的数据传递命令

表文件中的数据是以记录的方式进行存储和使用的，而数组中的数据也是以批量的形式进行存储的，这种存储上的特点可以方便数组与数据库表之间进行数据交换，且数据传递速度快，能够使编写出来的程序更加简洁。Visual FoxPro 为用户提供了数组与数据库表之间的数据传递的命令。

● 将表的当前记录的数据传递到内存变量数组中。

格式 1：SCATTER [FIELDS<字段名表>][MEMO] TO <数组名> [BLANK]

格式 2：SCATTER [FIELDS LIKE<通配符>| FIELDS EXCEPT<通配符>][MEMO] TO <数组名> [BLANK]

功能：

格式 1 的功能是将表当前记录的指定各字段变量中的数据依次传递到指定数组从第一个数组元素开始的内存变量中。

格式 2 的功能是在数据传递时用通配符指定或排除某些字段变量。

使用该命令时需要注意以下几点：

➢ 格式 1 中若缺省 FIELDS<字段名表>短语，则将表中除备注型（M）和通用型（G）的字段变量中的数据依次传递到数组中的各个数组元素中；

➢ 如果指定的数组不存在，则系统自动创建该数组；
➢ 若数组中数组元素的个数少于表中字段变量的个数，则系统自动创建其余数组元素；
➢ 若数组中数组元素的个数多于表中字段变量的个数，则多余的数组元素的内容保持不变；
➢ 若选用 MEMO 短语，则传递备注型字段变量的值；
➢ 若选用 BLANK 短语，则产生一个空数组，数组的大小和各数组元素的类型与表中当前记录对应的字段变量类型相同。

例 2.22　打开"学生"表，表结构和表中记录如图 2-22 所示，将表中第一条记录的内容传递到数组 A 中。

学号	姓名	性别	出生日期	民族	政治面貌	所属院系
BC130101	李莉莉	女	12/03/94	汉	团员	外语
BC130102	陈伟杰	男	10/15/93	汉	团员	外语
BC130103	王丽娜	女	04/27/94	回	群众	外语
BC130104	张庆峰	男	07/20/96	汉	党员	外语
BC130201	王君龙	男	09/04/95	满	党员	计算机科学与技术
BC130202	薛梅	女	05/16/94	汉	团员	计算机科学与技术
BC130203	孙玮	男	11/23/93	汉	群众	计算机科学与技术
BC130301	李志博	男	10/05/94	汉	团员	艺术
BC130302	钱晓霞	女	05/18/95	回	党员	艺术
BC130401	赵立强	男	08/17/94	蒙古	党员	自动化
BC130402	胡晓磊	男	11/10/94	群众	群众	自动化
BC130403	朴凤姬	女	10/12/95	朝鲜	团员	自动化
BC130501	范蓓怡	女	06/13/94	汉	群众	经济管理
BC130502	张新贺	男	09/17/95	满	团员	经济管理
BC130503	马平川	男	04/13/99	汉	党员	经济管理

图 2-22　"学生"表记录

```
USE 学生                                   &&打开"学生"表
SCATTER TO A
? A(1), A(2), A(3), A(4), A(5),A(6),A(7)     &&显示数组 A 中各元素的值
```

分别按 Enter 键执行，输出结果如下：

BC130101　　李莉莉　　　女　12/03/94　汉　团员　外语

屏幕显示如图 2-23 所示。

图 2-23　例 2.22 的执行过程及结果

● 将内存变量数组中的数据传递到表的当前记录中。

格式 1： GATHER FROM <数组名>[FIELDS<字段名表>][MEMO]

格式 2： GATHER FROM <数组名>[FIELDS LIKE<通配符>| FIELDS EXCEPT<通配符>][MEMO]

功能：

格式 1 的功能是将数组中的数据作为一条记录传递到表的当前记录中。从第一个数组元素开始，依次向字段名表中的字段变量中传递数据。若缺省[FIELDS<字段名表>]选项，则依次向表中所有字段变量中传递数据。

格式 2 的功能是在数据传递时用通配符指定或排除某些字段变量。

使用该命令时需要注意以下几点：

● 若数组元素个数多于指定的字段变量的个数，则多余的数组元素被忽略；
● 若数组元素个数少于指定的字段变量的个数，则多余的字段变量值保持不变；
● 若选用 MEMO 短语，则在数据传递时包含备注型字段，否则备注型字段不予考虑。
● FIELDS LIKE<通配符>与 FIELDS EXCEPT<通配符>两个选项可以同时使用。

例 2.23 打开"学生"表，表结构和表中记录如图 2-20 所示，向表中追加一条空记录，将数组 STU 中的数据传递到"学生"表中。

```
DIMENSION STU(5)                      &&创建包含 5 个元素的一维数组 STUD
STORE "BC130303" TO STU(1)            &&给数组元素赋值，注意数据类型
STORE "胡梅梅" TO STU(2)
STORE "女" TO STU(3)
STORE {^1996-7-20} TO STU(4)
STORE "藏" TO STU(5)
STORE "群众" TO STU(6)
STORE "艺术" TO STU(7)
USE 学生                               &&打开 student 表
APPEND BLANK                          &&在表的结尾追加一条空记录
GATHER FROM STUD
?学号,姓名,性别,出生日期,民族,政治面貌,所属院系       &&显示字段变量的值
```

执行后，在主屏幕上显示结果为：

BC130303 胡梅梅   女 07/20/96 藏 群众 艺术

注意：当内存变量名和字段变量名相同时，使用该变量名时被系统默认为字段变量，若要引用的是内存变量的话，则需要在内存变量名前面加上"M."，以和同名字段变量相区分。

例如：在命令窗口中输入如下两条命令并执行：

```
store "潘伟柏" to 姓名
?姓名,M.姓名
```

屏幕上显示结果为：

李莉莉   潘伟柏

3. 系统内存变量

为了方便用户和程序员操作，Visual FoxPro 提供了很多事先定义好的变量，称为系统变量。为了与一般内存变量相区别，系统变量以下划线"_"开始，所以我们在定义用户内存变量时要避免以"_"开始，以免与系统变量冲突。例如系统变量_DIARYDATE 用来表示当前日期，我们可以显示并修改系统变量的值，例如，在命令窗口中输入如下命令执行：

```
?_diarydate
store {^2014-10-10} to _diarydate
?_diarydate
```

屏幕显示结果如图 2-24 所示。

图 2-24　显示、修改系统变量的执行过程及结果

2.2　表达式

表达式是指由常量、变量和函数通过特定的运算符连接起来的、可以计算出结果的式子，计算出来的结果称为表达式的值。

在 Visual FoxPro 中，有 5 种类型的运算符，分别为算术运算符、字符串运算符、日期时间运算符、关系运算符和逻辑运算符。由这 5 种运算符可以构成 5 类表达式：算术表达式、字符串表达式、日期时间表达式、关系表达式和逻辑表达式。单个的常量、变量和函数也可称为表达式，是表达式的一种特例。

2.2.1　数值表达式

数值表达式又称算术表达式，是由算术运算符将数值型常量、变量及数值型函数连接起来的式子。数值表达式的运算结果仍然为数值型数据。

1．算术运算符

数值表达式中的算术运算符与日常使用的运算符稍有区别，算术运算符的含义及其优先级如表 2-3 所示。

表 2-3　算术运算符及其优先级

运算符	说明	优先级
（　）	圆括号	1
**或^	乘方运算	2
*、/、%	乘运算、除运算、求余运算	3
+、−	加运算、减运算	4

关于求余运算符%的运算规则补充说明如下：
● 求余运算的结果是返回两个数值表达式相除的余数；
● 求余运算结果的正负号与除数一致；
● 若被除数与除数的正负号相同，则运算结果为两数相除的余数；
● 或被除数与除数的正负号相异，则运算结果为两数相除的余数再加上除数的值；
● 除数不能为 0；
● 余数的绝对值小于除数的绝对值。
在运算时，先计算优先级别较高的运算符，再计算优先级别较低的运算符。对于同级运算符，按照从左到右出现的顺序进行计算。

2．数值表达式的应用

例 2.24　将数学算式 $\left(\dfrac{1}{2}-\dfrac{1}{4}\right)\times 2.2+5^{3}-3^{2}$ 改写为数值表达式，并计算表达式的值。

$\left(\dfrac{1}{2}-\dfrac{1}{4}\right)\times 2.2+5^{3}-3^{2}$ 的数值表达式形式为：(1/2-1/4)*2.2+5^3-3**2。

表达式的值为 116.55，如图 2-25 所示。

例 2.25　将数学算式 $\dfrac{-b+\sqrt{b\times b-4ac}}{2a}$ 改写为数值表达式，并计算当 a=1，b=-2，c=1 时表达式的值。

$\dfrac{-b+\sqrt{b\times b-4ac}}{2a}$ 的数值表达式形式为：(-b+(b**2-4*a*c)^(1/2))/2*a。

当 a=1，b=-2，c=1 时，表达式的值为 1，如图 2-26 所示。

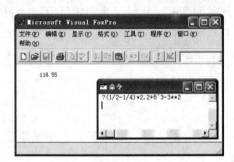
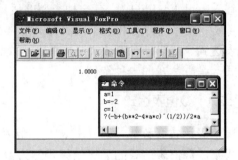

图 2-25　例 2.24 的执行过程及结果　　　　图 2-26　例 2.25 的执行过程及结果

例 2.26　计算以下数值表达式的值（求余运算）：

（1）17%5

（2）-17%-5

（3）-17%5

（4）17%-5

在命令窗口中输入以下命令：

　　? 17%5, -17%-5, -17%5, 17%-5

按 Enter 键执行之后，在主屏幕上显示的结果为：

　　2　　　-2　　　3　　　-3

命令的执行过程及结果如图 2-27 所示。

例 2.27　计算以下数值表达式的值。

（1）43%2**2

（2）62%3*3

分别在命令窗口中输入并执行，输出结果如下：

　　3　　　　　6

屏幕显示结果如图 2-28 所示。

注：表达式（1）先做乘方运算，后做求余运算；表达式（2）先做求余运算，后做乘法运算。

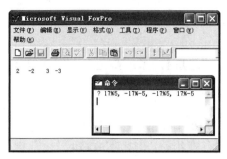

图 2-27 例 2.26 的执行过程及结果

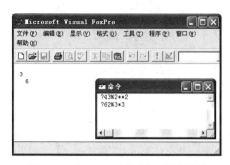

图 2-28 例 2.27 的执行过程及结果

2.2.2 字符表达式

字符表达式是由字符串运算符将字符型数据连接起来的式子，其运算结果仍然为字符型数据。

1. 字符串运算符

字符串运算符有两种，完全连接运算符"+"和不完全连接运算符"-"，它们的运算优先级相同。

"+"：将前后两个字符串首尾连接，形成一个新的字符串。

"-"：连接前后两个字符串，并将前字符串的尾部空格移到合并后的新字符串尾部。

2. 字符表达式的应用

例 2.28 在命令窗口中输入以下命令（"□"代表空格）：

    ?"Visual□"+"FoxPro"
    ?"Visual□"-"FoxPro"

分别按 Enter 键执行，输出结果如下：

    Visual□FoxPro
    VisualFoxPro□

屏幕显示如图 2-29 所示。

例 2.29 在命令窗口中输入以下命令（"□"代表空格）：

    X="Visual□FoxPro□"
    Y="程序设计"
    ?X+Y
    ?X-Y

分别按 Enter 键执行，输出结果如下：

    Visual□FoxPro□程序设计
    Visual□FoxPro 程序设计□

屏幕显示如图 2-30 所示。

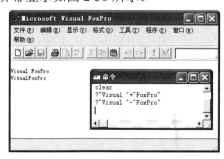

图 2-29 例 2.28 的执行过程及结果

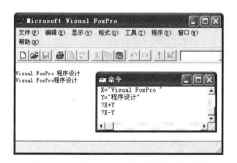

图 2-30 例 2.29 的执行过程及结果

2.2.3　日期时间表达式

日期时间表达式是由日期时间运算符将日期型、日期时间型或数值型数据连接起来的式子。日期时间表达式的返回结果可以是日期型、日期时间型和数值型的数据。

1.　日期时间运算符

在 Visual FoxPro 中，日期时间运算符有两种"+"和"-"，两个运算符的运算优先级相同。

日期时间表达式的运算格式有一定的限制，不能任意组合。例如不能将两个<日期>用"+"连接，不能使用<天数>-<日期>或者<秒数>-<日期时间>等。合法的日期时间表达式的运算格式如表 2-4 所示。

表 2-4　日期时间表达式的格式

格式	说明	结果类型
<日期>+<天数>	指定日期若干天后的日期	日期型
<天数>+<日期>	指定日期若干天后的日期	日期型
<日期>-<天数>	指定日期若干天前的日期	日期型
<日期>-<日期>	两个指定日期相差的天数	数值型
<日期时间>+<秒数>	指定日期时间若干秒后的日期时间	日期时间型
<秒数>+<日期时间>	指定日期时间若干秒后的日期时间	日期时间型
<日期时间>-<秒数>	指定日期时间若干秒前的日期时间	日期时间型
<日期时间>-<日期时间>	两个指定日期时间相差的秒数	数值型

注："+"和"-"既可以作为日期时间运算符，也可以作为算术运算符和字符串连接运算符，在使用中，要根据其连接的数据类型判断其运算符的类型。

2.　日期时间表达式的应用

例 2.30　计算以下日期时间表达式的结果：

（1）{^2014-05-10}+5

（2）{^2014-05-10}-10

（3）{^2014-10-10}-{^2014-09-10}

（4）15+{^2014-10-10}

分别按 Enter 键执行，输出结果如下：

> 05/15/14
> 04/30/14
> 30
> 10/25/14

屏幕显示如图 2-31 所示。

例 2.31　计算以下日期时间表达式的结果：

（1）{^2014-05-10,09:20}+5

（2）{^2014-05-10,}-10

（3）{^2014-05-10,09:20}-{^2014-05-10,08:20}

（4）{^2014-05-10,09:20:30}-20

分别按 Enter 键执行，输出结果如下：

05/10/14 09:20:05 AM
05/10/14 11:59:50 PM
3600
05/10/14 09:20:10 PM

屏幕显示如图 2-32 所示。

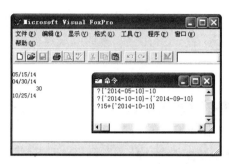

图 2-31　例 2.30 的执行过程及结果

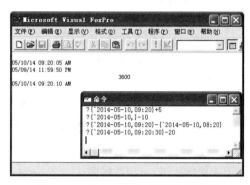

图 2-32　例 2.31 的执行过程及结果

2.2.4　关系表达式

关系表达式是由关系运算符将两个运算对象连接起来形成的式子，运算结果为逻辑型常量（.T.或.F.），即不是"真"就是"假"。

格式：<表达式 1> <关系运算符> <表达式 2>

功能：关系运算是运算符两边同类型数据的比较，关系成立结果为.T.；反之结果为.F.。

1. 关系运算符

关系表达式中的关系运算符及其含义如表 2-5 所示。

表 2-5　关系运算符及其含义

运算符	说明	运算符	说明
<	小于	<=	小于或等于
>	大于	>=	大于或等于
=	等于	==	字符串精确比较
<>、#或!=	不等于	$	子串包含测试

所有关系运算符的优先级相同，其中"=="和"$"仅适用于字符型数据的比较，其他运算符适用于任何类型的数据。

2. 各种类型数据的比较方法

关系运算符在进行比较运算时，对于不同类型的数据，其比较方法不同。

（1）数值型和货币型数据进行比较，按数值的大小进行比较。

（2）日期型或日期时间型数据进行比较，按日期或日期时间的早晚进行比较，日期或日期时间型数据的值越晚其值越大。

（3）逻辑型数据进行比较，逻辑真（.T.）大于逻辑假（.F.）。

例 2.32　计算下列关系表达式的结果：

（1）3>5

（2）-5>-6

（3）$123<$100

（4）{^2014-10-10}>{^2013-10-10}

（5）{^2014-10-10}#{^2013-10-10}

（6）{^2014-10-10,}={^2014-10-10,12:00:00 a}

（7）(10<8)>($12.56>=$2.56)

分别按 Enter 键执行后，输出结果如下：

　.F.　　.T.　　.F.　　.T.　　.T.　　.T.　　.F.

屏幕显示如图 2-33 所示。

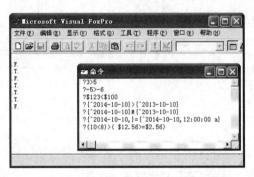

图 2-33　例 2.32 的执行过程及结果

（4）字符型数据进行比较。

Visual FoxPro 中两个字符串进行比较时，系统对两个字符串的字符从左向右逐个进行比较，一旦发现两个字符对应字符不同，就根据这两个字符的大小决定两个字符串的大小。

字符进行比较大小取决于字符集中字符的排序次序，排前面的字符小，排在后面的字符大。在中文 Visual FoxPro 中，默认的字符排序次序名为"PinYin"，但还可以通过命令将字符排序次序名设置为"Machine"或"Stroke"。

设置字符排序次序的命令格式：SET COLLATE TO"<排序次序名>"

说明：<排序次序名>两边必须加英文半角引号，次序名可以为："Machine"、"PinYin"或"Stroke"。

● Machine（机器）次序：对于西文字符，按照 ASCII 码表的顺序排列，空格<大写字母<小写字母。大小写字母之间按照英文字母表的顺序排列，a 最小，z 最大。对于汉字，按照汉语拼音的顺序进行比较。

● PinYin（拼音）次序：对于西文字符，空格<小写字母<大写字母；大小写字母之间按照英文字母表的顺序排列，a 最小，z 最大。对于汉字，按照汉语拼音的顺序进行比较。

● Stroke（笔画）次序：无论中文还是西文，均按照笔画的多少进行比较。

例 2.33　输出下列字符表达式的结果（"□"代表空格）：

```
SET COLLATE TO "Machine"
    ?"□a"<"A"
    ??"a"<"A"
    ??"a□">"ac"
    ??"aBc"<"abc"
```

　　??"张三"<"张一"

　　??"中国□北京" <"中国北京"

分别按 Enter 键执行，输出结果如下：

　　.F.　　.F.　　.T.　　.T.　　.T.　　.T.

屏幕显示如图 2-34 所示。

例 2.34　输出下列字符表达式的结果（"□"代表空格）：

　　SET COLLATE TO "Stroke"

　　?"abc">"afc"

　　??"a"<"A"

　　??"三">"一"

分别按 Enter 键执行，输出结果如下：

　　.F.　　.T.　　.T.

屏幕显示如图 2-35 所示。

图 2-34　例 2.33 的执行过程及结果　　　　图 2-35　例 2.34 的执行过程及结果

①字符串精确比较。

当使用双等号运算符（==）进行字符串比较时，只有当左右两个字符串完全相同（包括空格以及各字符的位置）时，运算结果才为逻辑真（.T.），否则为逻辑假（.F.）。

当使用单等号运算符（=）进行字符串比较时，运算结果与 SET EXACT ON|OFF 的设置有关：

- 在 SET EXACT OFF 状态下，当右边字符串与左边的字符串前面部分内容相匹配时，结果为真，否则结果为假。SET EXACT OFF 为系统默认状态。
- 在 SET EXACT ON 状态下，先在较短字符串的尾部加上若干个空格，使两个字符串的长度相等，再进行比较，二者完全相等时，结果为真，否则结果为假。

表 2-6　字符串比较运算

操作数	==	=（SET EXACT OFF 状态）	=（SET EXACT ON 状态）
"abc"与"abc"	.T.	.T.	.T.
"abc"与"ab"	.F.	.T.	.F.
"abc"与"ab□"	.F.	.F.	.F.
"ab□"与"ab"	.F.	.T.	.T.
"ab"与"ab□"	.F.	.F.	.T.
"a□bc"与"ab"	.F.	.F.	.F.
"□"与""	.F.	.T.	.F.

②$（子串包含测试）

格式：<字符表达式 1>$<字符表达式 2>

功能：如果<字符表达式 1>是<字符表达式 2>的子串，则结果为逻辑真（.T.），否则结果为逻辑假（.F.）。

例 2.35　输出下列字符表达式的结果（"□"代表空格）：

　　? "abc"$"abcd"
　　?"计算机"$"计算"
　　store "ABC" to X
　　store "ab" to Y
　　?Y$X

分别按 Enter 键执行，输出结果如下：

　　.T.　.F.　.F.

屏幕显示如图 2-36 所示。

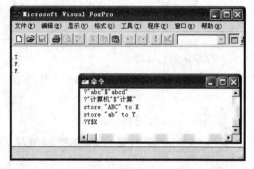

图 2-36　例 2.35 的执行过程及结果

2.2.5　逻辑表达式

逻辑表达式是由逻辑运算符将逻辑型数据连接起来的式子，其中的逻辑型数据可以为逻辑型的常量、变量或运算结果为逻辑型的函数。逻辑表达式的运算结果仍然为逻辑型数据。

1．逻辑运算符

逻辑运算符含义及其优先级如表 2-7 所示。

表 2-7　逻辑运算符及其优先级

运算符	说明	优先级
.NOT.或!	逻辑非，当其右边的值为假时，结果为真；当其右边的值为真时，结果为假	1
.AND.	逻辑与，左右两边都为真时结果才为真	2
.OR.	逻辑或，左右两边有一边为真时结果就为真	3

逻辑运算符两边都是逻辑表达式，优先级顺序为.NOT.>.AND.>.OR.。逻辑运算符两边的圆点可以省略。逻辑运算规则如表 2-8 所示，其中 A、B 表示两个逻辑型数据对象。

表 2-8　逻辑运算真值表

X	Y	.NOT.X	X .AND. Y	X .OR. Y
.T.	.T.	.F.	.T.	.T.
.T.	.F.	.F.	.F.	.T.
.F.	.T.	.T.	.F.	.T.
.F.	.F.	.T.	.F.	.F.

2．逻辑表达式的应用

例 2.36　在命令窗口中输入以下命令：

　　STORE .T. TO X
　　STORE .F. TO Y
　　?NOT(X)

　　?X AND Y
　　?X OR Y
分别按 Enter 键执行，输出结果如下：
　　.F.　　.F.　　.T.
屏幕显示如图 2-37 所示。

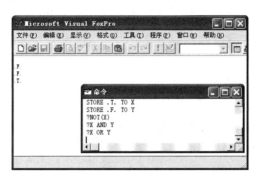

图 2-37　例 2.36 的执行过程及结果

2.2.6　各种运算符的优先级

以上介绍了各种类型的表达式及其使用的运算符，每类表达式中的运算符都有其优先级的顺序。当不同类型的运算符出现在同一表达式中时，各类运算符的优先级顺序如表 2-9 所示。

表 2-9　各种运算符及其优先级

运算符	优先级
圆括号	1
算术运算符、字符串运算符、日期时间运算符	2
关系运算符	3
逻辑运算符	4

当算术运算符、字符串运算符和日期时间运算符同时出现时，按自左到右的顺序依次执行。

例 2.37　在命令窗口中输入以下命令：
　　?5-2<2 OR NOT ("苹"<"果") AND "AB"$"ACB"
按 Enter 键执行，输出结果如下：
　　.F.

2.3　常用函数

函数是一种预先编制好的程序代码，用于实现一定的功能，并供其他程序或函数调用。函数的语法格式如下：
　　函数名([参数 1[,参数 2[,……]]])
函数的类型其实就是函数值的类型，主要有数值型、字符型、日期型、逻辑型等。函数值可以作为一个数据再和其他数据进行运算。

Visual FoxPro 包含的常用函数可以分为以下几种：

（1）数值函数，这些函数操作或返回数值型数据。

（2）字符串函数，这些函数操作字符型数据。

（3）数据转换函数，这些函数把数据从一种类型转换到另一种类型。

（4）日期时间函数，这些函数产生与操作日期和日期时间型数据。

（5）测试函数，这些函数返回逻辑判断的结果。

2.3.1　数值函数

数值函数是指函数值为数值的一类函数，其自变量和返回值均为数值型数据。数值函数主要用于数值运算。

1．求绝对值函数

格式：ABS(<数值表达式>)

功能：返回指定数值表达式的绝对值。

例 2.38　在命令窗口中输入以下命令：

```
STORE -10 TO x
?ABS(x),ABS(x+20),ABS(x*(-3))
```

按 Enter 键执行，输出结果如下：

```
   10   10   30
```

2．取符号函数

格式：SIGN(<数值表达式>)

功能：返回指定数值表达式的符号。当表达式的结果为正、负和零时，返回值分别是 1，-1 和 0。

例 2.39　在命令窗口中输入以下命令：

```
STORE -10 TO x
?SIGN(x),SIGN(x+10),SIGN(-x)
```

按 Enter 键执行，输出结果如下：

```
   -1       0       1
```

3．求圆周率函数

格式：PI(<数值表达式>)

功能：返回圆周率 π 的值（数值型）。该函数没有自变量。

例 2.40　在命令窗口中输入以下命令：

```
?PI()
```

按 Enter 键执行之后，在主屏幕上显示的结果为：

```
   3.14
```

4．求整数函数

格式：INT(<数值表达式>)

　　　CEILING(<数值表达式>)

　　　FLOOR(<数值表达式>)

功能：INT()返回指定数值表达式的整数部分（不进行四舍五入）。

　　　CEILING()返回大于或等于数值表达式的最小整数。

　　　FLOOR()返回小于或等于数值表达式的最大整数。

例 2.41　在命令窗口中输入以下命令：

```
STORE 10.8 TO x
```

```
?INT(x),INT(-x)
?CEILING(x),CEILING(-x)
?FLOOR(x),FLOOR(-x)
```

分别按 Enter 键执行，输出结果如下：

```
10      -10
11      -10
10      -11
```

5. 求余数函数

格式：MOD(<数值表达式 1>,<数值表达式 2>)

功能：返回两个数值表达式相除后的余数。

注：

● <数值表达式 1>是被除数，<数值表达式 2>是除数；

● 余数的正负号与除数相同；

● 此函数的运算方法和求余符号"%"相同，相当于求<数值表达式 1>%<数值表达式 2>的值。

例 2.42　在命令窗口中输入以下命令：

```
x=17
y=3
? MOD(x,y), MOD(-x,-y), MOD(-x,y), MOD(x,-y)
```

分别按 Enter 键执行，输出结果如下：

```
2      -2      1      -1
```

6. 四舍五入函数

格式：ROUND(<数值表达式 1>,<数值表达式 2>)

功能：返回指定数值表达式在指定位置四舍五入后的结果。

注：

● <数值表达式 1>表示在指定位置要进行四舍五入的数据；

● <数值表达式 2>表示指定四舍五入的位置；

● 当<数值表达式 2>大于等于 0 时，表示要保留的小数位数；

● 当<数值表达式 2>小于 0 时，表示整数部分的舍入位数。

例 2.43　在命令窗口中输入以下命令：

```
STORE 526.725 TO x
?ROUND(x,2),ROUND(x,1),ROUND(x,0),
??ROUND(x,-1),ROUND(x,-2),ROUND(x,-3),ROUND(x,-4)
```

分别按 Enter 键执行，输出结果如下：

```
526.73    526.7    527
530    500    1000    0
```

7. 求平方根函数

格式：SQRT(<数值表达式>)

功能：返回指定表达式的平方根。自变量表达式的值不能为负。

例 2.44　在命令窗口中输入以下命令：

```
STORE -100 TO x
STORE 36 TO y
```

?SQRT(ABS(x)),SQRT(y)

分别按 Enter 键执行，输出结果如下：

10.00   6.00

8. 求最大值和最小值函数

格式：MAX(<数值表达式 1>,<数值表达式 2>[,<数值表达式 3>…])

MIN(<数值表达式 1>,<数值表达式 2>[,<数值表达式 3>…])

功能：MAX()计算各自变量表达式的值，并返回其中的最大值。

MIN()计算各自变量表达式的值，并返回其中的最小值。

自变量表达式的类型也可以是字符型、货币型、逻辑型、日期型和日期时间型，但所有表达式的类型必须相同。

例 2.45　在命令窗口中输入以下命令：

?MAX(10,20,5),MAX("visual","foxpro","good"),MIN("10","20","5")

按 Enter 键执行之后，在主屏幕上显示的结果为：

20   visual   10

2.3.2　字符函数

字符函数是处理字符类型数据的一类函数，其自变量或函数值中至少有一个是字符型的数据。

1. 求字符串长度函数

格式：LEN(<字符表达式>)

功能：返回指定字符表达式值的长度，即所包含的字符的个数。一个字母或一个字符的长度为 1，一个汉字的长度为 2。

返回值：数值型。

例 2.46　在命令窗口中输入以下命令（"□"代表空格）：

?LEN("Hello World!"),LEN("计算机等级考试")

?LEN(""),LEN("□□")

?LEN(SPACE(5)-SPACE(3))

分别按 Enter 键执行，输出结果如下：

12   14

0   4

8

2. 空格字符串生成函数

格式：SPACE(<数值表达式>)

功能：返回由数值表达式中指定数目的空格组成的字符串。

例 2.47　在命令窗口中输入以下命令：

?LEN(SPACE(15))

按 Enter 键执行之后，在主屏幕上显示的结果为：

15

3. 删除前后空格函数

格式：TRIM(<字符表达式>)

LTRIM(<字符表达式>)

ALLTRIM(<字符表达式>)

功能：TRIM()返回指定字符表达式值去掉尾部空格后形成的字符串。

LTRIM()返回指定字符表达式值去掉前导空格后形成的字符串。

ALLTRIM()返回指定字符表达式值去掉前导和尾部空格后形成的字符串。

例 2.48　在命令窗口中输入以下命令（"□"代表空格）：

```
STORE SPACE(2)+" Visual□FoxPro6.0 程序设计"+SPACE(3) TO x
?x
?TRIM(x)
?LTRIM(x)
?ALLTRIM(x)
?LEN(x),LEN(TRIM(x)),LEN(LTRIM(x)),LEN(ALLTRIM(x))
```

分别按 Enter 键执行，输出结果如下：

```
□□中文 Visual□FoxPro6.0□□□
□□中文 Visual□FoxPro6.0
中文 Visual□FoxPro6.0□□□
中文 Visual□FoxPro6.0
31    28    28    25
```

4. 大小写转换函数

格式：LOWER(<字符表达式>)

UPPER(<字符表达式>)

功能：LOWER()将指定字符表达式中的大写字母转换成小写字母，其他字符不变。

UPPER()将指定字符表达式中的小写字母转换成大写字母，其他字符不变。

例 2.49　在命令窗口中输入以下命令：

```
STORE " Visual FoxPro6.0 程序设计" TO x
?LOWER(x)
?UPPER(x)
```

分别按 Enter 键执行，输出结果如下：

```
visual foxpro6.0 程序设计
VISUAL FOXPRO6.0 程序设计
```

5. 取子串函数

格式：LEFT(<字符表达式>,<N>)

RIGHT(<字符表达式>,<N>)

SUBSTR(<字符表达式>,<起始位置>,[,<N>])

功能：LEFT()返回从指定字符表达式的左端开始的 N 个字符作为函数值。

RIGHT()返回从指定字符表达式的右端开始的 N 个字符作为函数值。

SUBSTR()返回从指定字符表达式的<起始位置>开始的 N 个字符作为函数值。若缺省第三个自变量<长度 N>，则函数从起始位置开始一直取到最后一个字符。

例 2.50　在命令窗口中输入以下命令：

```
?LEFT("visual foxpro6.0",5)
?RIGHT("visual foxpro6.0",5)
?SUBSTR("visual foxpro6.0",5)
?SUBSTR("visual foxpro6.0",5,5)
?SUBSTR("VFP 程序设计",6,4)
```

分别按 Enter 键执行，输出结果如下：

```
Visua
ro6.0
al foxpro6.0
al fo
序设
```

6. 计算子串出现次数函数

格式：OCCURS(<字符表达式 1>,<字符表达式 2>)

功能：如果<字符表达式 1>是<字符表达式 2>的子串，则返回<字符表达式 1>在<字符表达式 2>中出现的次数，否则返回数值 0。

返回值：数值型。

例 2.51　在命令窗口中输入以下命令：

```
STORE "This is my sister" TO x
?OCCURS("is",x),OCCURS("sis",x),OCCURS("ss",x),OCCURS("IS",x)
```

分别按 Enter 键执行，输出结果如下：

```
3    1    0    0
```

7. 求子串位置函数

格式：AT(<字符表达式 1>,<字符表达式 2>[,<数值表达式>])

　　　　ATC(<字符表达式 1>,<字符表达式 2>[,<数值表达式>])

功能：

（1）AT()若<字符表达式 1>是<字符表达式 2>的子串，则返回<字符表达式 1>的首字符在<字符表达式 2>中的位置，否则返回 0。

（2）ATC()若<字符表达式 1>是<字符表达式 2>的子串，则返回<字符表达式 1>的首字符在<字符表达式 2>中的位置，否则返回 0。与 AT()功能类似，区别是在子串比较时不区分字母大小写。

返回值：数值型。

例 2.52　在命令窗口中输入以下命令：

```
STORE "I love my motherland" TO x
?AT("m",x),AT("ER",x),ATC("er",x),AT("an",x)
```

分别按 Enter 键执行，输出结果如下：

```
8    0    15    18
```

8. 字符串匹配函数

格式：LIKE(<字符表达式 1>,<字符表达式 2>)

功能：若<字符表达式 1>与<字符表达式 2>对应位置的所有字符都匹配，则返回逻辑真值，否则返回逻辑假值。

注：<字符表达式 1>中可以包含通配符"*"和"?"，<字符表达式 2>中不可以使用通配符。

例 2.53　在命令窗口中输入以下命令：

```
?LIKE("中国北京","中国"),LIKE("中国*","中国北京"),LIKE("中国北京","中国*")
```

分别按 Enter 键执行，输出结果如下：

```
.F.    .T.    .F.
```

9. 子串替换函数

格式：STUFF(<字符表达式 1>,<起始位置>,<长度>,<字符表达式 2>)

功能：用<字符表达式 2>值替换<字符表达式 1>中由<起始位置>和<长度>指明的一个字符串。

说明：

- 替换和被替换的字符个数不一定相等；
- 若<长度>值等于 0，则相当于在<字符表达式 1>中由<起始位置>指定的字符前插入<字符表达式 2>；
- 若<字符表达式 2>值是一个空串，则相当于在<字符表达式 1>中删去由<起始位置>和<长度>指明的子串。

例 2.54   在命令窗口中输入以下命令：

    STORE "I love my motherland" TO x
    STORE "country" TO y
    ?STUFF(x,11,10,y)
    ?STUFF(x,8,0,y)

分别按 Enter 键执行，输出结果如下：

    I love my country
    I love countrymy motherland

2.3.3 日期和时间函数

日期和时间函数主要是处理日期类型或日期时间类型数据的函数，其自变量或者为空或者为日期型、日期时间型表达式。

1. 系统日期和时间函数

格式：DATE()

    TIME()

    DATETIME()

功能：DATE()函数返回当前系统日期，函数值为日期型。

    TIME()函数返回当前系统时间，以 24 小时制的 hh:mm:ss 格式，函数值为字符型。

    DATETIME()函数返回当前系统日期时间，函数值为日期时间型。

例 2.55   在命令窗口中输入以下命令：

    ?DATE(),TIME(),DATETIME()

按 Enter 键执行之后，在主屏幕上显示的结果为（由系统当前日期时间决定）：

    10/30/14   21:39:23   10/30/14   09:39:23 PM

2. 年份、月份和天数函数

格式：YEAR(<日期时间表达式>)

    MONTH(<日期表达式>|<日期时间表达式>)

    DAY(<日期表达式>|<日期时间表达式>)

功能：YEAR()从指定的日期表达式或日期时间表达式中返回年份。

    MONTH()从指定的日期表达式或日期时间表达式中返回月份。

    DAY()从指定的日期表达式或日期时间表达式中返回天数。

这三个函数的返回值都为数值型。

例 2.56   在命令窗口中输入以下命令：

    STORE DATE() TO x

```
?YEAR(x),MONTH(x),DAY(x)
```
分别按 Enter 键执行，输出结果如下：
```
2014    10    30
```
3. 时、分和秒函数

格式：HOUR(<日期时间表达式>)

MINUTE(<日期时间表达式>)

SEC(<日期时间表达式>)

功能：HOUR()从指定的日期时间表达式中返回小时部分（24 小时制）。

MINUTE()从指定的日期时间表达式中返回分钟部分。

SEC()从指定的日期时间表达式中返回秒数部分。

这三个函数的返回值都为数值型。

例 2.57   在命令窗口中输入以下命令：
```
STORE {^2014-10-01 11:30:10 AM} TO x
?HOUR(x),MINUTE(x),SEC(x)
```
分别按 Enter 键执行，输出结果如下：
```
11    30    10
```

2.3.4 数据类型转换函数

在数据库的应用过程中，一般同类数据才能进行正常的运算，此时，不同数据类型的数据必须将它们转换成同一类型，Visual FoxPro 提供了数据类型转换函数。

1. 数值转换成字符串函数

格式：STR(<数值表达式>[,<长度>[,<小数位数>]])

功能：将<数值表达式>的值转换成字符串。

返回值：将数值表达式按指定的<长度>和<小数位数>转换成字符串。

在转换时，需要注意以下几点（设理想长度 L=整数位数+小数位数+小数点）：

● 当<长度>大于 L：字符串前加上空格，满足规定的<长度>要求；

● 当<长度>大于等于整数部分位数但又小于 L：优先考虑整数部分而自动调整小数位数；

● 当<长度>小于整数部分位数：返回一串星号（*）；

● 当<小数位数>的默认值为 0 时，<长度>的默认值为 10。

例 2.58   在命令窗口中输入以下命令：
```
X=-205.8375
?STR(X,9,2),STR(X,6,2),STR(X,3)
?STR(X,6),STR(X)
```
分别按 Enter 键执行，输出结果如下：
```
-205.84   -205.8 ***
-206          -206
```
2. 字符串转换成数值函数

格式：VAL(<字符表达式>)

功能：将自变量中的字符串转换成数值。

返回值：将由数字符号（包括正负号、小数点）组成的字符型数据转换成相应的数值型数据。

在转换时，需要注意以下几点：

- 若字符串内出现非数字字符，那么只转换前面部分；
- 若字符串的首字符不是数字符号，则返回数值 0，但忽略前导空格。

例 2.59　在命令窗口中输入以下命令（"□"代表空格）：

?VAL("205.56"),VAL("X205.56"),VAL("23X5.25"),VAL("□□□205.66")

按 Enter 键执行之后，在主屏幕上显示的结果为：

123.56　　　0.00　　　23.00　　　0.00

3. 字符串转换成日期函数

格式：CTOD(<字符表达式>)

功能：将<字符表达式>转换成日期型数据。其中的<字符表达式>要按日期的格式进行书写。

例 2.60　在命令窗口中输入以下命令：

SET CENTURY ON
?CTOD("10-25-14")

分别按 Enter 键执行，输出结果如下：

10/25/2014

4. 日期或日期时间转换成字符串函数

格式：DTOC(<日期表达式>)

功能：将<日期表达式>转换成字符型数据。转换后的字符型数据的格式和日期的格式相一致，并受相关日期格式命令的影响。

例 2.61　在命令窗口中输入以下命令：

SET CENTURY ON
?DTOC({^2014-10-25})

分别按 Enter 键执行，输出结果如下：

10/25/2014

2.3.5　测试函数

测试函数可以了解有关数据对象的类型、状态等属性，Visual FoxPro 系统提供了一组相关的测试函数，使用户能够准确地获取操作对象的相关属性。

1. 值域测试函数

格式：BETWEEN(<表达式 1>,<表达式 2>,<表达式 3>)

功能：判断一个表达式是否介于另外两个表达式的值之间。

说明：

- 若表达式 1 的值大于等于表达式 2 的值并且小于等于表达式 3 的值时，返回逻辑真，否则返回逻辑假。
- 若表达式 2 或表达式 3 值为 NULL，则返回值也为 NULL。

注意：自变量中三个表达式的数据类型要一致。

例 2.62　在命令窗口中输入以下命令：

?BETWEEN(8,5,16),BETWEEN({^2014-10-10},{^2013-01-23},{^2016-12-31})
?BETWEEN("5","7","8"),BETWEEN(5,.NULL.,08)

分别按 Enter 键执行，输出结果如下：

.T.　.T.

.F.　.NULL.

2. 空值（NULL 值）测试函数

格式：ISNULL(<表达式>)

功能：若自变量表达式的结果为 NULL，则返回逻辑真（.T.)，否则返回逻辑假（.F.)。

例 2.63　在命令窗口中输入以下命令：

```
X=.NULL.
?X,ISNULL(X)
```

分别按 Enter 键执行，输出结果如下：

.NULL.　　.T.

3. "空" 值测试函数

格式：EMPTY(<表达式>)

功能：若表达式结果为 "空" 值，则返回逻辑真（.T.)，否则返回逻辑假（.F.)。

说明： "空" 值与空值（NULL 值）是两个不同的概念。

关于不同类型的数据，"空" 值的规定如表 2-10 所示。

表 2-10　不同类型数据的 "空" 值规定

数据类型	"空"值	数据类型	"空"值
数值型	0	逻辑型	.F.
货币型	0	整型	0
字符型	空串、空格、制表符、回车	双精度型	0
日期型	空（如 CTOD(""))	浮点型	0
日期时间型	空（如 CTOT(""))	备注字段	空（无内容）

例 2.64　在命令窗口中输入以下命令：

```
X=.NULL.
Y=""
? ISNULL(X),EMPTY(X),ISNULL(Y),EMPTY(Y)
```

分别按 Enter 键执行，输出结果如下：

.T.　　.F.　　.F.　　.T.

4. 数据类型测试函数

格式：VARTYPE(<表达式>[,<逻辑表达式>])

　　　　TYPE(<表达式>)

功能：VARTYPE()函数用于测试<表达式>的值的类型。根据表达式的值返回一个代表<表达式>数据类型的大写字母，如表 2-11 所示。

表 2-11　各数据类型由 VARTYPE()测试返回的结果

返回的字母	数据类型	返回的字母	数据类型
N	数值型、整型、浮点型或双精度型	L	逻辑型
Y	货币型	X	NULL 值
C	字符型或备注型	O	对象型

返回的字母	数据类型	返回的字母	数据类型
D	日期型	G	通用型
T	日期时间型	U	未定义

TYPE()函数用于测试<表达式>的值的类型，其中表达式必须用引号括起来，否则返回 U（未定类型）或出错。

例 2.65　在命令窗口中输入以下命令：

```
?VARTYPE("Visual FoxPro 6.0")
?VARTYPE(7<5)
?VARTYPE(DATE())
?VARTYPE({^2014-10-10})
?TYPE("10%3=0")
?TYPE("DATE()")
```

按 Enter 键执行之后，在主屏幕上显示的结果为：

```
C    L    D    D    L    D
```

2.3.6　与表操作有关的测试函数

1. 表文件尾测试函数（End of File）

格式：EOF(表名)

功能：用于测试指定表文件中的记录指针是否指向文件尾（最后一条记录的后面位置），如果是，则返回.T.，否则返回.F.。返回值为逻辑型。

说明：

● 使用 EOF()函数测试的是当前表文件；

● 如果当前没有打开的表文件，则函数返回值为.F.；

● 如果当前表中没有记录，则函数返回值为.T.；

● 此函数一般用于程序的选择语句或循环语句中。

例 2.66　测试文件记录指针是否指向表尾。

```
USE 学生              &&打开"学生"表
GO BOTTOM            &&移动记录指针到表的尾记录（最后一行）
?EOF()               &&测试记录指针是否指向表文件尾
```

按 Enter 键执行之后，输出的结果为：.F.，继续执行以下命令：

```
SKIP                 &&移动记录到下一个记录
?EOF()
```

输出的结果为：.T.。

2. 表文件首测试函数（Begin of File）

格式：BOF(表名)

功能：用于测试指定表文件中的记录指针是否指向文件首（第一条记录的前面位置）。

说明：

● 使用 BOF()函数测试的是当前表文件；

● 如果当前没有打开的表文件，则函数返回值为.F.；

● 如果当前表中没有记录，则函数返回值为.T.。

例 2.67　测试文件记录指针是否指向文件头。

```
USE  学生
?BOF()                    &&测试记录指针是否指向文件头
```

按 Enter 键执行之后，输出的结果为：.F.，继续执行以下命令：

```
SKIP -1                   &&移动记录到下一个记录
?BOF()
```

输出的结果为：.T.。

3. 记录号测试函数（Record No.）

格式：RECNO(表名)

功能：返回指定表文件中当前记录的记录号。

说明：

- 使用 RECNO()函数测试的是当前表文件；
- 如果当前没有打开的表文件，则函数返回值为 0；
- 当使用 BOF()函数测试的结果为真时，此函数返回值为 1；
- 当使用 EOF()函数测试的结果为真时，此函数返回值为 n+1，即当前表最后一条记录的记录号加 1。

例 2.68　在命令窗口中输入以下命令：

```
USE  学生              &&打开"学生"表
GO 3                   &&将记录指针移动到第 3 条记录上
SKIP 3                 &&将记录指针相对当前位置向下移动 3 要记录
?RECNO()               &&测试当前记录指针所指各记录的记录号
```

按 Enter 键执行之后，在主屏幕上显示的结果为：

```
6
```

4. 记录个数测试函数（Record Count）

格式：RECCOUNT(表名)

功能：测试指定表文件中的记录的个数。

说明：

- 使用 RECCOUNT()函数测试的是当前表文件；
- 如果当前表中没有记录，则函数返回值为 0。

例 2.69　在命令窗口中输入以下命令：

```
USE  学生              &&打开"学生"表
?RECCOUNT()            &&测试当前表文件有多少个记录
```

按 Enter 键执行之后，在主屏幕上显示的结果为：

```
15
```

2.3.7　其他函数

1. 宏替换函数（&）

格式：&<字符型变量>[.]

功能：替换出<字符型变量>的内容。如果宏替换函数后面还有非空的字符表达式，则以"."作为函数的结束标识。宏替换符（&）后面的字符型变量名中可以包含宏替换函数，即宏替换可以嵌套使用。

例 2.70　在命令窗口中输入以下命令：

```
X="Visual FoxPro6.0"
Y="s1"
Z="程序设计"
? &Y+Z
```

分别按 Enter 键执行，输出结果如下：

Visual FoxPro6.0 程序设计

2．条件测试函数

格式：IIF(<逻辑表达式>,<表达式 1>,<表达式 2>)

功能：判断<逻辑表达式>的值，若<逻辑表达式>的值为真，则返回<表达式 1>的值，否则返回<表达式 2>的值。<表达式 1>和<表达式 2>的数据类型可以不同。

例 2.71　在命令窗口中输入以下命令：

```
?IIF(10<50,50,10)
?IIF("中国"$"中国北京",.T.,"不是")
```

按 Enter 键执行之后，在主屏幕上显示的结果为：

50　　　.T.

3．消息框函数

格式：MESSAGEBOX(提示文本[,对话框类型[,对话框标题文本]])

功能：显示提示对话框，用于显示提示信息。返回值为数字。

说明：

（1）MESSAGEBOX 函数中的[对话框类型]选项可以设置不同的值，具体参数如表 2-12 所示。

表 2-12　MESSAGEBOX 函数中[对话框类型]选项的基本值及其含义

对话框类型值	含义	类型
0	仅有一个"确定"按钮	对话框按钮
1	有两个按钮："确定"和"取消"	
2	有三个按钮："终止"、"重试"和"忽略"	
3	有三个按钮："是"、"否"和"取消"	
4	有两个按钮："是"和"否"	
5	有两个按钮："重试"和"取消"	
16	"终止"图标❌	图标
32	"问号"图标	
48	"感叹号"图标⚠	
64	"信息"图标ℹ	
0	第一个按钮	默认按钮设置
256	第二个按钮	
512	第三个按钮	

（2）MESSAGEBOX 函数的返回值是整数，对应用户按了哪个按钮。返回值与按钮的对应关系统如表 2-13 所示。

表 2-13　MESSAGEBOX 函数的返回值

返回值	对应按钮	返回值	对应按钮
1	确定	5	忽略
2	取消	6	是
3	放弃	7	否
4	重试		

例 2.72　在命令窗口中输入以下命令：

MESSAGEBOX("Visual FoxPro 6.0 程序设计",0,"提示信息对话框")

按 Enter 键执行之后，在主屏幕上显示如图 2-38 所示的对话框。

MESSAGEBOX("Visual FoxPro 6.0 程序设计",16,"提示信息对话框")

按 Enter 键执行之后，在主屏幕上显示如图 2-39 所示的对话框。

图 2-38　运行结果

图 2-39　运行结果

例 2.73　在命令窗口中输入以下命令：

X=MESSAGEBOX("VISUAL FOXPRO 6.0 程序设计",3+16+256,"提示信息对话框")

按 Enter 键执行之后，在主屏幕上显示如图 2-40 所示的对话框。

图 2-40　运行结果

习题 2

一、选择题

1．下列关于数据操作的说法中，正确的是（　　）。

　　A．货币型数据不能参加算术运算

　　B．两个日期型数据可以进行加法运算

　　C．字符型数据能比较大小，日期型则不能

　　D．一个日期型数据可以加或减一个整数

2．利用命令 DIMENSION X(2,3) 定义了一个名为 X 的数组后，依次执行三条赋值命令：X(3)=10，X(5)=20，X=30，则数组元素 X(1,1)，X(1,3)，X(2,2) 的值分别是（　　）。

　　A．30，30，30　　　　B．.F.，10，20　　　　C．30，10，20　　　　D．0，10，20

3．在 Visual FoxPro 系统中，逻辑运算符执行的优先顺序是（　　）。

　　A．NOT　　AND　　OR　　　　　　　B．NOT　　OR　　AND

　　C．AND　NOT　OR　　　　　　　　D．OR　NOT　AND

4．执行下列程序段后，屏幕上显示的结果是（　　）。

　　SET TALK OFF
　　CLEAR
　　X="18"
　　Y="2E3"
　　Z="ABC"
　　?VAL(X)+VAL(Y)+VAL(Z)

　　A．2018.00　　　　　B．18.00　　　　　C．20.00　　　　　D．错误信息

5．在 VFP6.0 命令窗口中执行? ATC("学习","认真学习计算机")命令后，返回的结果是（　　）。

　　A．2　　　　　　B．5　　　　　　C．7　　　　　　D．9

6．在 Visual FoxPro 系统中，下列返回值是字符型的函数是（　　）。

　　A．VAL()　　　　B．DATETIME()　　C．CHR()　　　　D．MESSAGEBOX()

7．以下几组表达式中，返回值均为.T.（真）的是（　　）。

　　A．EMPTY({})、ISNULL(SPACE(0))、EMPTY(0)

　　B．EMPTY(0)、ISBLANK(.NULL.)、ISNULL(.NULL.)

　　C．EMPTY(SPACE(0))、ISBLANK(0)、EMPTY(0)

　　D．EMPTY({})、EMPTY(SPACE(5))、EMPTY(0)

8．在 Visual FoxPro 系统中，表达式 LEN(DTOC(DATE(),1))的值为（　　）。

　　A．4　　　　　　B．6　　　　　　C．8　　　　　　D．10

9．在 Visual FoxPro 系统中，下列命名中不能作为变量名的是（　　）。

　　A．姓名　　　　　B．2004 姓名　　　C．姓名 2004　　　D．2004 学生

10．在 Visual FoxPro 系统中，下列表示中不属于常量的是（　　）。

　　A．.T.　　　　　B．[T]　　　　　C．"T"　　　　　D．T

11．函数 INT(-3.14) 的返回值是（　　）。

　　A．-4　　　　　B．-3　　　　　C．3　　　　　　D．4

12．运行下列程序段后，屏幕上显示的内容是（　　）。

　　y=DTOC(DATE(),1)
　　y=.NULL.
　　?TYPE("y")

　　A．C　　　　　B．D　　　　　C．L　　　　　D．NULL

13．在下列有关日期时间型表达式中，语法上不正确的是（　　）。

　　A．DATE()-400　　　　　　　　　B．DATETIME()+400

　　C．DATETIME()-DATE()　　　　　D．DTOC(DATE())-TTOC(DATETIME())

14．设 A=[6*8-2]、B=6*8-2、C="6*8-2"，属于合法表达式的是（　　）。

　　A．A+B　　　　B．B+C　　　　C．A-C　　　　D．C-B

15．连续执行以下命令，最后一条命令的输出结果是（　　）。

　　SET EXACT OFF
　　a="北京"
　　b=(a="北京交通")
　　?b

  A．北京   B．北京交通   C．.F.   D．出错

16．设 x="123"，y=123，k="y"，表达式 x+&k 的值是（ ）。

  A．123123   B．246   C．123y   D．数据类型不匹配

17．有如下赋值语句，结果为"大家好"的表达式是（ ）。

  a="你好"

  b="大家"

  A．b+AT(a,1)   B．b+RIGHT(a,1)

  C．b+LEFT(a,3,4)   D．b+RIGHT(a,2)

18．在下面的 Visual FoxPro 表达式中，运算结果为逻辑真的是（ ）。

  A．EMPTY(.NULL.)   B．.LIKE('xy?','xyz')

  C．AT('xy','abcxyz')   D．ISNULL(SPACE(0))

19．将当前表中当前记录的值存储到指定数组的命令是（ ）。

  A．GATHER   B．COPY TO ARRAY

  C．CATTER   D．STORE TO ARRAY

20．顺序执行以下命令之后，最后一条命令的输出结果是（ ）。

  X = [A]

  Y = X

  A = [长江黄河]

  ?X + &X - Y - &Y

  A．长江黄河   B．A 长江黄河 A 长江黄河

  C．A 长江黄河 XA   D．A 长江黄河长江黄河

第 3 章　Visual FoxPro 数据库与表的基本操作

学习目的:

在 Visual FoxPro 中, 数据库是长期存储在计算机存储设备上、可以被用户共享的数据集合。数据库不但提供存储数据的结构, 而且可以为创建和管理表与视图提供操作环境, 强化了数据管理的功能, 从而提高了数据的一致性和有效性, 降低了数据的冗余度。

本章主要介绍数据库的基本操作和表的基本操作。通过本章学习, 学生应熟练掌握数据库的创建、修改、删除等操作; 熟练掌握数据库表与自由表的创建、修改、删除等操作; 熟练掌握对表中数据进行浏览、插入、删除等操作; 熟练掌握数据完整性的设置、索引的设置。

知识要点:

- 数据库的基本操作: 创建、修改、删除
- 数据库表与自由表的基本操作: 创建、修改、删除、表间关系的创建
- 表中数据的基本操作: 浏览、插入、删除
- 索引的基本操作
- 数据完整性的设置 (实体完整性、域完整性、参照完整性)

3.1　数据库的基本操作

在 Visual FoxPro 中, 可以使用数据库来建立和管理表、视图以及它们之间的关系。新建一个数据库后, 在磁盘上生成三个文件名相同但扩展名不同的文件, 三个扩展名分别是:

- .dbc: 数据库文件;
- .dct: 数据库备注文件;
- .dcx: 数据库索引文件。

3.1.1　创建数据库

在 Visual FoxPro 中建立数据库的常用方法有以下三种:
- 使用 "新建" 对话框创建数据库;
- 使用 "项目管理器" 创建数据库;
- 使用命令创建数据库。

1. 使用 "新建" 对话框创建数据库

打开 "新建" 对话框的方法有两种: 单击 "文件" 菜单中的 "新建" 菜单项; 单击 "常用" 工具栏中的 "新建" 按钮。使用 "新建" 对话框创建数据库的具体操作步骤如下:

(1) 选择 "文件" 菜单中的 "新建" 菜单项, 则打开 "新建" 对话框, 如图 3-1 所示。

(2) 在 "新建" 对话框中, 选择 "数据库" 选项, 然后单击 "新建文件" 按钮, 则打开 "创建" 对话框, 如图 3-2 所示。

图 3-1　"新建"对话框

图 3-2　"创建"对话框

（3）输入数据库文件名"学生信息管理"，然后单击"保存"按钮，则打开"数据库设计器-学生信息管理"窗口，如图 3-3 所示。

注意：

- 新创建的数据库文件名为"学生信息管理.doc"，同时在磁盘上还自动生成"学生信息管理.dct"和"学生信息管理.dcx"两个文件；
- 新创建的数据库是一个空数据库，其中不包含任何其他的文件；

2．使用"项目管理器"创建数据库

使用"项目管理器"创建数据库的操作步骤如下：

（1）打开"学生管理"项目管理器，如图 3-4 所示。

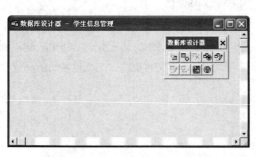

图 3-3　"数据库设计器"窗口

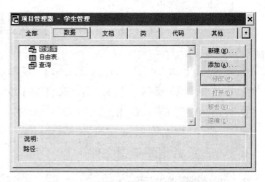

图 3-4　"学生管理"项目管理器

（2）选择"数据"选项卡，单击"数据库"选项，然后单击右侧的"新建"按钮，则打开"新建数据库"对话框，如图 3-5 所示。

（3）选择右侧的"新建数据库"按钮，则打开"创建"对话框，如图 3-2 所示。

（4）输入数据库文件名"学生信息管理"，然后单击"保存"按钮，则打开"数据库设计器-学生信息管理"窗口，如图 3-3 所示。

（5）在"项目管理器"窗口中的"数据库"下，可以看到建立好的"学生信息管理"数据库文件，如图 3-6 所示。

3．使用命令创建数据库

格式：CREATE DATABASE [DATABASENAME | ?]

功能：创建一个数据库，并打开它。

图 3-5　"新建数据库"对话框

图 3-6　创建"学生信息管理"数据库

说明：

- < DATABASENAME >用于指定创建数据库的文件名；
- 若不指定数据库名或在命令后加"？"，则会弹出"创建"对话框，提示用户输入数据库名和数据库的保存位置；
- 该命令创建数据库后不会打开数据库设计器，而只是使数据库处于打开状态。

例 3.1　使用命令方式，创建"学生信息管理"数据库。

CREATE DATABASE 学生信息管理

3.1.2　打开数据库

建立数据库表或使用数据库中的表时，必须先打开数据库。打开数据库的常用方法有如下几种：

- 通过"打开"对话框打开数据库；
- 通过"项目管理器"打开数据库；
- 使用命令打开数据库。

1．通过"打开"对话框打开数据库

通过"打开"对话框打开数据库的具体操作步骤如下：

（1）选择"文件"菜单中的"打开"菜单项，或单击"常用"工具栏上的"打开"按钮，则打开"打开"对话框，如图 3-7 所示。

（2）在"打开"对话框中，单击"文件类型"下拉列表框，并在列表中选择"数据库"选项，如图 3-8 所示。

图 3-7　"打开"对话框

图 3-8　"打开"对话框中的"文件类型"列表

（3）选择需要打开的数据库"学生信息管理"，然后单击"确定"按钮，即可打开该数据库。

2. 通过"项目管理器"打开数据库

通过"项目管理器"窗口打开"学生信息管理"数据库的具体操作步骤如下：

（1）打数据库"学生信息管理"所在的项目"学生管理"。

（2）在"项目管理器–学生管理"对话框中，选择"数据"选项卡，如图 3-9 所示。

（3）在"数据"选项卡中选择"学生信息管理"数据库，然后单击"打开"按钮，即可打开所选数据库，如图 3-10 所示。

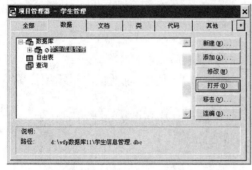

图 3-9   "项目管理器–学生管理"对话框   图 3-10   "常用"工具栏中显示当前打开的数据库

3. 使用命令打开数据库

格式：OPEN DATABASE [DATABASENAME |？]

　　　　 [EXCLUSIVE|SHARED][NOUPDATE|VALIDATE]

功能：打开保存在磁盘上的一个数据库文件。

说明：

- DATABASENAME：指定要打开的数据库的名称，如省略或用"？"代替数据库名，系统将显示"打开"对话框；
- EXCLUSIVE：以独占方式打开数据库，其他的用户无法访问它；
- SHARED：以共享方式打开数据库，其他的用户也可以访问它；
- NOUPDATE：指定以只读方式打开数据库，不能对数据库做任何更改；
- VALIDATE：指定让 Visual FoxPro 确保数据库中的引用有效。

例 3.2   用命令打开"学生信息管理"数据库。

　　OPEN DATABASE 学生信息管理

注意：使用命令方式打开数据库后，并不会打开"数据库设计器–学生信息管理"窗口，但实际已经打开了该数据库。只是在"常用"工具栏上显示该数据库的名称，如图 3-10 所示。

3.1.3　关闭数据库

为了确保数据库中数据的安全，当数据库文件操作结束后，务必将数据库关闭。关闭数据库的同时也关闭了其中的所有文件。而使用"数据库设计器"的"关闭"按钮或使用"文件"菜单中的"关闭"菜单项，并不能关闭数据库，而只是关闭了"数据库设计器"窗口。

在 Visual FoxPro 中，关闭数据库常用的方法有以下两种：

- 使用命令关闭数据库；
- 使用"项目管理器"关闭数据库。

1. 使用命令关闭数据库

格式 1：CLOSE ALL

格式 2：CLOSE DATABASE

格式 3：CLOSE DATABASE ALL

功能：

- 格式 1 是用来关闭所有工作区中打开的项目管理器、数据库和表等打开的所有文件；
- 格式 2 是用来关闭当前数据库和该数据库中的所有文件；
- 格式 3 是用来关闭所有工作区中当前打开的数据库、表和索引等文件。

2. 使用"项目管理器"关闭数据库

在"项目管理器"中关闭数据库的具体操作步骤如下：

（1）打开数据库"学生信息管理"所在的项目。选择"文件"菜单中的"打开"菜单项，弹出"打开"对话框。在"文件类型"下拉列表框中选择"项目"，然后选择项目文件"学生管理"。

（2）在"项目管理器-学生管理"对话框中，选择"数据"选项卡中的"数据库"选项，点击"数据库"左侧的符号（⊞），显示出"学生信息管理"数据库，如图 3-11 所示。

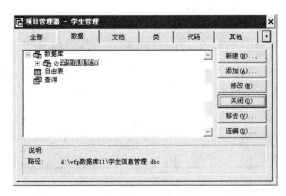

图 3-11　"项目管理器-学生管理"对话框

（3）选择"学生信息管理"数据库，然后单击右侧"关闭"按钮，即可关闭数据库。

3.1.4　设置当前数据库

在 Visual FoxPro 中，同一时间可以打开多个数据库文件，但只能指定一个数据库为当前数据库。将已打开的数据库设置为当前数据的方法有工具栏方式和命令方式两种：

1. 工具栏方式

单击"常用"工具栏的"数据库"下拉列表框，则弹出一个下拉列表，如图 3-12 所示，在该列表中列出了已经被打开的数据库文件名。若要设置某个数据库为当前数据库，只要在该列表中选择该数据库文件名即可。

图 3-12　设置当前数据库

2. 命令方式

格式：SET DATABASE TO [DATABASENAME]

功能：将所指定的数据库设置为当前数据库。

说明：

● 只能设置一个打开的数据库为当前数据库；

● 若省略数据库文件名，即执行 SET DATABASE TO 命令，则是取消当前数据库设置。

3.1.5　修改数据库

所谓修改数据库，实际上是通过打开"数据库设计器"来完成对数据库对象（表、视图等）的创建、修改和删除等操作。修改数据库即打开数据库设计器的方法有三种：菜单方式、项目管理器方式和命令方式。

1. 菜单方式

（1）选择"文件"菜单中的"打开"菜单项，则打开"打开"对话框。

（2）在该对话框中选择数据库文件名"学生信息管理"，然后单击"确定"按钮，则打开"数据库设计器–学生信息管理"窗口，如图 3-13 所示。

（3）在"数据库设计器–学生信息管理"窗口中可以完成数据库的修改。

图 3-13　"数据库设计器-学生信息管理"窗口

2. 项目管理器方式

在"学生管理"项目文件中修改"学生信息管理"数据库的具体步骤如下：

（1）打开数据库"学生信息管理"所在的项目"学生管理"。

（2）选中"数据"选项卡中的"数据库"选项，点击"数据库"左侧的符号（田），显示出"学生信息管理"数据库。

（3）选择"学生信息管理"数据库，然后单击"修改"按钮，则打开"数据库设计器–学生信息管理"窗口，如图 3-13 所示。

3. 命令方式

格式：MODIFY DATABASE [DATABASENAME|?][NOWAIT][NOEDIT]

功能：打开"数据库设计器"，允许或禁止修改当前数据库。

说明：

● DATABASENAME：指定要修改的数据库的名称。如省略或用"？"代替将显示"打开"对话框。

● NOWAIT：在程序运行方式下打开"数据库设计器"后，程序不等待继续运行。NOWAIT 仅在程序中有效，在命令窗口无效。

- NOEDIT：禁止修改数据库。

例 3.3　使用命令方式修改"学生信息管理"数据库。

MODIFY DATABASE 学生信息管理

3.1.6　删除数据库

如果一个数据库不再使用了，需要将它删除。删除数据库有两种方式：项目管理器方式和命令方式。

1. 项目管理器方式

在"学生管理"项目文件中删除"学生信息管理"数据库的具体步骤如下：

（1）打开数据库"学生信息管理"所在的项目"学生管理"。

（2）选中"数据"选项卡中的"数据库"选项，点击"数据库"右侧的符号（⊞），显示出"学生信息管理"数据库。

（3）选择"学生信息管理"数据库，然后单击"移动"按钮，则打开如图 3-14 所示的对话框。

图 3-14　删除数据库对话框

- 移动：从项目管理器中删除数据库，但数据库文件仍然保存在磁盘上；
- 删除：从项目管理器中删除数据库，并从磁盘上删除相应的数据库文件；
- 取消：取消当前操作，不进行删除数据库的操作。

注意： 数据库中的表对象是独立存放在磁盘上的，所以不管对数据库进行"移动"还是"删除"操作，都没有删除数据库中的表对象。若要删除数据库时同时删除其中的表等对象，则需要使用命令方式删除数据库。

2. 命令方式

格式：DELETE DATABASE [DATABASENAME|?][DELETETABLES][RECYCLE]

功能：从磁盘上删除指定的数据库文件。

说明：

- DATABASENAME：指定要删除的数据库的名称。如省略或用"?"代替将显示"打开"对话框。
- DELETETABLES：选择该参数则会在删除数据库文件的同时从磁盘上删除该数据库所包含的表等对象。
- RECYCLE：选择该参数则是将删除的数据库文件和表文件等放入 Windows 回收站中。

例 3.4　使用命令方式删除"学生信息管理"数据库。

DELETE DATABASE 学生信息管理

3.2　表的基本操作

表是组织数据、建立关系数据库的基本元素。每个表可以有两种存在状态：自由表（即没有与任何数据库关联的.DBF 文件）或数据库表（即与数据库关联的.DBF 文件）。两者的绝大多数操作相同且可以相互转换。

　　表以记录和字段的形式存储数据，是关系型数据库管理系统的基本结构。一个表文件就是一张关系的逻辑结构的二维表。每行称为一条记录，每列称为一个字段，表文件的扩展名是.DBF。若表中有备注型或通用型字段时，磁盘上还会有一个对应扩展名为.FPT 的文件。

　　在 Visual FoxPro 中，创建一个新表的一般步骤如下：

　　（1）在"表设计器"中设计表结构。包括字段名、字段类型以及字段的长度等。

　　（2）向表中录入数据。

3.2.1　设计表结构

　　设计表的结构就是要确定表包含多少个字段以及每个字段的参数，包括字段的名字、类型、宽度、小数位数以及是否允许为空等。

　　1．字段名

　　字段名是表中每个字段的名字，它必须以汉字、字母或下划线开头，由汉字、字母、数字或下划线组成。自由表中的字段名最多为 10 个字符，数据库表中的字段名最多为 128 个字符。当数据库表转化为自由表时截去超长部分的字符。

　　2．字段类型

　　字段类型表示该字段中存放数据的类型。在设计表结构时，可根据需要确定表中各字段的类型。

表 3-1　字段类型

字段类型	宽度	说明
字符型(C)	1～254	用于存储键盘输入的文本数据
货币型(Y)	8 个字节	用于存储货币型数据
数值型(N)	n	用于存储数值型数据
浮点型(F)	n	浮点型字段在功能上等价于数值型字段
整型(I)	4 个字节	用于存储整数数据
日期型(D)	8 个字节	用于存储包含有年、月、日的日期数据
日期时间型(T)	8 个字节	用于存储包含有年、月、日、时、分、秒的日期和时间数据
双精度型(B)	n	用于存储精度要求较高、位数固定的数值，或真正的浮点数值
逻辑型(L)	1 个字节	用于存储逻辑型数据。.T.或.Y. 为逻辑真，.F.或.N. 为逻辑假
备注型(M)	4 个字节	用于存储不定长度的文本数据，长度固定为 4 个字节。所有备注型字段的实际内容存储在和表名相同、扩展名为.FPT 的备注文件中
通用型(G)	4 个字节	用于存储 OLE 对象数据。存储一个 4 个字节的指针，指向该字段的实际内容，其内容存储在扩展名为.FPT 的文件中。OLE 对象包括电子表格、字处理文档、图像或其他多媒体对象等

　　3．字段宽度

　　字段宽度用以表明该字段允许存放的最大字节数或数值位数。在建立表结构时，应根据所存数据的具体情况规定字符型、数值型、浮点型这 3 种字段的宽度，若有小数部分则小数点也占一位。

　　4．小数位数

　　只有数值型与浮点型字段才有小数位数，小数位数至少应比该字段的宽度值小 2。若字段值是整数，则应定义小数值数为 0。双精度型字段允许输入小数，但不需事先定义小数位数。小数点将在输入数据时输入。

5. 当前字段是否允许为空

表示是否允许字段接受空值（.NULL.）。空值是指无确定的值，它与空字符串、数值 0 等是不同的。例如，表示成绩的字段，空值表示没有确定成绩，0 表示这个学生有成绩且成绩为 0 分。一个字段是否允许为空值与字段的性质有关，例如作为关键字的字段是不允许为空值的。

参照上述规定，设计"学生信息管理"数据库中所包含的"学生"、"成绩"、"课程"、"授课"和"教师"五个表的表结构，具体结构分别如表 3-2 至表 3-6 所示。

表 3-2　"学生"表结构

字段名	字段类型	字段宽度	小数位数	索引	NULL
学号	字符型	8	无	主索引↑	否
姓名	字符型	8	无		否
性别	字符型	2	无		否
出生日期	日期型	8	无		否
民族	字符型	10	无		是
政治面貌	字符型	4	无		是
所属院系	字符型	20	无		是

表 3-3　"成绩"表结构

字段名	字段类型	字段宽度	小数位数	索引	NULL
学号	字符型	8	无	普通索引↑	否
课程号	字符型	4	无	普通索引↑	否
成绩	数值型	6	1		是

表 3-4　"课程"表结构

字段名	字段类型	字段宽度	小数位数	索引	NULL
课程号	字符型	4	无	主索引↑	否
课程名	字符型	20	无		否
学时	整型	4	无		是
学分	数值型	4	1		是

表 3-5　"授课"表结构

字段名	字段类型	字段宽度	小数位数	索引	NULL
教师号	字符型	4	无	普通索引↑	否
课程号	字符型	4	无	普通索引↑	否
上课地点	字符型	10	无		是
上课时间	字符型	10	无		是

表 3-6　"教师"表结构

字段名	字段类型	字段宽度	小数位数	索引	NULL
教师号	字符型	4	无	主索引 ↑	否
教师姓名	字符型	8	无	普通索引 ↑	否
性别	字符型	2	无		否
年龄	数据值型	2	0		否
职称	字符型	8	无		否
所属院系	字符型	20	无		否

在设计好表的结构之后，就可以建立表文件了，具体可以采用菜单、命令和使用项目管理器三种操作方式。值得注意的是：如果要建立数据库表，一定要先将要使用的数据库打开，否则建立的是自由表。

3.2.2 创建表结构

在 Visual FoxPro 中，创建表结构的方法主要有：利用"表设计器"创建表结构；利用 SQL 语句创建表结构。本章主要介绍利用"表设计器"创建表结构，而利用 SQL 语句创建表结构将在第 4 章介绍。

1. 使用菜单或工具栏启动"表设计器"

（1）选择"文件"菜单中的"新建"菜单项，打开"新建"对话框，如图 3-15 所示。

（2）在"新建"对话框中，选择"表"选项，然后单击"新建文件"按钮，则打开"创建"对话框，如图 3-16 所示。

图 3-15　"新建"对话框　　　　图 3-16　"创建"对话框

（3）在"创建"对话框中输入表名，然后单击"保存"按钮，即打开"表设计器"对话框，如图 3-17 和图 3-18 所示。

2. 使用命令方式启"表设计器"

格式：CREATE [<TABLENAME>|?]

功能：执行该命令，打开"表设计器"，创建表结构。

说明：

● TABLENAME：用于指定表的文件名。在命令中使用"?"或省略文件名时，系统会打开"创建"对话框窗口；

- 若当前没打开任何数据库，则启动自由表"表设计器"，如图 3-17 所示；
- 若当前存在打开的数据库，则启动数据库表"表设计器"，如图 3-18 所示。

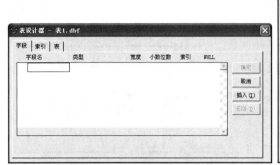
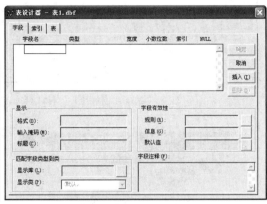

图 3-17　自由表"表设计器"对话框　　　　图 3-18　数据库表"表设计器"对话框

3. 使用"表设计器"创建表结构

下面以创建"学生"表结构为例说明表结构的创建过程。

（1）选择"文件"菜单中的"新建"菜单项，打开"新建"对话框，如图 3-15 所示。

（2）在"新建"对话框中，选择"表"选项，然后单击"新建文件"按钮，则打开"创建"对话框，如图 3-16 所示。

（3）在"创建"对话框中，输入表名"学生"，如图 3-19 所示。然后单击"保存"按钮，即打开"表设计器-学生"对话框，如图 3-20 所示。

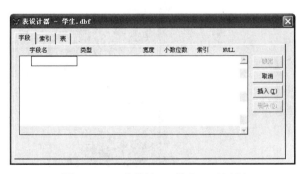

图 3-19　"创建"对话框　　　　　　　图 3-20　"表设计器-学生"对话框

（4）按照表 3-2 中"学生"表结构，在"表设计器-学生"中依次输入"字段名"：学号、姓名、性别、出生日期、民族、政治面貌和所属院系，然后依次按要求设置："类型"、"宽度"、"小数位数"、"索引"和"NULL"，如图 3-21 所示。

（5）单击"确定"按钮，退出"表设计器-学生"对话框。此时，弹出如图 3-22 所示的对话框，用来询问"现在输入数据记录吗？"，此处单击"否"按钮即可。

（6）此时，"学生"的表结构创建完成，单击"显示"菜单中的"浏览（**B**）学生"菜单项，如图 3-23 所示，则打开"学生"表浏览窗口，如图 3-24 所示。

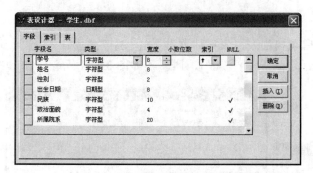

图 3-21　"表设计器–学生"对话框

图 3-22　询问是否输入数据对话框

图 3-23　"显示"菜单

图 3-24　"学生"表浏览窗口

3.2.3　表设计器

在 Visual FoxPro 中，"表设计器"是最重要的设计器。无论是自由表的"表设计器"还是数据库表的"表设计器"都有三个选项卡："字段"、"索引"和"表"。下面以数据库表为例介绍"表设计器"。

1. "字段"选项卡（如图 3-25 所示）

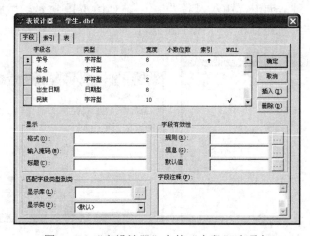

图 3-25　"表设计器"中的"字段"选项卡

"字段"选项卡的上半部分主要有如下内容和按钮：

（1）字段名：用来输入字段的名称。

（2）类型：用于设置按段的数据类型，单击右方向下箭头，从中选择所需的字段类型。

（3）宽度：用于指定相应字段中能够存储数据的最大长度。

（4）小数位数：用于指定小数点后的数字位数。

（5）索引：用于指定字段索引类型，以便对数据进行排序。

（6）NULL：选定此项，表示该字段允许为空，可以设置 NULL 值。

（7）"移动"按钮：该按钮位于"字段名"左侧，可以用鼠标拖动它来实现字段名在表中的顺序。

（8）"插入"按钮：用于在选定的字段之前插入一个新字段。

（9）"删除"按钮：用于删除选定的字段。

"字段"选项卡的下半部分主要有如下内容：

（1）"显示"设置。"显示"设置用于指定输入和显示字段的格式，它包括三项内容：

● 格式：设置字段显示时的大小写、字体大小和样式等内容。具体格式设置如表 3-7 所示。

表 3-7　字段格式

值	说明
A	只允许字母和汉字（不允许空格和标点符号）
D	使用当前系统的 SET DATE 格式
K	当光标移动到文本框上时，选定整个文本框
L	在文本框中显示前导零而不是空格，只对数据值型数据使用
R	显示文本框格式掩码，掩码字符并不存储在控制源中。此设置只用于字符型或数值型数据，且只用于文本框
T	删除输入字段前导空格和结尾空格
!	把字母转换为大写字母。只用于字符型数据，且只用于文本框
^	使用科学计数法显示数值型数据，只用于数值型数据
$	显示货币符号，只用于数值型或货币型数据

● 输入掩码：用于限制或控制用户输入的格式。使用输入掩码可屏蔽非法输入，减少人为的数据输入错误，提高输入工作效率，保证输入的字段数据格式统一、有效。常用的输入掩码如表 3-8 所示。

表 3-8　常用输入掩码

输入掩码	功能
X	允许输入任意字符
A	对于字符型字段，只允许输入字母，不允许输入数字
9	对于字符型字段，只允许输入数字和正负符号，不允许输入字母和空格
#	允许输入数字、空格和正负符号，不允许输入字母
$	表示在固定位置上显示当前货币符号
$$	表示显示当前货币符号
*	表示在值的左侧显示星号
.	表示用点分隔符指定数值的小数点位置
,	表示用逗号分隔小数点左边的整数部分，一般用来分隔千分位

● 标题：它是显示给用户看的字段标题。若不设置标题，则默认以字段名为标题。

（2）"字段有效性"设置。"字段有效性"是字段级别对数据的约束，它包括三项内容：

● 规则：对字段内容进行有效性检查，可在"规则"文本框中输入规则表达式。

例如，对于"性别"字段中的值，只允许输入"男"或"女"两个值，那么规则为：性别="男" OR 性别="女"。

● 信息：当输入的数据违反有效性规则时，显示的错误信息。

例如，对于"性别"字段，可以定义信息为""性别应该为男或女!""。注意"信息"文本框中输入的数据必须是字符型数据。

● 默认值：字段的默认初始值，它的类型是以字段的类型确定的。

例如，对于"性别"字段，可以设置默认值为"男"。

（3）"匹配字段类型到类"。匹配字段类型到类是面向对象程序设计的内容，本书从略。

（4）"字段注释"。可以在"字段注释"文本框中输入该字段的说明文字，主要为了方便程序员编程和书写系统文档。

2. "索引"选项卡（如图 3-26 所示）

"索引"选项卡主要有如下内容和按钮：

（1）"移动"按钮：该按钮位于窗口最左侧的双向箭头按钮。当用鼠标拖动它时可以调整索引的顺序。

（2）"排序"按钮或：该按钮用于设置索引的排序顺序。向上箭头表示升序；向下箭头表示降序。

（3）"索引名"：在相应的下拉列表中指定索引的索引标识名。

（4）"类型"：用于指定索引的类型。索引类型有四种：主索引（仅适用于数据库表）、候选索引、普通索引和唯一索引。

（5）"表达式"：用于设置索引表达式。最简单的索引表达式是一字段名，如图 3-26 所示。还可以在"表达式生成器"中创建或编辑索引表达式。

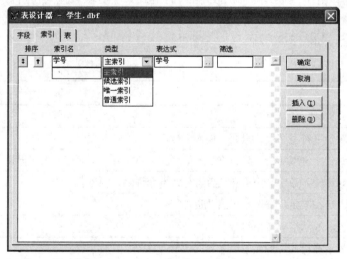

图 3-26   "表设计器"中的"索引"选项卡

（6）"筛选"：用于设置筛选表达式。

（7）"插入"按钮：在选定的索引上方插入一个新索引。

（8）"删除"按钮：删除选定的索引。

3. "表"选项卡（如图 3-27 所示）

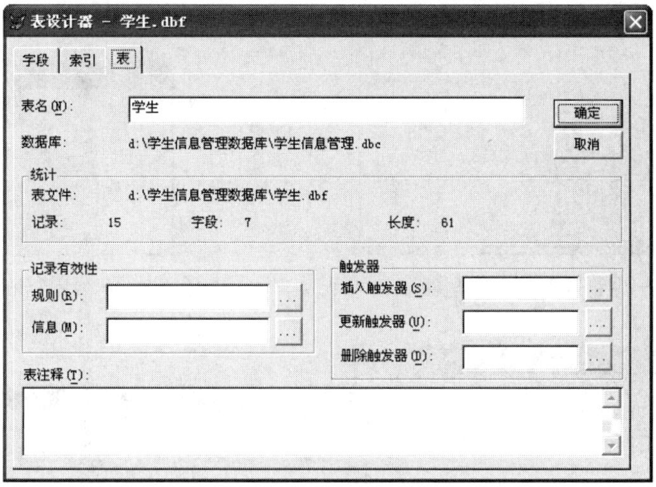

图 3-27　"表设计器"中的"表"选项卡

在"表"选项卡中有以下内容：

（1）"表名"：是指表的"长表名"。数据库中的表不仅有表名，而且有"长表名"。长表名并不是文件名，但可以方便用户操作表。在创建表时，默认的长表名与表名相同，可以定义不同的长表名。

（2）"数据库"：显示表所隶属的数据库的名称。

（3）"统计"：显示表中的记录数量、字段数量等只读信息。

（4）"记录有效性"：设置记录级的有效性规则和错误信息。单击每个设置右边的按钮，将显示"表达式生成器"对话框，可编辑记录级的有效性规则和错误信息。

（5）"触发器"：指定更新、插入、删除记录的规则。

（6）"表注释"：这个区域可以定义表的注释信息，例中可说明表的详细意义、用途等。

3.2.4　创建自由表

在 Visual FoxPro 中，创建自由的方法有以下几种：

● 在"项目管理器"中创建自由表；
● 使用"新建"对话框创建自由表；
● 使用命令创建自由表。

下面以创建自由表"成绩"表为例，介绍创建自由表的具体步骤。

1. 在"项目管理器"中创建自由表

（1）打开"学生管理"项目管理器，如图 3-28 所示。

（2）选择"数据"选项卡中的"自由表"选项，然后单击右侧"新建"按钮，打开"新建表"对话框，如图 3-29 所示。

（3）单击"新建表"按钮，则打开"创建"对话框，如图 3-30 所示。

（4）在"创建"对话框中输入表名"成绩"，然后单击"保存"按钮，则打开自由表"表设计器-成绩"对话框，如图 3-31 所示。

（5）在"表设计器"中输入"成绩"表的表结构，如图 3-32 所示。

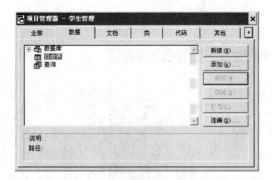

图 3-28　"学生管理"项目管理器

图 3-29　"新建表"对话框

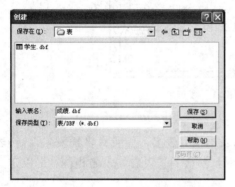

图 3-30　"创建"对话框

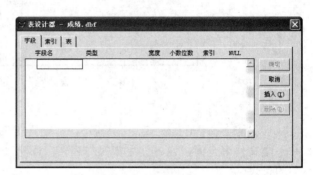

图 3-31　"表设计器-成绩"对话框

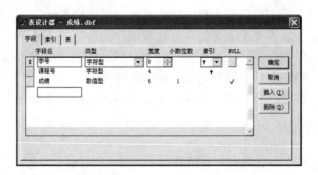

图 3-32　"成绩"表结构

2. 使用"新建"对话框创建自由表

（1）执行命令：SET DATABASE TO，取消当前数据库。

（2）选择"文件"菜单中的"新建"菜单项，则打开"新建"对话框。

（3）在"新建"对话框中，选择"表"选项，然后单击"新建文件"按钮，则打开"创建"对话框。

（4）输入表名"成绩"，然后单击"保存"按钮，则打开"表设计器-成绩"对话框，如图 3-31 所示。

（5）在"表设计器"中输入"成绩"表的表结构，如图 3-32 所示。

3. 使用命令创建自由表

（1）执行命令：SET DATABASE TO，取消当前数据库。

（2）执行命令：CREATE 成绩，则打开"表设计器-成绩"对话框，如图 3-31 所示。

（3）在"表设计器"中输入"成绩"表的表结构，如图 3-32 所示。

3.2.5　创建数据库表

在 Visual FoxPro 中，创建数据库表的方法有以下几种：

- 在"项目管理器"中创建数据库表；
- 使用"新建"对话框创建数据库表；
- 在"数据库设计器"中创建数据库表；
- 使用命令创建数据库表。

下面以在"学生信息管理"数据库中创建"课程"表为例，介绍创建数据库表的具体步骤。

1. 在"项目管理器"中创建数据库表

（1）打开"学生管理"项目管理器，将"学生信息管理"数据库展开，选择"表"选项，如图 3-33 所示。

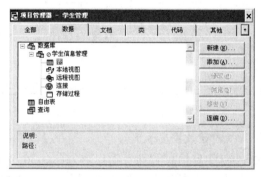

图 3-33　"学生管理"项目管理器

（2）单击右侧"新建"按钮，打开"新建表"对话框，如图 3-29 所示。

（3）单击"新建表"按钮，则打开"创建"对话框。在"创建"对话框中输入表名"课程"，然后单击"保存"按钮，则打开"表设计器-课程"对话框，如图 3-34 所示。

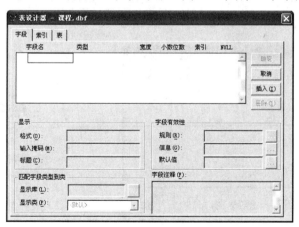

图 3-34　"表设计器-课程"对话框

（4）在"表设计器"中输入"课程"表的表结构，如图 3-35 所示。

2. 使用"新建"对话框创建数据库表

（1）执行命令：OPEN DATABASE 学生信息管理，打开"学生信息管理"数据库。

（2）选择"文件"菜单中的"新建"菜单项，则打开"新建"对话框。

（3）在"新建"对话框中，选择"表"选项，然后单击"新建文件"按钮，则打开"创建"对话框。

（4）输入表名"课程"，然后单击"保存"按钮，则打开"表设计器-课程"对话框，如图 3-34 所示。

（5）在"表设计器"中输入"课程"表的表结构，如图 3-35 所示。

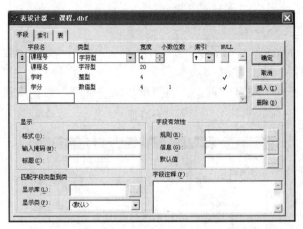

图 3-35　"课程"表结构

3. 在"数据库设计器"中创建数据库表

（1）打开"数据库设计器-学生信息管理"窗口，如图 3-36 所示。

（2）单击"数据库设计器"工具栏中的第一个按钮，或在"数据库设计器-学生信息管理"窗口的空白区中，右击则弹出快捷菜单，如图 3-37 所示。

（3）此时，弹出"新建表"对话框，如图 3-29 所示。单击"新建表"按钮即可打开"创建"对话框。在"创建"对话框中输入表名"课程"，然后单击"保存"按钮，则打开"表设计器-课程"窗口，如图 3-34 所示。

（4）在"表设计器"中输入"课程"表的表结构，如图 3-35 所示。

图 3-36　"数据库设计器-学生信息管理"窗口　　图 3-37　"新建表"快捷菜单

4. 使用命令创建数据库表

（1）执行命令：OPEN DATABASE 学生信息管理，打开"学生信息管理"数据库。

（2）执行命令：CREATE 课程，则打开"表设计器-课程"对话框，如图 3-34 所示。

（3）在"表设计器"中输入"课程"表的表结构，如图 3-35 所示。

3.2.6　表结构的操作

1. 复制表结构

格式：COPY STRUCTURE TO <文件名>

　　　[FIELDS<字段名表>][[WITH]CDX|PRODUCTION]

功能：将当前表的结构复制到指定的表中，仅复制当前表的结构，不复制其记录数据。

说明：

- 需复制结构的表文件必须先打开；
- <文件名>是复制后产生的新表名，复制后只有结构而无任何记录；
- 若给出了 FIELDS<字段名表>选项，则生成的空表文件中只含有<字段名表>中给出的字段，若省略此项，则复制的空表文件的结构和当前表相同；
- 选项[WITH]CDX 和[WITH] PRODUCTION 的功能相同。当原表文件中有一个结构索引文件时，可以使用这两项中的任意一项，该命令会自动为新表文件建一个结构复合索引文件，它与原结构索引文件有相同的标识和索引表达式。

2. 显示表结构

在表的使用过程中，要经常查看表的结构和记录，随时了解表的变化情况。查看表结构的命令格式如下：

格式：LIST|DISPLAY STRUCTURE [TO PRINTER [PROMPT]|TO FILE<文件名>]

功能：显示或打印当前表文件结构。

说明：

- "LIST"和"DISPLAY"两个命令的作用基本相同，区别仅在于 LIST 是连续显示，当显示的内容超过一屏时，自动向下滚动，直到显示完成为止。DISPLAY 是分屏显示，显示满屏时暂停，待用户按任一键后继续显示后面的内容；
- 选择 TO PRINTER 子句，则一边显示一边打印。若包括 PROMPT 命令，则在打印前显示一个对话框，用于设置打印机，包括打印份数、打印页码等；
- 若选择 TO FILE<文件名>，则在显示的同时将表结构输出到指定的文本文件中。

例 3.5　显示"成绩"表的表结构。

```
USE 成绩
DISPLAY STRUCTURE TO FILE SCORE
```

显示结果：

3. 修改表结构

表结构的修改包括：增加、删除字段；修改字段名、字段类型、字段宽度；建立、修改、删除索引；建立、修改、删除有效性规则等操作。

常用修改表结构的方法有三种：命令方式、"项目管理器"方式和"数据库设计器"方式。

（1）命令方式。

格式：MODIFY STRUCTURE

例 3.6　使用命令修改"学生信息管理"数据库中的"课程"表。

　　OPEN DATABASE 学生信息管理

　　USE　课程　&&打开表，在用命令修改表之前要先打开这个表

　　MODIFY STRUCTURE

注：该命令打开"课程"表的"表设计器"，如图 3-38 所示。在表设计器中可以对表进行修改。

（2）"项目管理器"方式。

　　在"项目管理器"中修改"课程"表结构的具体步骤如下：

● 打开"项目管理器–学生管理"对话框。

● 在"项目管理器–学生管理"窗口中，选择"数据"选项卡。单击"数据库"左侧的符号（⊞），将"学生信息管理"数据库显示出，再单击"表"左侧的符号（⊞），将 "课程"表显示出来并选中，如图 3-39 所示。

● 单击右侧的"修改"按钮，即可打开"课程"表的"表设计器"，如图 3-38 所示。在表设计器中可以对表进行修改。

图 3-38　"表设计器–课程"对话框

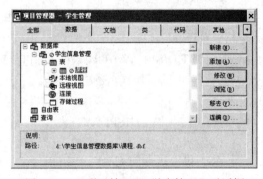

图 3-39　"项目管理器–学生管理"对话框

（3）"数据库设计器"方式。

在"数据库设计器"中修改表"课程"的具体步骤如下：

● 打开"数据库设计器–学生信息管理"对话框。

● 在"课程"表上右击选择"修改"命令，如图 3-40 所示。

● 打开"表设计器–课程"对话框，如图 3-38 所示。在"表设计器"中对表结构进行修改。

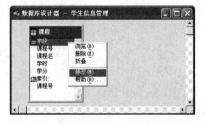

图 3-40　在"数据库设计器"中修改表结构

3.2.7　删除表

当表不再需要时，就要删除表。根据表的属性，自由表和数据库表的删除操作略有不同。

1．删除自由表

格式：DELETE TABLE [FILENAME|?][RECYCLE]

功能：将指定的表文件从磁盘上删除。

说明：

- FILENAME：指定被删除文件的文件名。若不指定文件名或使用"?"，系统会弹出"删除"对话框，选择要删除的表文件路径、文件类型及文件名后，单击"删除"按钮，即可完成删除操作；
- RECYCLE：指定不立即从磁盘上删除文件，而是放在系统回收站中。

2．删除数据库表

（1）命令方式。

格式：DROP/REMOVE TABLE [TABLENAME|?][RECYCLE]

功能：删除或移去数据库表。

说明：

- DROP/REMOVE：DROP 从磁盘上删除数据库表；REMOVE 把数据库表从数据库中移去，但不从磁盘上删除；
- FILENAME：指定被删除文件的文件名。若不指定文件名或使用"?"，系统会弹出"删除"对话框，选择要删除的表文件路径、文件类型及文件名后，单击"删除"按钮，即可完成删除操作；
- RECYCLE：指定不立即从磁盘上删除文件，而是放在系统回收站中。

（2）在"数据库设计器"中删除表。

在"数据库设计器-学生信息管理"窗口中删除表"课程"的具体步骤如下：

- 打开"数据库设计器-学生信息管理"窗口。
- 在"课程"表上右击选择"删除"命令，如图 3-41 所示，则打开"移去|删除"对话框，如图 3-42 所示。根据需要进行选择。

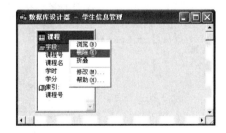　　　　

图 3-41　在"数据库设计器"中删除表　　　　图 3-42　　"移去|删除"对话框

（3）在"项目管理器"中删除表。

在"项目管理器"中删除数据库表的具体步骤如下：

- 打开"项目管理器-学生管理"对话框。
- 在"项目管理器-学生管理"对话框中，选择"数据"选项卡。单击"数据库"左侧的符号（⊞），将"学生信息管理"数据库显示出，再单击"表"左侧的符号（⊞），将 "课程"表显示出来并选中，如图 3-39 所示。
- 单击右侧的"移去"按钮，则打开"移去|删除"对话框，如图 3-42 所示。根据需要进行选择。

3.2.8　将自由表添加到数据库

当一个自由表添加到数据库中以后，它就转换成数据库表，不再是自由表。由于一个表只能属于一个数据库，所以不能将某个数据库表添加到当前数据库中。

将自由表添加到数据库中的常用方法有：命令方式、"数据库设计器"方式和"项目管理器"方式。

1. 命令方式

格式：ADD TABLE TableName |? [NAME LongTableName]

功能：将指定的自由表添加到当前数据库中。

说明：

● TableName 表示要添加到数据库中的自由表的表名。若此处使用问号"?"，则显示一个"打开"对话框，从中选择要添加到数据库中的自由表；

● NAME LongTableName 表示为添加到数据库中的表指定一个长名（最多 128 个字符），在程序中使用长名可以提高程序的可读性。

例 3.7　使用命令将自由表"成绩"添加到数据库"学生信息管理"中。

    OPEN DATABASE 学生信息管理
    ADD TALBE 成绩

2. "数据库设计器"方式

例 3.8　使用"数据库设计器"方式，将自由表"成绩"添加到数据库"学生信息管理"中。

（1）打开"数据库设计器-学生信息管理"窗口。

（2）在"数据库设计器-学生信息管理"窗口中的空白位置右击，则弹出快捷菜单，选择"添加表"选项，如图 3-43 所示。

（3）打开"打开"对话框，如图 3-44 所示。选择"成绩"表，然后单击"确定"按钮即可。

图 3-43　"添加表"快捷菜单

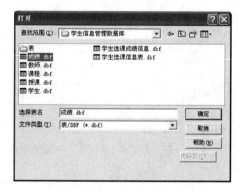

图 3-44　"打开"对话框

3. "项目管理器"方式

例 3.9　使用"项目管理器"方式，将自由表"成绩"添加到数据库"学生信息管理"中。

（1）打开"项目管理器-学生管理"窗口。选择"数据"选项卡，将"表"和"自由表"选项都展开，如图 3-45 所示。

（2）选择"表"选项，然后单击"添加"按钮，则打开"打开"对话框，如图 3-44 所示。选择自由表"成绩"，然后单击"确定"按钮，即可将自由表添加到数据库中，如图 3-46 所示。

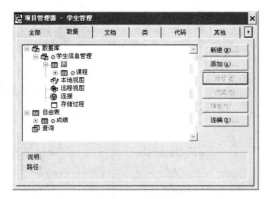
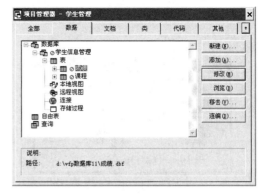

图 3-45　"项目管理器-学生管理"对话框　　　图 3-46　"项目管理器-学生管理"对话框

3.2.9　从数据库中移出表

若数据库表从数据库中移出，则该表转换为自由表。从数据库中移出表也有三种方法：命令方式、"数据库设计器"方式和"项目管理器"方式。

1. 命令方式

格式：REMOVE TABLE TableName |? [DELETE] [RECYCLE]

功能：将指定的表从当前数据库中移去或删除。

说明：

- TableName 表示要添加到数据库中的自由表的表名。若此处使用问号"?"，则显示一个"打开"对话框，从中选择要添加到数据库中的自由表；
- DELETE 表示不仅将表从数据库中移去，还将其从磁盘上删除；
- RECYCLE 表示把表从数据库中移去之后，放在 Windows 的回收站中。

例 3.10　使用命令将"课程"表从"学生信息管理"数据库中移去。

OPEN DATABASE 学生信息管理

REMOVE TALBE 课程

2. "数据库设计器"方式

例 3.11　使用"数据库设计器"方式，将"课程"表从"学生信息管理"数据库中移去。

（1）打开"数据库设计器-学生信息管理"窗口。

（2）在"课程"表图标上右击，则弹出快捷菜单，选择"删除"选项，如图 3-47 所示。

（3）打开"移去|删除"对话框，如图 3-42 所示，选择"移去"按钮即可。

3. "项目管理器"方式

例 3.12　使用"项目管理器"方式，将自由表"成绩"添加到数据库"学生信息管理"中。

（1）打开"项目管理器-学生管理"对话框。选择"数据"选项卡，将"表"选项展开，选择"课程"选项，如图 3-48 所示。

（2）单击"移去"按钮，打开"移去|删除"对话框，如图 3-42 所示，选择"移去"按钮即可。

3.2.10　表的打开与关闭

对表进行操作之前必须先打开表，不操作结束之后，需要关闭表。下面详细介绍打开表与关闭表的操作方法。

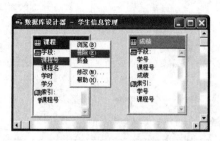

图 3-47 "删除"快捷菜单

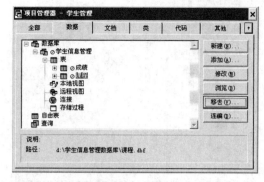

图 3-48 "项目管理器–学生管理"对话框

1. 打开表

常用打开表的方法有以下几种：

（1）命令方式。

格式：USE TableName [NOUPDATE][EXCLUSIVE|SHARED]

功能：打开指定的表。

说明：

- NOUPDATE：以只读方式打开数据表，否则以"读/写"方式打开数据表；
- EXCLUSIVE：以独占方式打开数据表；
- SHARED：以共享方式打开数据表。

（2）菜单方式。

- 单击"文件"菜单中的"打开"菜单项，打开"打开"对话框，如图 3-44 所示。
- 选择要打开的表，然后单击"确定"按钮即可打开表。

（3）"数据库设计器"方式。

- 打开"数据库设计器"窗口，如图 3-47 所示。
- 在需要打开的表图标上右击，则弹出快捷菜单，选择"浏览"选项，即可打开表的"浏览"窗口。

（4）"项目管理器"方式。

- 打开"项目管理器"窗口。
- 选择需要打开的表，然后单击右侧的"浏览"按钮，即可打开表的"浏览"窗口。

注意：方法（1）和（2）虽然可以打开表，但并没有打开表的"浏览"窗口，若还要浏览表，则需要单击"显示"菜单中的"浏览"菜单项。

2. 关闭表

格式 1：USE

功能：关闭当前工作区已打开的数据表。

格式 2：CLOSE TABLES

功能：关闭所有工作区中的所有表。

格式 3：CLOSE ALL

功能：关闭所有工作区打中开的所有对象，包括数据库、数据表和其他类型文件。

3.3　表记录的基本操作

表记录的基本操作包括对表记录的输入、浏览、显示、插入、删除、修改等操作。

3.3.1　表记录的录入

表以记录和字段的形式存储数据。在 Visual FoxPro 中，向表中录入数据有两种情况：
- 创建表结构后直接录入表记录；
- 先创建表结构，然后在表尾追加表记录。

1.　创建表结构后直接录入表记录

例 3.13　在"学生信息管理"数据库中创建"教师"表，并录入数据（表记录）。

（1）打开"数据库设计器–学生信息管理"窗口。在该窗口中创建"教师"表结构，如图 3-49 所示。

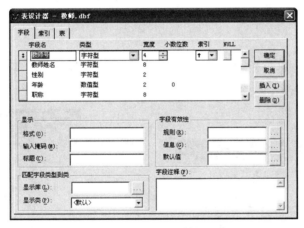

图 3-49　"表设计器-教师"窗口

（2）单击"确定"按钮，则打开询问是否现在输入数据对话框，如图 3-50 所示，单击"是"按钮。

（3）打开"教师"表的记录"编辑"窗口，如图 3-51 所示。在该窗口中输入表记录，如图 3-52 所示。

图 3-50　询问是否输入数据对话框

图 3-51　"编辑"窗口

（4）在"编辑"窗口中录入表记录完成后，单击"显示"菜单中的"浏览"菜单项，将表的"编辑"窗口切换到"浏览"窗口，如图 3-53 所示。

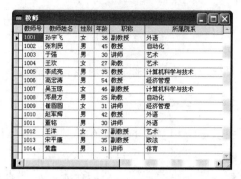

图 3-52 "编辑"窗口   图 3-53 "浏览"窗口

2. 先创建表结构，然后在表尾追加表记录

例 3.14 在"学生信息管理"数据库中存在"学生"表，请为"学生"表录入数据。

（1）单击"文件"菜单中的"打开"菜单项，将"学生"表打开。或执行命令：USE 学生，打开"学生"表。

（2）单击"显示"菜单中的"浏览"菜单项，打开"学生"表的"浏览"窗口，如图 3-54 所示。

（3）单击"显示"菜单中的"追加方式"菜单项，如图 3-55 所示，则可以在"浏览"窗口中向表中添加多条记录。

图 3-54 "学生"表的浏览窗口   图 3-55 "显示"菜单中"追加方式"菜单项

3.3.2 浏览表中记录

在 Visual FoxPro 中，有三种方式能浏览表中的记录，分别是：菜单方式、命令方式和项目管理器方式。

1. 菜单方式

（1）单击"文件"菜单中的"打开"菜单项，选择要浏览的表名，然后将表打开。

（2）单击"显示"菜单中的"浏览"菜单项，打开表的浏览窗口浏览表中的记录。

2. 命令方式

格式：BROWSE [FIELDS <字段名表>][FOR <条件>][FREEZE<字段名>][NOAPPEND]
　　　　[NODELETE][NOEDIT|NOMODIFY]

说明：

- FIELDS <字段名表>：指定在浏览窗口中显示的字段；
- FOR <条件>：指定在浏览窗口中显示满足条件的记录；
- FREEZE<字段名>：指定一个可编辑的字段，其他显示的字段均不可编辑；
- NOAPPEND：不允许对表添加记录；

- NODELETE：不允许对表进行删除和恢复的操作；
- NOEDIT|NOMODIFY：不允许对表进行修改。

例 3.15　显示"课程"表中学时大于 90 的课程信息。

```
USE 课程
BROWSE FOR 学时>90
```

显示结果如图 3-56 所示。

图 3-56　例 3.12 执行结果

3. "项目管理器"方式

在"项目管理器"中浏览"课程"表的具体操作步骤如下：

（1）打开"项目管理器-学生管理"，选择"数据"选项卡。

（2）展开"学生信息管理"数据库，选择"课程"表，单击"浏览"按钮即可打开浏览窗口。

3.3.3　定位记录指针

在 Visual FoxPro 中，打开每一个数据表，系统都为其设置一个记录指针。记录指针所指的记录称为当前记录。当打开一个表时，记录指针默认指向第一条记录。对于定位记录指针，系统提供了"绝对定位"、"相对定位"和"条件定位"方法。

1. 绝对定位

格式：GO|GOTO nRecordNumber |TOP |BOTTOM

功能：将记录指针定位于指定记录上。

说明：

- nRecordNumber：指定一个物理记录号，记录指针将移至该记录上；
- TOP：将记录指针定位于表的第 1 条记录上；
- BOTTOM：将记录指针定位于表的最后一条记录上。

例 3.16　将记录指针定位到"学生"表的 5 号记录并显示该记录。

```
USE 学生
GO 5
DISPLAY
```

在 Visual FoxPro 主窗口中显示：

记录号	学号	姓名	性别	出生日期	民族	政治面貌	所属院系
5	BC130201	王君龙	男	09/04/95	满	党员	计算机科学与技术

2. 相对定位

格式：SKIP [nRecords]

功能：将记录指针在表中相对当前位置向上或向下移动。

说明：

- nRecords：用于表示记录指针需要移动的记录数；
- 若 nRecords 被省略，则 nRecords=1；
- 若 nRecords 为正数，则记录指针向下移动 nRecords 个记录；
- 若 nRecords 为负数，则记录指针向上移动 nRecords 个记录；

- 若记录指针指向最后一条记录而执行 SKIP，则 RECNO()返回一个比表记录数大 1 的数，且 EOF()返回.T.。
- 若记录指针指第一条记录而执行 SKIP-1，则 RECNO()返回 L，且 BOF()返回.T.。

例 3.17　在例 3.13 的基础上继续显示记录号为 6 的记录信息。

```
SKIP
DISPLAY
```

在 Visual FoxPro 主窗口中显示：

记录号	学号	姓名	性别	出生日期	民族	政治面貌	所属院系
6	BC130202	薛梅	女	05/16/94	汉	团员	计算机科学与技术

3. 条件定位

格式：LOCATE [SCOPE] FOR lExpression1

功能：在指定范围内顺序查找满足条件的第 1 条记录。

格式：CONTINUE

功能：继续顺序查找指定范围满足条件的下一条记录。

说明：

- SCOPE：用于指定定位的记录范围。SCOPE 子句有 ALL、NEXT n、RECORD n 和 REST。若省略，则默认为 ALL。
- FOR lExpression1：按顺序搜索当前表以找到满足逻辑表达式 lExpression1 的第 1 条记录。

例 3.18　将"学生"表中所有民族为"满"的学生信息显示出来。

```
USE 学生
LOCATE FOR  民族="满"
DISPLAY
CONTINUE
DISPLAY
```

在 Visual FoxPro 主窗口中显示：

记录号	学号	姓名	性别	出生日期	民族	政治面貌	所属院系
5	BC130201	王君龙	男	09/04/95	满	党员	计算机科学与技术

记录号	学号	姓名	性别	出生日期	民族	政治面貌	所属院系
14	BC130502	张新贺	男	09/17/95	满	团员	经济管理

3.3.4　显示表记录

格式：LIST | DISPLAY　[[FILELDS] Fieldlist]　[SCOPE]　[FOR lExpression1] [OFF] [TO PRINTER] [TO FILE FileName]

功能：用于在 Visual FoxPro 主窗口中显示表的记录。

说明：

- [FILELDS] Fieldlist：用于指定显示的字段名；
- SCOPE：用于指定显示记录的范围。SCOPE 子句有 ALL、NEXT n、RECORD n 和 REST。若省略，则默认为 ALL；
- FOR lExpression1：用于指定显示记录的条件；

- OFF：用于设置显示记录时不显示记录号；
- TO PRINTER|TO FILE FileName：用于设置将结果输出到屏幕的同时输出到打印机或文件；
- 显示记录的命令 LIST 与 DISPLAY 的区别在于不使用 FOR 条件时，LIST 命令默认显示表中全部记录，而 DISPLAY 命令默认显示当前记录。

例 3.19　在 Visual FoxPro 主窗口中显示所有"女"同学的信息。

```
USE 学生
LIST FOR  性别="女"
```

在 Visual FoxPro 主窗口中显示：

记录号	学号	姓名	性别	出生日期	民族	政治面貌	所属院系
1	BC130101	李莉莉	女	12/03/94	汉	团员	外语
3	BC130103	王丽娜	女	04/27/94	回	群众	外语
6	BC130202	薛梅	女	05/16/94	汉	团员	计算机科学与技术
9	BC130302	钱晓霞	女	05/18/95	回	党员	艺术
12	BC130403	朴凤姬	女	10/12/95	朝鲜	团员	自动化
13	BC130501	范婧怡	女	06/13/94	汉	群众	经济管理

3.3.5　插入与追加表记录

向表中添加记录是维护数据库的一项经常性的操作。添加记录包括插入记录和追加记录。

1．插入记录

格式：INSERT [BLANK] [BEFORE]

功能：在表的当前记录的前面或后面插入新记录或空记录。

说明：

- BEFORE：表示在当前记录的前面插入一个新记录。若省略 BEFORE，则表示在当前记录的后面插入一个新记录；
- BLANK：表示插入一条空记录；
- 若省略所有可选项，则在当前记录之后插入新记录。

例 3.20　向"学生"表的第 4 条记录的前面插入一条空记录。

```
USE 学生
GO 4
INSERT BLANK BEFORE
```

2．追加记录

格式 1：APPEND　[BLANK]

功能：在当前打开的表的末尾追加一条或多条新记录。

说明：

- BLANK：表示在当前表的末尾添加一条空记录，不显示表的"编辑"窗口。若省略 BLANK，则打开"编辑"窗口，输入追加的新记录；
- 可以在只有表结构而没有记录的空表中添加记录，也可以在已经录入数据的表中的尾部追加记录。

格式 2：APPEND FROM <FileName>|[<?>][FIELDS <Field_list>] [FOR < lExpression1>]

功能：将指定文件（源文件）中的数据添加到当前表的尾部。

说明：

- FileName：指定要向当前表中追加记录的数据源；

- [<?>]：显示"打开"对话框，从中选择从哪个表中读入数据；
- FIELDS < Field_list >：指定添加哪些字段数据；
- FOR < lExpression1>：为当前选定表中每一条<条件>为"真"的记录追加新记录，直至达到当前选定表的末尾。如果省略 FOR 子句，则整个源文件记录都追加到当前表中；
- 追加记录的两个表必须具有相同的表结构。

例 3.21　新建一个 STUDENT 表，并将"学生"表中党员的记录全部追加到 STUDENT 表中。

```
USE 学生
COPY STRUCTURE TO STUDENT &&复制"学生"表结构到 STUDENT 表中
USE STUDENT
APPEND FROM  学生  FOR  政治面貌="党员"
BROWSE
```

显示结果如图 3-57 所示。

学号	姓名	性别	出生日期	民族	政治面貌	所属院系
BC130104	张庆峰	男	07/20/96	汉	党员	外语
BC130201	王君龙	男	09/04/95	满	党员	计算机科学与技术
BC130302	钱晓霞	女	05/18/95	回	党员	艺术
BC130401	赵立强	男	08/17/94	蒙古	党员	自动化
BC130503	马平川	男	04/13/99	汉	党员	经济管理

图 3-57　例 3.21 运行结果

3.3.6　删除与恢复表记录

删除表记录一般分为两个步骤：首先对要删除的记录作删除标记（逻辑删除），然后再将已作标记的记录彻底删除（物理删除）。

1. 逻辑删除

格式：DELETE　[Scope] [FOR lExpression1]

功能：给准备删除的记录做删除标记。

说明：

- Scope：指定要做删除标记的记录范围。默认范围是当前记录；
- FOR lExpression1：指定逻辑删除的条件。

例 3.22　将"学生"表中所有"女"同学的记录进行逻辑删除。

```
USE 学生
DELETE FOR  性别="女"
LIST                &&执行该命令的显示结果如图 3-58 所示
BROWSE              &&执行该命令的显示结果如图 3-59 所示
```

记录号	学号	姓名	性别	出生日期	民族	政治面貌	所属院系
1	*BC130101	李莉莉	女	12/03/94	汉	团员	外语
2	BC130102	陈伟杰	男	10/15/93	汉	团员	外语
3	*BC130103	王丽娜	女	04/27/94	回	群众	外语
4	BC130104	张庆峰	男	07/20/96	汉	党员	外语
5	BC130201	王君龙	男	09/04/95	满	党员	计算机科学与技术
6	*BC130202	薛梅	女	05/16/94	汉	团员	计算机科学与技术
7	BC130203	孙玮	男	11/23/93	汉	群众	计算机科学与技术
8	BC130301	李志博	男	10/05/94	汉	团员	艺术
9	*BC130302	钱晓霞	女	05/18/95	回	党员	艺术
10	BC130401	赵立强	男	08/17/94	蒙古	党员	自动化
11	BC130402	胡晓磊	男	11/10/94	汉	群众	自动化
12	*BC130403	朴凤姬	女	10/12/95	朝鲜	团员	自动化
13	*BC130501	范婧怡	女	06/13/94	汉	群众	经济管理
14	BC130502	张新贺	男	09/17/95	满	团员	经济管理
15	BC130503	马平川	男	04/13/99	汉	党员	经济管理

图 3-58　例 3.22 中执行 list 命令

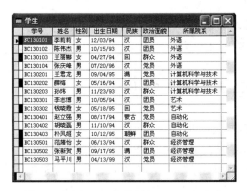

图 3-59　例 3.22 中执行 BROWSE 命令

2. 物理删除

格式：PACK [MEMO][DBF]

功能：从表中彻底删除带有删除标记的记录。

说明：

● MEMO：将带有 MEMO 字段的记录进行删除；

● DBF：删除表中带有删除标记的记录，但不影响备注文件；

● 使用 PACK 命令后，被删除的记录不能再恢复，因此要慎用该命令。

3. 清除表中记录

格式：ZAP

功能：从表中删除所有记录，只留下表的结构。

说明：

● ZAP 命令等价于 DELETE ALL 与 PACK 联用；

● 使用 ZAP 命令从当前表中删除的记录不可恢复。

4. 恢复记录

格式：RECALL [Scope] [FOR lExpression1]

功能：恢复当前表中带有删除标记的记录，即取消逻辑删除。

例 3.23　将"学生"表中所有"女"同学的逻辑删除取消。

```
USE 学生
RECALL FOR 性别="女"
```

3.3.7　修改表记录

在 Visual FoxPro 中，修改表中记录既可以在浏览窗口中完成，也可以执行命令完成记录内容的修改。

1. 在"浏览"窗口中修改表记录内容

（1）打开数据表。例如，USE 学生，即可打开学生表。

（2）打开"浏览"窗口。单击"显示"菜单中的"浏览"菜单项，即可打开学生表的"浏览"窗口。

（3）在"浏览"窗口中对学生表记录内容手动修改。

说明：启动"浏览"窗口还有命令方式，EDIT 或 CHANGE 命令也可以打开当前表的"浏览"窗口，然后在该窗口中完成对表记录的修改。

2. 命令方式修改表记录内容

格式：REPLACE <字段名 1> WITH <表达式 1> [ADDITIVE] [,<字段名 2> WITH <表达式 2> [ADDITIVE]...] [<范围>] [FOR <条件>] [WHILE <条件>]

功能：将指定记录的字段值用表达式的值替换。

说明：

- <字段名 1>：指定要替换值的字段名；
- WITH <表达式 1>：指定用来进行替换的表达式或值；
- FOR <条件>：指定要进行替换字段值的记录应满足的条件；
- WHILE <条件>：当记录的条件不满足时结束替换。用以按条件中的字段建立了索引的表；
- WITH 后面的表达式的类型必须与 WITH 前面的字段类型一致。

例 3.24 将“教师”表中所有男教师的年龄增加 1 岁。

```
USE 教师
BROWSE FOR 性别="男"   && 浏览性别为男的教师信息，如图 3-60 所示
REPLACE ALL 年龄 WITH 年龄+1 FOR 性别="男"
```

命令执行结果如图 3-61 所示。

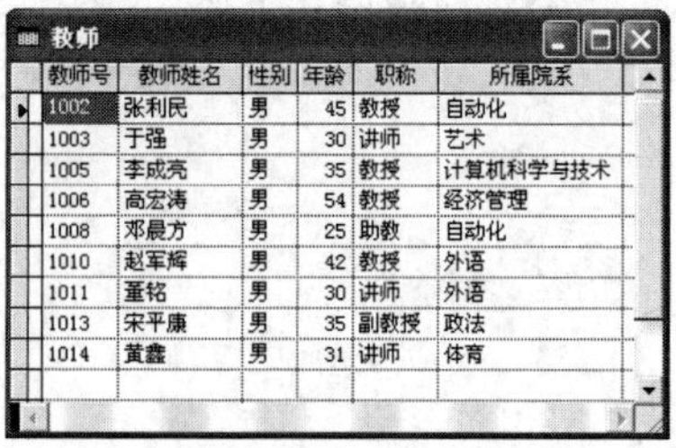

教师号	教师姓名	性别	年龄	职称	所属院系
1002	张利民	男	45	教授	自动化
1003	于强	男	30	讲师	艺术
1005	李成亮	男	35	教授	计算机科学与技术
1006	高宏涛	男	54	教授	经济管理
1008	邓晨方	男	25	助教	自动化
1010	赵军辉	男	42	教授	外语
1011	董铭	男	30	讲师	外语
1013	宋平康	男	35	副教授	政法
1014	黄鑫	男	31	讲师	体育

图 3-60 浏览性别为男的教师信息

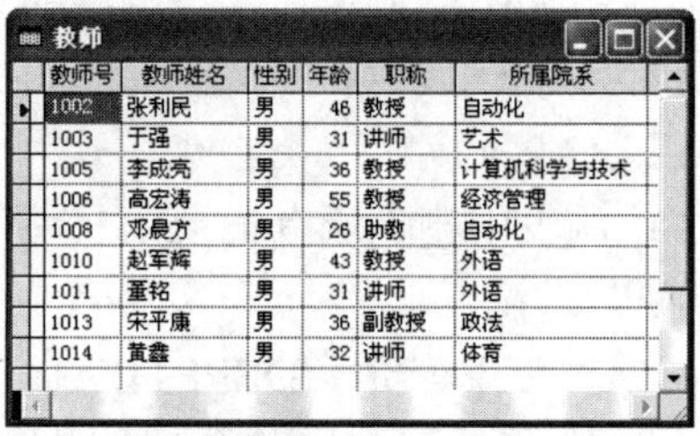

教师号	教师姓名	性别	年龄	职称	所属院系
1002	张利民	男	46	教授	自动化
1003	于强	男	31	讲师	艺术
1005	李成亮	男	36	教授	计算机科学与技术
1006	高宏涛	男	55	教授	经济管理
1008	邓晨方	男	26	助教	自动化
1010	赵军辉	男	43	教授	外语
1011	董铭	男	31	讲师	外语
1013	宋平康	男	36	副教授	政法
1014	黄鑫	男	32	讲师	体育

图 3-61 修改“年龄”字段

3.4 索引

在 Visual FoxPro 中，索引是进行快速查询数据的重要手段，是创建数据表之间关联关系的基础。

3.4.1 索引的基本概念

索引是由指针构成的文件，这些指针按照索引关键字的值对表中记录进行逻辑排序，并将排序结果生成一个索引文件。实际上，创建索引就是创建一个指向数据表文件记录的指针结构的文件。表的索引确定了记录的处理顺序，但它并不改变记录在表中存储的物理顺序。

索引文件与数据表文件（.DBF 文件）分别存储，不能脱离数据表独立使用。

1. 索引类型

根据索引方式的不同，在 Visual FoxPro 中有四种类型的索引：主索引、候选索引、普通索引和唯一索引。

（1）主索引：是一个永远不允许在指定字段或表达式中出现重复值的索引，可确保字段中输入值的唯一性。若在创建主索引时，表中已经有不唯一的记录存在，则无法创建主索引。

说明：

- 对一个表而言，只能创建一个主索引，而且只有数据库表才能建立主索引；
- 主索引是数据库表的整体部分，若从数据库中移动一个表，则该表的主索引被移动。

（2）候选索引：与主索引类似，也保证表中字段值是唯一的。由于一个表只能建立一个主索引，当需要建立多个不允许有重复值的索引时，可以选择候选索引。同一个表允许建立多个候选索引。

（3）普通索引：允许字段中出现重复值。在一个表中，可以建立多个普通索引。可以用普通索引对表中的记录进行排序或查询。

（4）唯一索引：为了与早期版本保持兼容性，在 Visual FoxPro 中可以创建唯一索引。唯一索引是以指定字段的首次出现值为基础，选定一组记录，并对记录进行排序。唯一索引允许表中索引关键字值不唯一，但只有第一个有相同索引关键字值的记录有效。在一个表中，可以建立多个唯一索引。

2. 索引文件类型

Visual FoxPro 索引文件类型可以分为三种：结构复合索引文件（.CDX）、非结构复合索引文件（.CDX）和独立索引文件（.IDX）。索引文件类型如表 3-9 所示。

表 3-9　Visual FoxPro 索引文件类型

索引文件类型	说明	包含关键字
结构复合索引文件（.CDX）	随表的打开或关闭而自动打开或关闭。使用与表文件名相同的基本名	多索引关键字
非结构复合索引文件（.CDX）	使用之前必须先打开索引文件。索引文件名不同于基本表名，由用户命名	多索引关键字
独立索引文件（.IDX）	使用之前必须先打开索引文件。索引文件名不同于基本表名，由用户命名	单索引关键字

（1）结构复合索引文件。

当创建表索引时，自动创建结构复合索引文件（.CDX）来存储该索引。当打开或关闭表时，结构复合索引文件自动打开或关闭，并且当添加、修改或删除表记录时自动维护结构复合索引文件。结构复合索引文件名始终与表文件名相同。结构复合索引文件主要存储频繁使用和需要经常维护的多个索引。

（2）非结构复合索引文件。

非结构复合索引文件（.CDX）存储不经常使用的多个索引。当要为特定用途创建多个索引但不希望应用程序连续维护这些索引时，可以使用非结构复合索引文件。非结构复合索引文件不能在相关表打开时而自动打开，而必须使用 SET INDEX 命令打开非结构复合索引文件。

（3）独立索引文件。

独立索引文件（.IDX）存储临时的或较少使用的单个索引关键字。独立索引文件（.IDX）总是有一个与表文件名不同并且由用户定义的名称。

3.4.2　创建索引

创建索引可以使用"表设计器"的"索引"选项卡，也可以使用命令。下面介绍具体操作过程。

1. 使用"表设计器"创建索引

（1）创建单字段索引。

● 单击"文件"菜单中的"打开"菜单项，弹出"打开"对话框，从中选择需要创建索引的表文件。例如，打开"成绩"表文件。

● 单击"显示"菜单中的"表设计器"菜单项，打开"表设计器-成绩"对话框，选择"索引"选项卡，如图 3-62 所示。

● 在"索引"选项卡中输入索引名、选择索引类型、设置索引表达式和排序方式（升序或降序），如图 3-62 所示。

● 设置完成后，单击"确定"按钮，关闭表设计器，建立索引后的表结构如图 3-63 所示。

图 3-62　"表设计器-成绩"的"索引"选项卡　　　图 3-63　设置主索引后的表结构

（2）创建复合字段索引。

下面为"成绩"表创建一个复合字段索引，索引名为"学号课程号"，索引类型为"主索引"，索引表达式为：学号+课程号。具体创建步骤如下：

● 在图 3-62 所示的"索引"选项卡中插入一行。

● 输入索引名："学号课程号"；选择索引类型为"主索引"，如图 3-64 所示。

● 单击"表达式"栏右侧的"表达式生成器"按钮，则打开"表达式生成器"对话框，输入表达式：学号+课程号，如图 3-65 所示。

● 设置完成后，单击"确定"按钮，关闭表设计器。

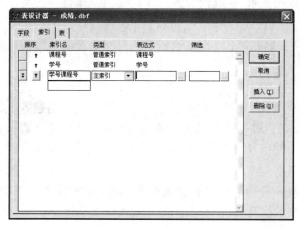
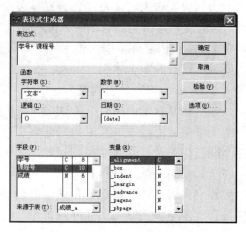

图 3-64　设置复合字段索引窗口　　　图 3-65　"表达式生成器"对话框

2. 使用命令方式创建索引

（1）独立索引文件的建立。

格式：INDEX ON <eExpression> TO <IDXFileName> [UNIQUE|CANDIDATE]

　　　FOR <lExpression>[ADDITIVE]

说明：

- 对当前表中满足条件的记录，按<eExpression>的值建立一个索引文件，并打开此索引文件，其缺省的文件扩展名为.IDX。

- <eExpression>：是索引表达式，它可以是字段名或包含字段名的表达式。

- [UNIQUE]：指明建立的是唯一索引。

- [CANDIDATE]：指明建立的是候选索引。

- [ADDITIVE]：若省略 ADDITIVE 子句，当为一个表建立新的索引文件时，除结构复合索引文件外，所有其他打开的索引文件都将会被关闭；若选择此选择项，则已打开的索引文件仍然保持打开状态。

- FOR <lExpression>：指定一个条件，只显示和访问满足这个条件的表达式<条件>的记录，索引文件只为那些满足条件的表达式的记录创建索引关键字。

- 默认状态下，建立的索引为普通索引、升序。对于一个表文件，允许建立多个索引文件。

例 3.25　给"教师"表建立一个单一索引，索引表达式为"年龄"，索引文件名为"NL"。

　　USE 教师

　　INDEX ON 年龄 TO NL

（2）复合索引文件的建立。

复合索引文件是由索引标记组成的，每个复合索引文件可包含多个索引标记，每个索引标记都有标记名，一个索引标记相当于一个单索引文件。

格式：INDEX ON <eExpression> TAG <TagName> [OF <CDXFileName>]

　　　[FOR <lExpression>] [ASCENDING | DESCENDING]

　　　[UNIQUE|CANDIDATE] [ADDITIVE]

说明：

- 建立和修改复合索引文件，并打开此索引文件，其缺省的文件扩展名为.CDX；

- <eExpression>、[FOR <lExpression>]、[ADDITIVE]：与上相同；

- TAG <TagName> [OF <CDXFileName>]：其中的 TagName 给出索引名，多个索引可以创建一个索引文件中，这种索引称为复合索引，默认的索引文件名与表同名，否则可以用 CDXFileName 指定索引文件名；

- [ASCENDING | DESCENDING]：ASCENDING 指定复合索引文件为升序，这是默认值。DESCENDING 指定复合索引文件为降序；

- [UNIQUE]：指明建立的是唯一索引；

- [CANDIDATE]：指明建立的是候选索引；

- 默认状态下，建立的索引为普通索引、升序。

例 3.26　给"学生"表建立一个复合索引，索引表达式为"学号"，索引文件名为"XH"。

　　USE 学生

　　INDEX ON 学号 TAG XH DESC

　　BROWSE

3.4.3 使用索引

1. 打开索引文件

索引文件必须打开才能生效，而结构复合索引文件在打开表时都能够自动打开，但是对于独立索引和非结构复合索引必须在使用之前打开相应索引文件。

格式：SET INDEX TO IndexFileList [ADDITIVE]

功能：为当前表打开一个或多个索引文件。

说明：

- IndexFileList：用于指定打开的一个或多个索引文件（独立索引和复合索引）。其中第一个索引文件默认为主控索引文件。若为多个索引，则为用逗号分开的索引文件列表；
- ADDITIVE：打开索引文件时不关闭之前打开的索引文件。

例 3.27 用命令打开在例 3.22 所创建的索引文件“NL.IDX”，并浏览“教师”表中的数据。

```
USE 教师
BROWSE          &&对表中原始数据进行浏览，如图 3-66 所示
SET INDEX TO NL
BROWSE          &&对打开索引后的表中的数据进行浏览，如图 3-67 所示
```

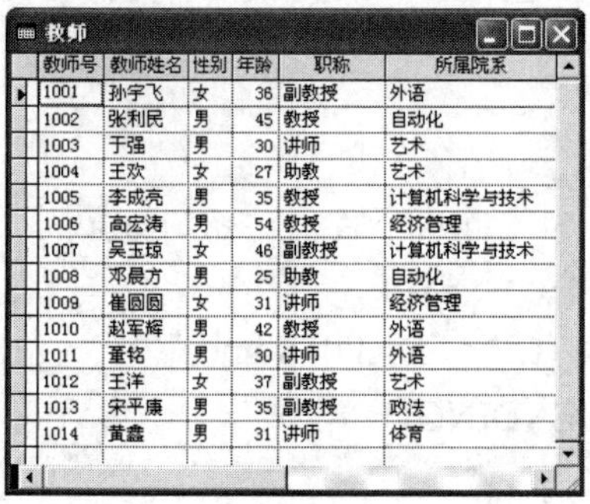

教师号	教师姓名	性别	年龄	职称	所属院系
1001	孙宇飞	女	36	副教授	外语
1002	张利民	男	45	教授	自动化
1003	于强	男	30	讲师	艺术
1004	王欢	女	27	助教	艺术
1005	李成亮	男	35	教授	计算机科学与技术
1006	高宏涛	男	54	教授	经济管理
1007	吴玉琼	女	46	副教授	计算机科学与技术
1008	邓晨方	男	25	助教	自动化
1009	崔圆圆	女	31	讲师	经济管理
1010	赵军辉	男	42	教授	外语
1011	董铭	男	30	讲师	外语
1012	王洋	女	37	副教授	艺术
1013	宋平康	男	35	副教授	政法
1014	黄鑫	男	31	讲师	体育

图 3-66 “教师”表中的原始数据

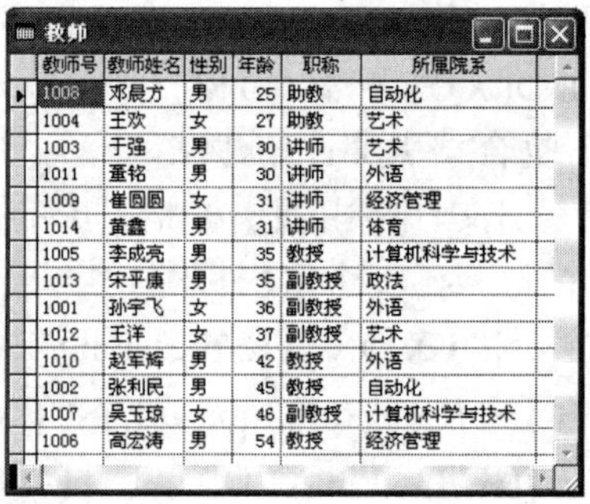

教师号	教师姓名	性别	年龄	职称	所属院系
1008	邓晨方	男	25	助教	自动化
1004	王欢	女	27	助教	艺术
1003	于强	男	30	讲师	艺术
1011	董铭	男	30	讲师	外语
1009	崔圆圆	女	31	讲师	经济管理
1014	黄鑫	男	31	讲师	体育
1005	李成亮	男	35	教授	计算机科学与技术
1013	宋平康	男	35	副教授	政法
1001	孙宇飞	女	36	副教授	外语
1012	王洋	女	37	副教授	艺术
1010	赵军辉	男	42	教授	外语
1002	张利民	男	45	教授	自动化
1007	吴玉琼	女	46	副教授	计算机科学与技术
1006	高宏涛	男	54	教授	经济管理

图 3-67 打开索引后“教师”表中的数据

2. 确定主控索引

一个表文件可以打开多个索引文件，但同一时间只能有一个索引文件起作用，这个索引称为主控索引。必须用 SET ORDER 命令指定当前索引项。

格式：SET ORDER TO [nIndexNumber|[TAG]<TagName>]
　　[ASCENDING|DESCENDING]

功能：指定表的主控索引文件或主控索引标志。

说明：

- nIndexNumber：索引序号。
- TagName：索引文件名。
- ASCENDING|DESCENDING：按升序还是降序打开。
- 不带任何参数的 SET ORDER TO 命令可以取消主控索引。

例 3.28 将“学生”表的结构索引文件中的“XH”设置为当前索引。

```
USE 学生
SET ORDER TO TAG XH
```

3. 关闭索引

格式 1：CLOSE INDEX

功能：关闭当前工作区中打开的所有独立索引文件和复合索引文件。

格式 2：SET INDEX TO

功能：关闭当前工作区中打开的所有独立索引文件和复合索引文件。

格式 3：USE

功能：关闭当前工作区中打开的表文件和所有索引文件。

说明：格式 1 和格式 2 命令关闭当前工作区内所有打开的索引文件。但结构复合索引文件不能关闭，它随表的关闭而自动关闭。此外，使用无任何选项的 USE 命令，除了关闭当前工作区的表外，也关闭了与之相关的索引文件。

4. 更新索引

当表中的数据发生变化时，所打开的索引文件会相应地被系统自动更新。对于没有打开的索引文件，系统不能对其进行更新，则数据记录的变化无法反映到索引文件中去。为避免因使用旧的索引文件而导致错误，这时需要重新索引，更新已经建立的索引文件。

（1）菜单方式。

菜单方式的具体操作步骤如下：

● 打开表文件。

● 在系统菜单中选择"显示"菜单中的"浏览"命令。

（2）命令方式。

格式：REINDEX [COMPACT]

功能：重新建立已经索引过的索引文件。

说明：使用 COMPACT 选项可以把标准的单索引文件变成压缩的单索引文件。

3.4.4　索引查找

当表建立了索引文件后，就可以采用索引查询进行快速的查询。进行索引查询的命令如下：

格式：SEEK <eExpression>[ORDER <nIndexNumber>|[TAG]<TagName>

　　　　[OF <CDXFileName>] [ASCENDING/ DESCENDING]]

功能：在打开的索引文件中快速查找与<eExpression>相匹配的第 1 条记录。

说明：

● <eExpression>：指定 SEEK 搜索的关键字，可以是空字符串；

● ORDER<nIndexNumber>|[TAG]<TagName>[OF<CDXFileName>]　ASCENDING|DES-CENDING]]：指定<eExpression>是以哪一个索引或索引标记为主控索引，其使用方法同设置主控索引；

● SEEK 命令中的表达式必须和索引表达式的类型相同。

例 3.29　假设当前正在使用"成绩"，将记录指针先后定位在课程号为"S003"的第 2 条和第 3 条记录上，并显示这两条记录。

```
USE   成绩
SEEK "S003" ORDER  课程号
SKIP      &&指针下移一位，指向第 2 条满足条件的记录
DISPLAY
```

```
SKIP        &&指针下移一位，指向第 3 条满足条件的记录
DISPLAY
```

执行命令显示结果如图 3-68 所示。

记录号	学号	课程号	成绩
9	BC130104	S003	50.0

记录号	学号	课程号	成绩
18	BC130203	S003	92.0

图 3-68   例 3.26 执行结果

3.4.5   删除索引

1．索引文件的删除

格式：DELETE FILE<IndexFileName>

功能：删除指定的独立索引文件。

说明：

- <IndexFileName>必须带扩展名；
- 被删除的索引文件必须在关闭状态。

2．索引标志的删除

格式 1：DELETE TAG <TagNameList>

功能：从指定的复合文件中删除标识。

格式 2：DELETE TAG ALL [OF<CDXFileName>]

功能：从指定的复合索引文件中删除所有标识。

说明

- <TagNameList>：表示删除指定的索引标识；
- ALL：表示删除打开的复合索引文件的所有索引标识；
- [OF<CDXFileName>]：是指定的复合索引文件名，如果缺省，则为结构复合索引文件；
- 若一个复合索引文件的所有索引标志都被删除，则该复合索引文件也就自动被删除了。

例 3.30   删除与"成绩"表相关的所有索引文件。

```
USE    成绩
DELETE TAG ALL
```

3.5   数据库表之间的永久关系

数据库表间永久关系是指数据库中表之间的一种约束关系，作为数据库对象永久保存在数据库。表间永久关系保持了存在联系的表之间相互制约的关系，从而保证数据的参照完整性。

3.5.1   创建数据库表之间的永久关系

在数据库中创建表之间的永久关系的操作步骤如下：

（1）确定两表之间是哪种联系。例如，"学生"表与"成绩"表是通过共有字段"学号"建立一对多的联系。

（2）将"一"方的"学生"表中的"学号"字段设为"主索引"，而"多"方的"成绩"表中的"学号"字段设为"普通索引"。

（3）用鼠标左键按住"学生"表中的主索引"学号"，并拖动到"成绩"表中的普通索引"学号"上，放开鼠标左键，则在"学生"表与"成绩"表之间生成一条连线，即为两表的永久关系，如图 3-69 所示。

图 3-69　学生表与成绩表之间关系

注意： 建立永久关系的两个表必须属于同一个数据库。对两个索引使用相同的表达式。

例 3.31　给"学生信息管理"数据库中的 5 个表建立永久联系。

表与表之间的联系是通过表与表之间的相同字段来实现的。

（1）"成绩"表与"课程"表的相同字段为"课程号"。"成绩"表中的"课程号"字段有重复记录，可以建立为普通索引；"课程"表中的"课程号"字段没有重复记录，也没有空记录，可以设置为主索引。

（2）"课程"表与"授课"表的相同字段为"课程号"。"授课"表中的"课程号"字段有重复记录，可以建立为普通索引，"课程"表中的"课程号"字段没有重复记录，也没有空记录，可以设置为主索引。

（3）"授课"表、"教师"表的相同字段为"教师号"。"授课"表中的"教师号"字段有重复记录，可以建立为普通索引，"教师"表中的"教师号"字段没有重复记录，也没有空记录，可以设置为主索引。

建立索引后的"学生信息管理"数据库如图 3-70 所示。

图 3-70　"学生信息管理"中表之间的永久关系

3.5.2　管理表间永久关系

管理表间永久关系包括编辑和删除数据库表间永久关系。

1. 编辑永久关系

编辑表间永久关系就是重新确定联系两个表之间的关键字段，建立新的永久关系。编辑永久关系的操作步骤如下：

（1）打开相应数据库的"数据库设计器"。

（2）在"数据库设计器"中两表之间的关系线中右击，弹出快捷菜单，如图 3-71 所示。

（3）选择"编辑关系"选项，打开"编辑关系"对话框，则在该对话框中进行设置，如图 3-72 所示。

图 3-71　"编辑关系"快捷菜单　　　　　　　图 3-72　"编辑关系"对话框

2. 删除永久关系

删除表间永久关系的操作步骤如下：

（1）打开相应数据库的"数据库设计器"。

（2）选择"数据库设计器"中两表之间的关系连线，按 Delete 键即可删除永久关系。

3.6　数据完整性

在 Visual FoxPro 中，数据完整性包括实体完整性、域完整性和参照完整性等。

3.6.1　实体完整性

实体完整性可以保证表中记录没有重复值。在 Visual FoxPro 中可以设置主关键字（主索引）或候选关键字（候选索引）来保证表中记录的唯一性，即可实现实体完整性。

3.6.2　域完整性

域是属性的取值范围。在建立表时各字段的数据类型的设置就是属于域完整性的范畴。为表中的字段设置有效性规则，也是一种域完整性约束规则。域完整性可以通过设置"表设计器"中的"字段有效性"来实现。"字段有效性"包括三项：

- 规则：用来设置有效性规则。必须为逻辑表达式。
- 信息：用来设置违反字段有效性规则时的提示信息。必须为字符串表达式。
- 默认值：用来设置字段的默认值。数据类型与所设置的字段类型相同。

设置"字段有效性"的具体操作步骤如下：

（1）打开"表设计器"，选择要设置域完整性的字段。例如，打开"学生"表的表设计器，选择"性别"字段。

（2）在"表设计器"中设置规则、信息、默认值三项。例如"学生"表中的"性别"字段：

- 规则：性别="男" OR 性别="女"。
- 信息："性别必须为男或女！"。
- 默认值："男"。

3.6.3　参照完整性

建立参照完整性之前必须首先清理数据库，所谓清理数据库是物理删除数据库中所有带删除标记的记录。在"数据库"菜单下选择"清理数据库"。清理完数据库后，设置参照完整性。

（1）在表与表之间的连线上右击，在弹出的快捷菜单上选择"编辑参照完整性"命令，如图 3-73 所示。

图 3-73　打开参照完整性的方法

（2）弹出"参照完整性生成器"对话框，如图 3-74 所示。该对话框中包含 3 个选项卡，每个选项卡中又包含了若干个选项，每个选项所代表的意义如下：

● 更新规则。

　　级联：父表中连接字段值改，子表相关记录也更改。

　　限制：若子表中有相关记录，则禁止更改连接字段值。

　　忽略：随意更改父表的连接字段的值。

● 删除规则。

　　级联：删除父表记录时，子表中相关记录也删除。

　　限制：子表有相关记录时，禁止删除父表记录。

　　忽略：删除父表记录与子表无关。

● 插入规则。

　　限制：当给子表插入记录时，若父表无相匹配的连接字段，则禁止插入。

　　忽略：随意往子表中插入记录。

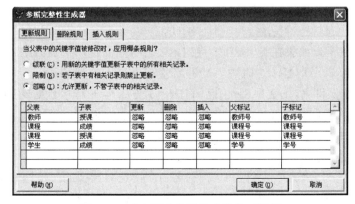

图 3-74　"参照完整性生成器"对话框

3.7　多个表的基本操作

在 Visual FoxPro 中，同一时间可以打开多个数据库，在每个数据库中可以打开多个表。前面学过使用 USE 命令打开一个表文件后，再执行 USE 命令打开另一个表文件时，先打开的表文件就自动被关闭了，实际上只有一个表文件处于打开状态。在实际应用中需要同时打开多个表文件进行操作，此时单工作区的操作就不能满足需要了。为此，Visual FoxPro 提供了多工作区操作。

3.7.1　工作区的基本概念

1. 工作区的概念

工作区是 Visual FoxPro 内存中开辟的一块区域，用来保存打开的表及其相关信息。表的打开实际上就是将它从磁盘调入到内存。Visual FoxPro 允许最多能使用 32767 个工作区，每个工作区中每次只能打开一个表文件，但可以同时打开与表相关的其他文件，如索引文件、查询文件等。

用户可以在多个工作区同时打开多个表，但在任何一个时刻只能对一个工作区进行操作。当前正在操作的工作区称为当前工作区，或活动工作区。当前工作区上打开的表文件称为当前表文件。在当前表文件上进行操作时，可以应用其他工作区的表文件内容，但不影响其他工作区表文件的数据。

2. 工作区号与别名

Visual FoxPro 用工作区编号和工作区别名来区分各个工作区。系统提供的 32767 个工作区分别以 1～32767 作为各工作区的编号。除了工作区编号外，工作区还有别名。工作区的别名有两种，一种是系统定义的别名，另一种是用户定义的别名。

（1）系统定义的别名。

Visual FoxPro 提供了多达 32767 个工作区，每个工作区都有一个工作区号，分别用 1～32767 表示，其工作区 1～10 还分别对应有别名 A～J。系统规定，用工作区号作为各个工作区的标识符，即数字 1～32767；同时还规定，可以用工作区的别名作为工作区的标识符，A～J 这 10 个字母是工作区的标识符，因此，单个字母 A～J 是不能用来作为表的文件名的，它是系统的保留字。

（2）用户定义的别名。

每个打开的表也都有一个别名，当用命令 USE <表文件名>打开表时，系统默认的表的别名就是该表的主文件名。如果在打开表时，在 USE 命令后面使用了 ALIAS 参数指定了表的别名，则可为表另外起一个别名，这时的表文件名就不再是表的别名。

格式：USE <表文件名> [ALIAS <别名>] [IN <工作区号|工作区别名|表别名>] [AGAIN]

功能：在指定的工作区打开指定的表文件，并为该表文件起一个别名。若省略可选项时，系统将取表的主文件名作为该表文件的别名，并且是在当前工作区中打开表文件。

说明：

- [IN <工作区号>/<工作区别名>/<表别名>]：指定要选择的工作区。其中：工作区号、工作区别名都是直接指定的工作区，但<表别名>不是直接指定的工作区，而是通过在已打开表文件，且别名为<表别名>的工作区中先将该表文件关闭，然后再打开指定的表文件。如果省略该选择项，则为当前工作区。

- [ALIAS <别名>]：为要打开的表指定一个别名。
- [AGAIN]：若要在多个工作区中打开一个表，可以按以下方法操作：
  ➤ 选择另一个工作区，并执行带有表名和 AGAIN 子句的 USE 命令。
  ➤ 执行带有表名和 AGAIN 子句的 USE 命令，并且用 IN 子句指定一个不同的工作区。

3．工作区的选择

系统启动后，系统自动选择 1 号工作区为当前工作区，对表的操作都是在 1 号工作区中进行的。如果想改变当前工作区，可以用 SELECT 命令来选择当前工作区。

格式：SELECT <工作区号>|<别名>|0

功能：选择一个工作区作为当前工作区。

说明：要选择工作区，可使用工作区号作为标识符，也可以用工作区的别名来作为工作区的标识符。若选择 0，则系统自动选取当前未使用的最小工作区号作为当前的工作区。

4．工作区的互访

在 Visual FoxPro 中允许在当前工作区中访问其他工作区中的表的数据。在当前工作区可以通过在字段名前加上别名和连接符，就可以访问其他工作区中表文件的字段。

引用格式为：工作区别名.字段名　或　工作区别名->字段名

通过工作区别名访问所得到的字段值为指定工作区打开的当前表当前记录的字段值。

例 3.32　在 1 号工作区中打开"学生"表，在 2 号工作区中打开"成绩"表，选择 1 号工作区作为当前工作区，查看当前记录和成绩。

```
SELECT 1                        &&选择 1 号工作区为当前工作区
USE 学生
SELECT 2                        &&选择 2 号工作区为当前工作区
USE 成绩
SELECT 1                        &&选择 1 号工作区为当前工作区
DISPLAY   学号,姓名,B->成绩      &&显示学号、姓名、成绩 3 列的值
```

显示结果如下：

记录号	学号	姓名	B->成绩
1	BC130101	李莉莉	88.0

通过工作区的互访，可以访问非当前工作区中表的数据，但只能访问被访问表中的当前记录。有时候我们需要被访问表文件的记录指针能根据当前表文件记录指针的指向而移动。建立表间的关联就可以实现这个目的。

3.7.2　创建表间的临时关联

如果在多个工作区同时打开多个表文件，在当前工作区中移动表的记录指针时，其他表的记录指针不会随之移动。如果要想其他表的记录指针也随之移动，则要建立表间的关联。关联就在两个或两个以上的表之间建立某种连接，使其表的记录指针同步移动。用来建立关联的表称为父表，被关联的表称为子表。

1．建立关联

格式：SET RELATION TO [<关联表达式 1>] INTO <工作区>|<别名>

[,<关联表达式 2> INTO <工作区>|<别名>...]]

[IN <工作区>|<别名>][ADDITIVE]

功能：在两个表之间建立关联。

说明：

- <关联表达式 1>：指定用来在子表和父表之间建立关联的关联表达式。关联表达式经常是子表主控索引的索引表达式；
- INTO <工作区>|<别名>：指定被关联表的工作区或别名，也可以是被关联表的别名；
- ADDITIVE：建立关联时，如果命令中不使用 ADDITIVE 子句，则父表以前建立的关联将自动解除；若使用了 ADDITIVE 子句，则父表以前建立的关联仍然保留；
- 在建立关联之前，必须打开一个表（父表），而且还必须在另一个工作区内打开其他表（子表）。相关的各表通常有一个相同的字段。父表可以同时与多个子表建立关系，称为"一父多子"的关系。<关联表达式>可以是字符型、数值型、日期型表达式。如果建立父子关联之前，子表已经按照关联条件建立了索引，并将该索引文件指定为主控索引，那么，每当当前工作区父表的记录指针重新定位时，就检索子表，将子表的记录指针定位于<关联表达式>值与<索引表达式>值相同的第一条记录之上。

例 3.33　设当前工作区是 1 号区，通过"学号"索引建立"学生"和"成绩"表之间的临时联系。

    OPEN DATABASE 学生信息管理
    USE 学生 IN 1 ORDER 学号
    USE 成绩 IN 2 ORDER 学号
    SET RELATION TO 学号 INTO 成绩

注意： 当"学生"表中的记录指针变动时，"成绩"表中的记录指针也随之变动。例如，当记录指针指向"学生"表中学号为 BC130102 记录时，"成绩"表记录指针会自动指向学号为 BC130102 的第 1 条记录。

2. 取消表的关联

取消数据间的关联有以下四种方式：

（1）在建立关联的命令中，如果不选用 ADDITIVE 选项，则在建立新的关联的同时取消了当前表原来建立的关联。

（2）命令 SET RELATION TO，取消当前表与其他表之间的关联。

（3）命令 SET RELATION OFF INTO<别名>|<工作区号>，取消当前表与指定别名表之间的关联。

（4）关闭表文件，关联被取消，下次打开时必须重新建立。

3.8　排序

排序是从物理上对表进行重新整理，重新排列表中数据记录的顺序，并产生一个新的表文件。由于新表的产生既浪费时间又浪费空间，实际中很少用。

排序会产生一个新的表。新表与旧表内容完全一样，只是它们的记录排列顺序不同而已，新表记录的排列顺序由排序命令指定。

格式： SORT TO TABLENAME ON FIELDNAME1[/A|/D][/C]

　　　　[,FIELDNAME2 [/A|/D][/C] …]
　　　　[ASCENDING|DESCENDING][FORLEXPRESSION1]
　　　　[FIELDS FIELDNAMELIST]
功能：对当前表中记录按指针的字段排序，并将排序后的记录输出到一个新的表中。
说明：

- TABLENAME：为排序后的表名。排序结果存放到一个新表；
- FIELDNAME：为排序的字段，可以在多个字段上进行排序；
- [/A|/D][/C]：/A 为升序；/D 为降序；/C 为排序时不区分大小写；
- ASCENDING|DESCENDING：指出除用/A|/D 指明了排序方式的字段外，所有其他排序字段按升序或降序；
- FOR LEXPRESSION1：给出参加排序字段要满足的条件；
- FIELDS FIELDNAMELIST：给出排序以后的表所包含的字段列表，默认是原表的所有字段。

例 3.34　在"成绩"中按"课程号"进行排序。
```
USE SCORE
SORT ON  课程号/A TO 排序
USE  排序                    &&打开排序后生成的新表文件
LIST
```

习题 3

一、选择题

1. 在数据库中建立表的命令是（　　　）。
　　A．CREATE　　　　　　　　　　　B．CREATE DATABASE
　　C．CREATE QUERY　　　　　　　　D．CREATE FORM
2. 打开数据库的命令是（　　　）。
　　A．USE　　　　　　　　　　　　　B．USE DATABASE
　　C．OPEN　　　　　　　　　　　　 D．OPEN DATABASE
3. 如果指定参照完整性的删除规则为"级联"，则当删除父表中的记录时（　　　）。
　　A．系统自动备份父表中被删除记录到一个新表中
　　B．若子表中有相关记录，则禁止删除父表中记录
　　C．会自动删除子表中所有相关记录
　　D．不作参照完整性检查，删除父表记录与子表无关
4. 使用索引的主要目的是（　　　）。
　　A．提高查询速度　　　　　　　　　B．节省存储控件
　　C．防止数据丢失　　　　　　　　　D．方便管理
5. 在 Visual FoxPro 中，若所建立索引的字段值不允许重复，并且一个表中只能创建一个，这种索引应该是（　　　）。
　　A．主索引　　　　　B．唯一索引　　　　　C．候选索引　　　　　D．普通索引

6. 在建立表间一对多的永久联系时，主表的索引类型必须是（　　　）。

　　A．主索引或候选索引

　　B．主索引、候选索引或唯一索引

　　C．主索引、候选索引、唯一索引或普通索引

　　D．可以不建立索引

7. 在表设计器中设置的索引包含在 （　　　）。

　　A．独立索引文件中　　　　　　　　　B．唯一索引文件中

　　C．结构复合索引文件中　　　　　　　D．非结构复合索引文件中

8. 在当前打开的表中，显示"书名"以"计算机"打头的所有图书，正确的命令是（　　　）。

　　A．list for 书名="计算*"　　　　　　B．list for 书名="计算机"

　　C．list for 书名="计算%"　　　　　　D．list where 书名="计算机"

9. 假设在数据库表的表设计器中，字符型字段"性别"已被选中，正确的有效性规则设置是（　　　）。

　　A．="男" .OR. "女"　　　　　　　　B．性别="男" .OR. "女"

　　C．$"男女"　　　　　　　　　　　　D．性别$"男女"

10. 在 Visual FoxPro 中，使用 LOCATE FOR <expL>命令按条件查找记录，当查找到满足条件的第一条记录后，如果还需要查找下一条满足条件的记录，应该（　　　）。

　　　A．再次使用 LOCATE 命令重新查询　　B．使用 SKIP 命令

　　　C．使用 CONTINUE 命令　　　　　　　D．使用 GO 命令

11. 已知当前表中有字符型字段职称和性别，要建立一个索引，要求首先按职称排序，职称相同时再按性别排序，正确的命令是（　　　）。

　　　A．INDEX ON 职称+性别 TO　　　　B．INDEX ON 性别+职称 TO

　　　C．INDEX ON 职称,性别 TO　　　　　D．INDEX ON 性别,职称 TO

12. 数据库系统的数据完整性是指保证数据的（　　　）。

　　　A．可靠性　　　　B．正确性　　　　C．安全性　　　　D．独立性

13. 假设职员表已在当前工作区打开，其当前记录的"姓名"字段值为"李彤"（C 型字段）。在命令窗口输入并执行如下命令：

　　　姓名＝姓名-"出勤"

　　　? 姓名

屏幕上会显示（　　　）。

　　　A．李彤　　　　B．李彤 出勤　　　　C．李彤出勤　　　　D．李彤-出勤

14. 执行 USE sc IN 0 命令的结果是（　　　）。

　　　A．选择 0 号工作区打开 sc 表　　　　B．选择空闲的最小号工作区打开 sc 表

　　　C．选择第 1 号工作区打开 sc 表　　　D．显示出错信息

15. 假设表"学生.dbf"已在某个工作区打开，且别名取为 student。选择"学生"表所在的工作区为当前工作区的命令是（　　　）。

　　　A．SELECT 0　　　B．USE 学生　　　C．SELECT 学生　　　D．SELECT student

16. 为当前表中所有学生的总分增加 10 分，可以使用的命令是（　　　）。

　　　A．CHANGE 总分 WITH 总分+10

　　　B．REPLACE 总分 WITH 总分+10

　　　C．CHANGE ALL 总分 WITH 总分+10

D．REPLACE ALL　总分　WITH　总分+10

二、操作题

1．创建一个新的项目"客户管理"。

2．在新建立的项目"客户管理"中创建数据库"订货管理"。

3．在"订货管理"数据库中建立表 Order_list，表结构如下：

字段	字段名	类型	宽度	小数位数
1	客户号	字符型	6	
2	订单号	字符型	6	
3	订购日期	日期型		
4	总金额	浮动型	15	2

4．为新创建的表 Order_list 表创建一个主索引，索引名和索引表达式均是"订单号"。

5．在"订货管理"数据库中建立表 Customer，表结构描述如下：

字段	字段名	类型	宽度	小数位数
1	客户号	字符型	6	
2	客户名	字符型	16	
3	地址	字符型	20	
4	电话	字符型	14	

6．为新建立的 Customer 表创建一个主索引，索引名和索引表达式均是"客户号"。

7．向 Customer 表和 Order_list 表输入如下数据：

8．将自由表 Order_detail 表添加到"订货管理"数据库中。

9．为 Order_detail 表建立一个普通索引，索引名和索引表达式均是"订单号"。

10．建立表 Customer 与表 Order_list 间的永久联系（通过"客户号"字段）；建立表 Order_list 与表 Order_detail 间的永久联系（通过"订单号"字段）。

11．为表 Order_detail 的"单价"字段设置字段有效性规则：单价>0，当违反规则时提示信息为"单价必须大于 0！"，单价默认值为 100。

12．为以上建立的联系设置参照完整性约束：更新规则为"限制"，删除规则为"级联"，插入规则为"限制"。

第4章　结构化查询语言 SQL

学习目的：

SQL 是结构化查询语言（Structured Query Language），用于存取数据以及查询、更新和管理关系数据库系统。SQL 语言包括：数据查询语言、数据定义语言、数据操纵语言、数据控制语言。Visual FoxPro 作为一种可视化的、面向对象的程序设计方法，本章我们将学习 SQL 语言的数据库定义、数据操纵和数据检索三种功能。

知识要点：

- 熟练掌握 SQL 语言的查询功能
- 熟练掌握 SQL 语言的操作功能
- 熟练掌握 SQL 语言的定义功能

4.1　SQL 概述

SQL 最早是 IBM 公司为其关系数据库管理系统开发的，其结构简洁，功能强大，简单易学，1986 年 10 月由美国国家标准协会（American National Standards Institute，简称 ANSI）正式公布，随后 SQL 得到广泛应用，同时被当作关系数据库的工业标准语言。1987 年，这个标准被国际标准化组织（International Standards Organization，简称 ISO）批准为国际标准，并在此基础上进行了多次的补充。SQL 语言成为国际标准后，SQL 标准可使不同关系数据库之间实现一致性和可移植性，几乎所有的关系数据库管理系统都支持，例如 Oracle、Microsoft SQL Server、DB2、Informix、Sybase 等，而且在不同的数据库管理系统中，SQL 的差别很小。

SQL 语言的主要特点如下：

（1）SQL 是一种一体化的语言，它可以完成数据库活动中的全部工作。以前非关系模型的数据语言一般包括存储模式描述语言、概念模式描述语言、外部模式描述语言等，这种模型的数据语言，一是内容多，二是掌握和使用起来都不像 SQL 那样简单、实用。

（2）SQL 语言是非过程化的语言。它不用一步步地告诉计算机"如何"去做，而只需要描述清楚用户要"做什么"，SQL 语言就可以将要求交给系统，自动完成全部工作。

（3）SQL 语言语法简洁。SQL 语言功能强大，但它只有几条命令，分别用于完成数据定义、数据查询、数据操纵和数据控制等功能（如表 4-1 所示）。另外 SQL 的语法很接近英语自然语言，便于学习、掌握，使用方便。

（4）SQL 语言具有易移植性，可以直接以命令方式交互使用，也可以嵌入到程序设计语言中以程序方式使用。现在很多数据库应用开发工具都将 SQL 语言直接融入到自身的语言之中，使用起来更方便，Visual FoxPro 就是如此。此外，尽管 SQL 的使用方式不同，但 SQL 语言的语法基本是一致的。

SQL 语言的功能很强大，但由于 Visual FoxPro 自身安全控制方面的缺陷，所以它没有提供数据控制功能。在 Visual FoxPro 中只支持数据定义、数据查询和数据操作功能。

表 4-1　SQL 语言命令动词

SQL 功能		命令动词
数据查询		Select
数据定义	定义基本表或索引	Create
	删除基本表或索引	Drop
	修改基本	Alter
数据操纵	插入记录	Insert
	更新记录	Update
	删除记录	Delete
数据控制	授权	Grant
	收回权限	Revoke

4.2　数据查询功能

SQL 语言的核心是查询。SQL 的查询命令的基本形式由 Select-From-Where 查询块组成，多个查询块可以嵌套执行。查询根据需要，可以对一个表或多个表及视图进行操作，结果以可读的方式从数据库中提取出来。

SQL SELECT 查询命令的格式如下：

SELECT [ALL | DISTINCT][TOP <表达式> [PERCENT]][<别名>.]<列表达式>[AS <别名>];

[,[<别名.>]<列表达式>[AS <别名>]...];

FROM [<数据库名!>]<表名>[,[<数据库名!>]<表名>...];

[INNER | LEFT | RIGHT | FULL JOIN [<数据库名!>]<表名>;

[ON <连接条件>...]];

[[INTO TABLE <新表名>] | [TO FILE <文件名> | TO PRINTER | TO SCREEN]];

[WHERE <连接条件>[AND <连接条件>...];

[AND | OR <查询条件> [AND | OR<查询条件>...]]];

[GROUP BY <字段名>[,<字段名>...]][HAVING <分组条件>];

[ORDER BY <字段名>[ASC | DESC][,<字段名>[ASC | DESC]...]]

说明：

- SQL SELECT 命令看上去非常复杂，但常用的只有 6 个子句：SELECT、FROM、WHERE、GROUP BY、HAVING、ORDER BY；
- SELECT：说明要查询的数据；
- FROM：说明要查询的数据来自哪个或哪些表，可以对单个表或多个表进行查询；
- WHERE：说明查询条件，即选择无组的条件；如果是多表查询还可通过该子句指明表与表之间的连接条件，进行连接；
- GROUP BY：用于对查询进行分组，可以利用它进行分组汇总；
- HAVING：短语必须跟随在 GROUP BY 之后使用，它是用来限定分组必须满足的条件才能进行分组查询；
- ORDER BY：用于对查询的结果进行排序，ASC 是升序、DESC 是降序；

- AS：用于定义查询结果中字段的新名称，AS 短语前可以是一个字段名、表达式、函数等；
- DISTINCT：用于说明在查询结果中去掉重复值；
- INTO TABLE 短语：用于指明查询结果保存在哪个表中。

在以后的学习中，我们常用的 SQL SELECT 语句的具体格式如下：

```
SELECT [ALL | DISTINCT]<检索项>;
FROM <表名列表>;
[WHERE <查询条件>[AND<连接条件>]];
[GROUP BY <字段列表>[HAVING<分组条件>]];
[ORDER BY <字段名>[ASC | DESC]]
[[INTO TABLE <新表名>] | [TO FILE <文件名>]
```

说明：

- 在 SQL SELECT 查询语句中，SELECT…FROM…两个命令动词是最基本的并且是不可缺少的，其他命令动词可以根据需要选用；
- SQL SELCET 查询语句的功能是将满足要求的数据查询出来，它不会更改数据库中的数据；
- SELECT 查询命令的使用非常灵活，用它可以构造各种各样的查询。本节将通过大量的实例来介绍 SELECT 查询命令的使用，通过实例具体学习各个短语的含义。

为了方便读者对照和验证操作结果，下面给出各个表的具体记录值，如图 4-1 至图 4-5 所示。

学生

学号	姓名	性别	出生日期	民族	政治面貌	所属院系
BC130101	李莉莉	女	12/03/94	汉	团员	外语
BC130102	陈伟杰	男	10/15/93	汉	团员	外语
BC130103	王丽娜	女	04/27/94	回	群众	外语
BC130104	张庆峰	男	07/20/96	汉	党员	外语
BC130201	王君龙	男	09/04/95	满	党员	计算机科学与技术
BC130202	薛梅	女	05/16/94	汉	团员	计算机科学与技术
BC130203	孙玮	男	11/23/93	汉	群众	计算机科学与技术
BC130301	李志博	男	10/05/94	汉	团员	艺术
BC130302	钱晓霞	女	05/18/95	回	党员	艺术
BC130401	赵立强	男	08/17/94	蒙古	党员	自动化
BC130402	胡晓磊	男	11/10/94	汉	群众	自动化
BC130403	朴凤姬	女	10/12/95	朝鲜	团员	自动化
BC130501	范婧怡	女	06/13/94	汉	群众	经济管理
BC130502	张新贺	男	09/17/95	满	团员	经济管理
BC130503	马平川	男	04/13/99	汉	党员	经济管理

图 4-1　学生表

课程

课程号	课程名	学时	学分
A001	英语	128	5.5
A002	法语	96	4.0
B001	高等数学	96	4.0
C001	平面设计	64	3.5
D002	软件工程	64	3.5
D003	C语言程序设计	96	4.0
E001	统计学	96	4.0
E002	管理学	64	3.5
F001	法学	48	2.5
G001	教育学	54	3.0
S003	体育	32	1.5

图 4-2　课程表

成绩

学号	课程号	成绩
BC130101	A001	88.0
BC130101	A002	90.5
BC130102	A001	96.5
BC130102	S003	78.0
BC130103	G001	82.0
BC130103	A001	93.0
BC130104	A002	64.0
BC130104	G001	72.0
BC130104	S003	50.0
BC130201	A001	78.0
BC130201	D002	87.0
BC130201	D003	50.0
BC130202	B001	88.2
BC130202	A001	96.0
BC130202	F001	78.0
BC130203	B001	90.5
BC130203	D003	83.0
BC130203	D002	90.0
BC130203	S003	92.0
BC130301	A001	88.0
BC130301	C001	85.0
BC130301	S003	75.5
BC130302	A001	55.0
BC130302	D003	88.0
BC130302	F001	69.0
BC130401	B001	70.5
BC130402	D003	88.0
BC130402	B001	70.0
BC130403	A001	83.0
BC130501	A001	70.0
BC130501	E001	77.0
BC130501	E002	95.0
BC130502	E001	72.0
BC130502	S003	88.0
BC130502	E002	92.0
BC130503	E001	56.0
BC130503	E002	69.0
BC130503	F001	85.5

图 4-3　成绩表

教师

教师号	教师姓名	性别	年龄	职称	所属院系
1001	孙宇飞	女	36	副教授	外语
1002	张利民	男	45	教授	自动化
1003	于强	男	30	讲师	艺术
1004	王欢	女	27	助教	艺术
1005	李成亮	男	35	教授	计算机科学与技术
1006	高宏涛	男	54	教授	经济管理
1007	吴玉琼	女	46	副教授	计算机科学与技术
1008	邓晨方	男	25	助教	自动化
1009	崔圆圆	女	31	讲师	经济管理
1010	赵军辉	男	42	教授	外语
1011	董铭	男	30	讲师	外语
1012	王洋	女	37	副教授	艺术
1013	宋平康	男	35	副教授	政法
1014	黄鑫	男	31	讲师	体育

图 4-4　教师表

授课

教师号	课程号	上课地点	上课时间
1001	A001	1#308	Mon1-2
1010	A002	2#225	Mon3-4
1011	A001	1#242	Fri5-6
1002	B001	1#430	Wed3-4
1003	C001	3#520	Mon1-2
1004	C001	3#223	Tue5-6
1005	D003	1#108	Wed7-8
1006	E001	2#319	Tue3-4
1007	D002	3#420	Thu1-2
1008	D003	2#106	Mon3-4
1009	E001	2#118	Fri1-2
1012	C001	3#102	Thu3-4
1013	F001	3#201	Tue7-8
1014	S003	1#322	Wed1-2

图 4-5　授课表

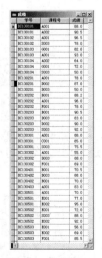

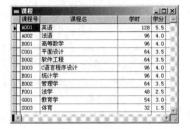

4.2.1　简单查询

首先从 SQL SELECT 几个最基本的查询语句开始，这些查询可以基于单个表或者多个表，可以有简单的查询条件和连接条件。

1. 单表查询

单表查询是基于一个表的所有字段的查询，可以由 SELECT…FROM…[WHERE…]子句构成。

（1）单表无条件查询。

基本格式：SELECT [DISTINCT]<检索项>FROM <表名>

例 4.1　从教师表中检索出教师的教师姓名、性别、年龄、职称、所属院系。

```
SELECT 教师姓名,性别,年龄,职称,所属院系 FROM 教师
```

查询结果如图 4-6 所示。

说明：

- SELECT 短语后面接检索项，即具体要查询的内容；
- FROM 短语指明检索项来自哪个表，对于 SELECT 查询语句来说，FROM 子句是必需的，是不可以省略的；
- 当查询内容为表中所有信息时，可以用通配符“*”，表示查询表中所有字段的值。

例 4.2　查询学生表中的所有信息。

方法一：

```
SELECT 学号,姓名,性别,出生日期,民族,政治面貌,所属院系 FROM 学生
```

方法二：

```
SELECT * FROM 学生
```

两种方法查询的结果一致，如图 4-7 所示。

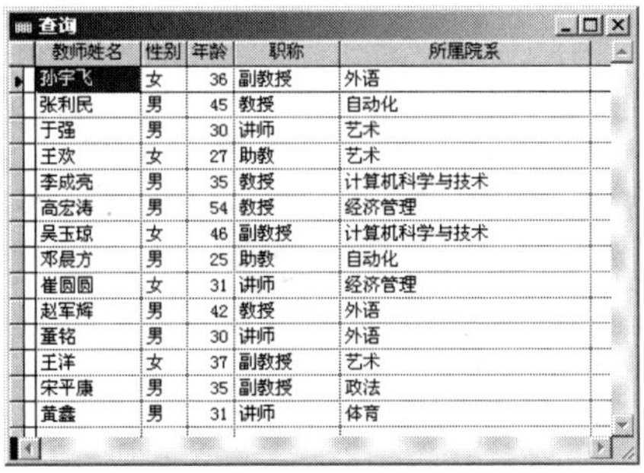

查询

教师姓名	性别	年龄	职称	所属院系
孙宇飞	女	36	副教授	外语
张利民	男	45	教授	自动化
于强	男	30	讲师	艺术
王欢	女	27	助教	艺术
李成亮	男	35	教授	计算机科学与技术
高宏涛	男	54	教授	经济管理
吴玉琼	女	46	副教授	计算机科学与技术
邓晨方	男	25	助教	自动化
崔圆圆	女	31	讲师	经济管理
赵军辉	男	42	教授	外语
董铭	男	30	讲师	外语
王洋	女	37	副教授	艺术
宋平康	男	35	副教授	政法
黄鑫	男	31	讲师	体育

图 4-6　例 4.1 的查询结果

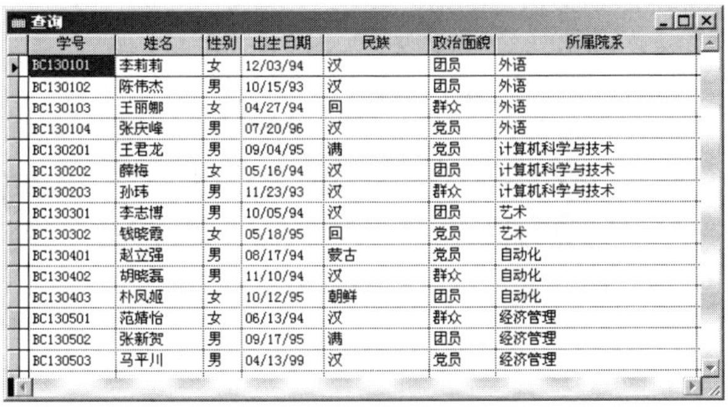

查询

学号	姓名	性别	出生日期	民族	政治面貌	所属院系
BC130101	李莉莉	女	12/03/94	汉	团员	外语
BC130102	陈伟杰	男	10/15/93	汉	团员	外语
BC130103	王丽娜	女	04/27/94	回	群众	外语
BC130104	张庆峰	男	07/20/96	汉	党员	外语
BC130201	王君龙	男	09/04/95	满	党员	计算机科学与技术
BC130202	薛梅	女	05/16/94	汉	团员	计算机科学与技术
BC130203	孙玮	男	11/23/93	汉	群众	计算机科学与技术
BC130301	李志博	男	10/05/94	汉	团员	艺术
BC130302	钱晓霞	女	05/18/95	回	党员	艺术
BC130401	赵立强	男	08/17/94	蒙古	党员	自动化
BC130402	胡晓磊	男	11/10/94	汉	群众	自动化
BC130403	朴凤姬	女	10/12/95	朝鲜	团员	自动化
BC130501	范婧怡	女	06/13/94	汉	群众	经济管理
BC130502	张新贺	男	09/17/95	满	团员	经济管理
BC130503	马平川	男	04/13/99	汉	党员	经济管理

图 4-7　例 4.2 的查询结果

例 4.3　将教师表中的所属院系信息检索出来。

```
SELECT 所属院系 FROM 教师
```

查询结果如图 4-8 所示。

例 4.4　将教师表中的所属院系信息检索出来（去掉重复值）。

```
SELECT DISTINCT 所属院系 FROM 教师
```

查询结果如图 4-9 所示。

说明：DISTINCT 短语的作用是去掉查询结果中的重复值。注意 DISTINCT 短语位于需要去掉重复值的字段名的前面。

（2）单表有条件查询。

基本格式：SELECT [DISTINCT] <检索项> FROM <表名> WHERE <查询条件>

例 4.5 查询课程号为 C001 的课程的上课地点、上课时间等信息。

```
SELECT 课程号,上课地点,上课时间,教师号;
FROM 授课 WHERE 课程号="C001"
```

查询结果如图 4-10 所示。

图 4-8　例 4.3 的查询结果

图 4-9　例 4.4 的查询结果

说明：当题目中有限定件条时，需要用 WHERE 短语来指定查询条件。WHERE 短语位置应位于 FROM 短语后面。

例 4.6 从教师表中检索出 35 岁以上并且职称为"教授"的教师信息。

方法一：

```
SELECT 教师号,教师姓名,性别,年龄,职称,所属院系 FROM 教师;
WHERE 职称="教授" AND 年龄>35
```

方法二：

```
SELECT * FROM 教师;
WHERE 职称="教授" AND 年龄>35
```

查询结果如图 4-11 所示。

图 4-10　例 4.25 的查询结果　　　　　　　　图 4-11　例 4.6 的查询结果

例 4.7 在教师表中检索出职称为"教授"或"副教授"的，并且年龄大于 35 岁的教师信息。

```
SELECT * FROM 教师;
WHERE (职称="教授" OR 职称="副教授") AND 年龄>35
```

查询结果如图 4-12 所示。

说明：

（1）在查询中查询条件为两个或两个以上时，应用逻辑运算符"AND"或"OR"将多个条件连接起来。

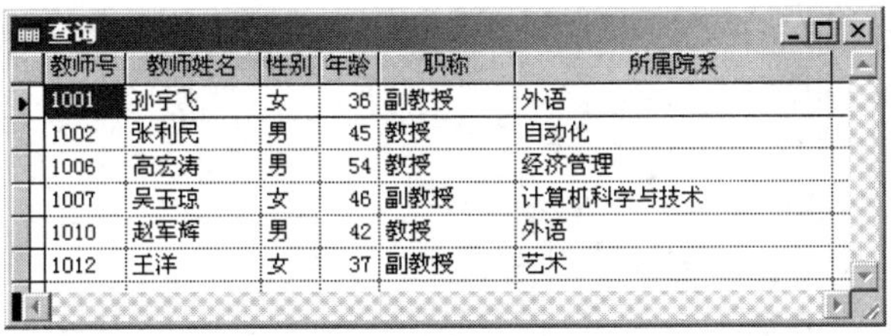

教师号	教师姓名	性别	年龄	职称	所属院系
1001	孙宇飞	女	36	副教授	外语
1002	张利民	男	45	教授	自动化
1006	高宏涛	男	54	教授	经济管理
1007	吴玉琼	女	46	副教授	计算机科学与技术
1010	赵军辉	男	42	教授	外语
1012	王洋	女	37	副教授	艺术

图 4-12　例 4.7 的查询结果

- AND 表示相与的关系，AND 左右两边的条件都成立时，表达式结果为真；
- OR 表示相或的关系，OR 左右两边的条件有一个成立时，表达式的结果就为真。

（2）在 Visual FoxPro 的命令窗口中，一行是一条命令语句，如果一条命令语句太长放在一行上不方便，可以分成多行，但是需要在分行处加上续行符“;”用来表示续行（续行符一定是在英文状态下输入的）。

例 4.8　从学生表中查询出在 1994 年 12 月 31 日之前出生的所有女同学的学号、姓名、性别、年龄、民族、政治面貌、所属院系等信息。

```
SELECT 学号,姓名,性别,year(date())-year(出生日期) AS 年龄,;
民族,政治面貌,所属院系;
FROM 学生 WHERE 出生日期<{^1994-12-31} AND 性别="女"
```

查询结果如图 4-13 所示。

说明：

- “year(date())-year(出生日期)”表达式：用于计算学生的年龄；
- 在表达式后可以用 AS 短语为表达式命别名；

例如：year(date())-year(出生日期)AS 年龄，则在查询结果中会出现一个新的字段名“年龄”。

- 对于“出生日期”字段是日期型的数据，所以在书写表达式时要注意类型匹配与类型格式。例如：出生日期<{^1980-01-01}。

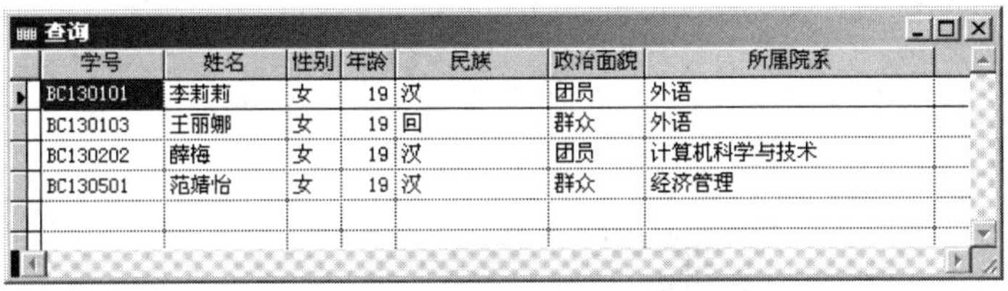

学号	姓名	性别	年龄	民族	政治面貌	所属院系
BC130101	李莉莉	女	19	汉	团员	外语
BC130103	王丽娜	女	19	回	群众	外语
BC130202	薛梅	女	19	汉	团员	计算机科学与技术
BC130501	范婧怡	女	19	汉	群众	经济管理

图 4-13　例 4.8 的查询结果

2. 多表连接查询

连接是关系的基本操作之一，当查询涉及多个表时，就要用到多表的连接查询。连接查询基于多个关系的查询。下面通过几个简单的连接查询实例来学习多表连接查询。

（1）多表无条件的连接查询。

基本格式：SELECT <检索项> FROM <表名> WHERE <连接条件>

例 4.9　检索出学生的学号、姓名、性别、所属院系、课程号和成绩等信息。

```
SELECT 学生.学号,学生.姓名,性别,所属院系,成绩.课程号,成绩;
FROM 学生,成绩;
WHERE 学生.学号=成绩.学号
```

查询结果如图 4-14 所示。

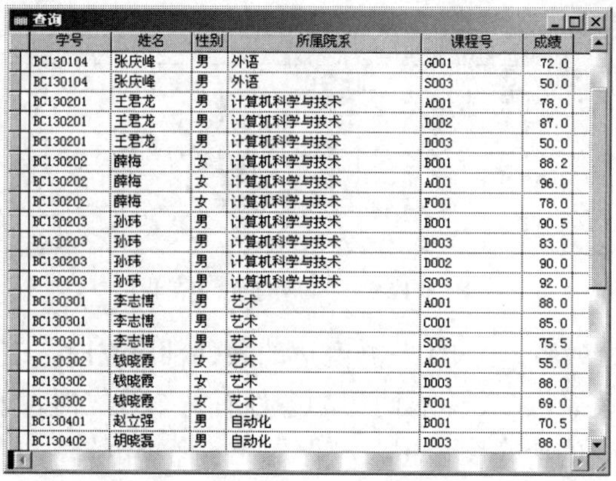

查询

学号	姓名	性别	所属院系	课程号	成绩
BC130104	张庆峰	男	外语	G001	72.0
BC130104	张庆峰	男	外语	S003	50.0
BC130201	王君龙	男	计算机科学与技术	A001	78.0
BC130201	王君龙	男	计算机科学与技术	D002	87.0
BC130201	王君龙	男	计算机科学与技术	D003	50.0
BC130202	薛梅	女	计算机科学与技术	B001	88.2
BC130202	薛梅	女	计算机科学与技术	A001	96.0
BC130202	薛梅	女	计算机科学与技术	F001	78.0
BC130203	孙玮	男	计算机科学与技术	B001	90.5
BC130203	孙玮	男	计算机科学与技术	D003	83.0
BC130203	孙玮	男	计算机科学与技术	D002	90.0
BC130203	孙玮	男	计算机科学与技术	S003	92.0
BC130301	李志博	男	艺术	A001	88.0
BC130301	李志博	男	艺术	C001	85.0
BC130301	李志博	男	艺术	S003	75.5
BC130302	钱晓霞	女	艺术	A001	55.0
BC130302	钱晓霞	女	艺术	D003	88.0
BC130302	钱晓霞	女	艺术	F001	69.0
BC130401	赵立强	男	自动化	B001	70.5
BC130402	胡晓磊	男	自动化	D003	88.0

图 4-14　例 4.9 的部分查询结果

说明：

- SELECT 短语中的检索项如果不唯一，需要指明该检索项来自哪个表。例如，在例 4.9 中检索项学号在学生表和成绩表中都出现了，所以要指明一下该学号到底来自哪个表；
- FROM 短语后面接多个表名。当查询涉及多个表时，将所有的表名都放在 FROM 短语后面，并且两个表之间用逗号分隔；
- 这里“学生.学号=成绩.学号”是连接条件。两个表能够进行连接查询的前提是两个表一定要有相同的字段名。当 FROM 短语之后的多个表中含有相同的字段名时，必须用表名（关系名）前缀直接指明字段名，格式为：表名 1.字段名=表名 2.字段名。

（2）多表有条件连接查询。

基本格式：SELECT <检索项> FROM <表名> WHERE <连接条件> AND <查询条件>

例 4.10　检索出学生表中女生的成绩大于 80 的学号、姓名、性别、课程号和成绩信息。

```
SELECT 学生.学号,姓名,性别,成绩.课程号,成绩;
FROM 学生,成绩;
WHERE 学生.学号=成绩.学号  AND (性别="女" AND  成绩>80)
```

查询结果如图 4-15 所示。

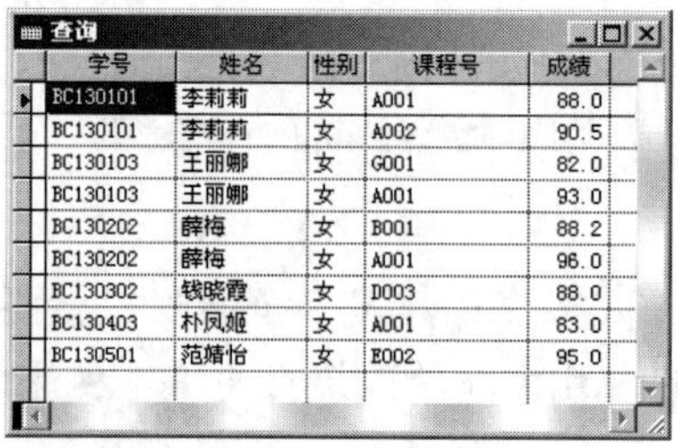

查询

学号	姓名	性别	课程号	成绩
BC130101	李莉莉	女	A001	88.0
BC130101	李莉莉	女	A002	90.5
BC130103	王丽娜	女	G001	82.0
BC130103	王丽娜	女	A001	93.0
BC130202	薛梅	女	B001	88.2
BC130202	薛梅	女	A001	96.0
BC130302	钱晓霞	女	D003	88.0
BC130403	朴凤姬	女	A001	83.0
BC130501	范婧怡	女	E002	95.0

图 4-15　例 4.9 的查询结果

说明：

- 连接条件与查询条件同时放在 WHERE 短语中，“学生.学号=成绩.学号”为连接条件，“性别="女" AND 成绩>80”为查询条件，两个条件用 AND 连接；
- 连接条件与查询条件没有先后顺序。

例 4.11　检索所有选修英语课程的学生的学号、姓名、课程名、教师姓名、职称、上课地点和上课时间等信息。

```
SELECT 学生.学号,姓名,课程.课程名,教师.教师姓名,职称,授课.上课地点,上课时间;
FROM 学生,成绩,课程,教师,授课;
WHERE 学生.学号=成绩.学号 AND 成绩.课程号=课程.课程号;
AND 成绩.课程号=授课.课程号 AND 授课.教师号=教师.教师号;
AND 课程.课程号="A001"
```

查询结果如图 4-16 所示。

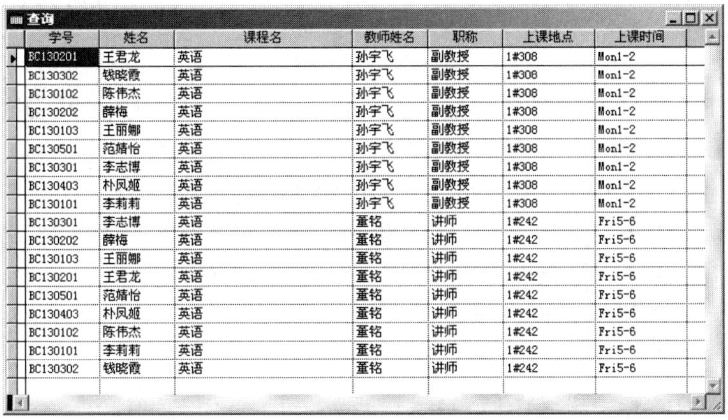

学号	姓名	课程名	教师姓名	职称	上课地点	上课时间
BC130201	王君龙	英语	孙宇飞	副教授	1#308	Mon1-2
BC130302	钱晓霞	英语	孙宇飞	副教授	1#308	Mon1-2
BC130102	陈伟杰	英语	孙宇飞	副教授	1#308	Mon1-2
BC130202	薛梅	英语	孙宇飞	副教授	1#308	Mon1-2
BC130103	王丽娜	英语	孙宇飞	副教授	1#308	Mon1-2
BC130501	范婧怡	英语	孙宇飞	副教授	1#308	Mon1-2
BC130301	李志博	英语	孙宇飞	副教授	1#308	Mon1-2
BC130403	朴凤姬	英语	孙宇飞	副教授	1#308	Mon1-2
BC130101	李莉莉	英语	孙宇飞	副教授	1#308	Mon1-2
BC130301	李志博	英语	董铭	讲师	1#242	Fri5-6
BC130202	薛梅	英语	董铭	讲师	1#242	Fri5-6
BC130103	王丽娜	英语	董铭	讲师	1#242	Fri5-6
BC130201	王君龙	英语	董铭	讲师	1#242	Fri5-6
BC130501	范婧怡	英语	董铭	讲师	1#242	Fri5-6
BC130403	朴凤姬	英语	董铭	讲师	1#242	Fri5-6
BC130102	陈伟杰	英语	董铭	讲师	1#242	Fri5-6
BC130101	李莉莉	英语	董铭	讲师	1#242	Fri5-6
BC130302	钱晓霞	英语	董铭	讲师	1#242	Fri5-6

图 4-16　例 4.11 的查询结果

4.2.2　排序查询

利用 SQL SELECT 查询语句进行查询时可以将查询的结果进行排序，排序的短语为 ORDER BY。

基本格式如下：

```
SELECT <检索项> FROM <表名> [WHERE <连接条件> AND <查询条件>];
ORDER BY <字段名> [ASC | DESC] [,<字段名>[ ASC | DESC]…]
```

例 4.12　检索出所有女同学的学生信息，查询结果按出生日期降序排列。

```
SELECT * FROM 学生 WHERE 性别="女" ORDER BY 出生日期 DESC
```

查询结果如图 4-17 所示。

说明：*ASC 表示升序，DESC 表示降序，默认的情况表示升序。*

例 4.13　检索课程表中的课程号、课程名、学时、学分，按学时升序排序，如果学时相同则按课程号再降序排序。

```
SELECT 课程号,课程名,学时,学分 FROM 课程;
ORDER BY 学时 ASC,课程号 DESC
```

查询结果如图 4-18 所示。

例 4.14　检索所有学生的学号、姓名、课程号、课程名和成绩，并按成绩的降序排序，再按学号的升序排序。

```
SELECT 学生.学号,姓名,课程.课程名,成绩.课程号,成绩;
FROM 学生,课程,成绩;
WHERE 学生.学号=成绩.学号 AND 课程.课程号=成绩.课程号 AND 课程.课程号="A001";
ORDER BY 成绩 DESC,学号 ASC
```

查询结果如图 4-19 所示。

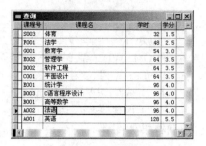

图 4-17　例 4.12 的查询结果　　　　　　图 4-18　例 4.13 的查询结果

说明：

● ORDER BY 短语中的排序依据可以用列序号表示，例如按成绩降序排序，可以表示为"ORDER BY 5"，其中 5 为第五列。

● 在一个查询语句中，可以按一列或多列进行排序。需要注意排序关键字之间用逗号隔开。

例 4.15　检索学生表中男同学的学号，姓名和年龄并按年龄升序排序。

SELECT 学号,姓名,YEAR(DATE())-YEAR(出生日期) AS NL;

FROM 学生 WHERE 性别="男" ORDER BY NL

查询结果如图 4-20 所示。

图 4-19　例 4.14 的查询结果　　　　　　图 4-20　例 4.15 的查询结果

4.2.3　计算与分组查询

1. 简单的计算查询

SQL 不仅具有一般的检索能力，而且还具有计算方式的检索能力。表 4-2 介绍常用于计算检索的函数。

表 4-2　常用计算函数及其功能

函数名称	格式	功能
AVG	AVG(字段名)	按列计算平均值
SUM	SUM (字段名)	按列计算值的总和
COUNT	COUNT(字段名)	按列值统计个数
MAX	MAX(字段名)	求一列中的最大值
MIN	MIN(字段名)	求一列中的最小值

这些函数可以用在 SELECT 短语中对查询结果进行计算。

例 4.16　统计教师表中有多少名教师记录。

SELECT COUNT(*) AS 人数　FROM 教师

查询结果如图 4-21 所示。

说明：

- 如果要统计一个表中有多少元组（行）数，可以用 COUNT(*)格式。
- 表达式"COUNT(*) AS 人数"不仅可以统计出表中的记录个数，而且也为函数表达式命别名。

例 4.17　在学生表中统计汉族的人数。

SELECT COUNT(*) AS 人数　FROM 学生　WHERE 民族="汉"

查询结果如图 4-22 所示。

图 4-21　例 4.16 的查询结果　　　　图 4-22　例 4.17 的查询结果

例 4.18　统计学生表中共有多少个院系。

SELECT COUNT(DISTINCT 所属院系) AS 院系数　FROM 学生

查询结果如图 4-23 所示。

说明：在 SQL 查询语句中，除非统计表中的元组个数，一般情况 COUNT 函数与 DISTINCT 短语同时使用，查询无重复元素的个数。

例 4.19　计算教师表中职称为教授的教师平均年龄。

SELECT AVG(年龄) AS 平均年龄　FROM 教师　WHERE 职称="教授"

查询结果如图 4-24 所示。

图 4-23　例 4.18 的查询结果　　　　图 4-24　例 4.19 的查询结果

例 4.20　检索成绩表中英语这门课程的最高分和最低分。

SELECT 课程名, MIN(成绩) AS 最低分,MAX(成绩) AS 最高分;

FROM 成绩,课程;

WHERE 成绩.课程号=课程.课程号　AND 课程名="英语"

查询结果如图 4-25 所示。

例 4.21　计算出课程表中所有课程的学分总和。

SELECT SUM(学分) AS 学分总和　FROM 课程

查询结果如图 4-26 所示。

图 4-25　例 4.20 的查询结果　　　　图 4-26　例 4.21 的查询结果

2. 分组与计算查询

进行分组查询用 GROUP BY 短语来实现，把某一列的值相同的记录分在一组，通过计算每组产生一个结果。

基本格式如下：

```
SELECT…FROM…[WHERE 连接条件 AND 查询条件]
GROUP BY <字段名>[HAVING <分组条件表达式>]
```

说明：

- GROUP BY 子句将查询结果按某一列或多列的值分组，分组时把在这些字段上值相等的记录分在一组；
- HAVING 子句总是跟在 GROUP BY 子句之后，用来限定分组必须满足的条件，不可以单独使用；
- 与连接条件表达式并不矛盾，当一个查询命令中既有 WHERE 短语同时又有 HAVING 短语时，先用 WHERE 子句限定元组，然后进行分组，最后再用 HAVING 子句限定分组。

例 4.22 按职称分组计算出教师的平均年龄。

```
SELECT 教师姓名,AVG(年龄) AS 平均年龄 FROM 教师 GROUP BY 职称
```

查询结果如图 4-27 所示。

说明：在这个查询中，首先按职称进行分组，将职称相同的教师记录分为一组，然后再计算每个职称里所有教师的平均年龄。

例 4.23 检索出每门课程课程号、课程名、平均分、总分、最高分和最低分，并将结果按平均分降序排列。

```
SELECT 成绩.课程号,课程名, AVG(成绩) AS 平均分,SUM(成绩) AS 总分,;
MAX(成绩) AS 最高分,MIN(成绩) AS 最低分;
FROM 成绩,课程;
WHERE 成绩.课程号=课程.课程号;
GROUP BY 成绩.课程号;
ORDER BY 平均分 DESC
```

查询结果如图 4-28 所示。

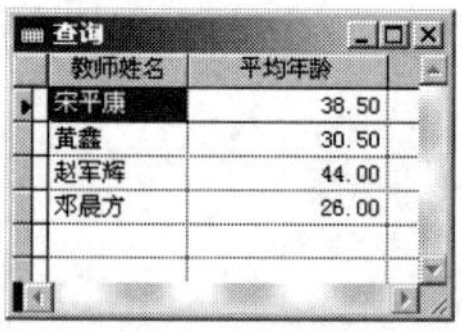

教师姓名	平均年龄
宋平康	38.50
黄鑫	30.50
赵军辉	44.00
邓晨方	26.00

图 4-27 例 4.22 的查询结果

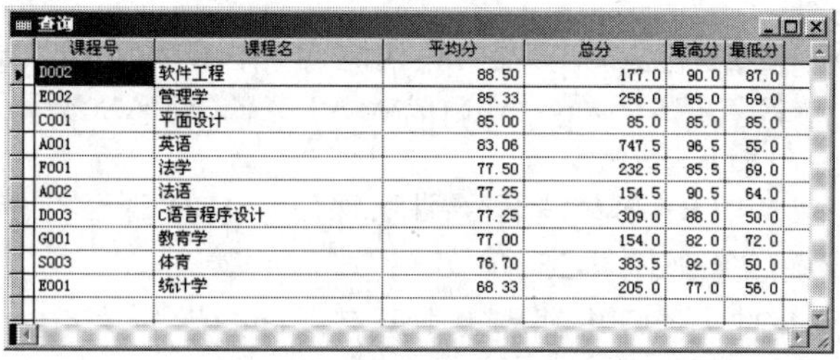

课程号	课程名	平均分	总分	最高分	最低分
D002	软件工程	88.50	177.0	90.0	87.0
E002	管理学	85.33	256.0	95.0	69.0
C001	平面设计	85.00	85.0	85.0	85.0
A001	英语	83.06	747.5	96.5	55.0
F001	法学	77.50	232.5	85.5	69.0
A002	法语	77.25	154.5	90.5	64.0
D003	C语言程序设计	77.25	309.0	88.0	50.0
G001	教育学	77.00	154.0	82.0	72.0
S003	体育	76.70	383.5	92.0	50.0
E001	统计学	68.33	205.0	77.0	56.0

图 4-28 例 4.23 的查询结果

例 4.24 检索出平均分在 80 以上的课程的课程号、课程名和平均分，并将结果按平均分升序排列。

```
SELECT 课程.课程号,课程.课程名,AVG(成绩) AS 平均分;
FROM 课程,成绩;
WHERE 课程.课程号=成绩.课程号;
GROUP BY 成绩.课程号 HAVING AVG(成绩)>=80;
```

ORDER BY 平均分

查询结果如图 4-29 所示。

例 4.25　检索至少选修了三门课程的学生的学号、总分。

SELECT 学号,SUM(成绩) AS 总分 FROM 成绩;

GROUP BY 学号;

HAVING COUNT(*)>=3

查询结果如图 4-30 所示。

图 4-29　例 4.24 的查询结果　　　　　图 4-30　例 4.25 的查询结果

说明：

● ORDER BY 短语后面只能用字段名或别名，不能用表达式；

● 子句"HAVING COUNT(*)>=3"表示每一组的元组个数大于等 3 时满足条件。

4.2.4　带特殊运算符的条件查询

在进行一些更复杂、涉及更多关系的检索的时候，往往会用到一些特殊运算符，在这里将介绍一下可以在 SQL SELECT 查询中使用的几个特殊运算符。

1. 确定范围

基本格式：BETWEEN…AND…

例 4.26　查询教师年龄在 35 岁至 50 岁之间的教师信息。

SELECT * FROM 教师;

WHERE 年龄 BETWEEN 35 AND 50

这个查询等价于：

SELECT * FROM 教师;

WHERE 年龄>=35 AND 年龄<=50

查询结果如图 4-31 所示。

说明："BETWEEN…AND…"表示"……和……

图 4-31　例 4.26 的查询结果

之间"，显然使用它会使表达条件更清晰、更简洁，并且它的查询结果包括两边的界值。

例如：BETWEEN {^1994-1-1} AND{^1996-12-31} 等价于

出生日期>= {^1994-1-1} AND 出生日期<={^1996-12-31}

2. 确定集合

利用"IN"操作可以查询字段值属于指定集合的记录。

基本格式如下：

SELECT… FROM …;

WHERE 字段名 [NOT]IN (集合)　[AND 连接条件]

例 4.27 查询课程号为“A001”或“A002”或“S003”，并且成绩在 85 分以上的学生的学号、课程号和成绩，并按成绩升序排列。

```
SELECT 学号,课程号,成绩 FROM 成绩;
WHERE 课程号 IN ("A001","A002","S003") AND 成绩>85;
ORDER BY 成绩 ASC
```

查询结果如图 4-32 所示。

例 4.28 查询选修了课程号除“A001”或“A002”或“S003”以外，并且成绩在 85 分以上的学生的学号、课程号和成绩，并按成绩降序排序。

```
SELECT 学号,课程号,成绩 FROM 成绩;
WHERE 课程号 NOT IN ("A001","A002","S003") AND 成绩>85;
ORDER BY 成绩 DESC
```

查询结果如图 4-33 所示。

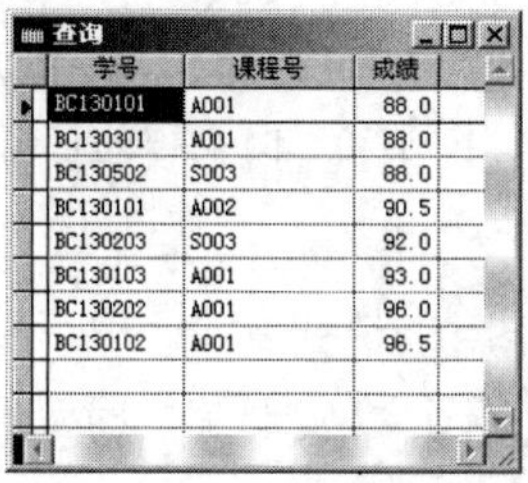

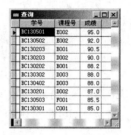

学号	课程号	成绩
BC130101	A001	88.0
BC130301	A001	88.0
BC130502	S003	88.0
BC130101	A002	90.5
BC130203	S003	92.0
BC130103	A001	93.0
BC130202	A001	96.0
BC130102	A001	96.5

图 4-32 例 4.27 的查询结果

学号	课程号	成绩
BC130501	E002	95.0
BC130502	E002	92.0
BC130203	B001	90.5
BC130203	D002	90.0
BC130202	B001	88.2
BC130302	D003	88.0
BC130402	D003	88.0
BC130201	D002	87.0
BC130503	F001	85.5
BC130301	C001	85.0

图 4-33 例 4.28 的查询结果

说明：IN 表示在一定的范围，如表示不在一定范围则在前面加 NOT，即 NOT IN。

3. 部分匹配查询

以上例子均属于完全匹配查询，当不知道完全精确的值时，可以使用 LIKE 或 NOT LIKE 进行部分匹配查询（也称模糊查询）。在部分匹配运算时经常用到通配符“%”和“_”。

- “%”表示 0 个或多个字符；
- “_”表示 1 个字符。

LIKE 的基本格式：

```
SELECT… FROM …;
WHERE <字段名> LIKE <字符串常量> [AND 连接条件]
```

例 4.29 查询课程表中课程号以 A 开头的课程信息。

```
SELECT * FROM 课程;
WHERE 课程号 LIKE "A%"
```

查询结果如图 4-34 所示。

例 4.30 查询学生表中姓名的第二个汉字是“晓”的学生的学号、姓名、民族、出生日期、政治面貌。

```
SELECT 学号,姓名,民族,出生日期,政治面貌;
FROM 学生 WHERE 姓名 LIKE"_晓%"
```

查询结果如图 4-35 所示。

课程号	课程名	学时	学分
A001	英语	128	5.5
A002	法语	96	4.0

图 4-34 例 4.29 的查询结果

学号	姓名	民族	出生日期	政治面貌
BC130302	钱晓霞	回	05/18/95	党员
BC130402	胡晓磊	汉	11/10/94	群众

图 4-35 例 4.30 的查询结果

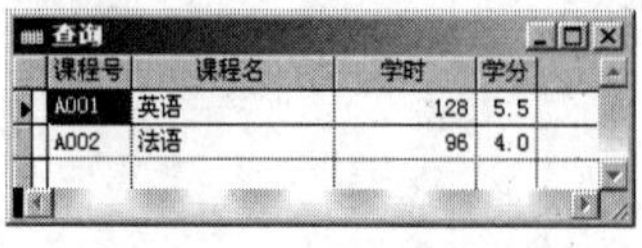

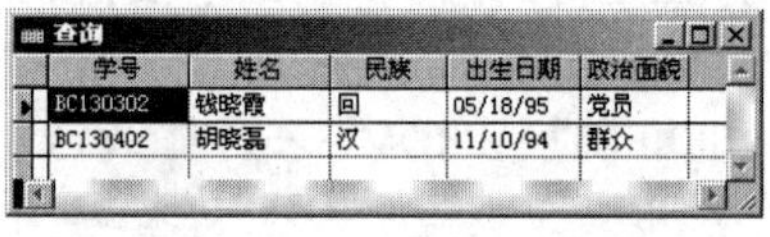

4. 不等于(!=)

例 4.31　查询教师表中职称不属于副教授的教师的教师号、教师姓名、性别、职称和所属院系。

```
SELECT 教师号,教师姓名,性别,职称,所属院系;
FROM 教师;
WHERE 职称!="副教授"
```

查询结果如图 4-36 所示。

查询

教师号	教师姓名	性别	职称	所属院系
1002	张利民	男	教授	自动化
1003	于强	男	讲师	艺术
1004	王欢	女	助教	艺术
1005	李成亮	男	教授	计算机科学与技术
1006	高宏涛	男	教授	经济管理
1008	邓晨方	男	助教	自动化
1009	崔圆圆	女	讲师	经济管理
1010	赵军辉	男	教授	外语
1011	董铭	男	讲师	外语
1014	黄鑫	男	讲师	体育

图 4-36　例 4.31 的查询结果

4.2.5　利用空值查询

空值就是缺值或还没有确定值。比如表示价格的一个字段值，空值表示没有定价，而数值 0 可能表示免费。空值与空（或空白）字符串、数值 0 等具有不同的含义。假设在 score 表中有些学生某门课程还没有考试，则可以将成绩设为 NULL，表示成绩尚未确定，并不表示 0 分。在 SQL SELECT 查询中，空值的具体格式如下：

```
SELECT… FROM …;
WHERE <字段名> IS [NOT]NULL [AND 连接条件]
```

说明：

- <字段名>IS NULL（为空值）；
- <字段名>IS NOT NULL（不为空值）；
- 在表达式中不能写成“=NULL”或“!=NULL”，因为空值不是一个确定的值，所以不能用“=”这样的运算符进行比较。

例 4.32　检索出还没有确定授课教师的授课信息。

```
SELECT * FROM 授课 WHERE 教师号 IS NULL
```

查询结果如图 4-37 所示。

查询

课程编号	课程名称	开课学院	课程类别	学时	学分	开课学期	教师姓名	教师编号	考核方式
10002101	外国语	.NULL.	学位公共课	120	4	1	.NULL.	.NULL.	闭卷
10002102	马克思主义理论	.NULL.	学位公共课	60	2	1	.NULL.	.NULL.	开卷

图 4-37　例 4.32 的查询结果

例 4.33　检索有哪些学院已经确定了开课哪些课程，检索内容包含课程编号、课程名称、开课学院、课程类别。

```
SELECT 课程编号,课程名称,开课学院,课程类别;
FROM 课程;
WHERE 开课学院 IS NOT NULL
```

4.2.6 嵌套查询

接下来讨论另一类基于多个关系的查询，这类查询所要求的结果出自一个关系，但相关的条件却涉及多个关系。

基本格式如下：

SELECT…FROM…WHERE…(SELECT…FROM…WHERE…)

说明：

- 在嵌套查询中有两层 SELECT…FROM…[WHERE…]查询块，即内层查询块和外层查询块，内层查询（括号里的查询）也叫子查询，外层查询也叫主查询；
- 在进行查询时，先执行子查询，子查询形成一个结果作为主查询的条件，然后再进行外层的主查询。

在嵌套查询中子查询的常用谓词和量词有如下几种：

1. 带有 IN 或 NOT IN 运算符的嵌套查询

由于在嵌套查询中，子查询的结果往往是一个集合，所以运算符 IN 和 NOT IN 是嵌套查询中最经常使用的谓词。带有 IN 或 NOT IN 运算符的嵌套查询是指主查询与子查询之间用 IN 或 NOT IN 连接，用来判断某个属性列值是否在子查询的结果中。

基本格式如下：

SELECT…FROM…WHERE…IN(SELECT…FROM…WHERE…)

说明：

- 在子查询中 SELECT 后的字段名必须与主查询中 IN 短语前面的字段名相同；
- 子查询中不能有 ORDER BY 排序短语。

例 4.34 将所有选修了课程号为 A001 这门课程并且成绩大于 85 分的学生的学号、姓名、出生日期、政治面貌、所属院系信息检索出来。

```
SELECT 学号,姓名,出生日期,政治面貌,所属院系;
FROM 学生;
WHERE 学号 IN (SELECT 学号 FROM 成绩;
WHERE 课程号="A001" AND 成绩>85)
```

等价于：

```
SELECT 学生.学号,学生.姓名,出生日期, 政治面貌,所属院系;
FROM 学生,成绩;
WHERE 学生.学号=成绩.学号 AND 成绩>85 AND 课程号="A001"
```

查询结果如图 4-38 所示。

例 4.35 检索没有被选修的课程的课程号、课程名、学时、学分信息。

```
SELECT 课程号,课程名,学时,学分 FROM 课程;
WHERE 课程号 NOT IN (SELECT 课程号 FROM 授课)
```

查询结果如图 4-39 所示。

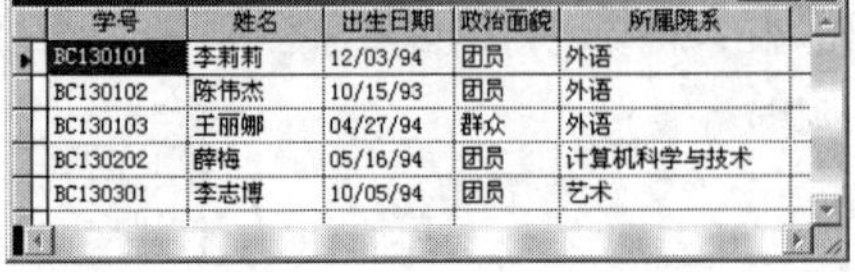

学号	姓名	出生日期	政治面貌	所属院系
BC130101	李莉莉	12/03/94	团员	外语
BC130102	陈伟杰	10/15/93	团员	外语
BC130103	王丽娜	04/27/94	群众	外语
BC130202	薛梅	05/16/94	团员	计算机科学与技术
BC130301	李志博	10/05/94	团员	艺术

图 4-38 例 4.34 的查询结果

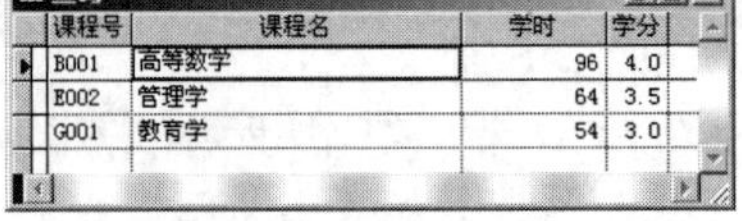

课程号	课程名	学时	学分
B001	高等数学	96	4.0
E002	管理学	64	3.5
G001	教育学	54	3.0

图 4-39 例 4.35 的查询结果

2. 带有比较运算符的嵌套查询

比较运算符是运用在查询条件中的，主查询与子查询之间也可以运用比较运算符进行连接。当能确切知道内层查询返回的是单值时，可以用<、<=、>、>=、<>、!=等运算符。

基本格式如下：

SELECT…FROM…WHERE…比较运算符（SELECT…FROM…WHERE…）

例 4.36　检索成绩高于平均分的学号、课程号、成绩，并按学号升序排序。

```
SELECT 学号,课程号,成绩 FROM 成绩;
WHERE  成绩> (SELECT AVG(成绩) FROM 成绩) ORDER BY 学号
```

查询结果如图 4-40 所示。

查询

学号	课程号	成绩
BC130101	A001	88.0
BC130101	A002	90.5
BC130102	A001	96.5
BC130102	S003	78.0
BC130103	G001	82.0
BC130103	A001	93.0
BC130201	A001	78.0
BC130201	D002	87.0
BC130202	B001	88.2
BC130202	A001	96.0
BC130202	F001	78.0
BC130203	B001	90.5
BC130203	D003	83.0
BC130203	D002	90.0
BC130203	S003	92.0
BC130301	A001	88.0
BC130301	C001	85.0
BC130302	D003	88.0
BC130402	D003	88.0
BC130403	A001	83.0
BC130501	E002	95.0
BC130502	S003	88.0
BC130502	E002	92.0
BC130503	F001	85.5

图 4-40　例 4.36 的查询结果

3. 带有 ANY、ALL、SOME 量词的嵌套查询

在英语里 ANY、ALL 和 SOME 为量词，ANY 和 SOME 是同义词，在此进行比较运算时只要子查询中有一个记录能使结果为真，则结果就为真；ALL 则要求子查询中的所有记录都使结果为真时，结果才能为真。

基本格式如下：

```
SELECT…FROM…;
WHERE<表达式><比较运算符>[ANY|ALL|SOME]
(SELECT…FROM…[WHERE…])
```

例 4.37　查询教师表中年龄最高的教师信息。

方法一：SELECT * FROM 教师 WHERE 年龄>=ALL (SELECT 年龄 FROM 教师)

方法二：SELECT * FROM 教师 WHERE NOT 年龄< ANY (SELECT 年龄 FROM 教师)

方法三：SELECT * FROM 教师 WHERE NOT 年龄< SOME (SELECT 年龄 FROM 教师)

方法四：SELECT * FROM 教师 WHERE 年龄=(SELECT MAX(年龄) FROM 教师)

查询结果如图 4-41 所示。

查询

教师号	教师姓名	性别	年龄	职称	所属院系
1006	高宏涛	男	54	教授	经济管理

图 4-41　例 4.37 的查询结果

4. 带有 EXISTS（NOT EXISTS）谓词的子查询

EXISTS 为谓词，EXISTS 和 NOT EXISTS 是用来检查在子查询中是否有结果返回，也就是存在元组（记录）或不存在元组（记录）。

基本格式如下：

```
SELECT…FROM…;
WHERE [NOT] EXISTS(SELECT…FROM…[WHERE…])
```

例 4.38　查询职称为“教授”的教师授课情况，检索项包含教师号、课程号、上课地点、上课时间。

```
SELECT 教师号,课程号,上课地点,上课时间;
FROM 授课;
WHERE EXISTS;
```

(SELECT * FROM 教师 WHERE 教师.教师号=授课.教师号 AND 职称="教授")

注：本例中内层查询引用了外层查询的表，只有这样使用谓 EXISTS 或 NOT EXISTS 才有意义。

查询结果如图 4-42 所示。

例 4.39 检索出学生表中汉族以外的学生的学号、课程号和成绩。

SELECT * FROM 成绩 WHERE NOT EXISTS;

(SELECT * FROM 学生 WHERE 学生.学号=成绩.学号 AND 民族="汉")

查询结果如图 4-43 所示。

图 4-42   例 4.38 的查询结果   图 4-43   例 4.39 的查询结果

4.2.7 别名与自连接查询

在连接操作中，要使用关系名作前缀，有时为简单起见，SQL 允许在 FROM 短语中为关系名定义别名。格式为：<关系名> <别名>

例 4.40 查询学号为 BC130101 的学生的学号、姓名、课程名、课程号及成绩。

SELECT 学生.学号,姓名,课程.课程名,成绩.课程号,成绩;

FROM 学生,课程,成绩;

WHERE 学生.学号=成绩.学号 AND;

成绩.课程号=课程.课程号 AND 成绩.学号="BC130101"

在本题的查询中，如果使用别名会更简单一些，运用别名的查询语句来做上题，它与上面查询是的等价。

SELECT XS.学号,姓名,KC.课程名,CJ.课程号,成绩;

FROM 学生 XS,课程 KC, 成绩 CJ;

WHERE XS.学号=CJ.学号 AND CJ.课程号=KC.课程号;

AND CJ.学号="BC130101"

查询结果如图 4-44 所示。

学号	姓名	课程名	课程号	成绩
BC130101	李莉莉	英语	A001	88.0
BC130101	李莉莉	法语	A002	90.5

图 4-44   例 4.40 的查询结果

说明：在上面的例子中，别名并不是必须的，但是在关系的自连接操作中，别名则是必不可少的。SQL 不仅可以对多个关系实行连接操作，也可将同一关系与其自身进行连接，这种连接就称为自连接。在这种自连接操作关系上，本质上存在着一种特殊的递归联系，也就是关系中的一些元组,根据出自同一值域的两个不同的属性,可以与另外一些元组有一种对应关系(一对多的联系)。注:元组即记录。

　　下面以"先修课"表为例,介绍自连接,在"先修课"关系中,"课程编号"与"先修课"出自一个值域,一门课可以是多门课程的先修课。

4.2.8　超连接查询

　　在 SQL 标准中还提供了另一种连接叫超连接运算。超连接不同于等值连接和自然连接。原来的连接是只有满足连接条件,相应的结果才会出现在结果表中;而超连接运算是,首先保证一个表中满足条件的元组都在结果中,然后将满足连接条件的元组与另一个表中的元组进行连接,不满足连接条件的则应将来自另一表的属性设置为空值。

　　一般在 SQL 中的超连接运算符是"＊＝"和"＝＊"。

　　"＊＝"也叫左连接:含义是在结果表中包含第一个表中满足条件的所有记录;如果有在连接条件上匹配的元组,则第二个表返回相应值,否则第二个表返回空值。

　　"＝＊"也叫右连接:含义是在结果表中包含第二个表中满足条件的所有记录;如果有在连接条件上匹配的元组,则第一个表返回相应值,否则第一个表返回空值。

　　在 Visual FoxPro 中不支持"＊＝"和"＝＊"这样的超连接运算符,而对于 Visual FoxPro 有专门的连接运算格式,它们是支持超连接查询。基本格式如下:

　　　　SELECT <检索项>;
　　　　FROM <表名 1>INNER|LEFT|RIGHT|FULL JOIN <表名 2>;
　　　　ON <连接条件>;
　　　　WHERE <查询条件>

说明:

- INNER JOIN 短语:等价于 JOIN,为普通连接。在 Visual FoxPro 中称为内部连接;
- LEFT JOIN 短语:为左连接;
- RIGHT JOIN 短语:为右连接;
- FULL JOIN 短语:为全连接。即两个表中的记录不管是否满足连接条件都将在目标表或查询结果中出现,不满足连接条件的记录对应部分为 NULL;
- ON 短语:用于指定连接条件;
- 注意在超连接查询中,查询条件与连接条件要分开并且放在不同的命令短语后面;四种超连接类型,在查询过程中,超连接类型在 FROM 短语中给出。

下面通过例题来观察超连接运算。

用到教师表和授课表如图 4-45 和图 4-46 所示。

　　例 4.41　内部连接。即只有满足连接条件的记录才出现在查询结果中。

　　　　SELECT 教师姓名,课程号,上课时间,上课地点;
　　　　FROM 授课 INNER JOIN 教师;
　　　　ON 授课.教师号=教师.教师号

等价于

　　　　SELECT 教师姓名,课程号,上课时间,上课地点;
　　　　FROM 授课,教师;
　　　　WHERE 授课.教师号=教师.教师号

查询结果如图 4-47 所示。

图 4-45　教师表

教师号	教师姓名	性别	年龄	职称	所属院系
1001	孙宇飞	女	36	副教授	外语
1002	张利民	男	45	教授	自动化
1003	于强	男	30	讲师	艺术
1004	王欢	女	27	助教	艺术
1005	李成亮	男	35	教授	计算机科学与技术
1006	高宏涛	男	54	教授	经济管理
1007	吴玉琼	女	46	副教授	计算机科学与技术
1008	邓晨方	男	25	助教	自动化
1009	崔圆圆	女	31	讲师	经济管理
1010	赵军辉	男	42	教授	外语
1011	董铭	男	30	讲师	外语
1012	王洋	女	37	副教授	艺术
1013	宋平康	男	35	副教授	政法
1014	黄鑫	男	31	讲师	体育

图 4-46　授课表

教师号	课程号	上课地点	上课时间
1001	A001	1#308	Mon1-2
1010	A002	2#225	Mon3-4
1011	A001	1#242	Fri5-6
1002	B001	1#430	Wed3-4
1003	C001	3#520	Mon1-2
1004	C001	3#223	Tue5-6
1005	D003	1#108	Wed7-8
1006	E001	2#319	Tue3-4
1007	D002	3#420	Thu1-2
1008	D003	2#106	Mon3-4
1009	E001	2#118	Fri1-2
1012	C001	3#102	Thu3-4
1013	F001	3#201	Tue7-8
1014	S003	1#322	Wed1-2
NULL	E002	NULL	NULL
NULL	G001	NULL	NULL

例 4.42　左连接。即除满足连接条件的记录出现在查询结果中外，第一个表中不满足连接条件的记录也出现在查询结果中。

```
SELECT 教师姓名,课程号;
FROM 教师 LEFT JOIN 授课;
ON 教师.教师号=授课.教师号
```

查询结果如图 4-48 所示。

图 4-47　例 4.41 的查询结果

教师姓名	课程号	上课时间	上课地点
孙宇飞	A001	Mon1-2	1#308
赵军辉	A002	Mon3-4	2#225
董铭	A001	Fri5-6	1#242
张利民	B001	Wed3-4	1#430
于强	C001	Mon1-2	3#520
王欢	C001	Tue5-6	3#223
李成亮	D003	Wed7-8	1#108
高宏涛	E001	Tue3-4	2#319
吴玉琼	D002	Thu1-2	3#420
邓晨方	D003	Mon3-4	2#106
崔圆圆	E001	Fri1-2	2#118
王洋	C001	Thu3-4	3#102
宋平康	F001	Tue7-8	3#201
黄鑫	S003	Wed1-2	1#322

图 4-48　例 4.42 的查询结果

例 4.43　右连接。即除满足连接条件的记录出现在查询结果中外，第二个表中不满足连接条件的记录也出现在查询结果中。

```
SELECT 教师姓名,课程号;
FROM 教师 RIGHT JOIN 授课;
ON 教师.教师号=授课.教师号
```

查询结果如图 4-49 所示。

例 4.44　全连接。即除满足连接条件的记录出现在查询结果中外，两个表中不满足连接条件的记录也出现在查询结果中。

```
SELECT 教师姓名,课程号;
FROM 教师 FULL JOIN 授课;
ON 教师.教师号=授课.教师号
```

查询结果如图 4-50 所示。

4.2.9　集合的并运算

在 Visual FoxPro 中，如果两个查询结果具有相同的字段，可以将两个 SELECT 语句的查询结果通过并运算合并成一个查询结果。但为进行并运算，对应字段的值要出自同一值域，也就是具有相同的数据类型和取值范围。基本格式如下：

SELECT…FROM…WHERE…;

UNION;

SELECT…FROM…WHERE…

图 4-49 例 4.43 的查询结果　　图 4-50 例 4.44 的查询结果

例 4.45 查询学号为 BC130203 与 BC130502 的学生的成绩信息。

SELECT * FROM 成绩 WHERE 学号="BC130203";

UNION;

SELECT * FROM 成绩 WHERE 学号="BC130502"

查询结果如图 4-51 所示。

图 4-51 例 4.45 的查询结果

4.2.10 查询中的几个特殊选项

1. 显示部分结果

格式：TOP n [PERCENT]

功能：只需要满足条件的前几个记录。

说明：

● n 是 1～32767 之间的整数，说明显示前几个记录；

● 当使用 PERCENT 时，说明显示结果中前百分之几的记录；

● 通常与 ORDER BY 子句连用。

例 4.46 显示成绩最高的三项成绩信息。

SELECT * TOP 3 FROM 成绩 ORDER BY 成绩 DESC

查询结果如图 4-52 所示。

例 4.47 显示学时最少的那 10%的课程信息。

SELECT * TOP 10 PERCENT FROM 课程 ORDER BY 学时 ASC

查询结果如图 4-53 所示。

图 4-52 例 4.46 的查询结果　　图 4-53 例 4.47 的查询结果

2. 将结果存放在临时文件中

格式：INTO CURSOR 临时表名

例 4.48　将学生表中的信息保存在临时文件 STUDENT 中，并浏览"学生"表。

```
SELECT * FROM 学生  INTO CURSOR STUDENT
BROWSE
```

说明：

- 临时表是一个只读的 DBF 文件，当查询结束后该临时文件是当前文件，可以与一般的 DBF 文件一样使用，当关闭该文件时将自动删除；
- 一般利用 INTO CURSOR 短语存放一些临时结果，比如一些复杂的汇总可能需要分阶段完成，需要根据几个中间结果再汇总等，这时利用该短语存放中间结果就非常必要，当使用完后这些临时文件会自动删除。

3.　将结果存放在永久表

格式：INTO TABLE|DBF<表名>

例 4.49　查询所有 96 学时的课程信息，并将查询结果保存到永久表 COURSE 中。

```
SELECT * FROM 课程  INTO TABLE COURSE;
WHERE  学时=96
```

另一种格式：

```
SELECT * FROM 课程;
WHERE  学时=96 INTO TABLE COURSE
```

说明：

- INTO TABLE<表名>的位置比较灵活，可以放在 FROM 短语后，也可位于 SQL SELECT 查询语句的最后面；
- 可以通过该子句实现表的复制；
- 对于查询的结果被直接保存在永久表中，如果需要查看结果可以使用下面的命令操作。

```
USE 表名
BROWSE
```

例 4.50　将成绩表中的全部信息复制到新表 CJ 中。

```
SELECT * FROM 成绩  INTO TABLE CJ
```

例 4.51　检索出选修了英语课程的学生信息，并将结果按成绩降序存放在 temp.dbf 文件中，表的结构由字段学号、姓名、性别、所属院系、课程名、成绩组成。

```
SELECT  学生.学号,姓名,性别,所属院系,课程名,成绩;
FROM  学生,成绩,课程;
WHERE  学生.学号=成绩.学号  AND;
课程.课程号=成绩.课程号  AND  课程名="英语";
ORDER BY  成绩  DESC;
INTO TABLE temp.dbf
```

查询结果如图 4-54 所示。

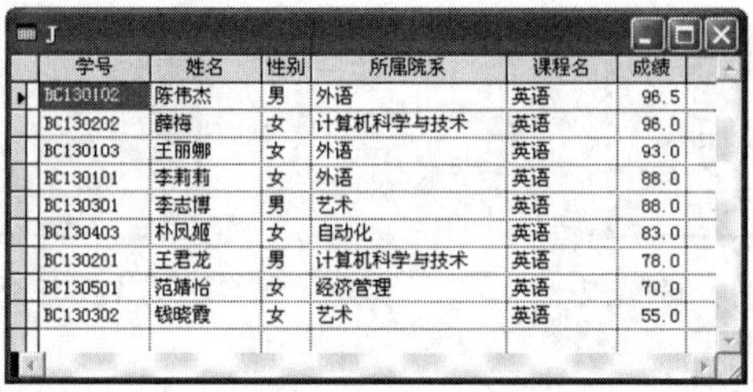

学号	姓名	性别	所属院系	课程名	成绩
BC130102	陈伟杰	男	外语	英语	96.5
BC130202	薛梅	女	计算机科学与技术	英语	96.0
BC130103	王丽娜	女	外语	英语	93.0
BC130101	李莉莉	女	外语	英语	88.0
BC130301	李志博	男	艺术	英语	88.0
BC130403	朴凤姬	女	自动化	英语	83.0
BC130201	王君龙	男	计算机科学与技术	英语	78.0
BC130501	范婧怡	女	经济管理	英语	70.0
BC130302	钱晓霞	女	艺术	英语	55.0

图 4-54　例 4.51 的查询结果

4. 将查询结果存放在数组中

格式：INTO ARRAY 数组名

例 4.52　将教师表信息存放在数组 teacher 中。

  SELECT * FROM 教师 INTO ARRAY teacher

说明：

- 可以运用二维数组存放查询的数据结果，每行一条记录，每列对应于查询结果的一列。查询结果存放在数组中，可以非常方便地在程序中使用；
- 例如数组元素 teacher (1,1)中存放教师表中第一条记录的第一个值"1001"，而 teacher (1,4)中存放的是教师表中第一条记录的第四个值。

5. 将结果存放到文本文件中

格式：TO FILE FILENAME [ADDITIVE]

说明：

- FILENAME 给出文本文件的名称；
- 如果使用 ADDITIVE 短语，则将结果追加到原文件的尾部，否则将覆盖原有文件；
- TO FILE 短语可以放置在 FROM 短语中，也可以放置在查询语句的最后面。

例 4.53　将所有成绩不低于 80 分的成绩信息按成绩升序排序并保存到文本文件 score.txt 中。

  SELECT * FROM 成绩 WHERE 成绩>=80 TO FILE score ORDER BY 成绩

查询结果如图 4-55 所示。

例 4.54　将选课在 3 门课程以上（包括 3 门）的学生的学号、姓名、选课门数和平均分按平均分降序排序，并将结果存放于文本文件 temp.txt 中。

  SELECT 学生.学号,学生.姓名,COUNT(成绩.课程号) AS 选课门数,AVG(成绩.成绩) AS 平均分;

  FROM 学生,成绩;

  WHERE 学生.学号=成绩.学号;

  GROUP BY 成绩.学号;

  HAVING COUNT(成绩.课程号)>2;

  ORDER BY 4 DESC;

  TO FILE temp.txt

查询结果如图 4-56 所示。

学号	课程号	成绩
BC130103	G001	82.0
BC130203	D003	83.0
BC130403	A001	83.0
BC130301	C001	85.0
BC130503	F001	85.5
BC130201	D002	87.0
BC130101	A001	88.0
BC130301	A001	88.0
BC130302	D003	88.0
BC130402	D003	88.0
BC130502	S003	88.0
BC130202	B001	88.2
BC130203	D002	90.0
BC130101	A002	90.5
BC130203	B001	90.5
BC130203	S003	92.0
BC130502	E002	92.0
BC130103	A001	93.0
BC130501	E002	95.0
BC130202	A001	96.0
BC130102	A001	96.5

学号	姓名	选课门数	平均分
BC130202	薛梅	3	87.40
BC130502	张新贺	3	84.00
BC130301	李志博	3	82.83
BC130501	范睛怡	3	80.67
BC130201	王君龙	3	71.67
BC130302	钱晓霞	3	70.67
BC130503	马平川	3	70.17
BC130104	张庆峰	3	62.00

  图 4-55　例 4.53 的查询结果   图 4-56　例 4.54 的查询结果

6. 将结果直接输出到打印机

格式：TO PRINTER [PROMPT]

说明：

使用 TO PRINTER[PROMPT]命令可以直接将查询的结果输出到打印机，如果使用了 PROMPT 选项，在开始打印之前会打开打印机设置对话框。

4.3　数据操作功能

SQL 语言的操作功能是指对数据库中数据的操作功能，主要包括数据的插入、更新和删除三个方面的操作，下面通过实例具体介绍。

4.3.1　插入操作

Visual FoxPro 支持两种 SQL 插入命令的格式。

第一种格式：（标准格式）

INSERT INTO <表名>[(字段名 1[,字段名 2…])];

VALUES(表达式 1[,表达式 2…])

第二种格式：（Visual FoxPro 的特殊格式）

INSERT INTO <表名> FROM　ARRAY <数组名>| MEMVAR

功能：用于将数据插入到指定的表中。

说明：

- INSERT INTO <表名>：说明向哪个表中插入记录；
- [(字段名 1[,字段名 2…])]：如果被插入的记录是一条完整的记录，则可以省略字段名序列；如果被插入的记录不是一条完整的记录，则将值所对应的字段名列出；
- VALUES(表达式 1[，表达式 2…])：要插入的具体的记录值；
- FROM ARRAY <数组名>：表示数据来源于指定的数组；
- FROM MEMVAR：将同名的内存变量的值插入到表中，如果不存在同名的内存变量，那么相应的字段为默认值或空值。

例 4.55　向学生表中插入一条记录("BC130507","宁宁","女",{^1996-08-10},"汉","党员","经济管理")。

```
INSERT INTO  学生(学号,姓名,性别,出生日期,民族,政治面貌,所属院系);
VALUES("BC130507","宁宁","女",{^1996-08-10},"汉","党员","经济管理")
```

等价于

```
INSERT INTO  学生;
VALUES ("BC130507","宁宁","女",{^1996-08-10},"汉","党员","经济管理")
```

例 4.74　向学生表中插入一条记录("BC130508","高雁", "女")。

```
INSERT INTO  学生(学号,姓名,性别);
VALUES("BC130508","高雁", "女")
```

说明：例 4.55 插入的是一条完整的记录，所以在 INSERT INTO 学生后面可以不加字段名序列；而例 4.56 插入的记录不是一条完整的记录，所以在表名的后面必须要加上具体值所对应的字段名。

4.3.2　删除操作

在 Visual FoxPro 中 SQL-DELETE 语句可以为指定的数据表中的记录添加删除标记，基本格式如下：

格式：DELETE FROM <表名>[WHERE<条件表达式>]

说明：

- FROM 短语：表示指定从哪个表中删除数据；
- WHERE 短语：表示指定被删除的记录所满足的条件，如果省略 WRERE 子句，则逻辑删除该表中的所有记录；
- 在 Visual FoxPro 中 SQL-DELETE 命令是逻辑删除记录，如果要物理删除记录需要继续使用 PACK 命令；
- 类似于 Visual FoxPro 中的 DELETE…FOR…命令。

例 4.57　使用 SQL 语句将学生表中姓名为“宁宁”的学生信息删除。

```
DELETE FROM 学生 WHERE 姓名="宁宁"
```

查询结果如图 4-57 所示。

与之等价的命令如下：

```
USE 学生
DELETE FOR 姓名="宁宁"
```

查询结果同上。

例 4.58　将授课表中助教所授课程的信息逻辑删除。

```
DELETE FROM 授课;
WHERE 教师号 IN (SELECT 教师号 FROM 教师;
        WHERE 教师.教师号=授课.教师号 AND 职称="助教")
```

查询结果如图 4-58 所示。

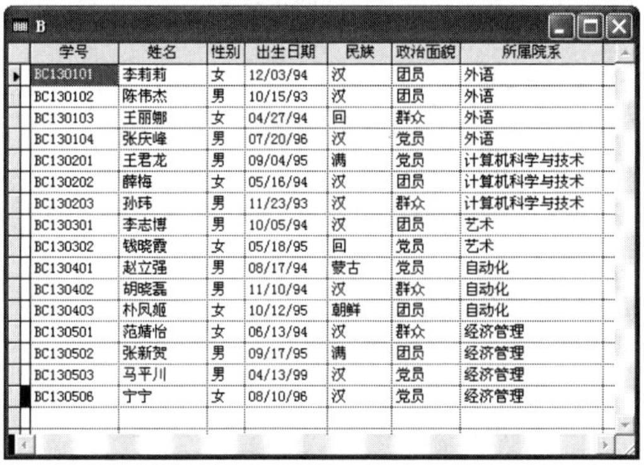

B

学号	姓名	性别	出生日期	民族	政治面貌	所属院系
BC130101	李莉莉	女	12/03/94	汉	团员	外语
BC130102	陈伟杰	男	10/15/93	汉	团员	外语
BC130103	王丽娜	女	04/27/94	回	群众	外语
BC130104	张庆峰	男	07/20/96	汉	党员	外语
BC130201	王君龙	男	09/04/95	满	党员	计算机科学与技术
BC130202	薛梅	女	05/16/94	汉	团员	计算机科学与技术
BC130203	孙玮	男	11/23/93	汉	群众	计算机科学与技术
BC130301	李志博	男	10/05/94	汉	团员	艺术
BC130302	钱晓霞	女	05/18/95	回	党员	艺术
BC130401	赵立强	男	08/17/94	蒙古	党员	自动化
BC130402	胡晓磊	男	11/10/94	汉	群众	自动化
BC130403	朴凤姬	女	10/12/95	朝鲜	团员	自动化
BC130501	范婧怡	女	06/13/94	汉	群众	经济管理
BC130502	张新贺	男	09/17/95	满	团员	经济管理
BC130503	马平川	男	04/13/99	汉	党员	经济管理
BC130506	宁宁	女	08/10/96	汉	党员	经济管理

图 4-57　例 4.57 的删除结果

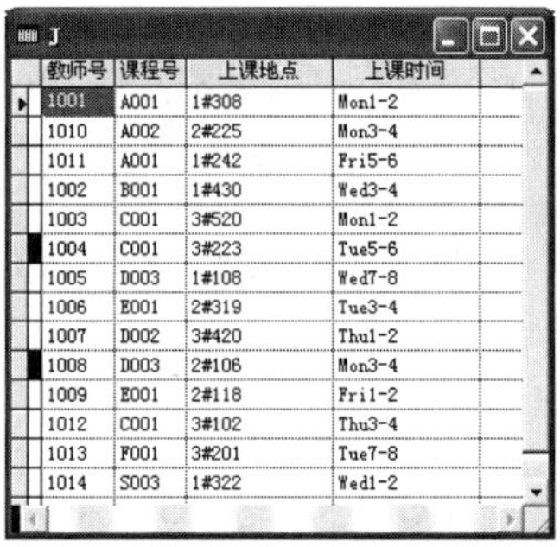

J

教师号	课程号	上课地点	上课时间
1001	A001	1#308	Mon1-2
1010	A002	2#225	Mon3-4
1011	A001	1#242	Fri5-6
1002	B001	1#430	Wed3-4
1003	C001	3#520	Mon1-2
1004	C001	3#223	Tue5-6
1005	D003	1#108	Wed7-8
1006	E001	2#319	Tue3-4
1007	D002	3#420	Thu1-2
1008	D003	2#106	Mon3-4
1009	E001	2#118	Fri1-2
1012	C001	3#102	Thu3-4
1013	F001	3#201	Tue7-8
1014	S003	1#322	Wed1-2

图 4-58　例 4.58 的删除结果

4.3.3　更新操作

在 Visual FoxPro 中，SQL 语言的更新操作是对表中的数据进行修改，具体格式如下：

```
UPDATE <表名>;
SET <字段名 1>=<表达式 1>[,<字段名 2>=<表达式 2>...];
[WHERE <条件表达式>]
```

说明：

- 一般使用 WHERE 子句指定修改条件，如果省略 WHERE 子句，则更新表中的全部记录；
- SQL 更新命令类似于 Visual FoxPro 中的 REPLACE…WITH…命令。

例 4.59 将成绩表中课程号为“E001”的课程的分数加 5 分。

```
UPDATE 成绩 SET 成绩=成绩+5 WHERE 课程号="E001"
```

与之等价的命令如下：

```
USE 成绩
REPLACE ALL 成绩 WITH 成绩+5 FOR 课程号="E001"
```

例 4.60 将学分为 4 的所有课程的学时提高 5%。

```
UPDATE 课程;
SET 学时=学时*1.1;
WHERE 学分=4
```

查询结果如图 4-59 所示。

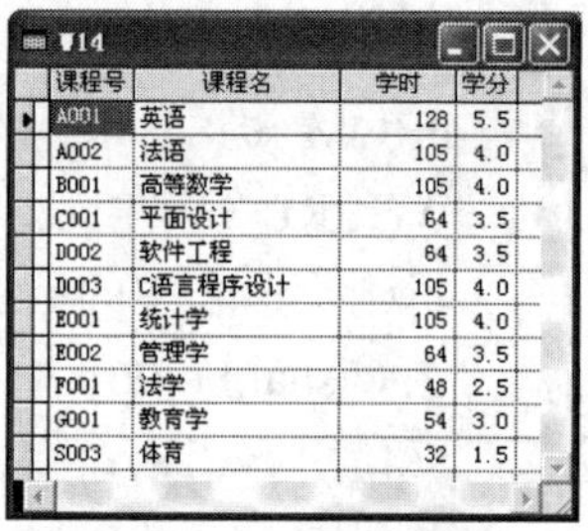

课程号	课程名	学时	学分
A001	英语	128	5.5
A002	法语	105	4.0
B001	高等数学	105	4.0
C001	平面设计	64	3.5
D002	软件工程	64	3.5
D003	C语言程序设计	105	4.0
E001	统计学	105	4.0
E002	管理学	64	3.5
F001	法学	48	2.5
G001	教育学	54	3.0
S003	体育	32	1.5

图 4-59 例 4.60 的删除结果

4.4 数据定义功能

DDL 是 SQL 语言集中负责数据结构定义与数据库对象定义的语言，一般包括数据库的定义、表的定义、视图的定义、规则的定义和索引的定义等若干部分。标准 SQL 语言的数据定义功能非常广泛，本节将主要介绍 Visual FoxPro 支持的表定义功能和视图定义功能。

4.4.1 定义表

表是关系数据库的基本组成单位，在 Visual FoxPro 中不仅可以通过表设计器来建立表，也可以通过 SQL 语言中的 CREATE TABLE 命令建立表结构。具体格式如下：

```
CREATE TABLE|DBF <表名 1> [FREE];
( <字段名 1> <字段类型> [(字段宽度)][NULL|NOT NULL];
[CHECK<逻辑表达式 1>[ERROR <提示信息 1>]];
[DEFAULT <表达式 1>];
[PRIMARY KEY | UNIQUE];
[REFERENCES <表名 2> [TAG<索引名 1>]];
[,<字段名 2> <字段类型 >[(字段宽度)][NULL|NOT NULL]……];
[,CHECK <逻辑表达式 2>[ERROR <提示信息 2>]]
[,PRIMARY KEY <表达式 2> TAG <索引名 2>
|,UNIQUE <表达式 3> TAG <索引名 3>]
[,FOREIGN KEY <表达式 4> TAG <索引名 4> REFERENCES <表名 3>[TAG <索引名 5>]]
)
```

说明：

- 从以上建立表的基本格式可以看出来，用 CREATE TABLE 命令建立表可以用第 3 章介绍的表设计器完成所有功能；
- 具体命令短语功能如表 4-2 所示。

表 4-2 命令短语功能

命令短语	功能
FREE	建立的表不添加到当前数据库中，即建立一个自由表
NULL 或 NOT NULL	说明字段允许或不允许为空值
CHECK	用来定义域完整性

续表

命令短语	功能
ERROR	用来定义出错信息
DEFAULT	用来定义默认值
PRIMARY KEY	用来定义主关键字（主索引）
UNIQUE	用来定义候选索引
FOREIGN KEY …REFERENCES…	用来定义表之间的联系

- 在 CREATE TABLE 命令中可以使用的数据类型及说明如表 4-3 所示。

表 4-3　表中常用的字段类型

字段类型	字段宽度	小数位	说明
C	n	-	字符型字段的宽度为 n
D	默认（8）	-	日期类型（Date）
T	默认（8）	-	日期时间类型（DateTime）
N	n	D	数值型，宽度为 n，小数位为 d（Numeric）
F	n	d	浮点数值字段类型，宽度为 n，小数位为 d（Float）
I	默认（4）	-	整数类型（Integer）
B	默认（8）	d	双精度类型（Double）
Y	默认（8）	-	货币类型（Currency）
L	1	-	逻辑类型（Logical）
M	4	-	备注类型（Memo）
G	4	-	通用类型（General）

本节通过创建"教师数据库"及其中的表（如图 4-60 所示）来学习使用 SQL CREATE TABLE 命令建立表。表结构如下所示：

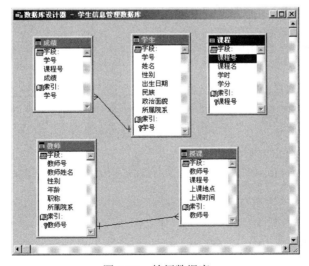

图 4-60　教师数据库

学生(学号 C(8),姓名 C(8),性别 C(2),出生日期 D,民族 C(10),政治面貌 C(4),所属院系 C(20))

课程(课程号 C(4),课程名 C(20),学时 I,学分 N(4.1))

成绩(学号 C(8),课程号 C(4),成绩 N(6.1))

教师(教师号 C(4),教师姓名 C(8),性别 C(2),年龄 N,职称 C(8),所属院系 C(20))

授课(教师号 C(4),课程号 C(4),上课地点 C(10),上课时间 C(10))

例 4.61　用命令创建"学生信息管理数据库"，并用 SQL CREATE 命令建立"学生"表。

```
CREATE DATABASE 学生信息管理数据库
CREATE TABLE  学生(;
学号  C(8) PRIMARY KEY,;
姓名  C(8),;
性别  C(2),;
出生日期  D,;
民族  C(10),;
政治面貌  C(4),;
所属院系  C(20))
```

例 4.62　用命令创建"课程"表。

```
CREATE TABLE 课程(;
课程号  C(4) PRIMARY KEY,;
课程名  C(20),;
学时  I CHECK(学时>0 AND  学时<=128);
ERROR "学时的范围在 0-128!",;
学分  N(4.1))
```

例 4.63　用命令创建"成绩"表。

```
CREATE TABLE  成绩(;
学号  C(8),;
课程号  C(4),;
成绩  N(6.1) CHECK(成绩>=0 AND  成绩<=100);
ERROR "成绩应该在 0 至 100 之间!" DEFAULT 0,;
FOREIGN KEY  学号  TAG  学号  REFERENCES  学生)
```

例 4.64　用命令创建"教师"表。

```
CREATE TABLE 教师(;
教师号  C(4) PRIMARY KEY,;
教师姓名  C(8),;
性别  C(2),;
年龄  N,;
职称  C(8),;
所属院系  C(20))
```

例 4.65　用命令创建"授课"表。

```
CREATE TABLE  授课(;
教师号  C(4),;
课程号  C(4),;
上课地点  C(10),;
上课时间  C(10),;
FOREIGN KEY  教师号  TAG  教师号  REFERENCES  教师)
```

说明：
- 在以上几个表中有用 PRIMARY KEY 命令的说明该字段为主关键字；
- 在课程表中用 CHECK 说明了"学时"字段的有效性规则为"学时>0 AND 学时 <=128"；
- 在成绩表中，用 DEFAULT 说明了当没有输入学生成绩时默认显示为"0"；
- 用 ERROR 说明了当输入出错时的提示信息为"成绩应该在 0 至 100 之间!"；
- 利用短语"FOREIGN KEY 学号"在学生表中与成绩表之间建立一个普通索引，"TAG 学号 REFERENCES 学生"说明学号是连接字段，是通过引用学生表中的主索引"学号"与成绩表建立联系的。其他项的普通索引也是如此。

4.4.2　删除表

删除表的 SQL 命令如下：

基本格式：DROP TABLE <表名>

功能：直接从磁盘上删除表名所对应的.DBF 文件。

说明：如果要删除的表是数据库中的表并且相应的数据库是当前数据库，则从数据库中彻底删除表；否则虽然从磁盘上删除了该表，但是记录在数据库 DBC 文件中的信息却没有删除，就会出现错误提示。所以要删除数据库中的表时，首先使数据成为当前打开的数据库，然后再进行删除操作。

例 4.66　删除上例中所建的表"授课"表。

```
DROP TABLE 授课
```

4.4.3　修改表结构

修改表结构的命令是 ALTER TABLE，它包括添加（ADD）、修改（ALTER）、删除（DROP）表中的字段、字段类型、字段宽度、字段有效性规则以及索引等。修改表结构的命令有三种格式，具体格式如下：

基本格式 1：

```
ALTER TABLE <表名 1> ADD|ALTER;
[COLUMN] <字段名 1> <字段类型>[(字段宽度)][NULL|NOT NULL]
[CHECK <逻辑表达式>[ERROR<提示信息>]][DEFAULT<表达式>]
[PRIMARY KEY|UNIQUE]
[REFERENCES <表名 2>[TAG <索引名>]]
```

说明：此格式可添加（ADD）新的字段或修改（ALTER）已有的字段，它的句法基本与 CREATE TABLE 的句法相对应。

例 4.67　为成绩表增加一个长度为 4 的整型的学时字段，要求学时有效性规则为大于 0，默认值为 64，提示信息为"学时应该大于 0"。

```
ALTER TABLE 成绩 ADD 学时 I CHECK 学时>0 ERROR "学时应该大于 0"; DEFAULT 64
```

结果如图 4-61 所示。

例 4.68　将学生表中的政治面貌字段的长度由 4 改为 8。

```
ALTER TABLE 学生 ALTER 政治面貌 C(8)
```

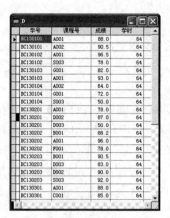

图 4-61　例 4.67 的添加结果

说明：

- 从以上两个例题可以看出，该格式可以修改字段的类型、宽度、有效性规则、错误信息、默认值，另外还可以定义主关键字和联系等；
- 用 ALTER TABLE … ADD|ALTER …命令格式不能修改字段名，不能删除字段，也不能删除已经定义的有效性规则。

基本格式 2：

```
ALTER TABLE <表名> ALTER [COLUMN] <字段名 1> [NULL|NOT NULL]
[SET DEFAULT ]
[SET CHECK <逻辑表达式>[ERROR<提示信息>]]
[DROP DEFAULT]
[DROP CHECK]
```

说明：

- SET DEFAULT：用于设置默认值；
- SET CHECK <逻辑表达式>[ERROR<提示信息>]：用于设置有效性规则和错误提示信息；
- DROP DEFAULT：用于删除已经存在的默认值；
- DROP CHECK：用于删除已经存在的有效性规则。

例 4.69　在"课程"表中修改"学时"字段的有效性规则。

```
ALTER TABLE  课程  ALTER 学时;
SET DEFAULT 64;
SET CHECK  学时>=2 AND  学时<= 230 ERROR"学时应在 2-230 之间!"
```

例 4.70　在"授课"表中删除"上课地点"字段的有效性规则。

```
ALTER TABLE  授课  ALTER  上课地点  DROP DEFAULT DROP CHECK
```

以上两种格式都不能删除字段，也不能更改字段名，所有修改是在字段一级。为了补充这个功能，引出第三种格式。

基本格式 3：

```
ALTER TABLE <表名 1> [DROP [COLUMN]<字段名>]
[SET CHECK <表达式>ERROR<提示信息> ]
[DROP CHECK]
[ADD PRIMARY KEY <表达式>TAG <索引名>[FOR<表达式>] ]
[DROP PRIMARY KEY]
```

　　　[ADD NUIQUE <表达式>[TAG <索引名>[FOR<表达式>]]]
　　　[DROP UNIQUE <表达式>]
　　　[ADD FOREIGN KEY <表达式> TAG <索引名>[FOR<表达式>]]
　　　REFERENCES <表名 2>[TAG <索引名>]
　　　[DROP FOREIGN KEY TAG <索引名>[SAVE]]
　　　[RENAME [COLUMN] <字段名> TO <新字段名>]
说明：此格式可删除字段，可修改字段名；可定义、修改和删除表一级的有效性规则等。

- DROP [COLUMN]字段名：删除指定的字段；
- SET CHECK <表达式> ERROR<提示信息>：定义表一级的有效性规则；
- DROP CHECK：删除表一级的有效性规则；
- ADD PRIMARY KEY <表达式 >TAG <索引名>[FOR<表达式>]：定义一个主索引项；
- DROP PRIMARY KEY：删除主索引；
- ADD UNIQUE <表达式>[TAG <索引名> [FOR<表达式>]]：定义一个候选索引；
- DROP UNIQUE <表达式>：删除候选索引；
- ADD FOREIGN KEY <表达式>TAG <索引名>[FOR<表达式>]：建立表之间的关系；
- RENAME [COLUMN] <字段名> TO <新字段名>：修改字段的名称。

例 4.71　将"成绩"表中的"成绩"字段改名为"期末成绩"。
　　　ALTER TABLE 成绩 RENAME 成绩 TO 期末成绩

例 4.72　使用删除命令删除"学生"表中的"民族"字段。
　　　ALTER TABLE 学生 DROP 民族

例 4.73　使用 SQL 命令将"教师"表里的"教师姓名"和"职称"定义为候选索引（候选关键字），索引名是 attp。
　　　ALTER TABLE 教师 ADD UNIQUE 教师姓名+职称 TAG attp

例 4.74　使用命令将课程表的主索引删除。
　　　ALTER TABLE 课程 DROP PRIMARY KEY

例 4.75　给"课程"表中的"课程号"创建主索引，索引名称为 KCH。
　　　ALTER TABLE 课程 ADD PRIMARY KEY 课程号 TAG KCH

4.4.4　视图

1. 视图的概念及其定义

Visual FoxPro 中视图是用来保存查询结果的虚拟表，可以把它看作是从一个表或多个表中派生出来的虚表，或者也可以引用其他的视图。视图依赖于表，不能独立存在，随着基表中数据的变化而发生变化。在关系数据库中，视图也称作窗口，即视图是操作表的窗口。

　　使用 SQL 命令定义视图的基本格式如下：
　　　CREATE VIEW <视图名>[(<字段名 1>[,<字段名 2>]...)];
　　　AS SELECT 查询语句
说明：

- SELECT 查询语句：可以是任意的 SELECT 查询语句，由它说明该视图包含哪些数据；
- [(<字段名 1>[,<字段名 2>]...)]：没有为视图指定字段名时，视图的字段名将与 SELECT 查询中所指定的字段名同名；
- 视图是根据表定义或派生出来的，所以在涉及视图的时候，常把表称作基本表；
- 视图通常保存在数据库中，在磁盘上找不到视图文件。

例 4.76 使用 SQL 命令创建一个课程视图，视图名为 KC_view。

    CREATE VIEW KC_view AS SELECT * FROM 课程

说明：

- KC_view 是视图的名称，视图中存放的内容为 AS 后面的 SELECT 查询语句的查询结果；
- 视图一经定义，就可以和基本表一样进行各种查询，也可以进行一些修改操作。对于最终用户来说，有时并不需要知道操作的是基本表还是视图。如下例所示：

    SELECT * FROM KC_view

等价于

    SELECT * FROM 课程

2. 视图中的虚字段

用查询来建立视图的 SELECT 子句可以包含算术表达式或函数，这些表达式或函数与视图里面的其他字段一样使用，然而它们是计算机出来的，并不会存储在表内，被称作虚字段。

例 4.77 课程表为基表定义一个视图，包含字段为课程名、周学时、学分。

    CREATE VIEW ZXS AS;
    SELECT 课程名,学时/16 AS 周学时,学分 FROM 课程

说明：表中出现的新字段"周学时"即为虚字段，它是通过学时除以教学周计算得出的，由 AS 命名为周学时，是个虚字段。

3. 视图的删除

视图由于是从表派生出来的，所以不存在修改结构的问题，但是视图可以删除。

基本格式：DROP VIEW <视图名>

例 4.78 使用 SQL 命令删除视图 ZXS_view。

    DROP VIEW ZXS_view

注意：在关系数据库中，视图始终不真正含有数据，它总是原有表的一个窗口。所以，虽然视图可以像表一样进行各种查询，但是插入、更新和删除操作在视图上却有一定限制。在一般情况下，当一个视图是由单个表导出时可以进行插入和更新操作，但不能进行删除操作；当视图是从多个表导出时，插入、更新和删除操作都不允许进行。

习题 4

一、选择题

1. 在 SQL 的操作语句中，不包括（　　）。

    A. INSERT　　　　　B. DELETE　　　　C. UPDATE　　　　　D. CHANGE

2. 下面表示地址不等于"哈尔滨"，不正确的是（　　）。

    A. 地址!= "哈尔滨"　　　　　　　　　B. 地址><"哈尔滨"

    C. 地址 NOT LIKE "哈尔滨"　　　　　D. NOT (地址="哈尔滨")

3. 有如下 SQL SELECT 语句，与表达式"工资 BETWEEN 2000 AND 4500"功能相同的表达式是（　　）。

    A. 工资<=2000 AND 工资>=4500　　　B. 工资>=2000 AND 工资<=4500

    C. 工资<=2000 OR 工资>=4500　　　　D. 工资>=2000 OR 工资<=4500

4. 语句中"DELETE FROM 学生表 WHERE 年龄<18"的功能是（　　）。

A．物理删除学生表中年龄在 18 岁以下的学生记录

B．逻辑删除学生表中年龄在 18 岁以上的学生记录

C．逻辑删除学生表中年龄在 18 岁以下的学生记录

D．将学生表中年龄小于 18 岁的字段值删除.

5．SQL 语句中使用（   ）短语指定有效性规则。

    A．BETWEEN   B．CHECK   C．CREATE   D．LIKE

6．SQL 语句建立表时为字段定义主关键字，应使用（   ）短语。

    A．PRIMARY KEY   B．UNIQUE   C．DEFAULT   D．CHECK

7．表结构包括职称号 C(4)、工资 N(6,2)，要求按工资升序排列，工资相同者按职工号升序排列，建立索引文件应使用的语句是（   ）。

A．INDEX ON 工资/A,职工号/D TO ING

B．SET INDEX ON 工资+职工号 TO ING

C．INDEX ON STR(工资,6,2)+职工号 TO ING

D．INDEX ON 工资,职工号/A TO ING

8．关于查询的说法不正确的是（   ）。

A．查询是预先定义好的一个 SQL SELECT 语句

B．查询是 Visual FoxPro 支持的一种数据库对象

C．通过查询设计器可完成任何查询

D．查询是从指定的表或视图中提取满足条件的记录，可将结果定向输出

9．检索尚未确定的供应商的订单号，正确的命令是（   ）。

A．SELECT *FROM 订购单 WHERE 供应商号 NULL

B．SELECT *FROM 订购单 WHERE 供应商号=NULL

C．SELECT *FROM 订购单 WHERE 供应商号 IS NULL

D．SELECT *FROM 订购单 WHERE 供应商号 IS NOT NULL

第（10）到第（15）题基于职员表、客户表和订单表，它们的结构如下：

    职员表(职工号 C(3),姓名 C(8),性别 C(2),组号 N(2),职务 C(10))

    客户表(客户号 C(4),客户名 C(20),地址 C(20),所在城市 C(20))

    订单表(订单号 C(4),客户号 C(4),职员号 C(2),签订日期 D,金额 N(6,2))

10．查询金额最大的 25%订单的信息，正确的语句是（   ）。

A．SELECT *TOP 25 PERCENT FROM 订单

B．SELECT TOP 25% * FROM 订单 ORDER BY 金额

C．SELECT *TOP 25 PERCENT FROM 订单 ORDER BY 金额 DESC

D．SELECT TOP 25 PERCENT * FROM 订单 ORDER BY 金额 DESC

11．查询订单数是 3 个以上、订单的平均金额在 200 元以上的职员姓名，正确的 SQL 语句是（   ）。

A．SELECT 姓名 FROM 订单 GROUP BY 职员号 HAVING COUNT(*)>3 AND AVG_金额>200

B．SELECT 姓名 FROM 订单 GROUP BY 职员号 HAVING COUNT(*)>3 AND AVG 金额>200

C．SELECT 姓名 FROM 订单 GROUP BY 职员号 HAVING COUNT(*)>3 WHERE AVG(金额)>200

D．SELECT 姓名 FROM 订单 GROUP BY 职员号 WHERE COUNT(*)>3 AND AVG_金额>200

12．显示 2010 年 9 月 1 日后签订的订单，显示订单的订单号、客户名以及签订日期，正确的 SQL 语句是（   ）。

A．SELECT 订单号,客户名,签订日期 FROM 订单 JOIN 客户 ON 订单.客户号=客户.客户号 WHERE 签订日期>{^2010-9-1}

B．SELECT 订单号,客户名,签订日期 FROM 订单 JOIN 客户 WHERE 订单.客户号=客户.客户号 AND 签订日期>{^2010-9-1}

C．SELECT 订单号,客户名,签订日期 FROM 订单，客户 WHERE 订单.客户号=客户.客户号 AND 签订日期<{^2010-9-1}

D．SELECT 订单号,客户名,签订日期 FROM 订单，客户 ON 订单.客户号=客户.客户号 AND 签订日期<{^2010-9-1}

13．显示没有签订任何订单的职员信息（职员号和姓名），正确的 SQL 语句是（　　　）。

A．SELECT 职员.职员号,姓名 FROM 职员 LEFT JOIN 订单 ON 订单.职员号=职员.职员号 GROUP BY 职员.职员号 HAVING COUNT(*)=0

B．SELECT 职员.职员号,姓名 FROM 职员 JOIN 订单 ON 订单.职员号=职员.职员号 GROUP BY 职员.职员号 HAVING COUNT(*)=0

C．SELECT 职员.职员号,姓名 FROM 职员 WHERE 职员.职员号<>(SELECT 订单.职员号 FROM 订单)

D．SELECT 职员号,姓名 FROM 职员 WHERE 职员号 NOT IN(SELECT 职员号 FROM 订单)

14．从订单表中删除客户号为 A103 的订单记录，正确的 SQL 语句是（　　　）。

A．DROP FROM 订单 WHERE 客户号="A103"

B．DROP FROM 订单 FOR 客户号="A103"

C．DELECT FROM 订单 WHERE 客户号="A103"

D．DELECT FROM 订单 FOR 客户号="A103"
(SELECT * FROM SC WHERE 课程号='C2')

15．将订单号为 0060 的订单金额改为 169 元，正确的 SQL 语句是（　　　）。

A．UPDATE 订单 SET 金额=169 WHERE 订单号="0060"

B．UPDATE 订单 SET 金额 WITH 169 WHERE 订单号="0060"

C．UPDATE FROM 订单 SET 金额=169 WHERE 订单号="0060"

D．UPDATE FROM 订单 SET 金额 WITH 169 WHERE 订单号="0060"

二、填空题

1．使用 SQL 语言的 SELECT 语句进行查询时，使用＿＿＿＿＿子句可以消除结果中的重复记录。

2．将查询结果存放在临时表文件中，应该使用 SQL SELECT 语句中的＿＿＿＿＿短语。

3．在比赛选手表中有"编号"、"姓名"和"最后得分"三个字段，"最后得分"越高名次越靠前，查询前十名比赛选手的 SQL 语句：SELECT 编号, 姓名, 最后得分 TOP 10 FROM 比赛选手表 ORDER BY ＿＿＿＿＿DESC

4．在上题的比赛选手表中，将该表中的"编号"字段定义为候选索引，索引名是 BH，正确的 SQL 语句表达是：＿＿＿＿＿TABLE 比赛选手表 ADD UNIQUE 编号 TAG BH．

5．当前目录下有"教师表"文件上，现要将"职称"为"教授"的课时费增加 30 元，则语句为：UPDATE 教师表＿＿＿＿＿WHERE 职称="教授"

6．在成绩表中，只显示分数最高的前 10 名学生的记录，SQL 语句为：SELECT *＿＿＿＿＿10 FROM 成绩表＿＿＿＿＿总分

第5章 查询与视图

学习目的：

查询与视图都是 Visual FoxPro 支持的一种数据库对象，是 Visual FoxPro 为方便检索数据提供的一种工具或方法。通过本章的学习，学生应掌握查询设计器与视图设计器的基本操作；掌握创建、修改、删除查询文件的方法；掌握创建、修改、删除视图的方法；了解查询与视图的区别。

知识要点：

- 查询的基本概念
- 使用"查询设计器"或"查询向导"进行查询文件的建立、运行和修改
- 视图的基本概念
- 使用"视图设计器"或"视图向导"进行视图的建立、修改、打开、删除等操作

5.1 查询

查询是一个预先定义好的 SQL SELECT 语句，可在需要的时候直接或反复使用，从而提高效率。查询就是从数据库的一个表、关联的多个表或视图中检索出符合条件的信息，然后按照想得到的输出类型定向输出查询结果。本章中的"查询"是一个名词，它是 Visual FoxPro 中的一个数据库对象，是一种文件类型，查询文件的扩展名为.qpr。

创建查询文件一般分以下几个步骤：

（1）选择要查询的字段。

（2）设置查询条件。

（3）设置查询结果的排序、分组和其他选项。

（4）选择查询结果的输出类型。

（5）执行查询。

创建查询文件有以下三种方法：

（1）使用"查询向导"快速创建查询。

（2）使用"查询设计器"创建查询。

（3）使用 SQL SELECT 语句直接编辑.qpr 文件创建查询。

运行查询文件有以下三种方法：

（1）命令方式：DO 查询文件名.qpr

（2）菜单方式：在查询设计器打开状态下，单击菜单栏上"查询"命令，然后选择"运行查询"命令即可。

（3）工具栏按钮方式：在查询设计器打开状态下，在工具栏上有一个红色的叹号 ! 按钮，单击此按钮即可运行当前查询。

5.1.1 使用查询向导创建查询

在 Visual FoxPro 中使用查询向导可以快速创建查询文件。下面通过具体例题介绍使用查询向导创建查询的方法。

例 5.1 利用查询向导，查询汉族的所有女同学的"学号"、"姓名"、"课程名"和"成绩"，查询结果按"学号"升序排列，并将查询文件保存为 stuinfo。

1. 打开查询向导

单击"文件"菜单，选择"新建"命令，打开"新建"对话框，如图 5-1 所示。在对话框中选择"查询"，然后单击右侧"向导"，打开"向导选取"对话框，如图 5-2 所示，选择"查询向导"。

图 5-1　"新建"对话框　　　　　　　图 5-2　"向导选取"对话框

2. 设置查询向导

（1）设置"步骤 1-字段选取"对话框，如图 5-3 所示。

在该对话框中单击表名"学生"，在可用字段列表中分别双击"学号"、"姓名"并将其添加到"选定字段"框中；单击表名"课程"，在可用字段列表中双击"课程名"并将其添加到"选定字段"框中；单击表名"成绩"，在可用字段列表中双击"成绩"并将其添加到"选定字段"框中，如图 5-4 所示。

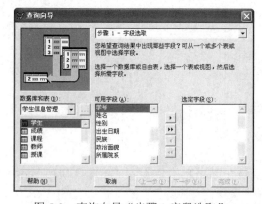

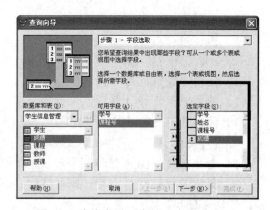

图 5-3　查询向导"步骤 1-字段选取"a　　　图 5-4　查询向导"步骤 1-字段选取"b

（2）设置"步骤 2-为表建立联系"对话框，如图 5-5 所示。

单击"添加"按钮即可为"学生"表和"成绩"表通过"学号"字段建立联系；接着在第一个下拉列表中选择"成绩.课程号"，在第二个下拉列表中选择"课程.课程号"，然后单击"添加"按钮，即可为"成绩"表和"课程"表通过"课程号"字段建立联系，如图5-6所示。

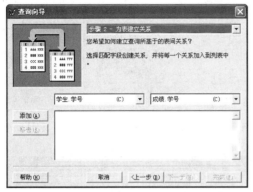 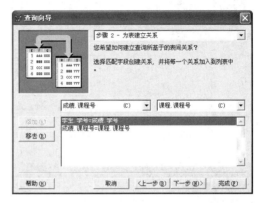

图 5-5　查询向导"步骤2-为表建立关系"a　　　图 5-6　查询向导"步骤2-为表建立关系"b

（3）设置"步骤3-筛选记录"对话框，如图5-7所示。

根据例题要求，在"字段"下拉列表中选择"学生.性别"，在"操作符"下拉列表中选择"等于"，在"值"文本框中，输入"女"；然后在下一个"字段"下拉列表中选择"学生.民族"，"操作符"下拉列表中选择"等于"，在"值"文本框中，输入"汉"；由于两个条件是并且的关系，因此单击"与"选项按钮，如图5-8所示。

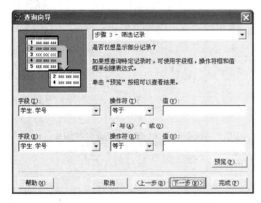 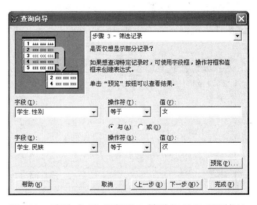

图 5-7　查询向导"步骤3-筛选记录"对话框a　　　图 5-8　查询向导"步骤3-筛选记录"对话框b

（4）设置"步骤4-排序记录"对话框，如图5-9所示。

双击可选字段列表中的"学生.学号"，将其添加到选定字段列表中，然后单击"升序"按钮即可，如图5-10所示。

（5）设置"步骤4a-限制记录"对话框，如图5-11所示。

（6）设置"步骤5-完成"对话框，如图5-12所示。

（7）设置"另存为"对话框，如图5-13所示。

单击"完成"按钮，打开"另存为"对话框，输入查询文件名"stuinfo"，单击"保存"按钮即可。

（8）运行查询文件，运行结果如图5-14所示。

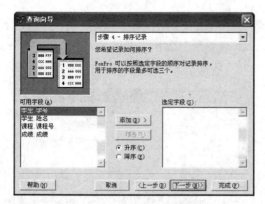
图 5-9　查询向导"步骤 4 排序记录"对话框 a

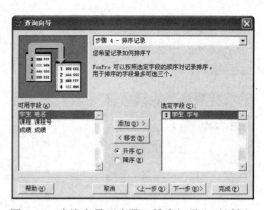
图 5-10　查询向导"步骤 4 排序记录"对话框 b

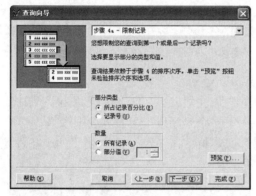
图 5-11　查询向导"步骤 4a-限制记录"对话框

图 5-12　查询向导"步骤 5-完成"对话框

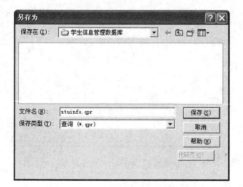
图 5-13　"另存为"对话框

图 5-14　例 5.1 查询结果

5.1.2　使用查询设计器创建查询

使用查询设计器创建查询没有查询向导的固定步骤，可以根据需要进行灵活的查询设计。在介绍使用查询设计器创建查询方法之前，首先来认识查询设计器、"查询设计器"工具栏和查询去向。

1. 查询设计器

（1）打开"查询设计器"。

①菜单方式：单击"文件"菜单，选择"新建"命令，打开"新建"对话框，如图 5-1 所

示。在对话框中选择"查询"，然后单击右侧"新建文件"按钮，打开"查询设计器"与"添加表或视图"对话框，如图 5-15 所示。

①命令方式：

格式：CREATE QUERY

功能：打开"查询设计器"对话框，如图 5-15 所示。

②项目管理器方式：在项目管理器的"数据"选项卡下选择"查询"，然后单击"新建"命令按钮，打开查询设计器。

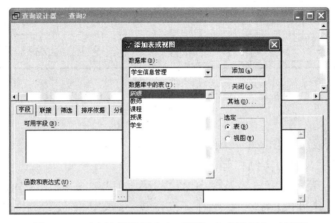

图 5-15　"查询设计器"与"添加表或视图"对话框

（2）"添加表或视图"对话框。

该对话框的作用是从"数据库和表"列表框中选择用于建立查询的表或视图，只要单击要选择的表或视图，然后单击"添加"按钮即可。如果当前要选择的表或视图没有在"数据库和表"列表框中，则可以先在右侧的"选定"框中选择"表"或"视图"选项，然后单击"其他"按钮，选择其他表或视图。

（3）"查询设计器"对话框。

"查询设计器"对话框共有 6 个选项卡，每一个选项卡和 SQL SELECT 语句的各短语是一一对应的，具体如下：

①"字段"选项卡——SELECT 短语。

功能：用于选取需要查询的数据，将"可用字段"列表框中的字段名添加到"选定字段"列表框中即可。如果查询的数据需要通过运算得到，则需要在"函数和表达式"编辑框中输入或编辑计算表达式，例如，表达式"AVG(Score.成绩) AS 平均成绩"用来求平均成绩。

②"连接"选项卡——JOIN ON 短语。

功能：用于编辑连接条件，可以选择的连接类型有四种类型。

说明：

● Inner Join：内部连接，指定只有满足连接条件的记录包含在结果中，此类型是默认的，也是最常用的；

● Right Outer Join：右连接，指定满足连接条件的记录，以及满足连接条件右侧的表中记录（即使不匹配连接条件）都包含在结果中；

● Left Outer Join：左连接，指定满足连接条件的记录，以及满足连接条件左侧的表中记录（即使不匹配连接条件）都包含在结果中；

- Full Join：完全连接，指定所有满足和不满足连接条件的记录都包含在结果中。
- 当连接条件多于一个时，在"逻辑"下列表中选择相应的逻辑运算符 AND 或 OR。

③ "筛选"选项卡——WHERE 短语。

功能：用于指定查询条件，如图 5-16 所示。

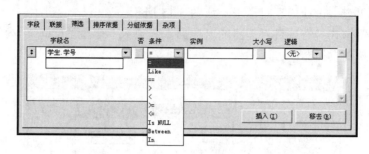

图 5-16　"查询设计器"对话框"筛选"选项卡

说明：

- "条件"列表中包含如下几项：
  - ➢ =：指字段值与实例相等；
  - ➢ LIKE：表示"字段名"栏中给出的字段值与"实例"栏中给出的文本值之间执行不完全匹配，它主要针对字符类型。例如，如设置查询条件为 Student.姓名 LIKE"张%"；
  - ➢ ==：表示在"字段名"栏中给出的字段值与"实例"栏中给出的文本值之间执行完全匹配检查；
  - ➢ >：即为"字段名"栏中给出的字段的值应大于"实例"栏中给出的值；
  - ➢ >=：即为"字段名"栏中给出的字段的值应大于或等于"实例"栏中给出的值；
  - ➢ <：即为"字段名"栏中给出的字段的值应小于"实例"栏中给出的值；
  - ➢ <=：即为"字段名"栏中给出的字段的值应小于或等于"实例"栏中给出的值；
  - ➢ Is Null：指定字段必须包含 Null 值；
  - ➢ Between：即为输出字段的值应大于或等于"实例"栏中的最小值，而小于或等于"实例"栏中的最大值；
  - ➢ IN（在...之中）：即为输出字段的值必须是"实例"栏中所给出值中的一个，在"实例"栏中给出的各值之间以逗号分隔。
- "连接"选项卡中的"否"列用于指定.NOT.条件；
- "逻辑"列用于设置各连接条件和筛选条件之间的逻辑关系（无、.AND.和.OR.）；
- "大小写"列用于指定是否区分大小写。

最后，在设置筛选条件时，应注意如下几点：

- 备注字段和通用字段不能用于设置查询条件；
- 逻辑值的前后必须使用句点号，如.T.；
- 只有当字符串与查询的表中字段名相同时，要用引号将字符串括起来，否则不需要用引号将字符串括起来。

④ "排序依据"选项卡——ORDER BY 短语。

功能：用于指定排序的字段和排序的方式，如图 5-17 所示。

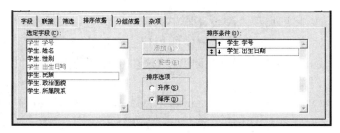

图 5-17 "查询设计器"对话框"排序依据"选项卡

⑤"分组依据"选项卡——GROUP BY 短语和 HAVING 短语。

功能：用于指定分组依据和分组条件，如图 5-18 和图 5-19 所示。

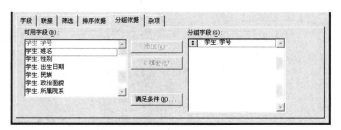

图 5-18 "查询设计器"对话框"分组依据"选项卡

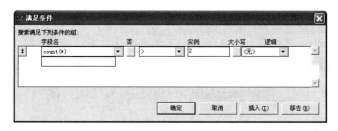

图 5-19 "满足条件"对话框

⑥"杂项"选项卡——DISTINCT 及 TOP 等短语。

功能：用于指定是否要重复记录（对于 DISTINCT）及显示部分记录（对应于 TOP）等，如图 5-20 所示。

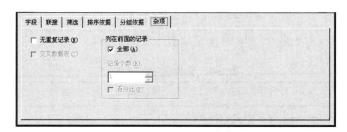

图 5-20 "查询设计器"对话框"杂项"选项卡

2. "查询设计器"工具栏

打开查询设计器窗口的同时会打开一个"查询设计器"工具栏，如图 5-21 所示。

（1）添加表：如果要添加表或视图，则可单击"查询设计器工具"上的"添加表"按钮，打开如图 5-1 所示的对话框。另外可以在查询设计器窗口的上部窗格右击，在快捷菜单中选择"添加表"命令。

（2）移去表：可以将添加到查询设计器中的表移出该查询设计器。

（3）添加连接：为添加到查询设计器中的表建立联系。

（4）显示 SQL 窗口：可以将利用查询设计器建立的查询转换为 SQL 语言，并在 SQL 窗口中显示。

（5）最大化上部窗格：单击该按钮可以将上部窗格最大化，再次单击则可原还。

（6）查询去向：打开"查询去向"对话框，如图 5-22 所示。

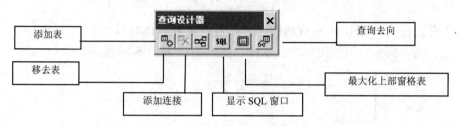

图 5-21　查询设计器工具栏

3. 查询去向

有时查询的目的不只是为了完成一个查询功能，而是为了将查询的结果指明一个查询去向。在 Visual FoxPro 中提供了 7 种查询去向，如图 5-22 所示。如果没指定输出的去向，则查询结果将显示在浏览窗口中。

指明查询去向的具体方法如下：

（1）单击"查询设计器工具栏"上的"查询去向"按钮 ，即可打开"查询去向"对话框。

（2）单击"查询"菜单，选择"查询去向"命令，即可打开"查询去向"对话框。

图 5-22　"查询去向"对话框

"查询去向"对话框中各个选项的含义如表 5-1 所示。

表 5-1　查询输出的去向

查询去向	说明
浏览	在浏览（Browse）窗口中显示查询结果
临时表	将查询结果存储在一个命名的临时只读表中
表	将查询结果保存在一个自己命名的表中
图形	使查询结果可用于 Microsoft Graph（Graph 包含在 Visual FoxPro 中的一个独立的应用程序）
屏幕	在 Visual FoxPro 主窗口或当前活动的输出窗口中显示查询结果
报表	将查询结果输出到一个报表文件（.frx）
标签	将查询结果输出到一个标签文件（.lbx）

下面通过具体例子来说明如何利用查询设计器建立查询。

例 5.2　利用查询设计器建立一个包含学生的"学号"、"姓名"、"性别"、"出生日期"、"民族"的查询，并将结果保存在永久表"学生信息"中。

分析：查询项包含"学号、姓名、性别、出生日期、民族"等字段，这些查询项都在学生表中，因此该查询只涉及一个表。具体操作步骤如下：

（1）单击"文件"菜单，执行"新建"命令，弹出"新建"对话框，如图 5-23 所示。

（2）在"新建"对话框中选择"查询"选项，单击"新建文件"按钮，则打开如图 5-24 所示界面。

图 5-23　"新建"对话框

图 5-24　"添加表或视图"对话框

（3）在"添加表或视图"对话框中选择学生表，单击"添加"按钮，然后关闭该窗口。

（4）学生表出现在"查询设计器"的上部窗格中，根据题意在字段选项卡的"可用字段"一栏中选取"学号、姓名、性别、出生日期、民族"等字段，并将其添加到右侧的"选定字段"一栏中，如图 5-25 所示。

（5）指明查询去向，单击"查询设计器工具栏"上的"查询去向"按钮，即可打开"查询去向"对话框，选择"表"选项，然后输入"学生信息"即可，如图 5-26 所示。

图 5-25　"查询设计器"对话框

图 5-26　"查询去向"对话框

例 5.3　利用查询设计器创建一个包含男同学的"学号"、"姓名"、"性别"、"年龄"、"所属院系"的查询，查询结果按年龄升序排列，结果保存在永久表"student"中。

分析：该查询是基于单表的查询，该查询有筛选条件：性别="男"；另外查询项"年龄"

在学生表中并不存在，需要通过表达式计算出年龄，计算表达式为：YEAR(DATE())-YEAR(出生日期)，具体操作步骤如下：

（1）单击"文件"菜单，执行"新建"命令，弹出"新建"对话框，如图 5-23 所示。

（2）在"新建"对话框中选择"查询"选项，单击"新建文件"按钮，则打开如图 5-24 所示界面。

（3）在"添加表或视图"对话框中选择学生表，单击"添加"按钮，然后关闭该窗口。

（4）在查询设计器窗口中选取要查询的字段名，并将其添加到右侧的"选定字段"一栏。在"函数和表达式"栏中输入表达式：YEAR(DATE())-YEAR(出生日期) AS 年龄，或者打开"表达式生成器"，生成表达式 YEAR(DATE())-YEAR(出生日期) AS 年龄，如图 5-27 所示，然后将该表达式添加到"选定字段"一栏中，如图 5-28 所示。

图 5-27 "表达式生成器"对话框　　　　图 5-28 "查询设计器"对话框

（5）单击"筛选"选项卡，设置筛选条件：性别="男"，如图 5-29 所示。

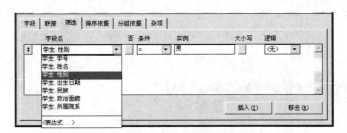

图 5-29 "查询设计器"对话框"筛选"选项卡

（6）单击"排序依据"选项卡，将"年龄"表达式添加到"排序条件"一栏中，单击"排序选项"栏中的"升序"即可，如图 5-30 所示。

图 5-30 "查询设计器"对话框"排序依据"选项卡

（6）指明查询去向，单击"查询设计器工具栏"上的"查询去向"按钮，即可打开"查询去向"对话框，选择"表"选项，然后输入表名"student"，如图 5-31 所示。

（7）执行查询文件，结果如图 5-32 所示。

图 5-31　"查询去向"对话框

图 5-32　例 5.3 查询结果

例 5.4　利用查询设计器创建一个含有选修了学时大于等 60 并且成绩大于 70 分的学生"姓名"、"性别"、"课程名称"、"学时"、"学分"、"成绩"信息的查询，并将查询结果按"成绩"降序保存在永久表"学生选课信息表"中，并将查询文件保存为 course.qpr。

分析："姓名"和"性别"来自学生表，"课程名称"、"学时"和"学分"来自课程表，"成绩"来自成绩表，所以该查询涉及三个表。具体操作步骤如下：

（1）单击"文件"菜单，执行"新建"命令，弹出"新建"对话框，在"新建"对话框中选择"查询"选项，单击"新建文件"按钮，则打开如图 5-24 所示的界面。将学生、成绩和课程三个表其添加到查询设计器中，同时可以设置连接条件，如图 5-33 所示。

图 5-33　向"查询设计器"中添加表

（2）设置"字段"选项卡：按顺序将字段名"学生.姓名、学生.性别、课程.课程名称、课程.学时、课程.学分、成绩.成绩"从"可选字段"框中添加到"选定字段"框中，如图 5-34 所示。

（3）设置"筛选"选项卡：在"字段名"列表中选择"课程.学时"，在"条件"列表中选择">="，在"实例"文本框中输入"60"，在"逻辑"列表框中选择"AND"；在下一个"字段名"列表中选择"成绩.成绩"，在"条件"列表中选择">"，在"实例"文本框中输入"70"，如图 5-35 所示。

（4）设置"排序依据"选项卡：将"成绩.成绩"字段从"选定字段"框中添加到"排序

条件"框中，然后选取"降序"，如图 5-36 所示。

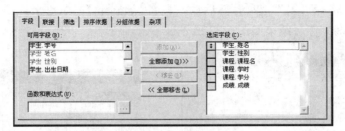

图 5-34　"查询设计器"对话框"字段"选项卡

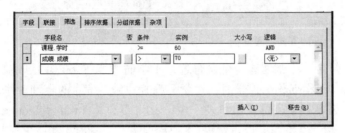

图 5-35　"查询设计器"对话框"筛选"选项卡

图 5-36　"查询设计器"对话框"排序依据"选项卡

（5）设置"查询去向"：单击"查询设计器工具栏"上的"查询去向"按钮，即可打开"查询去向"对话框，选择"表"选项，然后输入表名"学生选课信息表"即可，如图 5-37 所示。

图 5-37　"查询去向"对话框

（6）如果要查看创建该查询所应的 SQL 语句，则可以单击"查询设计器工具栏"上的按钮，查询所对应的 SQL SELECT 语句显示出来，如下所示：

　　SELECT 学生.姓名, 学生.性别, 课程.课程名, 课程.学时, 课程.学分, 成绩.成绩;

　　FROM　学生信息管理!学生 INNER JOIN 学生信息管理!成绩;

　　INNER JOIN 学生信息管理!课程;

　　　　ON　　课程.课程号=成绩.课程号;
　　　　ON　　学生.学号=成绩.学号;
　　　WHERE　课程.学时　>= 60 AND　成绩.成绩　> 70;
　　　ORDER BY　成绩.成绩　DESC;
　　　INTO TABLE　学生选课信息表.dbf

（7）单击"文件"→"保存"命令，在弹出的"另存为"对话框中输入查询文件名"course"。

（8）执行查询文件，结果如图 5-38 所示。

图 5-38　例 5.4 查询结果

例 5.5　利用查询设计器建立一个查询，要求查询每个学生至少选修两门学分大于 2（含两门）的课程，查询结果包含学号、姓名、课程名称、学分、平均成绩，查询结果按平均成绩的降序排列，将结果保存在永久表"学生选课成绩信息.dbf"中，并将查询文件保存在 course_score.qpr 中。

分析：该查询的查询项包含"学号、姓名、课程名称、学分、平均成绩"，涉及学生、课程和成绩三个表。根据题意可知按照学号进行分组，且分组条件为"COUNT(学生.学号)>=2"；查询条件为"课程.学分>=2"；查询项"平均成绩"需要用表达式"AVG(成绩) AS 平均成绩"计算得到。具体操作步骤如下：

（1）单击"文件"菜单，执行"新建"命令，弹出"新建"对话框，在"新建"对话框中选择"查询"选项，单击"新建文件"按钮，则打开如图 5-25 所示的界面。选择学生表、成绩表和课程表并将其添加到查询设计器中，同时可以设置连接条件。

（2）设置"字段"选项卡：将字段名"学生.学号、学生.姓名、课程.课程名称、课程.学分"从"可选字段"框中添加到"选定字段"框中。"平均成绩"可以在"表达式生成器"中生成："AVG(成绩.成绩) AS 平均成绩"，如图 5-39 所示，最后将该表达式添加到"选定字段"框中，如图 5-40 所示。

图 5-39　"表达式生成器"对话框

图 5-40　"查询设计器"对话框"字段"选项卡

（3）设置"筛选"选项卡：在"字段名"列表中选择"课程.学分"，在"条件"列表中选择"\>="；在"实例"文本框中输入"2"，如图 5-41 所示。

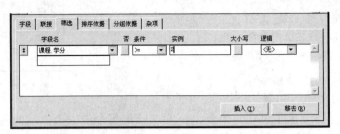

图 5-41　"查询设计器"对话框"筛选"选项卡

（4）设置"排序依据"选项卡：将"AVG(成绩.成绩) AS 平均成绩"字段从"选定字段"框中添加到"排序条件"框中，然后选取"降序"，如图 5-42 所示。

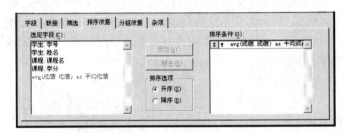

图 5-42　"查询设计器"对话框"排序依据"选项卡

（5）设置"分组依据"选项卡："成绩.学号"从"可用字段"框中添加到"分组字段"框中，如图 5-43 所示。单击"满足条件……"按钮，打开"满足条件……"对话框设置分组条件，如图 5-44 所示。

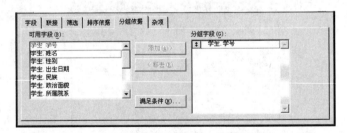

图 5-43　"查询设计器"对话框"分组依据"选项卡

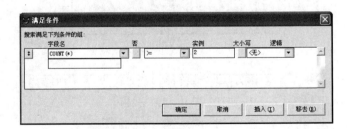

图 5-44　"满足条件"对话框

（6）设置"查询去向"：单击"查询设计器工具栏"上的"查询去向"按钮，即可打开"查询去向"对话框，选择"表"选项，然后输入表名"学生选课成绩信息"即可。

学生选课成绩信息

学号	姓名	课程名	学分	平均成绩
BC130104	张庆峰	教育学	3.0	68.00
BC130503	马平川	法学	2.5	70.17
BC130302	钱晓霞	法学	2.5	70.67
BC130201	王君龙	C语言程序设计	4.0	71.67
BC130501	范靖怡	管理学	3.5	80.67
BC130502	张新贺	管理学	3.5	82.00
BC130203	孙玮	软件工程	3.5	86.50
BC130301	李志博	平面设计	3.5	86.50
BC130202	薛梅	法学	2.5	87.00
BC130103	王丽娜	英语	5.5	87.50
BC130101	李莉莉	法语	4.0	89.25

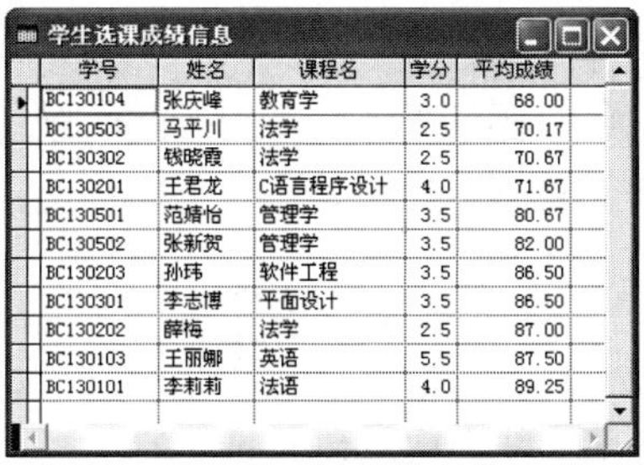

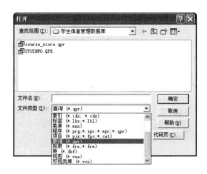

图 5-45　例 5.5 查询结果

（7）单击“文件”→“保存”命令，在弹出的“另存为”对话框中输入查询文件名“course_score”。

（8）执行查询文件。

（9）最后的查询结果已经保存在永久表“学生选课成绩信息”中，若要查看，做如下操作：

```
USE 学生选课成绩信息
BROWSE
```

查询结果如图 5-45 所示。

（10）单击“显示 SQL 语句”按钮，则打开 SQL 窗口，查看 SQL 语句，如下所示：

```
SELECT 学生.学号, 学生.姓名, 课程.课程名, 课程.学分,;
AVG(成绩.成绩) AS 平均成绩;
FROM 学生信息管理!学生 INNER JOIN 学生信息管理!成绩;
INNER JOIN 学生信息管理!课程;
ON 课程.课程号=成绩.课程号;
ON 学生.学号=成绩.学号;
WHERE 课程.学分 >= 2;
GROUP BY 学生.学号;
HAVING COUNT(*) >= 2;
ORDER BY 5;
INTO TABLE 学生选课成绩信息.dbf
```

5.1.3　修改查询

修改查询时需要打开被修改的查询文件的“查询设计器”，主要有三种方法。

（1）菜单方式：单击“文件”菜单，选择“打开”命令，打开“打开”对话框，单击“文件类型”下拉列表，单击“查询（*. qpr）”选项，然后选择需要打开的查询文件，最后单击“确定”按钮，即可打开查询文件所对应的“查询设计器”，如图 5-46 所示。

图 5-46　“打开”对话框

（2）命令方式：

格式：MODIFY QUERY [<查询文件名>]

例如，MODIFY QUERY course_score

5.2 视图

视图是根据基本表派生出来的，所以将它称为虚拟表。视图是数据库中的一个特有功能，通过视图可以查询表，也可以更新表。视图是根据表定义的，虽然具有表的一般特性，但它只能存在于数据库中，不能独立存在，只有打开包含视图的数据库时，才能使用视图。

在 Visual FoxPro 中，视图可分为本地视图和远程视图。使用当前数据库中的 Visual FoxPro 表建立的视图称为本地视图，使用当前数据库之外的数据源（如 SQL Server）中的表建立的视图称为远程视图。

5.2.1 创建本地视图

创建本地视图前必须要先打开一个数据库，创建本地视图的方法有以下几种方法：

（1）使用视图向导创建视图。

（2）使用视图设计器创建视图。

（3）使用命令方式创建视图。

1. 利用视图向导创建本地数据库表视图

例 5.6　打开"学生信息管理"数据库，利用视图向导建立一个视图，该视图包含选修了课程号为"A001"且成绩大于 80 分的"姓名"、"课程名"、"学分"、"成绩"，并且按"成绩"降序排列，最后保存视图文件名为"V_student"。

（1）打开"本地视图向导"对话框：单击"文件"→"新建"对话框，在弹出的"新建"对话框中，单击"视图"按钮，如图 5-47 所示。再单击"向导"按钮，即可打开"本地视图向导"对话框，如图 5-48 所示。

图 5-47　"新建"对话框

图 5-48　"本地视图向导"对话框

（2）设置"步骤 1-字段选取"：将字段名"姓名"、"课程名"、"学分"、"成绩"添加到"选定字段"框中，如图 5-49 所示。

（3）设置"步骤 2-为表建立关系"。

单击"添加"按钮，将"学生.学号=课程.课程号"关系添加到列表框中，接着在字段列表框中，选择"成绩.课程号"和"课程.课程号"建立成绩表与课程表的关系，并将之添加到列表框中，如图 5-50 所示。

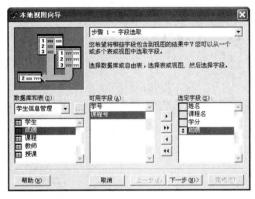 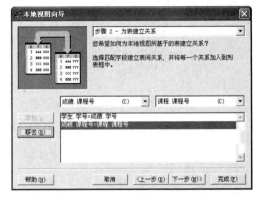

图 5-49 "字段选取"向导对话框　　　　图 5-50 "步骤 2-为表建立关系"向导对话框

（4）设置"步骤 3-筛选记录"：设置筛选条件表达式。本例的条件表达式为"成绩.课程号="A001".AND.成绩.成绩>80"，如图 5-51 所示。

（5）设置"步骤 4-排序记录"：在"可用字段"中，选择"成绩.成绩"字段，将其添加到"选定字段"框中，然后选择"降序"，如图 5-52 所示。

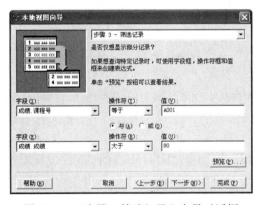 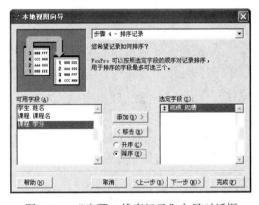

图 5-51 "步骤 3-筛选记录"向导对话框　　　图 5-52 "步骤 4-排序记录"向导对话框

（6）设置"步骤 4a-限制记录"：在该对话框中一般选取默认值，如图 5-53 所示。

（7）设置"步骤 5-完成"：选择一个保存方式，选择"保存本地视图"。在单击"完成"按钮之前，可单击"预览"按钮浏览一下，如不合适，可以单击"上一步"按钮去修改视图设计。单击"完成"按钮，在弹出的"视图名"对话框中输入"V_student"即可，如图 5-54 所示。

2．利用视图设计器创建本地数据库表视图

利用"视图设计器"，用户可通过直观操作建立本地视图。其操作步骤如下：

（1）打开相应的数据库。

（2）打开视图设计器。

（3）添加表或视图并编辑连接条件。

（4）设计视图。

（5）保存视图文件。

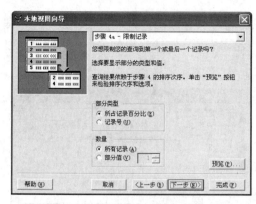

图 5-53　"步骤 4a-限制记录"向导对话框　　　图 5-54　"步骤 5-完成"向导对话框

例 5.7　打开"学生信息管理"数据库，利用视图设计器建立一个视图，该视图包含 1995 年以后（含 1995 年）出生的所有男同学的"学号"、"姓名"、"性别"、"年龄"、选修的"课程名"和授课教师的"教师姓名"与"职称"，并且按"年龄"升序排列，最后保存视图文件名为"Sinfo_view"。

（1）打开相应的数据库。单击"文件"→"打开"命令，弹出"打开"对话框，选择"学生信息管理"数据库。

（2）打开视图设计器。打开视图设计器有以下三种方法：

● 在命令窗口输入 Create View 命令，即可打开"视图设计器"。

● 单击"文件"→"新建"命令打开"新建"对话框，然后选择"视图"，单击"新建文件"即可打开"视图设计器"。

● 在项目管理器中，单击"全部"→"数据"→"数库"选项卡，选择"本地视图"然后，单击"新建"。

不论何种方式，都会弹出"视图设计器"窗口和活动的"添加表或视图"对话框，如图 5-55 所示。

（3）添加表或视图并编辑连接条件。

在"添加表或视图"对话框中，把建立视图所需要的数据表逐个添加到"视图设计器"中。当用户添加第二个数据表后，会弹出"连接条件"对话框。若两个数据表只有一个公共字段，系统会自动把它作为连接条件。否则，用户可在如图 5-56 所示的对话框中进行连接条件编辑。

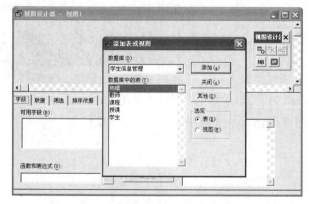
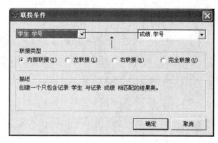

图 5-55　"视图设计器"和添加表或视图　　　图 5-56　"连接条件"对话框

（4）设置"字段"选项卡。

● 选择字段"学号"、"姓名"、"性别"、"年龄"、"课程名"、"教师姓名"、"职称"，将其添加到"选定字段"框中。

● 在单击"函数和表达式(u):"右侧的 ▦ 按钮，打开"表达式生成器"对话框，编辑表达式：YEAR(DATE())-YEAR(学生.出生日期) AS 年龄，如图 5-57 所示。将该表达式添加至"选定字段"框中，并调整字段名的先后顺序，如图 5-58 所示。

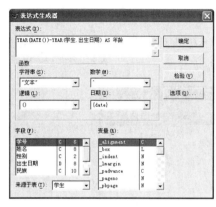
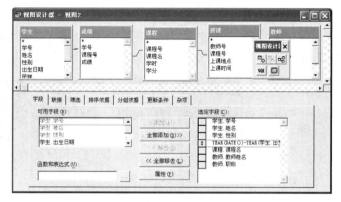

图 5-57 "表达式生成器"对话框   图 5-58 字段选择窗口

（5）设置"筛选"选项卡，如图 5-59 所示。

● 在"字段名"选择表达式，打开"表达式生成器"输入"YEAR(学生.出生日期)"；在"条件"处选择">="；在"实例"处输入"1995"；在"逻辑"处选择"AND"。

● 在"字段名"处选择"学生.性别"；在"条件"处选择"="；在"实例"处输入"男"。

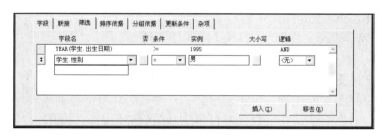

图 5-59 "筛选"选项卡

（6）设置"排序依据"选项卡：将表达式"YEAR(DATE())-YEAR(学生.出生日期) AS 年龄"添加至"排序条件"框中，并选择"升序"，如图 5-60 所示。

图 5-60 "排序依据"选项卡

（7）保存视图文件：单击"文件"→"保存"命令，弹出如图 5-61 所示的"保存"对话框，输入视图文件名"Sinfo_view"即可。

图 5-61 "保存"对话框

（8）视图文件的浏览。

视图建立后，出现在"数据库设计器"窗口中，如图 5-62 所示。在视图上右击，弹出快捷菜单，选择"浏览"命令即可打开视图进行浏览。

图 5-62 视图的浏览方法之一

3. 用命令方式创建本地数据库表视图

OPEN DATABASE <数据库文件名>

CREATE VIEW <视图文件名> AS <SELECT 查询语句>

说明：

- 数据库表视图是从属于数据库的。所以在创建视图之前，必须首先打开相应的数据库；
- 数据库表视图文件建立后，就是建立了一种数据环境。数据库表视图文件是一个类型为.dbf 的表文件，当用户需要使用这种数据环境时，只要用 USE <视图名>打开就可获得这种数据工作环境，用 BROWSE 命令显示这种数据工作环境下的数据。数据库表视图与临时视图的另一个区别是，数据库表视图不能引用数据库表视图中没有的字段；
- <SELECT 查询语句>可以是任意的 SELECT 查询语句。通过 SELECT 查询语句说明和限定了视图的数据，视图中字段名也将与<SELECT 查询语句>中指定的字段名相同。

例 5.8 使用命令方式建立一个视图，该视图包含 1995 年以后（含 1995 年）出生的所有男同学的"学号"、"姓名"、"性别"、"年龄"、选修的"课程名"和授课教师的"教师姓名"与"职称"。并且按"年龄"升序排列，最后保存视图文件名为"S_view"。

```
OPEN DATABASE 学生信息管理
CREATE VIEW S_view AS SELECT 学生.学号,学生.姓名,学生.性别,;
YEAR(DATE())-YEAR(学生.出生日期) AS 年龄,课程.课程名,;
教师.教师姓名,教师.职称;
```

FROM 学生,成绩,课程,授课,教师;

WHERE 学生.学号 = 成绩.学号 AND 成绩.课程号 = 课程.课程号 AND;

课程.课程号 = 授课.课程号 AND 授课.教师号 = 教师.教师号 AND;

YEAR(学生.出生日期) >= 1995 AND 学生.性别 = "男";

ORDER BY 年龄

5.2.2　视图与数据更新

视图是根据基本表派生出来的。在打开和关闭数据库的一个活动周期内，视图和基本表已经成为两张表。使用视图时，会在两个工作区分别打开视图和基本表。在默认状态下，对视图的更新不反映到基本表中，对基本表的更新在视图中也得不到反映。关闭数据库后，视图中的数据消失，再次打开数据库时视图从基本表中重新检索数据。为了通过视图能更新基本表中的数据，单击"更新条件"选项卡，弹出如图 5-63 所示的"更新条件"对话框。

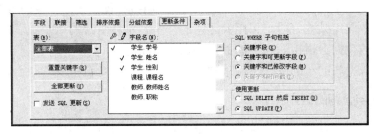

图 5-63　"更新条件"对话框

（1）指定可更新的表。

如果视图是基于多个表，可以选择更新"全部表"的相关字段。如果要指定只能更新某个表数据，则可以通过"表"下拉列表选择相关表。

（2）指定可更新的字段。

在"字段名"列表框中，列出了与更新有关的字段。在"字段名"左侧有两个标志，"钥匙"表示关键字，"铅笔"表示更新。通过单击相应的标志可以改变相关字段的状态，默认可以更改所有的非关键字。一般不要改变关键字的状态，不要试图通过视图来更新基本表中关键字段的值。但如有必要，用户可以允许或不允许修改非关键字字段的值。

（3）发送 SQL 更新。

需要选择图 5-63 左下角的"发送 SQL 更新"复选框即可。

（4）检查更新的合法性。

使用"SQL WHERE 子句包括"框中的选项帮助管理遇到多用户访问同一数据时应如何更新记录。

在允许更新之前，Visual FoxPro 先检查基本表中的指定字段，看看它们在记录被提取到视图中后有没有改变。如果数据源中的这些记录被修改，就不允许进行更新操作。

"SQL WHERE 子句包括"框中的选项决定哪些字段包含在 UPDATE 或 DELETE 语句的 WHERE 子句中，Visual FoxPro 利用这些语句将在视图中修改或删除的记录发送到数据源或基本表中，WHERE 子句用来检查自从提取记录用于视图后，服务器上的数据是否已经改变。

"SQL WHERE 子句包括"框中各选项的含义如下：

关键字段：当基本表中的关键字字段被改变时，更新失败。

关键字和可更新字段：当基本表中任何被标记为可更新的字段被改变时，更新失败。

关键字和已修改字段：当在视图中改变任一字段的值在基本表中已被改变时，更新失败。

关键字和时间戳：当远程表上记录的时间戳在首次检索之后被改变时，更新失败。

（5）确定更新方式。

"使用更新"框的选项决定当向基本表发送 SQL 更新时的更新方式。

SQL DELETE 然后 INSERT：先用 SQL DELETE 命令删除基本表中被更新的旧记录，再用 SQL INSERT 命令向基本表插入更新后的新记录。

SQL UPDATE：使用 SQL UPDATE 命令更新基本表。

5.2.3 视图与表的区别

（1）视图与表的相同点在于：它们都可以作为查询和其他视图的数据源，其逻辑结构相似。

（2）视图与表的不同点有如下几点：

- 视图只是一个虚拟表，不保存数据，只是引用数据库中的表。视图可能是从一个表或多个表中取出某些字段，按照表之间的关系，重新组合的一个虚表；
- 视图中的数据会根据源表中的数据变化而变化；
- 视图是数据库的一部分，不能单独存在；而表可以是自由表，即不属于任何数据库。

5.2.4 视图与查询的区别

视图设计器和查询设计器的使用方式几乎完全一样，将"查询设计器"与"视图设计器"进行比较，它们的界面相似，使用方面也相似。在使用过程中，只是掌握两者的区别然后灵活运用即可，主要有以下几点不同：

（1）查询设计器的结果是将查询以.qpr 扩展名的文件保存在磁盘中；而视图设计完成后，在磁盘上找不到类似的文件，视图只能保存在数据库中。

（2）视图可以更新数据源表，而查询不能。当浏览视图并对视图中的数据进行编辑时，可以将更改的数据传给源表，并更新源表中的数据。

（3）在视图设计器中没有"查询去向"的问题。

习题 5

一、选择题

1. 以下关于"查询"的描述正确的是（　　）。
   - A. 查询保存在项目文件中
   - B. 查询保存在数据库文件中
   - C. 查询保存在表文件中
   - D. 查询保存在查询文件中
2. 以下关于视图的描述正确的是（　　）。
   - A. 视图和表一样包含数据
   - B. 视图物理上不包含数据
   - C. 视图定义保存在命令文件中
   - D. 视图定义保存在视图文件中
3. 以下关于"查询"的描述正确的是（　　）。
   - A. 不能根据自由表建立查询
   - B. 只能根据自由表建立查询
   - C. 只能根据数据库表建立查询
   - D. 可以根据数据库表和自由表建立查询
4. 以下关于"视图"的描述错误的是（　　）。

　　A．只有在数据库中可以建立视图　　　　　B．视图定义保存在视图文件中

　　C．从用户查询的角度视图和表一样　　　　D．视图物理上不包括数据

5．以下关于"查询"的正确描述是（　　　）。

　　A．查询文件的扩展名为 prg　　　　　　　B．查询保存在数据库文件中

　　C．查询保存在表文件中　　　　　　　　　D．查询保存在查询文件中

6．在 Visual FoxPro 中以下叙述正确的是（　　　）。

　　A．利用视图可以修改数据　　　　　　　　B．利用查询可以修改数据

　　C．查询和视图具有相同的作用　　　　　　D．视图可以定义输出去向

7．在使用查询设计器创建查询时，为了指定在查询结果中是否包含重复记录（对应于 DISTINCT），应该使用的选项卡是（　　　）。

　　A．排序依据　　　　B．连接　　　　　C．筛选　　　　　D．杂项

8．在查询设计器环境中，"查询"菜单下的"查询去向"不包括（　　　）。

　　A．临时表　　　　　B．表　　　　　　C．文本文件　　　　D．屏幕

9．可以运行查询文件的命令是（　　　）。

　　A．DO　　　　　　B．BROWSE　　　　C．DO QUERY　　　D．CREATE QUERY

10．在视图设计器中有而在查询设计器中没有的选项卡是（　　　）。

　　A．排序依据　　　　B．更新条件　　　　C．分组依据　　　　D．杂项

二、操作题

1．在"学生信息管理"数据库中，使用"查询向导"创建查询 average.qpr。查询选修课程号为"A001"，且成绩大于 85 分的学生的"学号"、"姓名"和"成绩"信息。

2．在"学生信息管理"数据库中，使用"查询设计器"完成以下查询操作：

（1）查询所有"女"同学的平均成绩，并将查询结果保存在 w_avg.dbf 表文件中。

（2）统计各系的人数。查询结果包含院系、人数两列，并按人数升序排序，将查询结果保存在 rs.dbf 表文件中。

（3）查询教"C001"这门课的教师信息，并将查询结果保存在 teacher.dbf 表文件中。

3．在"学生信息管理"数据库中，使用"视图设计器"完成以下操作：

（1）创建一个视图文件 v_age，其中包含年龄小于 20 岁的学生信息。

（2）创建一个视图文件 v_avg，其中包含所有年龄小于 50 岁且为教授的教师信息。

第 6 章　Visual FoxPro 程序设计

学习目的：

Visual FoxPro 提供了 3 种工作方式，即命令方式、菜单方式和程序文件方式。前面我们介绍的命令方式和菜单方式都属于交互式操作的方式，使用这种方式解决问题的时候，往往会出现重复操作，执行效率较低，而且对于很多复杂的问题，使用交互方式难以实现。因此，我们在解决一些复杂问题的时候，可以采用能够有效地解决实际问题的程序设计方式。

Visual FoxPro 中的程序设计方式分为两种，传统的面向过程的程序设计（也称结构化的程序设计）方法和面向对象的程序设计方法。面向对象的程序设计方法将在第 7 章做详细介绍，本章主要介绍的是面向过程的程序设计方法。

知识要点：

- 建立、打开、运行程序文件
- 简单的输入输出命令
- 程序的三种基本结构
- 过程文件的操作

6.1　程序设计基础

6.1.1　程序的基本概念

所谓程序就是由多条命令按照一定的规则，为完成一定的任务而组织起来的一个有机序列。这些命令序列以扩展名.PRG 存入到文本文件中，这个文本文件称为命令文件或程序文件。程序运行时，系统会根据一定的次序自动执行包含在该文件中的所有命令语句。

建立程序文件的优点是：①运行程序文件，会按照程序结构自动执行程序文件中的命令；②程序文件中的命令可以长期保存，并且可以多次反复运行。

使用程序文件的步骤如下：①建立程序文件；②在程序编辑窗口中输入程序所包含的命令；③保存程序文件；④运行程序文件。

程序文件的书写规律如下：①一行一条命令，一条命令可占据多行，可在行尾加分号";"表示续行；②程序中的命令语句，有些不能在命令窗口中执行；③可以只运行程序文件中指定的若干行语句；④可在编写程序时，使用"过程/函数列表"。

程序文件存在的形式有：①源程序（.PRG）；②目标程序（.FXP）；③连编项目中所有目标程序将产生执行程序（.APP）。

6.1.2　程序文件的建立与运行

1. 建立程序文件

程序文件的建立方式有两种，菜单方式和命令方式。

（1）菜单方式。

使用菜单方式建立程序文件的操作步骤如下：

① 单击"文件"菜单下的"新建"菜单项（或者工具栏上的"新建"按钮），打开"新建"对话框，如图 6-1 和图 6-2 所示；

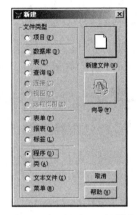

图 6-1　"文件"菜单　　　　　　　　　　图 6-2　"新建"对话框

② 在"新建"对话框中，选择"程序"单选按钮，并单击右侧的"新建文件"命令按钮，打开如图 6-3 所示的程序编辑窗口；

③ 在程序编辑窗口中输入程序代码，并保存，如图 6-4 所示。

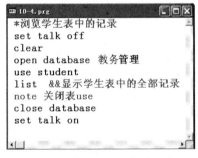

图 6-3　程序编辑窗口　　　　　　　　图 6-4　程序与程序文件编辑窗口

（2）命令方式。

格式：MODIFY COMMAND <程序文件名>

在命令窗口中输入命令 MODIFY COMMAND <文件名>，按回车键执行，即会打开如图 6-5 所示的程序编辑窗口。

为了帮助读者尽快地掌握 Visual FoxPro 程序设计的相关知识，我们首先对程序文件中编写的程序代码做以下几点说明：

① 以 NOTE 或*开头的代码行为注释行，表示对本程序功能的说明，或者对下一行语句的说明。程序中的注释本身不参与程序的执行，在程序编辑窗口中显示为绿色字体；

② 以&&开头的文本为命令的注释，是对当前行命令进行的说明，一般放在当前行命令的后面。命令注释本身不参与程序的执行，在程序编辑窗口中显示为绿色字体；

③ 每条命令的结尾以回车键结束，一行书写一条命令；若一行书写不下，应该分行书写，

并在除最后一行外的其他行的结尾键入分号";"表示此条命令尚未结束，在下一行继续书写，在每行命令结尾按回车键跳到下一行；

④ SET TALK ON|OFF 命令，用于设置执行程序时，是否在 VFP 主窗口、状态栏或用户自定义窗口里显示有关执行状态的信息，默认为 ON 状态。

程序代码除了可以保存在程序文件里，还可以出现在表单设计器（本教材第 7 章介绍）的代码编辑窗口中或者菜单设计器（本教材第 8 章介绍）的过程代码窗口中。

在命令窗口中也可以一次执行多条命令，方法为：在命令窗口中选择要执行的多条命令，按回车键；或者右击，并在弹出的快捷菜单中选择"运行所选区域"菜单项，如图 6-6 所示。

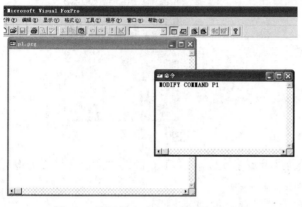

图 6-5　使用命令建立程序文件的过程

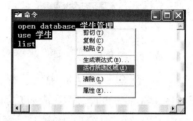

图 6-6　在命令窗口中一次执行多条命令

2. 保存程序文件

程序文件的保存方式也有两种，菜单方式和快捷键方式。

（1）菜单方式。

使用菜单方式保存程序文件的步骤如下：

① 从"文件"菜单中选择"保存"命令，打开"另存为"对话框，如图 6-7 所示；

② 在"另存为"对话框中，选择相应的保存位置，并给文件命名，然后单击"保存"命令按钮。如图 6-8 所示。

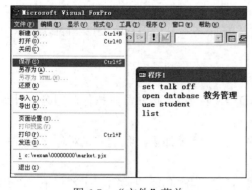

图 6-7　"文件"菜单

图 6-8　"另存为"对话框

（2）快捷键方式。

按键盘上的 Ctrl+S 组合键或者 Ctrl+W 组合键均可以打开"另存为"对话框，对程序文件进行保存，保存后的程序文件扩展名为.PRG，如图 6-9 所示。

图 6-9　在磁盘上存储的程序文件图标

运行之后，与.PRG 文件相同的目录下产生一个与程序文件名同名，扩展名为.FXP 的文件，.FXP 是编译后生成的程序文件，本教材不做详细讲解。

3. 打开程序文件

程序文件中的命令可以在程序编辑窗口中进行更改。程序文件的打开方式有两种，菜单方式和命令方式。

（1）菜单方式。

使用菜单方式打开程序文件的操作步骤如下：

① 单击"文件"菜单下的"打开"菜单项（或者工具栏上的"打开"按钮），打开"打开"对话框，如图 6-10 和图 6-11 所示；

图 6-10　"文件"菜单

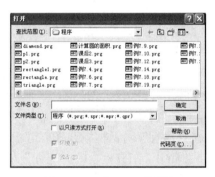

图 6-11　"打开"对话框

② 在"打开"对话框的"文件类型"下拉列表中选择"程序"项，然后选择要打开的程序文件，单击"确定"按钮，如图 6-12 所示；

③ 在程序编辑窗口中对程序代码进行更改，若要放弃本次更改，则可选择"文件"菜单中的"还原"命令或者按 Esc 键，如图 6-13 所示；

图 6-12　"文件类型"下拉列表

图 6-13　"文件"菜单

④ 保存更改后的程序文件。保存的方法在前面已经详细介绍过了，在此不再赘述。

（2）命令方式。

格式：MODIFY COMMAND <文件名>

MODIFY COMMAND 命令既可作为建立程序文件的命令，也可作为更改程序文件的命令。二者的区别是：当指定文件名在指定目录下存在，则表示打开相应的程序文件，否则表示新建一个以此文件名命名的程序文件。

4. 运行程序文件

程序文件在建立之后，可以使用多种方式反复的运行。运行程序文件的方式通常有以下几种。

（1）菜单方式。

使用菜单方式运行程序文件的操作步骤如下：

① 单击"程序"菜单中的"运行"菜单项（或按 Ctrl+D 组合键），打开"运行"对话框，如图 6-14 和图 6-15 所示；

图 6-14 "程序"菜单   图 6-15 "运行"对话框

② 在"运行"对话框中选择要运行的程序文件，然后单击"运行"命令按钮。

（2）"常用"工具栏中的"运行"按钮 ![]。

在程序编辑窗口处于打开状态并作为活动窗口的情况下，单击"常用"工具栏中的"运行"按钮 ![]，运行该程序文件。

（3）命令方式。

格式：DO <程序文件名>

使用 DO 命令可以运行 Visual FoxPro 默认目录中指定的程序文件。若想运行非默认目录下的程序文件，须在程序文件名前加上程序文件所在的路径。DO 命令既可以在命令窗口中执行，也可以编写在某程序文件中。在程序中通过 DO 命令可以调用其他的程序文件。

使用 DO 命令运行程序文件时，不需要加扩展名。使用 DO 命令也可以运行查询文件和菜单程序文件，但运行这两种文件时，<文件名>后必须加扩展名（.QPR 为查询文件的扩展名；.MPR 为菜单程序文件的扩展名）。

（4）直接双击程序文件。

打开某程序文件所在的目录，双击该程序文件图标，可运行此程序。需要注意的是，双击表示运行此程序文件，并不能打开该程序文件的程序编辑窗口。

对程序文件的操作也可以在项目管理器的"代码"选项卡中进行，与数据库在项目管理器中的操作类似，这里就不再赘述。

执行程序文件时，系统会自动依次执行程序文件中的各条命令，直到所有的命令执行完毕，或者遇到 CANCEL、DO、RETURN 或者 QUIT 命令。这四种命令的功能如下：

①CANCEL：终止程序的执行，清除所有的私有变量，返回到命令窗口；

②DO：调用执行另一个程序；

③RETURN：结束程序，返回到调用它的上级程序继续运行，若无上级程序则返回到命令窗口；

④QUIT：结束程序的运行，并退出 Visual FoxPro 系统，返回到操作系统。

6.2　常用的交互式输入、输出语句

在程序的执行过程中，有些数据往往需要用户输入，以此来实现用户和程序的交互。在面向对象的程序设计中，可以通过表单界面的文本框等控件输入数据；本节主要介绍面向过程的程序设计中传统的数据输入、输出和辅助命令。

6.2.1　输入语句

Visual FoxPro 提供了三种常用的交互式的输入语句，作为用户和计算机之间交互的桥梁。

1．INPUT 语句

格式：INPUT [<提示信息>] TO <内存变量>

功能：程序运行到该条语句时，暂停程序的运行，主屏幕上显示<提示信息>，等待用户从键盘在光标处输入数据。用户输入数据并按回车键结束数据输入，系统自动将输入值存入<内存变量>中。用户可以输入任何合法的表达式。

在使用 INPUT 命令时，需要注意以下几个问题：

（1）用户从键盘输入的数据可以是各种类型的常量、变量或者表达式，但不能不输入内容而直接按回车键；

（2）<提示信息>可省略，否则<提示信息>要加字符串定界符；

（3）从键盘输入各种类型数据时，需要加相应的定界符；

（4）此命令根据用户需要既可以输入到命令窗口中运行，也可以编写在程序中。

例 6.1　编写程序，打开学生信息管理数据库并显示用户指定的数据库表中的记录，程序文件名为 p1.prg。

（操作过程：首先新建程序文件，打开程序代码编辑窗口，然后往程序代码编辑窗口中输入程序代码，最后保存程序文件并运行。具体操作步骤可参考 6.1.2 节的内容，以下例题操作方法类似。）

程序代码如下：

```
SET TALK OFF
CLEAR
OPEN DATABASE  学生信息管理
INPUT "请输入数据库表文件名： " TO tablefile
USE &tablefile          &&从键盘上输入文件名作为字符串赋值给字符型变量 tablefile
LIST
USE
CLOSE DATABASE
SET TALK ON
RETURN
```

程序 p1.prg 运行到 INPUT 命令时，显示提示信息"请输入数据库表文件名"，提示信息后面显示闪烁的光标，等待用户从键盘输入数据库表文件名。此时输入"学生"并按回车键，程序继续运行，并在 Visual FoxPro 主屏幕上显示学生表中的所有记录。

注意：输入数据库表文件名时，文件名两边要加双引号作为字符串的定界符。

程序 p1.prg 的运行过程及结果如图 6-16 所示。

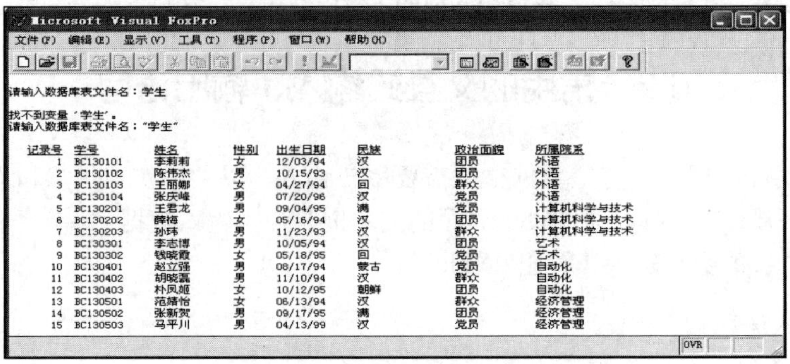

图 6-16　程序 p1.prg 的运行过程及结果

例 6.2　编写程序，将学生表中指定出生日期以前的记录逻辑删除，并在屏幕上显示结果，程序文件名为 p2.prg。

程序代码如下：

```
SET TALK OFF
CLEAR
USE 学生
RECALL ALL
INPUT "请输入出生日期：" TO csrq
DELETE FOR 出生日期<csrq
LIST 学号,姓名,出生日期,民族
USE
SET TALK ON
RETURN
```

程序 p2.prg 运行到 INPUT 命令时，显示提示信息"请输入出生日期"，提示信息后面显示闪烁的光标，等待用户从键盘输入一个出生日期。此时输入"{^1994-1-1}"并按回车键，程序继续运行，逻辑删除了学生表中出生日期在 1994 年 1 月 1 日之前的所有学生的信息，并在 Visual FoxPro 主屏幕上显示该表中所有学生的学号、姓名、出生日期和所在院系，被逻辑删除的记录号前面加了*。

注意：输入出生日期时，要按照严格的日期格式来输入。

程序 p2.prg 的运行过程及结果如图 6-17 所示。

2．ACCEPT 语句

格式：ACCEPT [<提示信息>] TO <内存变量>

功能：程序运行到该条语句时，暂停程序的运行，在主屏幕上显示<提示信息>，等待用户从键盘输入字符串。用户输入字符串并按回车键结束数据输入，系统自动将输入的字符串存入<内存变量>中。

在使用 ACCEPT 命令时，需要注意以下几个问题：

（1）ACCEPT 命令只接收字符串，输入字符串时，不需要加定界符；

（2）<提示信息>可省略，否则<提示信息>要加字符串定界符；

（3）可以不输入内容而直接按回车键，系统会把空串赋给指定的<内存变量>；

（4）此命令根据用户需要既可以输入到命令窗口中运行，也可以编写在程序中。

例 6.3　编写程序，从键盘输入某数据库表文件名，打开该数据库表并显示其内容，程序文件名为 p3.prg。

程序代码如下：

```
SET TALK OFF
CLEAR
ACCEPT "请输入数据库表文件名：" TO tablefile1
USE &tablefile1        &&从键盘上输入文件名作为字符串赋值给字符型变量 tablefile1
LIST
USE
SET TALK ON
RETURN
```

程序 p3.prg 运行到 ACCEPT 命令时，显示提示信息"请输入数据库表文件名"，提示信息后面显示闪烁的光标，等待用户从键盘输入数据库表文件名。此时输入"教师"并按回车键，程序继续运行，并在 Visual FoxPro 主屏幕上显示教师表中的所有记录。

注意：输入数据库表文件名时，文件名两边不需要字符串定界符（如双引号）。

程序 p3.prg 的运行过程及结果如图 6-18 所示。

图 6-17　程序 p2.prg 的运行过程及结果

图 6-18　程序 p3.prg 的运行过程及结果

例 6.4　编写程序，将成绩表中指定成绩范围的记录成绩加 10 分，并在屏幕上显示结果，程序文件名为 p4.prg。

程序代码如下：

```
SET TALK OFF
CLEAR
USE 成绩
RECALL ALL
ACCEPT "请输入成绩：" TO cj
UPDATE 成绩 SET 成绩=成绩+10 WHERE 成绩<cj
LIST 学号,成绩
USE
SET TALK ON
RETURN
```

程序 p4.prg 运行到 ACCEPT 命令时，显示提示信息"请输入成绩："，提示信息后面显示闪烁的光标，等待用户从键盘输入成绩。此时输入 60 并按回车键，程序继续运行，并在 Visual FoxPro 主屏幕上显示相应所有记录。

注意：输入成绩时，文件名两边不需要字符串定界符（如双引号）。

程序 p4.prg 的运行过程及结果如图 6-19 所示。

3. WAIT 语句

格式：WAIT [<提示信息>][TO<内存变量>][WINDOW[AT<行>,<列>]]

[NOWAIT] [TIMEOUT<数值表达式>]

功能：显示<提示信息>，暂停程序的运行，直到用户按任意键或单击鼠标时，程序继续运行。

WAIT 命令的使用情况如下：

（1）暂停程序的运行，以便观察程序的运行情况，检查程序的中间结果；

（2）根据实际情况输入某个字符，控制程序的运行流程。

WAIT 命令的功能注释如下：

（1）WAIT 命令只接收单个字符，输入字符时，不需要加定界符，系统将输入的字符赋值给<内存变量>；若用户是按回车键或者单击鼠标左键，系统将空串赋值给<内存变量>；

（2）若省略<提示信息>，则显示默认的提示信息"按任意键继续……"，否则<提示信息>要加字符串定界符；

（3）通常，<提示信息>显示在 Visual FoxPro 主窗口或当前用户自定义窗口中，如果指定了 WINDOW 子句，则在主窗口的右上角会出现一个 WAIT 提示窗口，用来显示提示信息，也可以用 AT 短语指定窗口的显示位置；

（4）若选用 NOWAIT 短语，系统将不等待用户按键，继续向下运行程序；

（5）TIMEOUT 子句用来设定等待的时间，以秒数为单位。超过此时间系统将不再等待用户按键，自动往下运行程序。

例 6.5 在命令窗口中输入 WAIT 命令，其运行过程和结果如图 6-20 所示。

图 6-19 程序 p4.prg 的运行过程及结果

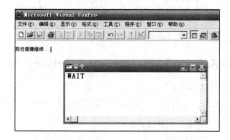

图 6-20 WAIT 命令的运行过程

例 6.6 在命令窗口中输入带有参数 WINDOW 和 TIMEOUT 的 WAIT 命令，运行过程和结果如图 6-21 所示。

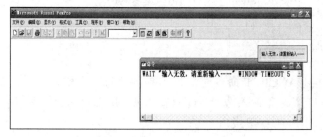

图 6-21 带有 WINDOW 和 TIMEOUT 的 WAIT 命令

例 6.7　浏览"学生信息管理"数据库中指定的数据库表中的记录，程序文件名为 p6.prg。
程序代码如下：

```
*浏览"学生信息管理"数据库中指定数据库表中的记录
SET TALK OFF
CLEAR
OPEN DATABASE  学生信息管理
*打开第一个表并显示表中记录
ACCEPT "请输入数据库表文件名： " TO tf1
USE &tf1        &&从键盘上输入文件名作为字符串赋值给字符型变量 tf1
LIST
WAIT            &&程序暂停，显示结果
*打开第二个表并显示表中记录
ACCEPT "请输入数据库表文件名： " TO tf2
USE &tf2        &&从键盘上输入文件名作为字符串赋值给字符型变量 tf2
LIST
note  关闭表
USE
CLOSE DATABASE
SET TALK ON
```

当程序 p6.prg 运行到第一个 ACCEPT 命令时，显示提示信息"请输入数据库表文件名"，提示信息后面显示闪烁的光标，等待用户从键盘输入数据库表文件名。此时输入"学生"并按回车键，程序继续运行，同时在 Visual FoxPro 主屏幕上显示学生表中的所有记录。

当程序 p6.prg 运行到第二个 ACCEPT 命令时，在提示信息"请输入数据库表文件名"后面的光标位置输入"教师"并按回车键，程序继续运行，同时在 Visual FoxPro 主屏幕上显示教师表中的所有记录。

注意：输入数据库表文件名时，文件名两边不需要加双引号。

程序 p6.prg 的运行过程及结果如图 6-22 所示。

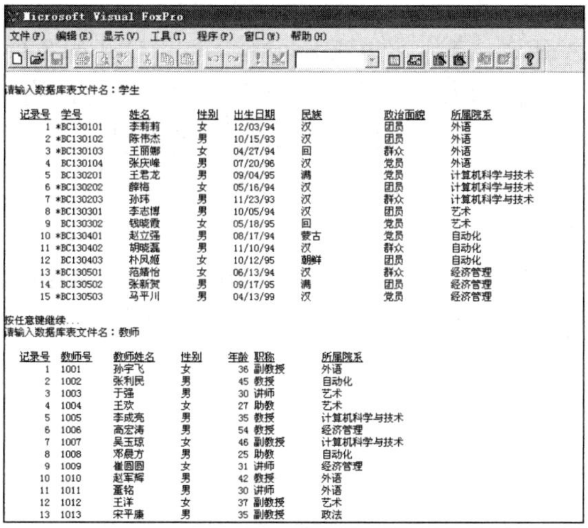

图 6-22　程序 p6.prg 的运行过程及结果

INPUT 命令、ACCEPT 命令和 WAIT 命令在使用的时候有相似之处，也有一定的区别。在接受数据时，三者之间的区别是：

- INPUT：可以接受各种类型数据；
- ACCEPT：只接受字符串；
- WAIT：只接受单个字符。

例 6.8　编写程序，显示课程表中某课程的信息，程序文件名为 p7.prg。

程序代码如下：

```
SET TALK OFF
CLEAR
OPEN DATABASE  学生信息管理
*打开课程表
USE  课程
ACCEPT "请输入要显示的课程名称："TO kc      &&从键盘上输入课程名作为字符串赋值给字符
型变量 kc
LOCATE FOR  课程名=kc
DISPLAY
USE
CLOSE DATABASE
SET TALK ON
RETURN
```

程序 p7.prg 的运行过程及结果如图 6-23 所示。

图 6-23　程序 p7.prg 的运行过程及结果

6.2.2　输出语句

在这里我们介绍两种常用的输出语句：定位输出语句和文本输出语句。

1. 定位输出语句

格式：@<行,列> [SAY<表达式 1 >] [GET<变量名>]　DEFAULT<表达式 2 >]

说明：<行,列>：表示数据的窗口中显示的位置；SAY 子句：用来输出数据；GET 子句：显示及编辑数据，其中 GET 子句中的内存变量必须先赋初值，且必须用 READ 来激活；DEFAULT 子句：用来给变量赋默认值而不需赋初值。

功能：用来输出指定数据。

例 6.9　编写程序，显示学生表中的学号、姓名、出生日期和民族信息，程序文件名为 p8.prg。

程序代码如下：

```
SET TALK OFF
CLEAR
USE  学生
@3,10 SAY "学号："GET  学号
@5,10 SAY "姓名："GET  姓名
@7,10 SAY "出生日期："GET  出生日期
@9,10 SAY "民族："GET  民族
READ
```

程序 p8.prg 的运行过程及结果如图 6-24 所示。

2. 文本输出语句

格式：TEXT

　　　　<文本内容>

　　　　ENDTEXT

功能：将<文本内容>原样显示输出。

注意：?(换行)/??(不换行)

例 6.10　编写程序，程序文件名为 p9.prg。

程序代码如下：

```
CLEAR
TEXT
  x=10
  y='黑龙江外国语学院'
? x,y
ENDTEXT
  &&将文本内容原样显示输出
```

程序 p9.prg 的运行过程及结果如图 6-25 所示。

图 6-24　程序 p8.prg 的运行过程及结果　　　图 6-25　程序 p9.prg 的运行过程及结果

3. 辅助语句

格式 1：NOTE <注释内容>　放在程序开头对一段注释

格式 2：* <注释内容>　必须放在一行的开头

格式 3：…… && <注释内容> 语句后

说明：

● 注释命令为非执行语句；

● 注释内容最后一个字符是分号（;），系统默认下一行内容仍为注释内容。

功能：注释命令。

注意：ON 为可在执行某些命令时将执行过程的某些信息显示出来。例如：执行 COUNT 命令时，结果格式中出现将自动显示（默认）。

6.3　程序的控制结构

6.3.1　程序结构的概念及分类

程序结构是指程序中命令或语句执行的流程结构。与其他高级语言一样，Visual FoxPro

的程序结构分为三种：顺序结构、选择结构和循环结构。

通常的计算机程序总是由若干条语句组成。从执行方式上看，从第一条语句到最后一条语句完全按书写顺序执行，是简单的顺序结构；若在程序执行过程当中，根据用户指定的条件、用户的输入或程序运行的中间结果选择执行若干不同的任务则为选择结构；如果在程序的某处，需要根据某项条件重复地执行某项任务若干次或直到满足或不满足某条件为止，这就构成循环结构。大多数情况下，程序都不会是简单的顺序结构，而是顺序结构、选择结构和循环结构三种结构的复杂组合。

6.3.2　顺序结构

顺序结构是程序结构设计中最常用、最简单、最基础的结构。顺序结构是指按命令或语句在程序中出现的先后次序执行。该结构的特点表明命令或语句排列的顺序就是命令或语句执行的顺序，其间既没有分支跳转，也没有重复运行的过程。顺序结构的程序流程如图 6-26 所示。图中的矩形框表示一个处理，带箭头的直线箭头方向表示程序的执行方向。选择结构和循环结构也可以用程序流程图来表示。

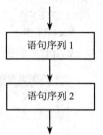

图 6-26　顺序结构的流程图

例 6.11　将"学生信息管理"数据库指定的数据库表中满足条件的记录进行逻辑删除，程序文件名为 p10.prg。

程序代码如下：

```
SET TALK OFF
CLEAR
OPEN DATABASE 学生信息管理
ACCEPT "请输入数据库表文件名：" TO f1
USE &f1 &&从键盘上输入文件名作为字符串赋值给字符型变量 f1
DELETE FROM &f1 WHERE 成绩<80
LIST
NOTE 关闭表
USE
CLOSE DATABASE
SET TALK ON
```

当程序 p10.prg 运行到 ACCEPT 命令时，显示提示信息"请输入数据库表文件名"，提示信息后面显示闪烁的光标，等待用户从键盘输入数据库表文件名。此时输入"成绩"并按回车键，程序继续运行，同时在 Visual FoxPro 主屏幕上显示成绩表中的满足条件记录。

注意：输入数据库表文件名时，文件名两边不需要加双引号。

程序 p10.prg 的运行过程及结果如图 6-27 所示。

例 6.12　打开"学生信息管理"数据库中的成绩表，将成绩大于 70 分的所有课程的成绩提高 10%，程序文件名为 p11.prg。

程序代码如下：

```
SET TALK OFF
CLEAR
OPEN DATABASE 学生信息管理
USE 成绩
UPDATE 成绩 SET 成绩=成绩*1.1 WHERE 成绩>70
LIST
NOTE 关闭表
```

```
USE
CLOSE DATABASE
SET TALK ON
```

程序 p11.prg 的运行过程及结果如图 6-28 所示。

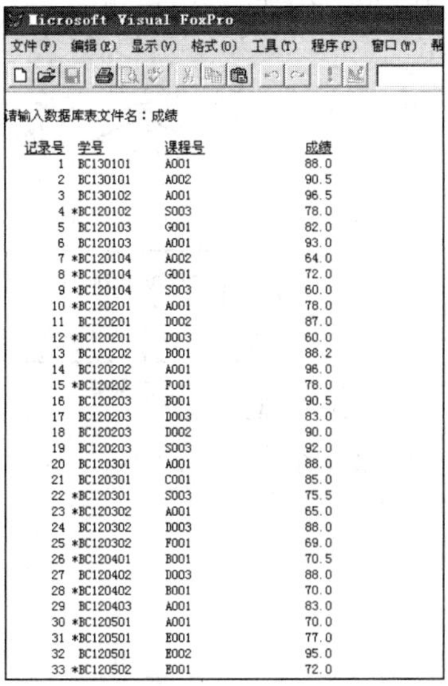

记录号	学号	课程号	成绩
1	BC130101	A001	88.0
2	BC130101	A002	90.5
3	BC130102	A001	96.5
4	*BC120102	S003	78.0
5	BC120103	G001	82.0
6	BC120103	A001	93.0
7	*BC120104	A002	64.0
8	*BC120104	G001	72.0
9	*BC120104	S003	60.0
10	*BC120201	A001	78.0
11	BC120201	D002	87.0
12	*BC120201	D003	60.0
13	BC120202	B001	88.2
14	BC120202	A001	96.0
15	*BC120202	F001	78.0
16	BC120203	B001	90.5
17	BC120203	D003	83.0
18	BC120203	D002	90.0
19	BC120203	S003	92.0
20	BC120301	A001	88.0
21	BC120301	C001	85.0
22	*BC120301	S003	75.5
23	*BC120302	A001	65.0
24	BC120302	D003	88.0
25	*BC120302	F001	69.0
26	*BC120401	B001	70.5
27	BC120402	D003	88.0
28	*BC120402	B001	70.0
29	BC120403	A001	83.0
30	*BC120501	A001	70.0
31	*BC120501	E001	77.0
32	BC120501	E002	95.0
33	*BC120502	E001	72.0

图 6-27　程序 p10.prg 的运行过程及结果

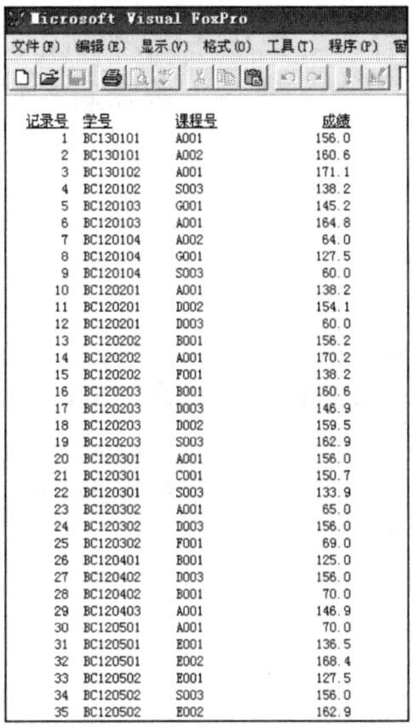

记录号	学号	课程号	成绩
1	BC130101	A001	156.0
2	BC130101	A002	160.6
3	BC130102	A001	171.1
4	BC120102	S003	138.2
5	BC120103	G001	145.2
6	BC120103	A001	164.8
7	BC120104	A002	64.0
8	BC120104	G001	127.5
9	BC120104	S003	60.0
10	BC120201	A001	138.2
11	BC120201	D002	154.1
12	BC120201	D003	60.0
13	BC120202	B001	156.2
14	BC120202	A001	170.2
15	BC120202	F001	138.2
16	BC120203	B001	160.6
17	BC120203	D003	146.9
18	BC120203	D002	159.5
19	BC120203	S003	162.9
20	BC120301	A001	156.0
21	BC120301	C001	150.7
22	BC120301	S003	133.9
23	BC120302	A001	65.0
24	BC120302	D003	156.0
25	BC120302	F001	69.0
26	BC120401	B001	125.0
27	BC120402	D003	156.0
28	BC120402	B001	70.0
29	BC120403	A001	146.9
30	BC120501	A001	70.0
31	BC120501	E001	136.5
32	BC120501	E002	168.4
33	BC120502	E001	127.5
34	BC120502	S003	156.0
35	BC120502	E002	162.9

图 6-28　程序 p11.prg 的运行过程及结果

例 6.13　打开“学生信息管理”数据库中成绩表，向成绩表中插入一条记录("BC110304","G005",98)，程序文件名为 p12.prg。

程序代码如下：

```
SET TALK OFF
CLEAR
OPEN DATABASE 学生信息管理
USE 成绩
INSERT INTO 成绩 VALUES("BC110304","G005",98)
LIST
NOTE 关闭表
USE
CLOSE DATABASE
SET TALK ON
```

程序 p12.prg 的运行过程及结果如图 6-29 所示。

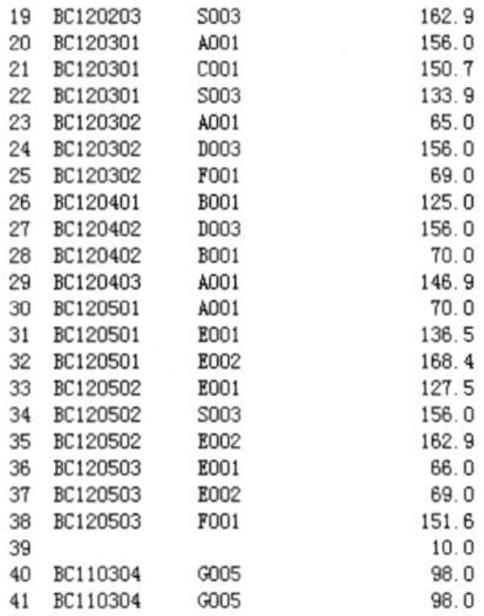

19	BC120203	S003	162.9
20	BC120301	A001	156.0
21	BC120301	C001	150.7
22	BC120301	S003	133.9
23	BC120302	A001	65.0
24	BC120302	D003	156.0
25	BC120302	F001	69.0
26	BC120401	B001	125.0
27	BC120402	D003	156.0
28	BC120402	B001	70.0
29	BC120403	A001	146.9
30	BC120501	A001	70.0
31	BC120501	E001	136.5
32	BC120501	E002	168.4
33	BC120502	E001	127.5
34	BC120502	S003	156.0
35	BC120502	E002	162.9
36	BC120503	E001	66.0
37	BC120503	E002	69.0
38	BC120503	F001	151.6
39			10.0
40	BC110304	G005	98.0
41	BC110304	G005	98.0

图 6-29　程序 p12.prg 的运行过程及结果

6.3.3　选择结构

选择结构是在程序运行时，根据不同的条件选择程序的流向，选择执行不同的程序语句序列。支持选择结构的语句有两种：条件语句和分支语句。

1．条件语句

条件语句分为单向条件语句和双向条件语句两种。

（1）单向条件语句。

语句格式：

IF <条件表达式>

<语句序列>

ENDIF

语句功能：该语句首先计算<条件表达式>的值，当<条件表达式>的值为真时，执行<语句序列>；当<条件表达式>的值为假时，执行 ENDIF 后面的第一条命令。

单向条件语句的程序流程如图 6-30 所示。

例 6.14 编写程序，将课程表中"软件工程"课程的学分由 64 改为 96，程序文件名为 p13.prg。

程序代码如下：

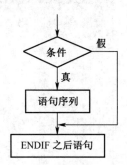

图 6-30 单向条件语句的程序流程图

```
SET TALK OFF
CLEAR
USE 课程
LOCATE FOR  课程名="软件工程"
IF  学分=64
    REPLACE  学分  WITH 96
ENDIF
DISPLAY
USE
SET TALK ON
RETURN
```

程序 p13.prg 的执行过程及结果如图 6-31 所示。

图 6-31 程序 p13.prg 的执行过程及结果

例 6.15 编写程序，将成绩表中所有不及格的成绩加 10 分，程序文件名为 p14.prg。

程序代码如下：

```
SET TALK OFF
CLEAR
USE 成绩
IF  成绩<60
    UPDATE  成绩  SET  成绩=成绩+10 WHERE  成绩<60
ENDIF
LIST
USE
SET TALK ON
RETURN
```

程序 p14.prg 的执行过程及结果如图 6-32 所示。

（2）双向条件语句。

语句格式：

IF<条件表达式>

    <语句序列 1>

ELSE

<语句序列 2>

ENDIF

语句功能：该语句首先计算<条件表达式>的值，当<条件表达式>的值为真时，执行<语句序列 1>中的命令，否则执行<语句序列 2>中的命令；执行完<语句序列 1>或<语句序列 2>后都将执行 ENDIF 后面的第一条命令。

双向条件语句的程序流程如图 6-33 所示。

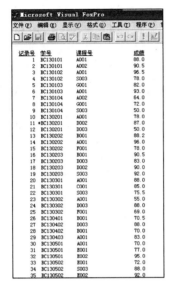

图 6-32　程序 p14.prg 的执行过程及结果

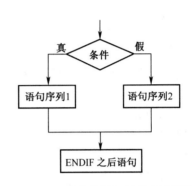

图 6-33　双向条件语句的程序流程图

条件语句的功能说明：

● <条件表达式>可以是各种表达式或者函数的组合，其值必须是逻辑值（.T.或.F.）；

● <语句序列>可以由一条或多条命令组成；

● 在单向条件语句中，若<条件表达式>的值为真，执行<语句序列>后，就转去执行 ENDIF 之后的第一条命令；若<条件表达式>的值为假，则不执行 IF 与 ENDIF 之间的语句序列，而直接转去执行 ENDIF 之后的第一条命令；

● IF 和 ENDIF 命令必须成对使用，并且可以通过多层嵌套以实现多重条件的选择。

例 6.16　编写程序，在教师表中查找某院系的教师，如果找到，则显示该教师的姓名，职称和所属院系；如果没找到，则显示提示信息"没有该院系的老师！"，程序文件名为 p15.prg。

程序代码如下：

```
SET TALK OFF
CLEAR
USE 教师
ACCEPT "请输入院系：" TO yx
LOCATE FOR 所属院系=yx
IF NOT EOF()
    DISPLAY 教师姓名,职称,所属院系
ELSE
    ? "没有该院系的老师！"
ENDIF
```

```
USE
SET TALK ON
RETURN
```

当程序执行到 IF 语句时，首先判断记录指针是否指向表尾，如果没到表尾，则显示该教师的姓名、职称和所属院系；否则执行 ELSE 后的语句，即输出错误提示信息。在这种选择结构中，某些命令序列被执行，某些不被执行，但是两个命令序列一定执行一个。

程序 p15.prg 的执行过程及结果如图 6-34 和图 6-35 所示。

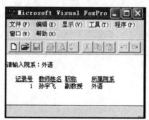

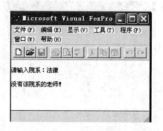

图 6-34　条件为真时的运行过程和结果　　　　图 6-35　条件为假时的运行过程和结果

例 6.17　编写一个密码校验程序，假设密码为 abc，程序文件名为 p16.prg。

程序代码如下：

```
SET TALK OFF
CLEAR
ACCEPT   "请输入："TO   A
IF A="abc"
CLEAR
?"欢迎登陆本系统！"
ELSE
?"密码错误，请重新输入！"
WAIT
QUIT
ENDIF
SET TALK OFF
RETURN
```

程序 p16.prg 的执行结果如图 6-36 和图 6-37 所示。

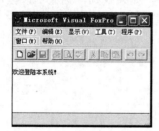
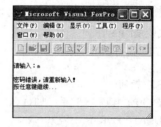

图 6-36　条件为真时程序的执行结果　　　　图 6-37　条件为假时程序的执行结果

例 6.18　编写一个程序，从键盘输入年份，判断是否为闰年。闰年的判断条件有两种，只要满足其中之一就是闰年：①能被 4 整除，不能被 100 整除；②或者能被 400 整除。程序文件名为 p17.prg。

程序代码如下：

```
CLEAR
INPUT    "请输入年份:" TO YEAR
IF (YEAR % 4 = 0 AND YEAR % 100 !=0 ) or (YEAR % 400 =0)
        ? "YEAR "+STR(YEAR,4)+" 是闰年。"
ELSE
        ? "YEAR "+STR(YEAR,4)+" 不是闰年。"
ENDIF
```

程序 p17.prg 的执行结果如图 6-38 和图 6-39 所示。

图 6-38　条件为真时程序的执行结果　　　　图 6-39　条件为假时程序的执行结果

2. 分支语句

分支语句是指根据多个条件表达式的值，选择一个语句序列执行。

语句格式：

```
DO CASE
CASE <条件表达式 1>
<语句序列 1>
CASE <条件表达式 2>
<语句序列 2>
… …
CASE <条件表达式 N>
<语句序列 N>
[OTHERWISE <语句序列 N+1>]
ENDCASE
```

语句功能：执行时，系统将依次检查每一个条件表达式的值，当找到第一个值为真的条件时，则执行该条件下的命令系列，接着再执行 ENDCASE 后面的语句；当前面几个条件表达式值均为假时，若有 OTHERWISE 就执行语句序列 n+1，否则就直接执行 ENDCASE 后面的语句。

分支语句的程序流程如图 6-40 所示。

分支语句功能说明：

- DO CASE 与 ENDCASE 必须成对使用，且 DO CASE、CASE、OTHERWISE、ENDCASE 必须各占一行；
- 在 DO CASE 与第一个 CASE 之间不能有任何命令；
- DO CASE…ENDCASE 命令，每次最多只能执行一个<语句序列>。在多个 CASE 项的<条件表达式>值为真时，只执行第一个<条件表达式>值为真的<语句序列>，然后转去执行 ENDCASE 后面的第一条命令；

- 如果没有一个<条件表达式>值为.T.，就执行 OTHERWISE 后面的语句，然后转去执行 ENDCASE 之后的第一条命令。如果没有 OTHERWISE，则不做任何操作就转向 ENDCASE 之后的第一条命令。

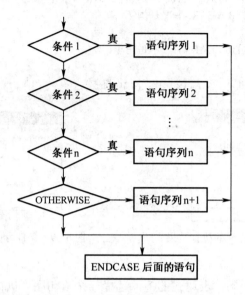

图 6-40　分支语句的程序流程图

例 6.19　编写程序，通过判断用户输入的序号来打开"学生信息管理"数据库中相应的表文件，并对表中记录进行浏览，程序文件名为 p18.prg。

程序代码如下：

```
SET TALK OFF
CLEAR
INPUT "请输入您要浏览的表的序号:" TO xh
DO CASE
CASE xh=1
   USE 学生
CASE xh=2
   USE 成绩
CASE xh=3
   USE 课程
CASE xh=4
   USE 授课
OTHERWISE
   USE 教师
ENDCASE
BROWSE
USE
SET TALK ON
RETURN
```

程序 p18.prg 的执行过程及部分结果如图 6-41 所示。

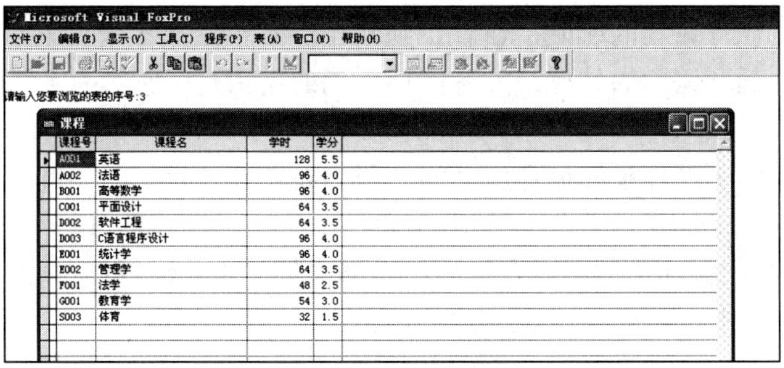

图 6-41　输入"3"时程序运行的结果

例 6.20　编写程序，编成计算分段函数，如图 6-42 所示，程序文件名为 p19.prg。
程序代码如下：

```
CLEAR
INPUT "输入 x 值:" to x
DO CASE
CASE   x>-5 AND x<0
        y=x
CASE   x=0
        y=x-1
CASE   x>0 AND x<10
        y=x+1
OTHERWISE
        y=x/2
ENDCASE
?"y="+str(y,2)
RETURN
```

程序 p19.prg 的执行过程及部分结果如图 6-43 所示。

$$y = \begin{cases} x & (-5 < x < 0) \\ x-1 & (x=0) \\ x+1 & (0 < x < 10) \\ x/2 & (-5 \geqslant x \geqslant 0) \end{cases}$$

图 6-42　分段函数

图 6-43　输入"5"时程序运行的结果

6.3.4　循环结构

在实际问题中，用户经常要求程序在一个给定的条件为真的情况下去重复执行一组相同的命令序列，而顺序结构和选择结构所组成的命令序列，每个语句序列最多执行一次。为了解决这个问题，Visual FoxPro 提供了循环结构语句。

循环结构指的是程序中的某部分语句被反复地执行，可以指定循环次数来控制循环，也可以指定条件来控制循环语句的执行。

一个循环结构一般由以下几个部分组成：

（1）循环初始条件。可以设置一个"循环控制变量"，并赋予初值；

（2）循环头。循环语句的起始，设置、判断循环条件，如各循环语句的开始句；

（3）循环尾。循环语句的结尾，如各循环语句的结束句，它具有无条件转向功能，转向循环头，去再次测试循环条件；

（4）循环体。位于循环头和循环尾之间，即需要重复执行的语句行序列，它可以由任何语句组成。

Visual FoxPro 中的循环语句主要有三种：当型循环（不知道循环次数）、计数循环（己知循环次数）和数据库扫描循环（处理表中数据）。

1. 当型循环

（1）不带有 LOOP 和 EXIT 语句的当型循环。

语句格式：

DO WHILE<条件表达式>

    <循环体>

ENDDO

语句功能：当<条件表达式>的值为真时，执行 DO WHILE…ENDDO 之间的循环体，然后回到循环头，重新判断条件，直到<条件表达式>的值为假时，退出循环执行 ENDDO 后面的语句。

此种循环结构的程序流程如图 6-44 所示。

功能说明：

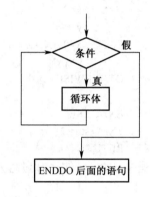

- 循环结构中的 DO WHILE 为循环头，ENDDO 为循环尾，在 DO WHILE 与 ENDDO 之间的语句序列称为循环体；
- <条件表达式>的值是逻辑值。执行时，系统先判断逻辑值的真与假，从而确定是否执行循环体。如果第一次判断条件时，条件即为假，则循环体一次都不执行。ENDDO 命令是将循环返回到循环开始的起始语句；

图 6-44 不带有 LOOP 和 EXIT
语句的当型循环

- WHILE 和 ENDDO 必须成对出现。

例 6.21 编写程序，计算 1+2+…+10 的结果。程序文件名为 p20.prg。

分析：用变量 S 存储前 1 到 10 的和，设 S 的初值为 0。用 i 作为被累加的数据，初值为 0，每执行一次循环体，i 值加 1，直至加到 10 为止。该程序使用循环结构执行加法运算，使程序更加简洁，可读性好。初学者要将循环体每一步执行的过程和结果弄清。

程序代码如下：

```
SET TALK OFF
CLEAR
S=0
i=1
DO WHILE i<=10
    S=S+i
    i=i+1
ENDDO
?"1+2+…+10=",S
```

SET TALK ON

程序 p20.prg 的运行过程如下：

第 1 步：	第 2 步：	第 3 步：	第 10 步：	第 11 步：
i=1<=10	i=2<=10	i=3<=10	i=10	i=11<=10
s=s+i=0+1=1	s=s+i=1+2=3	s=s+i=3+3=6	s=s+i=s+10	.F.
i=1+1=2	i=2+1=3	i=3+1=4	i=10+1=11	

第 11 步判断之后，退出循环体，执行 ENDDO 后面的语句。

程序 p20.prg 的执行过程及结果如图 6-45 所示。

例 6.22　编写程序，逐条输出学生表中政治面貌为党员的学生记录，程序文件名为 p21.prg。

程序代码如下：

```
CLEAR
OPEN DATABASE 学生信息管理
USE 学生
LOCATE FOR 政治面貌="党员"
DO WHILE .NOT. EOF()          &&当表中记录指针没有指向表尾时
    DISPLAY
    WAIT
    CONTINUE
ENDDO
USE
CLOSE DATABASE
```

图 6-45　程序 p20.prg 的执行过程及结果

程序 p21.prg 的执行结果如图 6-46 所示。

图 6-46　程序 p21.prg 的执行结果

例 6.23　编写程序，查找学生表中出生年份为 1995 年的记录，程序文件名为 p22.prg。

程序代码如下：

```
SET TALK OFF
CLEAR
OPEN DATABASE 学生信息管理
```

```
USE 学生
 INDEX ON YEAR(出生日期) TAG N
LIST
SEEK 1995
DO WHILE YEAR(出生日期)=1995
    DISPLAY
    WAIT
    SKIP
ENDDO
```

程序 p22.prg 的执行结果如图 6-47 所示。

记录号	学号	姓名	性别	出生日期	民族	政治面貌	所属院系
5	BC130201	王君龙	男	09/04/95	满	党员	计算机科学与技术

按任意键继续...

记录号	学号	姓名	性别	出生日期	民族	政治面貌	所属院系
9	BC130302	钱晓霞	女	05/18/95	回	党员	艺术

按任意键继续...

记录号	学号	姓名	性别	出生日期	民族	政治面貌	所属院系
12	BC130403	朴凤姬	女	10/12/95	朝鲜	团员	自动化

按任意键继续...

记录号	学号	姓名	性别	出生日期	民族	政治面貌	所属院系
14	BC130502	张新贺	男	09/17/95	满	团员	经济管理

按任意键继续...

图 6-47　程序 p22.prg 的执行结果

（2）带有 LOOP 和 EXIT 语句的当型循环。

语句格式：

DO WHILE<条件表达式>

　　<语句序列 1>

[LOOP]

　　<语句序列 2>

[EXIT]

　　<语句序列 3>

ENDDO

语句功能：当<条件表达式>的值为真时，执行 DO WHILE…ENDDO 之间的语句序列，然后回到循环头，重新判断条件，直到<条件表达式>的值为假时，退出循环，执行 ENDDO 后的语句。

此种循环结构的程序流程如图 6-48 所示。

功能说明：

● 强制退出循环命令 EXIT，表示执行该命令后，控制从 DO WHILE…ENDDO 循环中跳出，而去执行 ENDDO 后的命令；

● [LOOP]：执行该命令后，将控制直接转回到 DO WHILE 子句，而不执行 LOOP 和 ENDDO 之间的命令。LOOP 称为无条件循环命令，并且只能在循环结构中使用；

● 一般情况下，在循环体中出现 LOOP 或 EXIT 命令时，就会有 IF 条件选择命令来配合使用，以控制

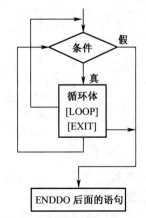

图 6-48　带有 LOOP 和 EXIT
语句的当型循环

程序的流向。

例 6.24　编写程序，显示"学生"表中的前 8 个记录的学生姓名，若有空记录，则不显示信息。程序文件名为 p23.prg。

程序代码如下：

```
SET TALK OFF
CLEAR
USE 学生
GO TOP
n=1
DO WHILE n<=8
  IF 姓名=SPACE(20)
      n=n+1
      LOOP
  ENDIF
  GO n
  DISPLAY
  n=n+1
ENDDO
USE
SET TALK ON
```

程序 p23.prg 的执行结果如图 6-49 所示。

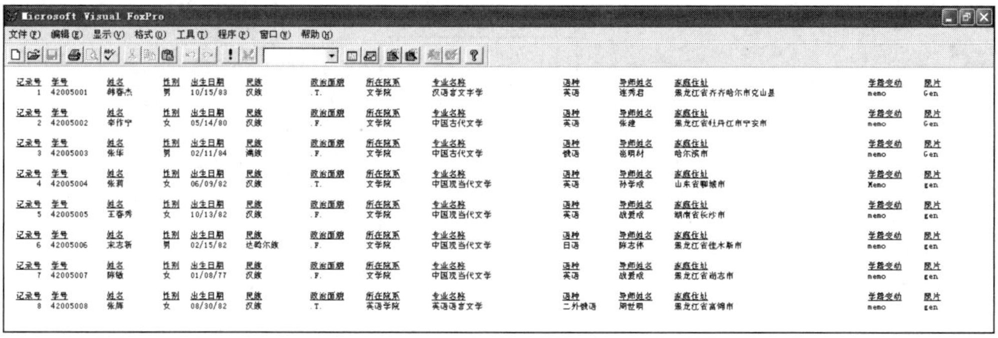

图 6-49　程序 p23.prg 的执行结果

2. 计数循环

（1）不带有 LOOP 和 EXIT 语句的计数循环。

语句格式：

FOR <循环变量>=<初值> TO <终值>[STEP<步长>]

　　<循环体>

ENDFOR

语句功能：执行时，系统首先给<循环变量>赋初值，然后判断<循环变量>的值是否小于等于<终值>，若是，则执行循环体，然后<循环变量>自动加一个步长值，再去判断<循环变量>的值是否小于等于<终值>；直到<循环变量>大于<终值>时，跳出循环，执行 ENDFOR 后面的命令。

计数循环结构的程序流程如图 6-50 所示。

功能说明：

- FOR 为循环起始语句，ENDFOR 为循环终端语句，在 FOR…ENDFOR 之间的语句序列为循环体；
- 循环变量的<初值>、<终值>和<步长>确定循环次数。INT((终值-初值)/步长)+1 为循环次数；
- 步长值可以为正值或负值。当步长为负值时，<初值>大于<终值>；当步长缺省时，系统默认的步长值为 1；
- EXIT 和 LOOP 命令同样可以出现在循环体内，用法与 DO WHILE 循环结构中相同。当程序执行到 LOOP 时，结束循环体的本次执行，然后循环变量增加一个步长值，并再次判断循环条件是否成立；
- FOR…ENDFOR 循环可以嵌套使用。

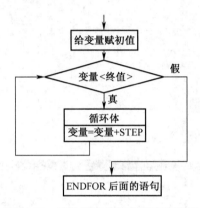

图 6-50　计数循环结构的程序流程图

例 6.25　编写程序，计算 1+2+…+10 的结果。程序文件名为 p24.prg。

程序代码如下：

```
SET TALK OFF
CLEAR
S=0
FOR i=1 TO 10
    S=S+i
ENDFOR
?"1+2+…+10=",S
SET TALK ON
```

程序 p24.prg 的运行过程如下：

第 1 步：	第 2 步：	第 3 步：	第 10 步：	第 11 步：
i=1<=10	i=2<=10	i=3<=10	i=10	i=11<=10
s=s+i=0+1=1	s=s+i=s+2=3	s=s+i=s+3=6	s=s+i=s+10	.F.
i=1+1=2	i=2+1=3	i=3+1=4	i=10+1=11	

第 11 步判断条件为假，退出循环体，执行 ENDFOR 后面的语句。

此程序的要求与例 6.21 相同，但使用的循环语句不同。在编写程序时，我们需要根据给定的条件和具体要解决的问题来分析使用哪种类型的语句。

程序 p24.prg 的执行结果如图 6-51 所示。

（2）带有 LOOP 和 EXIT 语句的计数循环。

例 6.26　编写程序，比较 LOOP 和 EXIT 语句在计数循环中的区别和作用。程序文件名为 p25.prg 和 p26.prg。

```
①FOR i=1 TO 10
    IF I=3
      LOOP
      i=i+2
    ENDIF
    ?i
  ENDFOR
  ?i
```

程序 p25.prg 的执行结果如图 6-52 所示。

图 6-51　程序 p24.prg 的执行结果

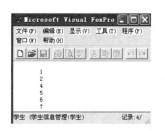

图 6-52　程序 p25.prg 的执行结果

```
②FOR i=1 to 10
    IF i=3
      EXIT
      i=i+2
    ENDIF
    ?i
  ENDFOR
  ?i
```

程序 p26.prg 的执行结果如图 6-53 所示。

3. 数据库扫描循环

语句格式：

```
SCAN [<范围>][FOR<条件表达式 1>]
    [WHILE<条件表达式 2>]
      <语句序列>
ENDSCAN
```

图 6-53　程序 p26.prg 的执行结果

语句功能：执行该语句时，记录指针自动、依次地在当前表的指定范围内满足条件的记录上移动，对每一条记录执行循环体内的命令。

功能说明：

- SCAN 表示循环开始，并按指定条件移动记录指针；ENDSCAN 表示一次循环结束，使循环返回到循环开始位置；
- <范围>的默认值是 ALL；
- EXIT 和 LOOP 命令同样可以出现在循环体内，LOOP 使控制直接返回到循环开始，放在 SCAN 和 ENDSCAN 之间任意位置；EXIT 使控制转向 ENDSCAN 后的第一条命令，用法与在 DO WHILE 循环结构中使用一样。

例 6.27 编写程序，逐条显示英语学院女同学的姓名、出生日期和家庭住址，程序文件名为 p27.prg。

程序代码如下：

```
CLEAR
OPEN DATABASE 学生信息管理
USE 学生
SCAN FOR 所属院系="外语" .AND. 性别="女"
?姓名, 出生日期, 政治面貌
ENDSCAN
CLOSE DATABASE
RETURN
```

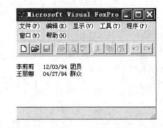

图 6-54　程序 p27.prg 的执行结果

程序 p27.prg 的执行结果如图 6-54 所示。

例 6.28 编写程序，分别统计教师表中的职称为"教授"、"副教授""讲师"和"助教"的教师人数，程序文件名为 p28.prg。

程序代码如下：

```
CLEAR
OPEN DATABASE 学生信息管理
USE 教师
STORE 0 TO j,fj,js,zj
SCAN
    DO CASE
    CASE 职称="教授"
        j=j+1
    CASE 职称="副教授"
        fj=fj+1
    CASE 职称="讲师"
        js=js+1
    CASE 职称="助教"
        zj=zj+1
    ENDCASE
ENDSCAN
CLOSE DATABASES
?"教授的人数为: ",j
?"副教授的人数为:",fj
?"讲师的人数为:",js
?"助教的人数为:",zj
RETURN
```

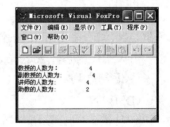

图 6-55　程序 p28.prg 的执行结果

程序 p28.prg 的执行结果如图 6-55 所示。

例 6.29 编写程序，逐条显示学生表中女生记录，程序文件名为 p29.prg。

程序代码如下：

```
USE 学生
SCAN FOR 性别="女"
    DISPLAY
ENDSCAN
```

程序 p29.prg 的执行结果如图 6-56 所示。

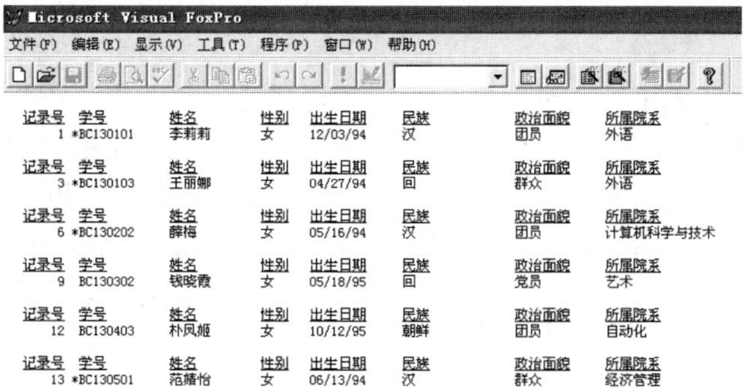

图 6-56　程序 p29.prg 的执行结果

6.4　过程与过程文件

人们在求解一个复杂问题时，通常采用的是逐步分解、分而治之的方法，也就是把一个大问题分解成若干个比较容易求解的小问题，然后分别求解。程序员在设计一个复杂的应用程序时，往往也是把整个程序划分为若干个功能较为独立的程序模块，然后分别予以实现，最后再把所有的程序模块像搭积木一样装配起来，这种在程序设计中分而治之的策略，被称为模块化程序设计方法。

一个大的应用程序往往是由若干个较小的程序模块组成，这些模块也称为过程、函数或子模块。模块可以被其他的模块所调用，也可以调用其他的模块，被其他模块调用的程序称为子程序或子模块，调用其他模块而没被其他模块调用的程序称为主程序或主模块。模块化程序设计的优点是可以提高程序代码的可读性和可维护性，将反复实现的功能代码编写在一个模块中，避免重复编写代码；在需要修改程序时，不必对程序进行多次修改，而只变动一个过程或者函数即可。

6.4.1　过程文件的建立与调用

一个应用程序通常都是由一个主程序和若干个子程序组成。子程序是相对于主程序而言的一个独立的程序文件，其建立方法与建立程序文件的方法相同，扩展名为.PRG。子程序的使用可以简化程序中多处重复出现完成相同功能的程序段的设计问题。

将多个过程（子程序）放在同一个文件中，这个文件称为过程文件。过程文件的建立与程序文件的建立是一样。

命令：MODIFY COMMAND <过程文件名>

过程文件的扩展名与程序文件的扩展名相同，即.PRG。

1. 过程的定义

过程是一个由 PROCEDURE<过程名>开头，ENDPROC 结尾的子程序段。过程可以将实现相对独立功能的常用代码集中在一起，供应用程序在需要时调用。为了区别过程文件中的不同过程，需要特定的语句为过程定义，过程定义的语法格式如下：

PROCEDURE<过程名>

　　　　<命令序列>

　　　　[RETURN [<表达式>]]

　　[ENDPROC]

　　PROCEDURE 命令表示一个过程的开始，并为过程命名。过程名必须以字母或下划线开头，可以包含字母、数字和下划线。ENDPROC 表示一个过程的结束，过程也可以以 RETURN 语句终止。RETURN 语句表示将控制返回到调用程序中调用命令的下一语句，并返回表达式的值，若 RETURN 命令不带<表达式>，则返回逻辑真.T.，如图 6-57 所示。

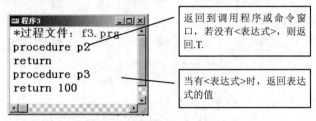

图 6-57　RETURN 语句

　　注意：过程名不能与过程文件名同名，同一过程文件中的过程不能同名。不同过程文件中的过程可以同名。

　　过程可以放在主程序代码的后面，也可以单独放在一个过程文件中。

　　过程文件是由若干个过程构成的文件。过程文件的一般格式如下：

　　　　PROCEDURE<过程名 1>

　　　　　　<命令序列 1>

　　　　RETURN

　　　　PROCEDURE<过程名 2>

　　　　　　<命令序列 2>

　　　　RETURN

　　　　　…

　　　　PROCEDURE<过程名 n>

　　　　　　<命令序列 n>

　　　　RETURN

　　2．打开过程文件

　　过程在被调用之前，必须先打开过程所在的过程文件。

　　格式：SET PROCEDURE TO <过程文件名>[ADDITIVE]

　　说明：当不加 ADDITIVE 参数时，系统只允许打开一个过程文件，当打开新的过程文件时，原先打开的过程文件将会自动关闭。当使用 ADDITIVE 参数时，原先打开的过程文件不会自动关闭。

　　3．关闭过程文件

　　当过程文件中的所有过程不被调用时，应该将过程文件关闭，以节约存储空间，提高运行效率。

　　命令：SET PROCEDURE TO 或者 CLOSE PROCEDURE

　　功能：关闭当前打开的过程文件。

4. 调用过程文件

格式：DO <过程名> WITH <参数表> 或者 <过程名>(<参数表>)

功能：调用以<过程名>为名的过程，WITH 用于主程序与子程序之间的参数传递。

例 6.30　过程的调用过程如图 6-58 所示。

该程序运行的结果为：

  主程序开始

  子程序开始

  调用 p2

  返回值为：.T.

  子程序 f2 结束

  过程 p1 开始

  调用 p3

  返回值：100

  过程 p1 结束

  主程序结束

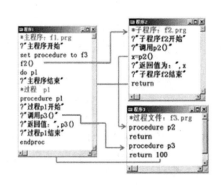

图 6-58　过程的调用过程图示

例 6.31　有如下程序，说出此程序的运行结果。

```
X=0
DO PG1
?X

PROCEDURE PG1                 &&过程文件 PG1
X=1
RETURN
ENDPROC
```

该程序运行的结果为：

  1

6.4.2　过程调用中的参数传递

主程序在调用子程序、过程或自定义函数时，经常需要主程序把必要的数据传递给子程序、过程和自定义函数，然后再将处理的结果送回主程序。主程序与子程序之间或过程与过程之间通过互相传递参数来完成整体上的操作。程序之间的参数传递可以通过两种途径进行：①通过带参数的程序调用来实现；②通过内存变量来实现。参数传递时，需要使用发送参数语句和接受参数语句。

1. 发送参数（即调用过程）

主程序调用子程序或过程时，在主程序中使用发送参数语句传递参数。

发送参数语句有两种格式，如下：

格式 1：DO <文件名>|<过程名> WITH <实参表>

格式 2：<文件名>|<过程名> (<实参表>)

2. 接收参数

在子程序、过程或自定义函数中使用接收参数语句接收参数。

接受参数语句也有两种格式，如下：

格式 1：PARAMETERS <形参表>

格式 2：LPARAMETERS <形参表>

对参数传递的说明如下：

- PARAMETERS|LPARAMETERS 必须是被调用程序的第一条语句；
- PARAMETERS 定义的形参变量是私有变量；LPARAMETERS 定义的形参变量是局部变量；
- 实参可以是常量、变量和一般形式表达式，调用模块程序时，把实参传递给对应的形参；形参数目大于等于实参数目，多余的形参取.F.。

例 6.32　如下是一个比较简单的参数传递实例。

```
x=1
y=2
DO PG2 WITH 5,(x)                    &&实参

PROCEDURE PG2
PARAMETERS a,b,cd                    &&形参
```

3．参数传递方式

参数的传递方式有两种：按值传递和按地址传递（也称按引用传递）。

按值传递指的是形参变量值的改变不会影响到实参变量的值，即新值不返回。当 WITH 后的<参数表达式列表>中是内存变量表达式列表或单个内存变量用圆括号括起来时，每个内存变量表达式的值传给 PARAMETERS 中对应变量，而该主调程序中出现在表达式中的内存变量不被隐含，其值也不随着被调程序中相对应变量的值的变化而变化；按地址传递指的是当形参变量的值改变时，实参变量的值也随之改变，即新值返回。当 WITH 后的<参数表达式列表>中是内存变量列表时，每个内存变量的值传给 PARAMETERS 中对应变量，而该主调程序中的内存变量被隐含起来，但其值随着被调程序中相对应变量的值的变化而变化。

采用格式 1 调用模块程序时，如果实参是常量或者一般形式的表达式，则按值传递；如果实参是变量，这时传递的是变量的地址，即按地址传递。

采用格式 2 调用模块程序时，默认情况下是按值方式传递参数。如果实参是变量，可以通过 SET UDFPARMS 命令重新设置参数的传递方式。

格式：SET UDFPARMS TO VALUE|REFERENCE

说明：TO VALUE 表示按值传递；TO REFERENCE 表示按地址传递。

此命令不能改变用 DO…WITH 格式调用过程时的参数传递方式。

如果将实参用括号括住，则实参变成一般形式的表达式，这时强制参数传递以按值传递方式进行。

例 6.33　用 DO…WITH 格式调用过程（实参为一般形式的表达式）。

程序代码如下：

```
x=1
y=2
DO PG3 WITH (x),(y)          &&按值传递
? x,y

PROCEDURE PG3                &&过程 PG3
PARAMETERS x,y
x=3
y=4
```

```
        RETURN
```
该程序运行的结果为：

　　1　　　2

例 6.34　用 DO…WITH 格式调用过程（实参为变量或一般形式的表达式）。

程序代码如下：
```
        x=1
        y=2
        DO PG4 WITH x,(y)              &&按值和地址传递
        ? x,y

        PROCEDURE PG4                  &&过程 PG4
        PARAMETERS x,y
        x=3
        y=4
        RETURN
```
该程序运行的结果为：

　　3　　　2

例 6.35　用"文件名()"格式调用过程。

程序代码如下：
```
        x=1
        y=2
        PG5(x,y)                       &&按值传递
        ? x,y

        PROCEDURE PG5                  &&过程 PG5
        PARAMETERS x,y
        x=3
        y=4
        RETURN
```
该程序运行的结果为：

　　3　　　4

例 6.36　用"文件名()"格式调用过程。

程序代码如下：
```
        x=1
        y=2
        SET UDFPARMS TO REFERENCE      &&按地址传递
        PG6(x,y)
        ? x,y

        PROCEDURE PG6                  &&过程 PG6
        PARAMETERS x,y
        x=3
        y=4
        RETURN
```
该程序运行的结果为：

　　3　　　4

例 6.37 按值传递和按地址传递实例。

实例 1：

```
    CLEAR
    STORE 100 TO x1,x2
    SET UDFPARMS TO VALUE          &&按值传递
    DO PG7 WITH x1,(x2)
    ?x1,x2


    PROCEDURE PG7                  &&过程 PG7
    PARAMETERS x1,x2
    STORE x1+1 TO x1
    STORE x2+1 TO x2
    ENDPROC
```

该程序运行的结果为：

```
    101          100
```

实例 2：

```
    CLEAR
    STORE 100 TO x1,x2
    SET UDFPARMS TO VALUE
    PG7 (x1,(x2))
    ?x1,x2


    PROCEDURE PG77
    PARAMETERS x1,x2
    STORE x1+1 TO x1
    STORE x2+1 TO x2
    ENDPROC
```

该程序运行的结果为：

```
    100          100
```

实例 3：

```
    CLEAR
    STORE 100 TO x1,x2
    SET UDFPARMS TO REFERENCE
    DO PG7 WITH x1,(x2)
    ?x1,x2
    PROCEDURE PG7
    PARAMETERS x1,x2
    STORE x1+1 TO x1
    STORE x2+1 TO x2
    ENDPROC
```

该程序运行的结果为：

```
    101          100
```

实例 4：

```
    CLEAR
    STORE 100 TO x1,x2
    SET UDFPARMS TO REFERENCE
    PG7 (x1,(x2))
    ?x1,x2
    PROCEDURE PG7
```

```
PARAMETERS x1,x2
STORE x1+1 TO x1
STORE x2+1 TO x2
ENDPROC
```
该程序运行的结果为：

101　　　　　　100

6.4.3　用户自定义函数

Visual FoxPro 系统提供了丰富的内部函数，即系统函数，在第 2 章已做介绍。系统函数能够实现特定的功能，解决很多问题。但是在实际的应用中，还要一些解决其他问题的函数，这就需要用户自己去定义这类函数，这类函数被称之为用户自定义函数。

自定义函数和过程一样，既可以放在主程序代码的后面，也可以单独放在一个过程文件中。用户自定义函数实质上是带有返回值的子程序或过程。

1. 编写自定义函数

自定义函数说明的语法格式为：

FUNCTION <函数名>

　　PARAMETER <形参表>

　　<函数体命令序列>

RETURN <表达式>

说明：①FUNCTION 命令表示定义一个自定义函数，函数名的命名规则和过程的命名规则相同；②自定义函数名不能与 VFP 系统函数同名，也不能和内存变量同名；③RETURN 语句表示返回表达式的值给函数的调用者，若 RETURN 命令不带<表达式>，则返回逻辑真.T.作为函数的值。

2. 调用自定义函数

用户自定义函数调用的语法格式与系统函数调用的语法格式相同。

其语法格式为：

函数名([<参数表>])

例 6.38　编写用户自定义函数，计算圆的周长，程序文件名为 p37.prg。

```
SET TALK OFF
CLEAR
INPUT "请输入圆的半径： " TO R
? "圆的周长为：",Length(R)        &&调用自定义函数 Length()
SET TALK ON
NOTE 编写计算圆周长的用户自定义函数
FUNCTION   Length              &&函数名为 Length
PARAMETER   x                 &&形参说明
RETURN (3.14*2*x)             &&返回值
```

程序 p37.prg 的运行过程及结果如图 6-59 所示。

6.4.4　变量的作用域

图 6-59　程序 p37.prg 的运行过程及结果

一个变量共有三个属性：类型、取值和作用域。变量的作用域是指在程序或过程调用中，内存变量的有效范围。在数据库系统开发时，主要使用内存变量进行数据之间的传递，因此变量的作用域显得尤为重要。Visual FoxPro 中的变量按作用域可分为公共变量、私有变量和局部变量三种。

1. 公共变量

公共变量是指在任何模块中都可以使用的变量。公共变量必须先定义后使用。

定义格式：PUBLIC <内存变量表>

说明：当定义多个变量时，多个变量之间用逗号相隔。例如：命令 PUBLIC x,y,z 指的是建立了三个公共变量，简单内存变量 x、y 和 z，它们的初值都是逻辑假.F.。

在命令窗口中直接使用的内存变量由系统自动定义为公共变量。

2. 局部变量

局部变量是指只能在建立它的模块中使用的变量。局部变量要先定义后使用。

定义格式：LOCAL <内存变量表>

说明：该命令建立的变量为局部变量，初值为逻辑假.F.。

局部变量不能在它的上层或下层模块中使用。当建立它的模块程序运行结束时，局部变量自动释放。

注意：LOCAL 与 LOCATE 前四个字母相同，因此书写时不能缩写。

3. 私有变量

私有变量是指在程序中直接使用，而没有通过 PUBLIC 或 LOCAL 命令定义的变量。私有变量只在定义它的模块以及其下层模块中有效，而在定义它的模块运行结束时自动清除。

例 6.39　有如下程序，判断此程序的运行结果。程序文件名为 p38.prg。

```
CLEAR
LOCAL x1
?"x1=",x1
DO PG8
PROCEDURE PG8
x1=1
?"x1=",x1
RETURN
ENDPROC
```

该程序运行的结果为：

```
x1=.F.
x1=1
```

图 6-60 描述的是公共变量、私有变量和局部变量在各模块中的有效范围比较。公共变量 x 在模块 1 至模块 4 中都有效；局部变量 y 只在定义它的模块 2 中有效；私有变量 z 定义它的模块 2 中及它的下层模块 3 中有效。

4. 隐藏变量

我们在开发程序时，一个大的程序往往由不同的程序员来编写，因此可能会出现在主程序中定义的变量在子程序中也进行了定义。这样子程序运行时，子程序中的变量值会覆盖主程序中的同名变量值。为解决这一冲突，我们需要在子程序中定义变量时，用 PRIVATE 命令隐藏主程序中的同名变量，使其在子程序中暂时无效，当前子程序运行结束返回上层模块时，被隐藏的内存变量自动恢复有

图 6-60　公共变量、私有变量和
局部变量作用域示例

效性，并保持原有的值。

隐藏变量的格式为：

PRIVATE <内存变量表>

功能：用 PRIVATE 命令隐藏主程序中变量，当程序运行结束时，被隐藏的内存变量就自动恢复，并保持原有的值。

另外，LOCAL 命令也有隐藏变量的作用，但它在本模块内隐藏同名变量，一旦到了下层模块，这些同名变量就会重新出现。

用 LOCAL 命令隐藏变量的格式为：

LOCAL <内存变量表>

例 6.40　有如下程序，读程序并判断程序运行结果（注意变量的隐藏）。程序文件名为 p39.prg。

```
SET TALK OFF
CLEAR
a=6
b=8
DO PG9
?"主程序中 a 和 b 的值为：
?a,b


PROCEDURE PG9
PRIVATE a
a=20
b=40
?"子程序中 a 和 b 的值为：
?a,b
RETURN
```

该程序运行的结果为：

```
子程序中 a 和 b 的值为：
20        40
主程序中 a 和 b 的值为：
6         40
```

运行结果如图 6-61 所示。

图 6-61　程序 p39.prg 的运行结果

例 6.41　有如下程序，读程序并判断程序运行结果（LOCAL 和 PRIVATE 命令）。程序文件名为 p40.prg。

```
CLEAR
PUBLIC c,d
c=5
d=50
DO PG10
?"主程序中 c 和 d 的值为：
?c,d


PROCEDURE PG10
PRIVATE c
c=10
```

```
LOCAL d
DO PG11
?"子程序 PG10 中 c 和 d 的值为："
? c,d

PROCEDURE PG11
c="xx"
d="yy"
RETURN
```

程序运行结果为：

子程序 p10 中 c 和 d 的值为：

xx   .F.

主程序中 c 和 d 的值为：

5   yy

运行结果如图 6-62 所示。

图 6-62　程序 p40.prg 的运行结果

习题 6

一、选择题

1. 在 Visual FoxPro 中，程序文件的扩展名是（　　）。

　A．.DBC　　　　　　B．.PRG　　　　　　C．.PJX　　　　　　D．.DBF

2. 在程序中直接使用，而没有通过 PUBLIC 或 LOCAL 命令定义的变量是（　　）。

　A．局部变量　　　　B．私有变量　　　　C．公共变量　　　　D．全局变量

3. 在 Visual FoxPro 中，只能在建立它的模块中使用的变量是（　　）。

　A．局部变量　　　　B．私有变量　　　　C．公共变量　　　　D．全局变量

4. 用 MODIFY COMMAND 命令建立的文件默认扩展名是（　　）。

　A．prg　　　　　　B．app　　　　　　C．cmd　　　　　　D．exe

5. 下列程序段执行后，内存变量 Y 的值是（　　）。

```
X=12345
Y=0
Do WHILE X>0
Y=X%10+Y*10
X=INT(X/10)
ENDDO
? Y
```

　A．12345　　　　　B．2345　　　　　C．54321　　　　　D．54123

6. 在 Visual FoxPro 中，用户可以从键盘直接输入字符串的是（　　）。

　A．INPUT 语句　　　　　　　　　　B．ACCEPT 语句

　C．WAIT　　　　　　　　　　　　D．NOTE 语句

7. 有下程序，最后在屏幕显示的结果是（　　）。

```
one="WORK"
two=""
```

```
a=LEN(one)
i=a
DO WHILE i>=1
two=two+SUBSTR(one,i,1)
i=i-1
ENDDO
?two
```

    A. ROWK   B. KROW   C. WORK   D. KOWR

8．下列程序段执行以后，最后在屏幕显示的结果是（　　　）。

```
CLEAR
s=""
a=10
DO WHILE a>0
   b=a%2
   a=INT(a/2)
   s=ALLTRIM(STR(b))+s
ENDDO
?"转换为二进制为：",s
```

    A. 1010   B. 1100   C. 1110   D. 10

9．下列程序段执行以后，最后在屏幕显示的结果是（　　　）。

```
CLEAR
a=6
b=8
c=MIN(a,b)
DO WHILE c>0
  IF a%c=0 AND b%c=0
     s=c
     EXIT
  ENDIF
  c=c-1
ENDDO
?"它们的最大公约数是：",s
```

    A. 2   B. 1   C. 4   D. 6

10．在 Visual FoxPro 中，执行该语句时，记录指针自动、依次地在当前表的指定范围内满足条件的记录上移动，对每一条记录执行循环体内的命令是（　　　）。

    A. LOOP 语句   B. EXIT 语句   C. SCAN 语句   D. IF 语句

二、填空题

1．在 Visual FoxPro 中，打开程序文件的命令是_____。

2．Visual FoxPro 的程序结构分为_____、_____和_____三种。

3．在 Visual FoxPro 中，在任何模块中都可以使用的变量是_____。

4．执行下列程序，显示的结果是_____。

```
CLEAR
X=12345
Y=0
```

```
DO WHILE X>0
Y=Y+X
X=int(X/10)
ENDDO
?Y
```

5．在 Visual FoxPro 中，过程定义的语法格式为_____。

6．在 Visual FoxPro 中，当型循环结构的语法格式为_____。

7．在 Visual FoxPro 中，显示<提示信息>，暂停程序的运行，直到用户按任意键或单击鼠标时，程序继续运行的语句是_____。

8．下列程序段执行以后，内存变量 X 和 Y 的值是_____。

```
CLEAR
STORE 6 TO X
STORE 3 TO Y
PLUS((X),Y)
?X,Y
PROCEDURE PLUS
PARAMETERS A1,A2
A1=A1+A2
A2=A1+A2
ENDPROC
```

9．下列程序段执行以后，内存标量 Y 的值是_____。

```
CLEAR
X=3456
Y=0
DO WHILE X>0
Y=Y+X
x=INT(X/10)
ENDDO
?Y
```

10．下列程序段执行后，内存变量 s1 的值是_____。

```
s1="network"
s1=stuff(s1,3,2,"BIOS")
```

第7章 表单设计

学习目的：

表单（Form）是 Visual FoxPro 用于建立应用程序的界面，表单内包含命令按钮、文本框、列表框、标签等各种界面元素，学习运用各种界面元素，生成标准的窗口或对话框，还可以在表单中进行输入或输出数据的操作。VFP 中提供了强有力的表单设计手段，我们通过可视化的设计方法，能够方便地定义表单中的各种对象、对象的属性及方法。

知识要点：

- "对象"、"类"、"事件"和"方法"等基本概念
- 介绍 Visual FoxPro 中的基类、表单的创建与管理
- 如何在表单设计器环境下设计表单，添加、修改表单控件
- 常用的表单控件

7.1 面向对象基础知识

传统的面向过程程序设计，它的思维方式是基于"算法+数据结构=程序"的模式，而在这类程序设计中数据和施加于数据的操作是分离的,其稳定性、可修改性及可重用性都比较差。而 VFP 既支持结构化程序设计，也支持面向对象程序设计方法。面向对象的方式将对象看作是数据以及可以施加在这些数据上的可执行操作构成统一的有机体。这里将介绍面向对象的几个基本概念。

7.1.1 基本概念

对象与类是面向对象方法的两个最基本概念。

1. 对象

对象（Object）是对具体客观事物的表示，对象可以是具体的人或物，也可以指某些抽象的概念。在 VFP 的可视化编程中，常见的对象有表单、标签、文本框等，这些对象是将数据和对该数据的所有操作代码封装起来的程序模块，是一个具有各种属性和方法的逻辑实体。

描述对象的内容称为属性，属性定义了对象所具有的数据特性，它是对象所有特性数据的集合。例如描述人的属性有姓名、性别、年龄等，又如表单里的文本框具有字体、字号、颜色等属性。

2. 类

类（Class）与对象关系密切，"类"是具有相同属性特征和行为规则的多个对象的统一描述。"类"是对一种类型的定义，基于类就可以生成这类对象中的任何一个对象。类是具有相同或近似特征对象的抽象，对象是类的具体实例。这些对象虽然采用相同的属性来表示状态，但它们在属性上的取值完全可以不同。

在"类"的定义中，可以为某个属性指定一个值，这个值将作为基于该类生成的每个对象在该属性上的默认值。"对象"一定具有其所属"类"的共同特征与行为规则，当然一个"对象"还可以具有其所属"类"未曾规定的属性特征和行为规则。需要注意的是，"方法程序"尽管定义在"类"中，但执行"方法程序"的主体是"对象"。同一个"方法程序"，如果由不同的"对象"去执行，一般会产生不同的结果。

类可以具有子类，子类可以继承父类所有的属性和方法，也可以添加自己特定的属性和方法。

例如，定义基于"学生"类的"小学生"、"中学生"和"大学生"子类。而"小学生"、"中学生"和"大学生"子类除了具有父类"学生"类所有的属性和方法，还具有自己的属性和方法，如"小学生"子类可以设置"班主任"，"大学生"子类可以设置"选课方向"。

7.1.2 面向对象程序设计的三个特性

1. 封装性

封装性就是将对象的方法程序和属性数据封装在一起，对象的内部实现是受保护的，除了局部对象代码之外，外界是不能访问的。封装是由类来实现的，封装里的所有对象都具备明确功能，并有接口和其他对象相互作用。

2. 继承性

继承是对象的一大特点，通过对父类的继承与剪裁，可以避免数据和方法的重复，支持系统的可扩充性，还可以使层次更贴切地反映事物层次。继承性实际是从现有的类中派生出新类的特性，只有单一继承的功能。继承性使程序从最简单的类开始，然后派生出来复杂的类，这样不仅易于跟踪而且使类本身变得很简单。通过继承，低层的类只要定义特定它的属性，同时共享其父类的属性。继承性的充分运用，可以实现代码的重复使用。

3. 多态性

多态性是指不同的接收对象收到相同消息时，可以做出完全不同的解释，从而产生不同的行为。

7.2 Visual FoxPro 的类

一般支持面向对象方法的程序设计语言，为方便从事应用开发的软件设计人员提供了丰富的基类供直接使用，开发人员可以根据这些基类利用继承性和封装性而派生出自己的"子类"，这样既节省了开发成本，又提高了应用程序的开发效率。当然，也可以直接根据基类而派生"对象"。

在 Visual FoxPro 环境下，要创建应用程序，就要用到 Visual FoxPro 系统提供的基类。

7.2.1 Visual FoxPro 的基类

Visual FoxPro 的基类是系统本身自含的。用户可以基于这些基类创建各种所需的对象，也可以扩展基类派生出自己的子类。每个 Visual FoxPro 基类都有自己的一套属性、方法和事件。表 7-1 是 Visual FoxPro 常用的基类。

表 7-1　Visual FoxPro 的基类

控件	含义	控件	含义
ACTIVEDOC	活动文档	GRID	表格
CHECKBOX	复选框	OPTIONBUTTON	选项按钮
COMMANDBUTTON	命令按钮	OLE	创建 OLE 容器控件
COLUMN	（表格）列	OLEBOUND	OLE 绑定型控件
COMBOBOX	组合框	OPTIONGROUP	选项按钮组
CONTAINER	容器	PAGEFRAME	页框
EDITBOX	编辑框	PAGE	页面
FORM	表单	PROJECTHOOK	项目
LISTBOX	列表框	SEPARRTOR	分隔符
LINE	线条	TEXTBOX	文本框
LABEL	标签	TIMER	计时器

7.2.2　容器与控件

Visual FoxPro 中的基类可以分为两大类：容器类和非容器类。一般称容器类基类为容器，而把非容器类基类称为控件。由控件类和容器类可生成控件和容器对象。

控件是一个可以以图形化的方式显示出来，并能与用户进行交互的对象。例如：一个命令按钮、一个文本框、一个标签等。控件通常被放在一个容器里。容器可以看作是一种特殊的控件，它能包含其他控件或容器，例如一个表单，表单可以包含标签、组合框、命令按钮、表格等其他容器或控件。这里把容器对象称为那些被包含对象的父对象。表 7-2 列出了 Visual FoxPro 常用的容器及其所包含的对象。

表 7-2　Visual FoxPro 常用的容器及其所包含的对象

容器	可包含的对象
容器	可包含任意控件
表单	任意控件以及页框、CONTAINER 对象、命令按钮组、选项按钮组、表格等对象
表单集	表单、工具栏
表格	可包含多个表格列
列	标头和除表单集、表单、工具栏、计时器和其他列之外的其他任一对象
页框	可包含多个页面
页	任意控件以及容器和自定义对象
命令按钮组	命令按钮
工具栏	可包含任意控件、页框和容器
CONTAINER 对象	任意控件以及页框命令按钮组、选项按钮组、表格等对象

容器类对象能够包含其他的对象。最常见的容器是表单，用户可以向表单中添加各种控件。另外，一个容器内的对象本身也可以是容器。比如表单作为表单集容器内的对象，其本身也是个容器对象，可以包括命令按钮组、页框等对象，而页框又可以包含页对象等，这样就形

成了对象的嵌套层次关系。一般把一个对象的直接容器称为"父容器"。

在对象的嵌套层次关系中，指明某个对象的属性、方法或事件的归属层次的描述就是对象的引用。要引用某个对象，需要指明对象在嵌套层次中的位置，这时经常要用到表 7-3 所列的对象引用的参照关键字。

表 7-3　对象引用的参照关键字

参照关键字	引用	例子	注释
PARENT	包含当前对象的容器对象	THIS.PARENT.CAPTION	设置当前对象的直接容器对象的标题
THIS	当前对象	THIS.CAPTION	设置当前对象的标题
THISFORM	当前对象所在的表单	THISFORM.CMD1.CAPTION	设置表单中控件 CMD1 的标题
THISFORMSET	当前对象所在的表单集	THISFORMSET.FRM1.CMD1.CAPTION	设置表单集中的任意表单中控件 CMD1 的标题

7.2.3　事件与方法

1. 事件（Event）

在面向对象方法中，"事件"是由 Visual FoxPro 预先定义好的、能够被对象识别的动作。一个事件与一个事件响应程序（方法程序）相关联；当作用在一个对象上的事件发生时，与这个事件相关联的程序就获得一次运行。不同的对象能识别的事件不全相同，Visual FoxPro 为用户提供了丰富的内部事件，这些对象的事件是固定的，用户不能建立新的事件。

事件可以由用户引发或由系统引发，对象就会对该事件作出响应。响应某个事件后所执行的程序代码就是事件过程。一般情况下，对于对象的大部分事件，用户无需编写事件过程，而只需要对少量的几个用到的事件编写事件过程就可以。

事件过程能在事件触发时执行，也能像方法一样被显示调用。例如，当鼠标单击一个命令按钮 COMMAND 时，系统自动触发 CLICK 事件，然后执行命令按钮 COMMAND 的 CLICK 事件过程。

表 7-4 列出了 Visual FoxPro 常用事件集，它们适用于 Visual FoxPro 中的大部分对象。该事件集是固定的，用户不能定义新的事件。

表 7-4　表单常用事件

事件	事件的触发	事件	事件的触发
ACTIVATE	当对象激活时	LOAD	在创建对象之前
CLICK	用户鼠标单击对象	MOUSEDOWN	当用户按下鼠标键
DBLCLICK	用户鼠标双击对象	MOUSEMOVE	当用户移动鼠标到对象
ERROR	当发生错误时	MOUSEUP	当用户释放鼠标
GETFOCUS	对象接收到焦点	RESIZE	调整对象大小时
INIT	当对象创建时激活	RIGHTCLICK	用户鼠标右击对象
KEYPRESS	当用户按下或释放一个键	UNLOAD	释放对象时

2．方法（Method）

方法是与对象相关的过程，为对象能实现一定功能而编写的一段代码，或者说，方法是对象本身能够执行的一些操作。方法分为两种：一种为内部方法，另一种为用户自定义方法。

对方法的调用常在事件过程中出现，实现其完成的相应操作，表单常用的方法如表 7-5 所示。

表 7-5　表单常用方法

方法程序	用途	方法程序	用途
ADDOBJECT	在表单中增加一个对象	LINE	在表单上绘制一条线
BOX	在表单上画一个矩形	MOVE	移动一个对象
CIRCLE	在表单上画一段圆弧或一个圆	REFRESH	刷新表单或控件
CLS	清除表单内容	RELEASE	将表单或表单集从内存中释放
CLEAR	清除控件中的内容	SAVEAS	将对象存入.SCX 文件中
HIDE	隐藏表单、表单集或控件	SHOW	显示表单

事件通常是已经预先由系统定义好了的，不能随便更改，而方法和属性却可以扩充。

3．对象属性及方法的调用

对象属性访问以及对象方法调用的格式如下：

＜对象引用＞.＜对象属性＞

＜对象引用＞.＜对象方法＞[(…)]

例 7.1　访问表单对象的一些属性和方法。

THISFORM.HIDE　　　　　　　　&&隐藏表单

THISFORM.CAPTION="对象属性的调用" &&修改表单的 CAPTION 属性为"对象属性的调用"

7.3　表单的建立与管理

表单文件是一个特殊的磁盘文件，其扩展名为.SCX，表单在系统中是用户的主界面，也称作屏幕或窗口，表单内的控件及表单本身都可以有属性、事件和方法的编辑对象，表单为数据库信息的显示、输入和编辑提供了非常简单的方法，表单的设计是可视化编程的基础。表单文件的创建一般有四种方法：表单向导方式、表单设计器方式、表达生成器方式和命令方式。

7.3.1　数据环境

表单所需要的数据表或视图，以及这些表或视图之间的关系，称为表单的数据环境。通常情况下，在运行表单时，数据环境可自动打开、关闭表和视图。表单中的数据环境是一个容器，包含与表单有关联的表、视图以及这些表或视图之间的关系，还可以分别设置它们的属性。可以通过"数据环境设计器"来设置表单的数据环境。

1．启动"数据环境设计器"

启动"数据环境设计器"的方法主要有三种：

- 在表单设计器环境下，单击"表单设计器"工具栏上的"数据环境"按钮。
- 在表单上右击，在弹出的快捷菜单中选择"数据环境"命令。
- 选择"显示"菜单的"数据环境"命令。

以上方法即可打开如图 7-1 所示的"数据环境设计器"窗口。

2. 向数据环境中添加/移去表或视图

若第一次打开"数据环境设计器"，则先弹出"添加表或视图"对话框，在该对话框中选择需要的表或视图，如图 7-2 所示。如不是第一次打开则需在"数据环境设计器"的空白处右击，选择"添加"命令。选择需要的表，单击"添加"按钮，添加后的"数据环境设计器"如图 7-3 所示。

图 7-1　数据环境设计器　　　　　　　　　图 7-2　"添加表或视图"对话框

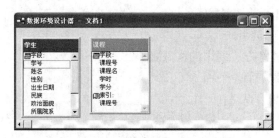

图 7-3　添加表后的数据环境设计器

如果要从数据环境设计器窗口中移去表或视图，可以运用以下两种方法：

- 在"数据环境设计器"窗口中，选择要移去的表或视图，在系统菜单中选择"数据环境"菜单中的"移去"命令。
- 在表上右击，从快捷菜单中选择"移去"命令。

3. 在数据环境中设置关系

如果加入数据环境的表具有在数据库中设置的关系，那么这些表被添加到数据环境中时，这些关系也会自动添加到数据环境中。如果表之间没有关系，可以在数据环境设计器中为这些表设置临时关系。设置的方法是：将主表的某个字段（作为关联表达式）拖动到子表相匹配的索引标记上即可，同时会在表之间出现一条连线来指示这个关系。如果子表上没有与主表字段相匹配的索引，系统会提示创建索引。

在数据环境中，把"学生"表与"成绩"表按字段"学号"建立了关系，如图 7-4 所示。

图 7-4　在数据环境中设置关系

4. 数据环境中常用属性

当数据环境设计器处于活动状态时，数据环境也有自己的属性、方法和事件。而数据环境中表之间的关系是数据环境中的对象，它也有自己的属性、方法和事件。常用的属性如表7-6 所示。

表 7-6　数据环境常用属性

属性名称	说明
AUTOCLOSETABLE	用于指明数据环境中的表或视图随着表单的打开而打开，该属性默认为.T.
ALIAS	指定一个与临时表对象相关联的别名作为前别名
RELATIONALEXPR	用于指定基于主表的关联表达式
FILTER	排除不满足指定表达式条件的记录
CHILDORDER	用于指定子表中与关联表达式相匹配的索引
ONETOMANY	用于指明关系是否为一对多关系，该属性默认为.F.

7.3.2　创建表单

1. 表单向导方式

无论何时要创建一个新表单，都可以使用表单向导。先用表单向导创建表单的初始模型，再用表单设计器来修改。在 Visual FoxPro 中，有两种类型的表单向导：单个表的表单向导和一对多表单向导。下面将通过例 7.2 来介绍使用表单向导创建一个表单的步骤。

例 7.2　使用表单向导创建一个名为"学生成绩一览表"的表单，该表单包含"学生"表中的学号、姓名、所属院系和"成绩"表中的课程号和成绩信息。

具体操作步骤如下：

（1）在系统菜单中选择"文件"菜单的"新建"命令，弹出"新建"对话框。在"新建"对话框中选择"表单"，然后单击"向导"按钮，打开如图 7-5 所示的"向导选取"对话框。

（2）在"向导选取"对话框中选取"一对多表单向导"，然后单击"确定"按钮，进入"表单向导"对话框的步骤 1。

（3）从父表中选定字段。在如图 7-6 所示的对话框中，首先选择父表所在的"数据库和表"然后在父表中选择可用字段。本例中选用的是"学生信息管理"数据库，"学生"表和"成绩"表是一对多的关系，所以"学生"表为父表，选取的字段为学号、姓名、所在院系。单击"下一步"按钮进入步骤 2。

（4）从子表中选定字段。在如图 7-7 所示的对话框中，同样选择好数据库和表，然后选择在子表中需要显示的字段。本例从"成绩"中选择字段课程号和成绩。单击"下一步"按钮进入步骤 3。

（5）建立表之间的关系。在如图 7-8 所示的对话框中，需要给两个表建立联系，一般使用本步骤的默认联系，如果不是默认的，可在下拉列表中选取其他字段，然后单击"下一步"按钮进入步骤 4。

（6）选择表单样式。在如图 7-9 所示的对话框中，可以设置表单的样式，选取相应的样式都会在该对话框的左上角有样例显示。同时还可以设置按钮的类型。本例选择样式为"凹陷式"，按钮类型为"文本按钮"。单击"下一步"按钮进入步骤 5。

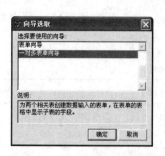

图 7-5　"向导选取"对话框

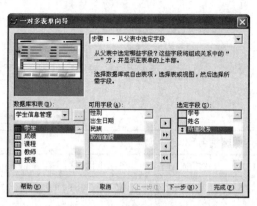

图 7-6　表单向导步骤 1

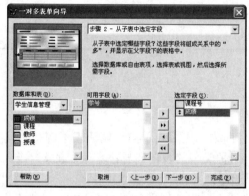

图 7-7　表单向导步骤 2

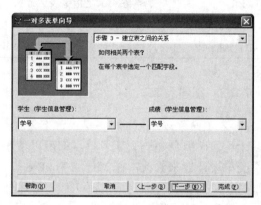

图 7-8　表单向导步骤 3

（7）排序次序。在如图 7-10 所示的对话框中，对所建报表的记录进行排序。需要排序的记录只能是父表中的记录。所以选择的字段只能是父表中的字段，而且最多只能选择 3 个索引字段。本例选择"学号"字段，同时升序输出。单击"下一步"按钮，进入步骤 6。

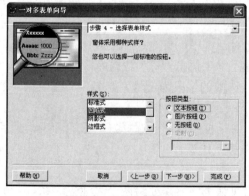

图 7-9　表单向导步骤 4

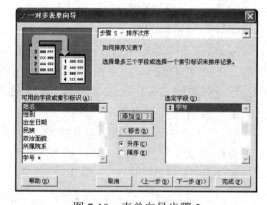

图 7-10　表单向导步骤 5

（8）完成。在如图 7-11 所示的对话框中。用户在该步骤可以输入表单的标题、选择保存报表的方式，然后预览一下刚建立的报表。单击"预览"按钮，打开如图 7-12 所示的窗口，显示所生成的表单。最后单击"完成"按钮即可。

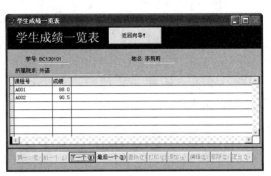

图 7-11　表单向导步骤 6　　　　　　　图 7-12　表单"学生成绩"的预览结果

2. 表单设计器方式

用表单向导既简单方便又不需编写代码，但有时表单向导无法完全满足用户的要求，而且表单向导模式固定，如果想设计出无固定模式多功能的表单，那么我们可以使用表单设计器来创建新表单，建立用户自己的操作界面。也可以使用表单设计器来修改已有的表单。Visual FoxPro 6.0 提供的表单设计器功能强大。以例 7.3 为例用表单设计器创建新的空表单的过程如下：

例 7.3　用"表单设计器"设计一个的表单，要求该表单显示"教师"表中的所有记录。

具体操作步骤如下：

（1）在系统菜单中选择"文件"菜单中的"新建"命令，在对话框中选择"表单"，再单击"新建文件"按钮，打开如图 7-13 所示的"表单设计器"窗口。

（2）打开"表单设计器"时，同时会显示该表单的"表单控件工具栏"，如图 7-13 左下方，利用该工具栏，用户可以在"表单设计器"的窗口上添加所要用到的控件。例题中要求表单显示"教师"表的信息，在这里可以选择"表格"控件来实现此功能。在表单控件的工具栏上找到"表格"这个控件，然后用鼠标点击该控件后，在"表单设计器"的窗口进行拖拽即可，结果如图 7-14 所示。

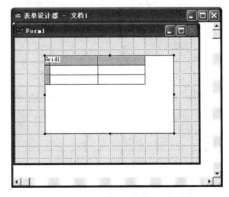

图 7-13　表单设计器　　　　　　　　图 7-14　添加"表格"控件

（3）在"数据环境设计器"中添加"教师"表。

（4）控件添加后，用户需要对所添加的控件进行修改，对控件的修改大多数指的是对控件属性的修改。在打开"表单设计器"时，除自动弹出"表单控件工具栏"外，还会自动弹出

"属性"窗口，如图 7-15 所示。在该窗口中，用户可以修改表单以及该表单中包括的所有控件的属性。本题中需要设置的参数有：设置表格的列数为 6，因为"教师"表中共有 6 个字段，所以可将表格的 COLUMNCOUNT 属性设置为 6。设置表格中字段的名字。需要将表格控件中每个列的 HEADER 的 CAPTION 属性更改为相应字段名。在表格控件显示教师表中的数据，还需要设置表格控件的数据源。把表格控件的 RECORDSOURCE 属性改为"教师"，RECORDSOURCETYPE 属性改为"1—别名"，设置后的结果的部分截图如图 7-16 所示。

 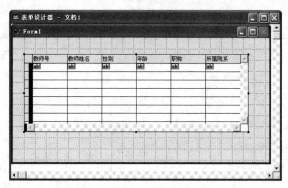

图 7-15　"属性"窗口　　　　　图 7-16　进行属性设置后的表设计器

（5）设置并保存后，该表单的运行结果如图 7-17 所示。

3. 表单生成器方式

如果想快速将表或视图的字段放置到表单中，那么可以选择表单生成器的方式来建立表单。用表单生成器方式再做一次例 7.3 的表单。方法如下：

（1）在系统菜单中选择"新建"菜单中的"表单"命令，打开"表单设计器"。

（2）在系统菜单中选择"表单"菜单中的"快速表单"命令，弹出"表单生成器"窗口。

（3）在"表单生成器"中选择字段和样式，如图 7-18 和图 7-19 所示，然后选择"确定"按钮以生成表。

 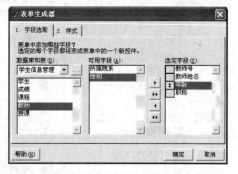

图 7-17　例 7.3 的运行结果　　　　　图 7-18　表单生成器的"字段选取"选项卡

（4）单击"确定"按钮运行后结果的部分截图如图 7-20 所示。

4. 命令方式

在命令窗口中输入命令后，也会自动打开"表单设计器"窗口，其后的操作方法与使用表单设计器创建表单的方法一致。

图 7-19　表单生成器的"样式"选项卡

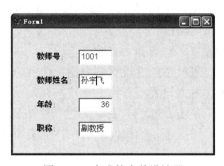

图 7-20　生成的表单设计器

格式：CREATE FORM<表单>.scx

7.3.3　管理表单

1. 表单设计器的环境

在 Visual FoxPro 中，表单设计器启动后，主窗口上将出现"表单设计器"窗口、"属性"窗口、"表单控件"工具栏、"表单设计器"工具栏，系统菜单中出现"表单"菜单。这里详细介绍表单设计器的各个窗口及工具栏。

（1）"表单设计器"窗口。

"表单设计器"窗口内包含一张空白表单，用户可以在表单窗口上可视化地添加和修改控件。

（2）"属性"窗口。

设计表单的绝大多数操作都是在"属性"窗口中完成的，因此用户必须熟悉"属性"窗口的用法。如果在表单设计器中没有出现"属性"窗口，可在系统菜单中单击"显示"菜单中的"属性"命令，弹出的"属性"窗口如图 7-21 所示。

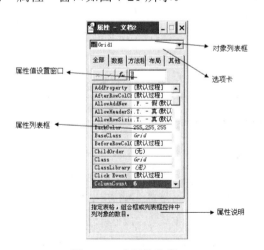

图 7-21　"属性"窗口

① "属性"窗口的顶部，有一个"对象"下拉列表框，其中包含当前表单以及当前表单所包含的全部对象的列表，可在设计或编程时对这些属性值进行设置或更改。

② 在选项卡中按分类方式显示所选对象的属性、事件和方法。"全部"选项卡列出全部的属性、事件和方法，"数据"选项卡列出所选对象如何显示或怎样操作数据的属性，"方法程序"

选项卡显示方法和事件，"布局"选项卡列出所有的布局属性，"其他"选项卡显示自定义属性和其他特殊属性。

③设置属性有如下方法：

- 直接在属性设置框中输入值或表达式，若输入表达式须用"＝"开头。
- 单击设置框右侧的下拉按钮，从中选择所需要的值。
- 单击 f_x 按钮，启动表达式生成器，设置属性。
- 设置了新的属性值后，在列表框中以"黑体"字体显示。

（3）"代码"窗口。

"代码"窗口如图 7-22 所示。单击系统显示菜单的代码命令，即可打开或关闭代码窗口，或者是双击表单或控件也可以打开"代码"窗口。代码窗口是编写事件过程和方法代码的地方。

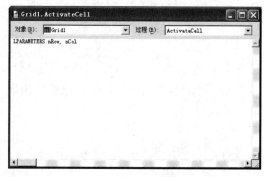

图 7-22　"代码"窗口

（4）"表单设计器"工具栏。

在打开"表单设计器"后，会自动打开"表单设计器"工具栏，如图 7-23 所示。通过单击"表单设计器"工具栏中的按钮，可以打开或关闭相应的工具栏或窗口。把鼠标指针移至"表单设计器"工具栏的按钮上时，即会显示出按钮的名称。

各按钮的功能如表 7-7 所示。

图 7-23　"表单设计器"工具栏

表 7-7　表单设计器各按钮功能

按钮名称	功能
设置 Tab 键次序	设置对象的 Tab 键次序
数据环境	弹出"数据环境"窗口，该窗口用于指定表单所使用的数据表
属性窗口	弹出"属性"窗口，该窗口用于调整当前对象的属性值
代码窗口	弹出"代码编辑"窗口，该窗口用于查看和编辑代码
表单控件工具栏	弹出"表单控件"工具栏，该工具栏用于给表单添加对象
调色板工具栏	弹出"调色板"工具栏，该工具栏用于调整对象颜色
布局工具栏	弹出"布局"工具栏，该工具栏用于调整表单中的对象布局
表单生成器	弹出"表单生成器"对话框，该生成器以交互方式，将字段作为控件添加到表单中，并可以定义表单的样式和布局
自动格式	弹出"自动格式生成器"对话框，该对话框以交互方式，为选定控件设置预定的格式

（5）"表单控件"工具栏。

设计表单的主要任务是利用"表单控件"设计交互用户界面。在表单设计器中，可以单击"表单设计器"工具栏中的"表单控件工具栏"按钮或在系统菜单中的"显示"菜单中选择"表单控件工具栏"命令，打开如图 7-24 所示的"表单控件"工具栏。利用它可以方便地往表单里添加控件。其中包含的控件如下：标签、文本框、编辑框、命令按钮、命令按钮组、选项按钮组、复选框、组合框、列表框、微调控件、表格、图像、计时器、页框、ActiveX 控件（olecontrol）、ActiveX 绑定控件（oleBoundcontrol）、线条、形状、容器、分隔符、超级链接。

图 7-24 "表单控件"工具栏

2. 表单中的控件操作

新建表单是个空白文档，用户可以利用"表单控件"工具栏向表单中添加控件，还可以根据需要对已添加的控件进行移动、复制、删除和调整大小等操作。下面详细介绍表单中控件的各种操作。

（1）向表单添加控件。

打开表单设计器和表单控件工具栏，在表单控件工具栏中选所要添加的控件，然后单击或拖动鼠标画出该控件的大小后松开，即可完成控件的添加。

单击表单控件工具栏中"按钮锁定"按钮，可多次拖放出同样的控件。

（2）移动控件。

选择要移动的控件，这时在控件四周会出现多个控点。按住鼠标左键，然后拖动选择的控件到指定位置。或者选中控件后，用键盘上的方向键来实现控件移动。如果要精确地移动控件，在"属性"窗口中，改变控件的 Left 和 Top 属性。

注意：在移动控件时，有时会发现怎么也对不齐，这是因为控件在布局内移动位置的增量并不是连续的。增量取决于网格的设置，可将网格设置为小一些（如都设为 1），若要忽略网格的作用，可以拖动控件时应按住 Ctrl 键。

（3）选择控件。

要选定控件，用鼠标指针单击控件，被选中的控件四周将出现 8 个控制点。若同时选择多个控件时，选择的同时按住 Shift 键即可。或者运用鼠标在表单上画一个区域，则该区域内的所有控件都被选上。

（4）调整控件的大小。

选择想要调整大小的控件，在该控件四周出现控点，拖动选定的控点，即可改变控件的宽度和高度。

（5）复制和删除控件。

先选中要复制的控件，然后选择"编辑"菜单的"复制"命令，然后粘贴，最后将复制出来的新控件拖动到需要的位置即可。复制控件时，控件内的代码一起被复制。

若要删除控件，首先选中要删除的控件，然后按 Delete 键即可删除，或者使用"编辑"菜单的"剪切"命令。

（6）对齐控件。

可以根据用户需要对齐控件，或者根据表单中的网格对齐放置它们。在表单中对齐控件的方法如下：

- 选择想要对齐的控件。
- 选择"格式"菜单中的"对齐"命令或选择"布局工具栏"。
- 从子菜单或工具栏中选择适当对齐选项。Visual FoxPro 使用距离所选对齐方向最近的控件作为固定参照控件。

3. 管理表单的属性和方法

（1）常用的表单属性。

Visual FoxPro 中表单属性大约有 100 多个，绝大多数很少用到。下面介绍表单的一些常用属性，它们的具体功能如表 7-8 所示。

表 7-8　表单常用属性

属性名称	功能	默认值
ALAWYSONTOP	防止其他窗口遮挡表单	.F.
AUTOCENTER	表单对象是否自动在主窗口内居中	.F.
BACKCOLOR	指定对象内文本和图形的背景颜色	255.255.255
BORDERSTYLE	指定对象的边框样式	3
CAPTION	指定对象标题文本	Form1
CLOSEABLE	指定能否通过双击窗口菜单图标来关闭表单	.T.
FONTNAME	指定用于显示文本的字体名	宋体
FONTSIZE	指定对象文本的字体大小	9
HEIGHT	指定屏幕对象的高度	250
MAXBUTTON	指定表单是否有最大化按钮	.T.
MINBUTTON	指定表单是否有最小化按钮	.T.
MOVABLE	指定在运行时刻能否移动对象	.T.
SCROLLBARS	指定控件所具有的滚动条类型	0-无
SHOWWINDOW	指定在创建过程中表单窗口显示表单或工具栏	0-在屏幕中
WINDOWSTATE	指定表单窗口在运动时刻是最小化还是最大化	0-普通
WIDTH	指定对象的宽度	375

（2）常用的表单事件和方法。

Visual FoxPro 6.0 中表单事件和方法大约有 40 多个，但绝大多数很少用到。这里给大家介绍表单的一些常用的事件和方法，它们的具体功能如表 7-9 所示。

表 7-9　表单常用事件和方法

事件和方法名	功能
INIT	创建表单时触发
ACTIVATE	对象激活时触发
CLICK	单击鼠标时触发
RIGHTCLICK	单击鼠标右键时触发

事件和方法名	功能
DBLCLICK	双击鼠标时触发
LOAD	在创建对象之前触发
UNLOAD	释放对象时触发
KEYPRESS	按下并释放键盘时触发
MOUSEUP	当用户释放鼠标时触发
MOUSEDOWN	当用户按下鼠标键时触发
MOUSEMOVE	当用户移动鼠标到对象时触发
SHOW	显示表单
HIDE	隐藏表单
RELEASE	将表单从内存中释放
REFRESH	刷新表单或控件

（3）添加新的属性和方法。

可以向表单中添加任意多个新的属性和方法。新建的属性和方法也属于表单，可以像引用其他属性和方法一样去引用。

①新建属性。

若已有表单集，那么在"表单设计器"中加入的属性和方法程序就属于表单集。如果没有建立表单集，属性和方法程序则属于表单。

在表单或表单集中添加新属性：

- 在系统的主菜单中选择"表单"菜单中的"新建属性"菜单项，弹出如图 7-25 所示的对话框。
- 在"新建属性"对话框中输入属性的名称，还可以附加关于这个属性的说明，它将显示在"属性"窗口的底部。

②创建新方法。

也可在表单中添加方法，并且用调用表单类方法的方式调用它。具体步骤如下：

- 在系统的主菜单中选择"表单"菜单中的"新建方法程序"命令，弹出如图 7-26 所示的"新建方法程序"对话框。

图 7-25　"新建属性"对话框

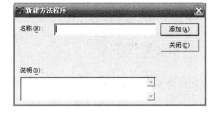

图 7-26　"新建方法程序"对话框

- 在"新建方法程序"对话框中输入方法程序的名称，还可以包含有关这个方法程序的说明，这是可选的。

7.3.4　运行表单

创建完成的表单，需要通过运行表单查看结果，Visual FoxPro 6.0 中提供了三种方式运行表单。

1. 菜单方式

（1）在系统菜单中选择"程序"菜单中的"运行"命令，在弹出的"运行"对话框中选定要运行的表单并单击"运行"按钮。

（2）在表单设计器环境中，选择"表单"菜单中的"执行表单"命令或者按快捷键 Ctrl+E。

（3）单击常用工具栏上的"运行"按钮，如图 7-27 所示。

2. 命令方式

在命令窗口输入命令"DO FORM <表单文件名>.SCX"。

3. 项目管理器方式

在项目管理器中要运行表单，可先打开项目管理器，选择"文档"选项卡，并选择要运行的表单，然后单击"运行"按钮，如图 7-28 所示。

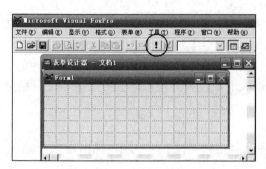
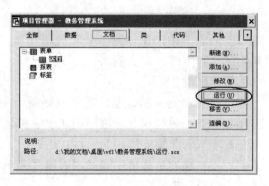

图 7-27　运行按钮　　　　　　　　　图 7-28　在项目管理器中运行表单

7.4　常用表单控件

制作出功能丰富的表单，需要使用和创建各种控件对象，常用表单控件就是 Visual FoxPro 6.0 为开发者提供的基类，可以在基类的基础上设计各种子类，也是在表单中设计各种对象的基础。下面将逐个介绍表单中常用的控件类的属性、方法和事件。

7.4.1　输出类控件

1. 标签控件

标签（Label）是一种最常用的显示文本信息的工具。该控件可以按一定格式显示输出表单上的文本信息，在设计时可以直接修改其中的文本，但不能用来输入信息。标签控件具有其他控件所具有的一组完整的属性、事件和方法，因此标签控件可以对事件作出反应。标签控件主要用于提示或说明，如作为文本框和编辑框的提示信息。标签上显示的信息在 Caption 属性中指定，按指定的格式输出，用户可以通过 Caption 属性对不同的控件对象加以区分。标签控件的常用属性见表 7-10。

表 7-10 标签控件主要属性

属性名称	说明
CAPTION	指定对象标题文本
AUTOSIZE	确定控件是否根据其内容的长短自动调整大小
Alignment	指定标题文本控件中显示的对齐方式
BACKSTYLE	对象的背景是否透明
HEIGHT	指定对象的高度
WIDTH	指定对象的宽度
FORECOLOR	显示对象中文本和图形的前景色
FONTBOLD	指定文字是否为粗体
FONTNAME	指定用于显示文本的字体名
FONTSIZE	指定对象文本的字体大小
WORDWRAP	指定标签上显示的文本能否换行
VISIBLE	指定对象是可见还是隐藏
NAME	指定在代码中用以引用对象的名称
ENABLED	指定表单或控件能否相应由用户引发的事件

例 7.4 设计一个表单，计算 1+2+3+...+100 的和，表单中包含三个标签控件。

具体操作步骤如下：

（1）在系统菜单中选择"文件"菜单中的"新建"命令，在"新建"对话框中选择"表单"，单击"新建文件"按钮，进入"表单设计器"。在表单中加入三个标签控件 LABEL1、LABEL2 和 LABEL3，如图 7-29 所示。

（2）设置属性。在本例中需要设置的属性有：

● 表单 FORM1 的 CAPTION 属性改为："求和框"；

● 标签 LABEL1 的 CAPTION 属性改为："计算 1+2+3....+100 的和"；

● 标签 LABEL2 和 LABEL3 的 CAPTION 属性改为："S="和"退出"。

（3）编写代码。

本例中需要在 LABEL2 的 CLICK 事件中添加代码：

```
s=0
FOR i=1 TO 100
    s=s+i
ENDFOR
THISFORM.LABEL2.CAPTION=THISFORM.LABEL2.CAPTION+STR(s)
THISFORM.REFRESH
```

LABEL3 的 CLICK 事件代码：

```
THISFORM.RELEASE
```

（4）运行表单，结果如图 7-30 所示。

2. 图像、线条和形状控件

图像（Imagel）控件主要用于图片文件的输出。添加好的图像控件只是个图像占位符，它只是标出图像的显示位置和大小等，要想显示真正的图像，还必须修改图像占位符的 Picture 属性，指定需要显示的图像文件路径，才能在图像占位符中显示指定的图像。在 Visual FoxPro 中，可以显示.bmp、.gif、.jpg 等多种格式的图像。控件可以在程序运行的动态过程中加以控制，因此可以实现系统窗口的动态界面功能。表 7-11 列出了常用图像控件的属性。

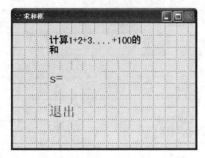
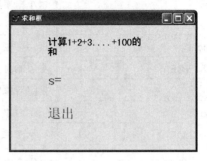

图 7-29　例 7.4 的设计窗口　　　　　　　图 7-30　例 7.4 的运行结果

表 7-11　图像控件的常用属性

属性名称	说明
PICTURE	要显示的图形文件或字段（.BMP、.ICO 文件）
BORDERSTYLE	指定图像的边框样式
BACKSTYLE	指定图像的背景是否透明
STRETCH	指定如何对图像进行尺寸调整

线条（Line）控件用于在表单上画出各种类型的线条，包括斜线、水平线和垂直线。形状（Shape）控件用于在表单上画各种类型的形状。表 7-12 和表 7-13 分别列出了常用的线条和形状控件属性。

表 7-12　线条的常用属性

属性名称	说明
BORDERSTYLE	指定线条样式
BORDERWIDTH	确定线条宽度
HEIGHT	指定屏幕上对象的高度
LINESLANT	指定线条如何倾斜
WIDTH	确定画线区域宽度

表 7-13　形状的常用属性

属性名称	说明
CURVATURE	指定形状控件的角的曲率
FILLSTYLE	指定填充方式
BACKSTYLE	指定图形的背景是否透明
BORDERSTYLE	指定图形的边框样式
BORDERWIDTH	指定图形的边框宽度

例 7.5　设计表单，包括一个选项按钮组和一个形状控件，要求选择"方"时，图形变为方形；选择"圆"时图形变为圆形。

具体操作步骤如下：

（1）在"新建"对话框中创建一个新表单，进入"表单设计器"。在表单中加入创建一个选项按钮组 OPTIONGROUP，创建一个形状控件 SHAPE1。

（2）在本例中需要设置的属性有：

● 　表单的 CAPTION 属性设置为"形状"；

● 　选项按钮组 OPTION1 的 CAPTION 属性设置为"方"；

● 　选项按钮组 OPTION2 的 CAPTION 属性设置为"圆"。

（3）编写代码：

● 　在"方"选项按钮的 CLICK 事件中填写如下代码：

```
THISFORM.SHAPE1.CURVATURE=0
```

● 　在"圆"选项按钮的 CLICK 事件中填写如下代码：

```
THISFORM.SHAPE1.CURVATURE=99
```

（4）表单保存为"形状.SCX"，执行表单，并观察运行结果。选项按钮时，观察形状的变化，显示结果如图 7-31 和图 7-32 所示。

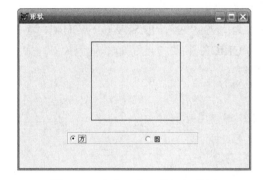

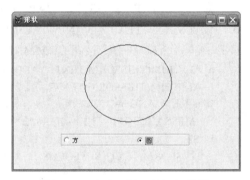

图 7-31　点击"方"的运行结果　　　　　　图 7-32　点击"圆"的运行结果

7.4.2　输入类控件

1．文本框控件

文本框（TexBox）控件是一个常用的基本控件，主要用于显示和输入数据，它允许用户添加或编辑保存在表中非备注、非通用字段中的数据。"文本框"控件与"标签"控件最主要的区别在于它们使用的数据源是不同的。"标签"控件的数据源来自于其 CAPTION 属性，而"文本框"控件的数据源来自于其 CONTROLSOURCE 属性，文本框中既可输入数据也可输出数据。文本框中显示的文本受 VALUE 属性控制。表 7-14 列出了常用的文本框控件属性。

表 7-14　文本框控件的主要属性

属性名称	说明
CONTROLSOURCE	设置文本框的数据源，数据源可为字段或内存变量
READONLY	文本框是否为只读
VALUE	指定控件的当前值。被设置为"无"表示文本框为字符型；被设置为"0"表示文本框为数值型

续表

属性名称	说明
FORMAT	文本框的输入与显示格式
INPUTMASK	指定在一个控件中如何输入和显示数据
PASSWORDCHAR	指定文本框控件的定位符，即当向文本框输入数据时不显示真实的数据而显示定位符

例 7.6   建立一个具有文本框的密码演示程序，程序运行时，如果用户提供正确的用户名和口令，就会出现正确的提示信息，如果用户名与口令不符，那么就会出现错误的提示信息。

具体操作步骤如下：

（1）在系统菜单中新建一个表单，进入"表单设计器"。在表单中添加两个标签 LABEL1 和 LABEL2；两个文本框 TEXT1 和 TEXT2；一个命令按钮 COMMAND1。

（2）设置属性有：

- 表单的 CAPTION 属性设置为"用户登陆"；
- 标签 LABEL1 的 CAPTION 属性设置为"请输入姓名："；
- 标签 LABEL2 的 CAPTION 属性设置为"密码："；
- 命令按钮 COMMAND1 的 CAPTION 属性设置为"确认"；
- 设置文本框 TEXT2 的 INPUTMASK 属性为"999999"，PASSWORDCHAR 为"#"。

（3）编写代码。在命令按钮 COMMAND1 的 CLICK 事件中填写如下代码：

```
a=ALLTRIM(THISFORM.TEXT1.VALUE)
b=ALLTRIM(THISFORM.TEXT2.VALUE)
IF a="王华"AND b="123123"
    =MESSAGEBOX("密码正确!",48,"提示信息")
ELSE
    THISFORM.TEXT1.SETFOCUS
    =MESSAGEBOX("对不起,密码错误!",48,"提示信息")
EndIF
```

（4）表单保存为"用户登陆.SCX"，执行表单，并观察运行结果。显示结果如图 7-33 和图 7-34 所示。

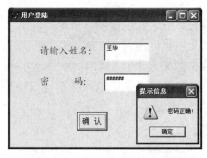

图 7-33　密码正确的运行结果

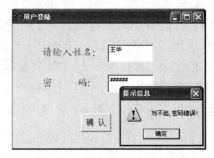

图 7-34　密码错误的运行结果

2. 编辑框控件

编辑框（EditBox）一般用于接收输入文本信息和查看文本信息，编辑框可以编辑长字段和备注字段文本，允许自动换行并能用方向键、翻页键及滚动条来浏览文本。如果想在编辑框中编辑备注字段，只需将编辑框的属性设置为该 CONTROLSOURCE 备注字段。表 7-15 列出了常用的编辑框控件属性。

表 7-15　编辑框常用属性

属性名称	说明
READONLY	能否修改编辑框中的文本，默认为.F.
SCROLLBARS	指定在编辑框中是否具有垂直滚动条 设为 2-垂直；设为 0-无（用方向键和翻页键来浏览）
SELSTART	返回用户在控件的文本输入区中所选定文本的起始点位置，或指出插入点位置
ALLOWTABS	确定用户在编辑框中是否能使用 Tab 键
SELLENGTH	返回用户在控件的文本输入区所选定字符的数目，或指定要选定的字符数目
SELTEXT	返回用户在控件的文本输入区内选定的文本，如果没有选定任何文本则返回零长度字符串

例 7.7　建立一个带编辑框的表单，将编辑框的内容显示到文本框中。

具体操作步骤如下：

（1）在系统菜单中选择"文件"菜单中的"新建"命令，在"新建"对话框中选择"表单"，单击"新建文件"按钮，进入"表单设计器"。在表单中添加一个编辑框 EDIT1、一个文本框 TEXT1 和一个命令按钮 COMMAND1。

（2）设置控件的属性。

● 表单的 CAPTION 属性设置为"选择内容的显示"；

● 命令按钮 COMMAND1 的 CAPTION 属性设置为"取消"。

（3）添加事件代码。

● 文本框 TEXT1 的 GOTFOCUS 事件代码如下：

```
THIS.VALUE=THISFORM.EDIT1.SELTEXT
```

● 在命令按钮 COMMAND1 的 CLICK 事件中填写如下代码：

```
THISFORM.EDIT1.VALUE=""
THISFORM.TEXT1.VALUE=""
```

（4）表单保存为"选择内容的显示.SCX"，执行表单，并观察运行结果。运行的结果如图 7-35 所示。

本例题中，光标从编辑框移到文本框中时，文本框发生了 GOTFOCUS 事件，而对于编辑框发生了 LOSTFOCUS 事件。

3. 列表框控件与组合框控件

下面一起介绍列表框控件与组合框控件，它们的功能非常相似，都提供了一个可滚动的列表，而且还包含一些信息或选项，可以从中选择一项或多项。

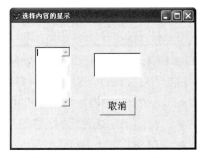

图 7-35　例 7.7 的运行结果

两者的区别有三点：

● 组合框控件由一个列表框和一个编辑框组成。

● 列表框始终都显示它的列表选项，而组合框平时只显示其中一项，需要用户单击向下的按钮后，才能显示可滚动的下拉列表。

- 组合框又分下拉组合框和下拉列表框，前者允许用户输入数据，而列表框和下拉列表框都仅有选择功能。

表 7-16 列出了常用的列表框控件属性。

表 7-17 列出了常用的组合框控件属性。

表 7-16　列表框的主要属性

属性名称	说明
COLUMNCOUNT	列表框控件中的列数
CONTROLSOURCE	指定与对象建立联系的数据源
MOVERBARS	列表框内是否显示移动条
MULTISELECT	能否在列表框内进行多重选定
ROWSOURCE	列表框中数据值的来源
ROWSOURCETYPE	确定数据类型（值、表、字段、数组等）
LIST	设置或返回列表中的选项
VALUE	指定控件的当前状态
SELECTED	指定列表框内的条目是否处于选定状态

表 7-17　组合框的属性

属性名称	说明
STYLE	指定组合框是下拉组合框还是下拉列表框
CONTROLSOURCE	指定用于保存用户选择或输入值的表字段
INPUTMASK	指定在一个控件中如何输入和显示数据
LISTINDEX	指定组合框中选定数据项的索引值
ROWSOURCE	指定组合框中数据值的来源
ROWSOURCETYPE	指定组合框中数据值的源的类型

例 7.8　建立一个表单，在选中列表框中的项目后，单击"结果"按钮，可计算出 L+L*L+L*L*L 的值，L 取值范围为 1～100。

具体操作步骤如下：

（1）在系统菜单中选择"文件"菜单中的"新建"命令，在"新建"对话框中选择"表单"，单击"新建文件"按钮，进入"表单设计器"。在表单中创建一个列表框 LIST1、两个标签 LABEL1、LABEL2 和一个命令按钮 COMMAND1。

（2）设置属性。在本例中需要设置的属性有：

- 标签 LABEL1 的 CAPTION 属性改为"L　　　平方　　立方"；
- 标签 LABEL2 的 CAPTION 属性改为"L+L*L+L*L*L="；
- 命令按钮 COMMAND1 的 CAPTION 属性改为"结果"；
- 列表框 LIST1 的 COLUMNCOUNT 属性改为 3；ROWSOURCETYPE 属性改为 0-无；COLUMULINE 改为.T.，即列有分隔线；COLUMNWIDTH 改为 40，60，各列宽度。

（3）编写代码。

- 在表单 FORM1 的 INIT 事件中填写如下代码：

```
THISFORM.LIST1.CLEAR
FOR L=1 TO 100
  A=ALLT(STR(L))
  THISFORM.LIST1.ADDLISTITEM(A,L,1)
  A=ALLT(STR(L*L))
  THISFORM.LIST1.ADDLISTITEM(A,L,2)
  A=ALLT(STR(L*L*L))
  THISFORM.LIST1.ADDLISTITEM(A,L,3)
ENDFOR
A=ALLT(STR(L))
THISFORM.REFRESH
```

- 在命令按钮 COMMAND1 的 CLICK 事件中填写如下代码：
```
STORE 0 TO X,Y,Z,S
FOR L=1 TO 100
  IF THISFORM.LIST1.SELECTED(L)
    X=VAL(THISFORM.LIST1.LIST(L,1))
    Y=VAL(THISFORM.LIST1.LIST(L,2))
    Z=VAL(THISFORM.LIST1.LIST(L,3))
    S=X+Y+Z
    EXIT
  ENDIF
ENDFOR
THISFORM.LABEL2.CAPTION=STR(X,3)+"+"+STR(Y,4)+"+"+STR(Z,6)+"="+STR(S,8)
THISFORM.REFRESH
```

（4）保存表单为"有趣计算"，执行表单，并观察运行结果。运行前后的结果如图 7-36 和图 7-37 所示。

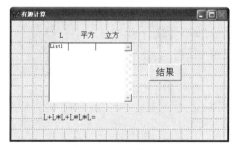

图 7-36　例 7.8 的运行前

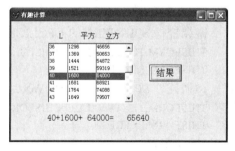

图 7-37　例 7.8 运行后的结果

4. 微调控件

微调控件（Spinner）可以在一定范围内控制数据的变化。它既可以用键盘输入，也可以直接在微调框中键入数据值，或单击控件的上下箭头来增减其当前值。表 7-18 列出了常用的微调控件属性。

表 7-18　微调控件常用属性

属性名称	说明
CONTROLSOURCE	指定与对象建立联系的数据源
KEYBOARDHIGHVALUE	指定微调控件中允许输入的最大值

续表

属性名称	说明
KEYBOARDLOWVALUE	指定微调控件中允许输入的最小值
INCREMENT	每次单击向上、向下按钮时增加或减少的数值
SPINNERHIGHLALUE	指定通过单击向上箭头按钮或按住向上箭头，微调控件可以达到的最大值
SPINNERLOWLALUE	指定通过单击向下箭头按钮或按住向下箭头，微调控件可以达到的最小值
VALUE	微调控件的当前值
INPUTMASK	指定在一个控件中如何输入和显示数据

例 7.9　建立一个表单，在表单运行时，在文本框中显示当前日期，当单击上翻按钮时，显前一天的日期；当单击下翻按钮时，显示后一天日期。

具体操作步骤如下：

（1）打开命令窗口，在窗口中执行 CREATE FORM 命令，进入"表单设计器"。在表单中加入创建一个文本框 TEXT1；一个微调控件 SPINNER1。

（2）设置控件的属性：

- 表单 FORM1 的 CAPTION 属性改为"人工日历"；
- 文本框 TEXT1 的 DATEFORMAT 属性改为 14-汉语；
- 文本框 TEXT1 的 FONTSIZE 属性改为 18；
- 文本框 TEXT1 的 READONLY 的值设为真；
- 文本框 TEXT1 的 VALUE 的属性输入"=DATE()"。

（3）编写代码：

- 微调控件 SPINNER1 的 UPCLICK 事件中填写如下代码：

```
THISFORM.TEXT1.VALUE=THISFORM.TEXT1.VALUE-1
THISFORM.REFRESH
```

- 微调控件 SPINNER1 的 DOWNCLICK 事件中填写如下代码：

```
THISFORM.TEXT1.VALUE=THISFORM.TEXT1.VALUE+1
THISFORM.REFRESH
```

（4）表单保存为"人工日历.SCX"，执行表单，并观察运行结果，如图 7-38 所示。

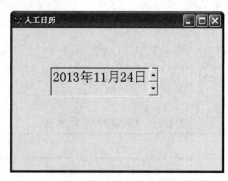

图 7-38　人工日历的运行结果

7.4.3 控制类控件

1. 命令按钮控件

命令按钮（Command）控件在应用程序的运行过程中起到控制作用，命令按钮的动作响应主要由命令按钮的 CLICK 事件代码完成，命令按钮是使用广泛的控件之一。表 7-19 列出了常用的命令按钮控件属性。

表 7-19 命令按钮控件的主要属性

属性名称	说明
CAPTION	按钮上显示的文本
VISIBLE	按钮是否可见
DEFAULT	是否为默认按钮
NAME	指定在代码中用以引用对象的名称
ENABLED	指定控件能否相应由用户引发的事件，默认为 ".T."
CANCEL	是否取消按钮，默认为 ".F."
PICTURE	指定要显示在命令按钮上的图形文件

例 7.10 设计一个表单，运用两个命令按钮控件切换图片与文字，程序运行前如图 7-39 所示。

具体操作步骤如下：

（1）在系统菜单中选择"文件"菜单中的"新建"命令，在"新建"对话框中选择"表单"，单击"新建文件"按钮，进入"表单设计器"。在表单中创建一个标签 LABEL1 和两个命令按钮 COMMAND1、COMMAND2。

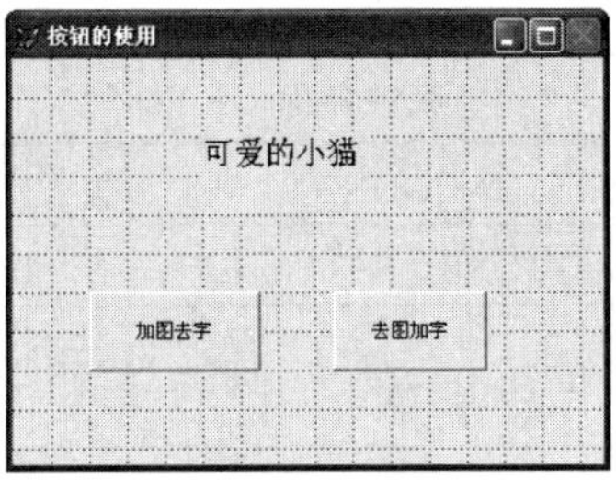

（2）设置属性。在本例中需要设置的属性有：

图 7-39 程序运行前界面

- 表单 FORM1 的 CAPTION 标题属性设为"按钮的使用"；
- 标签 LABEL1 的 CAPTION 属性改为"可爱的小猫"；
- 命令按钮 COMMAND1 的 CAPTION 属性改为"加图去字"；
- 命令按钮 COMMAND2 的 CAPTION 属性改为"去图加字"。

（3）编写代码。

- 命令按钮 COMMAND1 的 CLICK 事件代码如下：
```
THISFORM.PICTURE="D:\ZP1.JPG"
THIS.VISIBLE=.F.
THISFORM.COMMAND2.VISIBLE=.T.
THISFORM.LABEL1.VISIBLE=.F.
```
- 命令按钮 COMMAND2 的 CLICK 事件代码如下：
```
THISFORM.PICTURE=""
THIS.VISIBLE=.F.
THISFORM.COMMAND1.VISIBLE=.T.
THISFORM.LABEL1.VISIBLE=.T.
```

（4）保存表单为"按钮使用"，执行表单，并观察运行结果。运行前后的结果如图 7-40 和图 7-41 所示。

图 7-40　加图去字结果

图 7-41　去图加字结果

2．命令按钮组控件

命令按钮组（CommandGroup）控件可以创建一组命令按钮，它是表单上的一组容器类控件，既可以对它们进行单个操作，也可以把它们作为一个整体进行操作。在进行单独操作时，需要右击该控件，从弹出的快捷菜单中选择"编辑"命令，此时就可以对命令按钮组内的个体进行操作了。

如果表单上有多个命令按钮，最好使用命令按钮组，命令按钮组可以使代码更简洁，界面更整齐。表 7-20 列出了常用的命令按钮组控件属性。

表 7-20　命令按钮组控件的主要属性

属性名称	说明
BUTTONCOUNT	设置命令按钮组命令的数目
BUTTONS	用于访问命令按钮组中每一个按钮的数组
VALUE	指定或返回命令按钮组当前的状态。默认为数值型，该数值表示当前第几个按钮被选中

3．复选框控件

复选框（CheckBox）是用来表示具有两种状态的控件对象，复选框允许选择其中一项或者是多项。复选框中选定某一选项时，与该选项对应的"复选框"中会出现一个对号。利用"复选框"逻辑状态值可以实现选择操作，以及完成对逻辑型数据的输入、输出操作。表 7-21 列出了常用的复选框控件组属性。

表 7-21　复选框的常用属性

属性名称	说明
VALUE	0 或.F.表示该复选框没有被选中 1 或.T.表示该复选框被选中 2 或.NULL.表示该复选框禁止选择，且复选框变灰
CAPTION	显示所选内容的文本。
CONTROLSOURCE	指定与复选框建立联系的数据源

例 7.11　建立一个表单"复选框"，要求通过添加 4 个复选框来改变标签的标题文本样式。

具体操作步骤如下：

（1）在系统菜单中选择"文件"菜单中的"新建"命令，在"新建"对话框中选择"表单"，单击"新建文件"按钮，进入"表单设计器"。在表单中添加 4 个复选框 CHECK1、CHECK2、CHECK3、CHECK4 和一个标签 LABEL1。

（2）设置控件对象的属性如下：

● 表单 FORM1 的 CAPTION 属性改为"复选框"；

● 复选框 CHECK1 的 CAPTION 属性改为"蓝色"，CHECK2 的 CAPTION 属性改为"下划线"，CHECK3 的 CAPTION 属性改为"黑体"，CHECK4 的 CAPTION 属性改为"折行显示"；

● 标签 LABEL1 的 CAPTION 属性改为"端午节快乐"。

（3）编写程序代码。

● 在复选框 CHECK1 的 INTERACTIVECHANGE 事件中填写如下代码：

```
IF THIS.VALUE=1
    THISFORM.LABEL1.FORECOLOR=RGB(0,0,255)
ELSE
    THISFORM.LABEL1.FORECOLOR=RGB(0,0,0)
ENDIF
```

● 在复选框 CHECK2 的 INTERACTIVECHANGE 事件中填写如下代码：

```
IF THIS.VALUE=1
    THISFORM.LABEL1.FONTUNDERLINE=.T.
ELSE
    THISFORM.LABEL1.FONTUNDERLINE=.F.
ENDIF
```

● 在复选框 CHECK3 的 INTERACTIVECHANGE 事件中填写如下代码：

```
IF THIS.VALUE=1
    THISFORM.LABEL1.FONTNAME="黑体"
ELSE
    THISFORM.LABEL1.FONTNAME="华文行楷"
ENDIF
```

● 在复选框 CHECK4 的 INTERACTIVECHANGE 事件中填写如下代码：

```
IF THIS.VALUE=1
    THISFORM.LABEL1.WORDWRAP=.T.
ELSE
    THISFORM.LABEL1.WORDWRAP=.F.
ENDIF
```

（4）表单保存为"复选框.SCX"，执行表单，并观察运行结果，如图 7-42 所示。

4. 选项按钮组控件

选项按钮组（OptionGroup）是一种容器控件，可以包含选项按钮控件。一个选项按钮组中往往会包含多个选项按钮，每个选项按钮代表着一种选择，各个按钮之间的功能是互斥的，也就是说只能在多个选项按钮中选

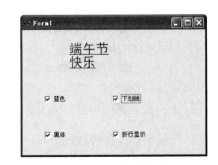

图 7-42　例 7.11 的运行结果

择其中的一个。选项按钮组有生成器，可以通过生成器对各按钮属性设置。表 7-22 列出了常

用的选项按钮组属性。

表 7-22　选项按钮组的常用属性

属性名称	说明
BUTTONCOUNT	指定选项按钮组中的按钮数目
VALUE	选项按钮组的值
NAME	指定在代码中用以引用对象的名称
CLICK EVENT	打开 OPTIONGROUP.CLICK 窗口，编写事件代码

例 7.12　建立一个表单"选项按钮组"，要求利用选项按钮组来控制输入文本的字体。

具体操作步骤如下：

（1）在系统菜单中选择"文件"菜单中的"新建"命令，在"新建"对话框中选择"表单"，单击"新建文件"按钮，进入"表单设计器"。在表单中加入创建一个选项按钮组 OPTIONGROUP1；两个标签 LABEL1、LABEL2；一个文本框 TEXT1；一个命令按钮 COMMAND1。

（2）设置属性。在本例中需要设置的属性有：

- 表单 FORM1 的 CAPTION 属性改为"选项按钮组"；
- 选项按钮组 OPTIONGROUP1 中 BUTTONCOUNT 属性改为 3；
- 选项按钮组 OPTIONGROUP1 中 OPTION1 的 CAPTION 属性改为"X<0 Y=2X+1"；OPTION2 的 CAPTION 属性改为"100>X>=0 Y=10"；OPTION3 的 CAPTION 属性改为"X>=100 Y=6X-1"；
- 标签 LABEL1 的 CAPTION 属性改为"X："；标签 LABEL2 的 CAPTION 属性改为"计算结果："；
- 文本框 TEXT1 的 FONTSIZE 属性设置为 18；
- 命令按钮 COMMAND1 的 CAPTION 属性改为"退出"。

（3）编写代码。

- 表单 FORM1 的 ACTIVE 事件代码：

```
THIS.TEXT.SETFOCUS
```

- 选项按钮组 OPTIONGROUP1 的 CLICK 事件代码如下：

```
X=THISFORM.TEXT1.VALUE
N=THISFORM.OPTIONGROUP1.VALUE
DO CASE
    CASE N=1
        Y=2*VAL(X)+1
    CASE N=2
        Y=10
    CASE N=3
        Y=6*VAL(X)-1
ENDCASE
THISFORM.LABEL2.CAPTION="X="+X+"时"+"计算结果:"+"Y="+STR(Y)
THISFORM.REFRESH
```

- 命令按钮 COMMAND1 的 CLICK 事件代码如下：
  THISFORM.RELEASE

（4）表单保存为"选项按钮组.SCX"，执行表单，并观察运行结果，运行的结果如图 7-43 所示。

5. 计时器控件

计时器控件（Timer）主要是利用系统时钟来控制某些具有规律性和周期性任务的定时操作。它能周期性地自动地反复执行它的 TIMER 事件代码，在应用程序中用来决定是否启动一个定时事件。由于在运行时用户不必看到计时器，所以可以将其隐藏起来。表 7-23 列出了常用的计时器控件的属性。

图 7-43　例 7.12 的运行结果

表 7-23　计时器控件的常用属性

属性名称	说明
INTERVAL	指定调用计时器控件的时间间隔，以毫秒为单位
ENABLED	当该属性为.T.时计时器被启动，当该属性为.F.时计时器运行将被挂起，这是与其他控件属性不同的地方

例 7.13　建立一个"计时器"表单，要求程序运行时，标签的文字从右向左移动，当所有的文字移动到左边消失后，重新从左边开始向右移动。每次变换移动时，文字的颜色也在变换。

具体操作步骤如下：

（1）在系统菜单中选择"文件"菜单中的"新建"命令，在"新建"对话框中选择"表单"，点击"新建文件"按钮，进入"表单设计器"。在表单中加入一个命令按钮 COMMAND1；一个标签 LABEL1；一个计时器 TIMER1。

（2）在本例中需要设置的属性有：

- 表单 FORM1 的 CAPTION 属性改为"计时器"；
- 标签 LABEL1 的 CAPTION 属性改为"Life is sweet"；FONTSIZE 属性设置为 28；FONTNAME 属性设置为"微软雅黑"；BACKSTYLE 属性设置为"0-透明"；FONTITALIC 属性设置为".T.-真"；
- 计时器 TIMER1 的 INTERVAL 属性设置为 100；
- 命令按钮 COMMAND1 的 CAPTION 属性改为"关闭"。

（3）编写代码。

- 在表单 FORM1 的 INIT 事件中填写如下代码：
  ```
  PUBLIC X
  X=1
  ```
- 在命令按钮 COMMAND1 的 CLICK 事件中填写如下代码：
  ```
  THISFORM.RELEASE
  ```
- 在计时器 TIMER1 的 TIMER 事件中填写如下代码：
  ```
  IF THISFORM.LABEL1.LEFT+THISFORM.LABEL1.WIDTH>0
      THISFORM.LABEL1.LEFT=THISFORM.LABEL1.LEFT-10
  ELSE
  ```

```
    THISFORM.LABEL1.LEFT=THISFORM.WIDTH
    IF X%2=0
        THISFORM.LABEL1.FORECOLOR=RGB(0,0,0)
    ELSE
        THISFORM.LABEL1.FORECOLOR=RGB(255,0,0)
    ENDIF
    X=X+1
  ENDIF
```

（4）表单保存为"计时器.SCX"，执行表单，并观察运行结果，运行的结果如图 7-44 所示。

图 7-44　例 7.13 的运行结果

7.4.4　容器类控件

1. 表格控件

表格控件（Grid）是以表格的方式显示输入和输出数据的，它可以设置在表单或页面中，用户可以修改表格中的数据。"表格"控件在一对多的表关系中经常使用。一个表格控件包含一些列控件，每一列都有自己的一组属性、方法和事件。在实际应用中，通常用"文本框"控件显示父表中的记录信息，用"表格"控件显示子表中对应的多个记录信息。表 7-24 列出了常用的表格控件属性。

表 7-24　表格控件的主要属性

属性名称	说明
COLUMNCOUNT	表的列数
CAPTION	表格各列的标题
READONLY	是否允许用户修改表中的信息
RECORDSOURCETYPE	表格控件数据源类型
RECORDSOURCE	表格数据源
LINKMASTER	指定与表格控件中所显示子表相链接的父表
RELATIONALEXPR	关联表达式
CONTROLSOURCE	各行数据源

2. 页框控件

页框（PageFrame）实质上就是选项卡界面，它是一个包含多个页面的容器，而在每页中又可以包含若干控件，使用页框能有效地扩展表单的空间。在运行时，可以单击页面标题进行选择，被选定的页面称为活动页面。表 7-25 列出了常用的页框控件属性。

表 7-25 页框控件的常用属性

属性名称	说明
PAGECOUNT	指定页框中所包含的页面数
ACTIVEPAGE	设置和返回页框对象中活动页面的页码
PAGES	用以存取页框对象中各个页的数组
STYLE	是否可以调整每个页面选项卡的宽度
TABS	指定页框控件是否包含页面，默认为.T.
TABSTRETCH	指定页面控件的标题是否可多行显示，默认为"1-单行"

例 7.14 设计一个表单"页框"，要求：做一个多页面表单，在每一个页面中都可以利用选项按钮组来控制输入文本的字体和字形。

具体操作步骤如下：

（1）在命令窗口中执行 CREATE FORM 命令，启动表单设计器。在表单中加入创建一个页框 PAGEFRAME1；两个选项按钮组 OPTIONGROUP1 和 OPTIONGROUP2；一个标签 LABEL1；一个文本框 TEXT1。

（2）需要设置属性有：

- 表单 FORM1 的 CAPTION 属性为"页框"；
- 页框 PAGEFRAME1 中 PAGE1 的 CAPTION 属性为"第一页"；PAGE2 的 CAPTION 属性为"第二页"；
- 标签 LABEL1 的 CAPTION 属性为"字体处理"；FONTSIZE 属性设置为 20；
- PAGEFRAME1.PAGE1 选项按钮组 OPTIONGROUP1 中 BUTTONCOUNT 属性为 3；
- PAGEFRAME1.PAGE2 选项按钮组 OPTIONGROUP1 中 BUTTONCOUNT 属性为 2；
- PAGEFRAME1.PAGE1 选项按钮组 OPTIONGROUP1 中 OPITON1 的 CAPTION 属性为"宋体"；OPITON2 的 CAPTION 属性为"黑体"；OPITON3 的 CAPTION 属性为"隶书"；
- PAGEFRAME1.PAGE2 选项按钮组 OPTIONGROUP1 中 OPITON1 的 CAPTION 属性为"斜体"；OPITON2 的 CAPTION 属性为"粗体"。

（3）编写代码。

- PAGEFRAME1.PAGE1 中的选项按钮组 OPTIONGROUP1 的 CLICK 事件中填写如下代码：

```
DO CASE
    CASE THIS.VALUE=1
        THISFORM.PAGEFRAME1.PAGE1.TEXT1.FONTNAME="宋体"
    CASE THIS.VALUE=2
        THISFORM.PAGEFRAME1.PAGE1.TEXT1.FONTNAME="黑体"
    CASE THIS.VALUE=3
        THISFORM.PAGEFRAME1.PAGE1.TEXT1.FONTNAME="隶书"
ENDCASE
```

- PAGEFRAME1.PAGE2 中的选项按钮组 OPTIONGROUP1 的 CLICK 事件中填写如下

代码：
```
DO CASE
CASE THIS.VALUE=1
        THISFORM. pageframe1.page2.LABEL1.FONTBOLD=.T.
CASE THIS.VALUE=2
        THISFORM. pageframe1.page2.LABEL1.FONTITALIC=.T.
ENDCASE
```
（4）表单保存为"页框.SCX"，执行表单，并观察运行结果，运行的结果如图 7-45 和图 7-46 所示。

图 7-45　页框一中点击运行结果

图 7-46　页框二中点击运行结果

习题 7

一、选择题

1. CAPTION 是对象的（　　）属性。

　　A. 名称　　　　　　　B. 标题　　　　　　　C. 背景是否透明　　　　D. 字体尺寸

2. 设计表单时，可以利用（　　）向表单中添加控件。

　　A. 表单设计器　　　B. 表单控件工具　　　C. 表单向导　　　　　D. 布局工具栏

3. 下列不能建立表单文件的方法是（　　）。

　　A. CREATE FORM 表单名

　　B. 选择"文件"菜单的"新建"命令，弹出"新建"对话框，选择"表"单选按钮

　　C. 选择"文件"菜单的"新建"命令，弹出"新建"对话框，选择"表单"单选按钮

　　D. MODIFY FORM 表单名

4. 页框控件也称作选项卡控件，在一个页框中可以有多个页面，页面个数的属性是（　　）。

　　A. COUNT　　　　　B. PAGE　　　　　C. NUM　　　　　　D. PAGECOUNT

5. 计时器控件的主要属性是（　　）。

　　A. ENABLED　　　　B. CAPTION　　　C. INTERVAL　　　　D. VALUE

6. 在表单运行时，要求单击某一对象时释放表单，应（　　）。

　　A. 在对象的 CLICK 事件中输入 THISFORM.RELEASE 代码

　　B. 在对象的 DESTROY 事件中输入 THISFORM.REFRESH 代码

　　C. 在对象的 CLICK 事件中输入 THISFORM. REFRESH 代码

　　D. 在对象的 DBCLICK 事件中输入 THISFORM.RELEASE 代码

7. 下列叙述不属于表单数据环境常用操作的是（　　）。

　　A．向数据环境添加表或视图

　　B．向数据环境添加控件

　　C．从数据环境中删除表或视图

　　D．在数据环境中编辑关系

8. 下面属于表单方法名（非事件名）的是（　　）。

　　A．INIT　　　　　　　B．RELEASE　　　　C．DESTROY　　　　D．CAPTION

9. 下列表单的哪个属性设置为真时，表单运行时将自动居中（　　）。

　　A．AUTOCENTER　　　　　　　　　　B．ALWAYSONTOP

　　C．SHOWCENTER　　　　　　　　　　D．FORMCENTER

10. 表单里有一个选项按钮组,包含两个选项按钮 OPTION1 和 OPTION2,假设 OPTION2 没有设置 CLICK 事件代码,而 OPTION1 以及选项按钮和表单都设置了 CLICK 事件代码,那么当表单运行时,如果用户单击 OPTION2,系统将（　　）。

　　A．执行表单的 CLICK 事件代码　　　　B．执行选项按纽组的 CLICK 事件代码

　　C．执行 OPTION1 的 CLICK 事件代码　　D．不会有反应

二、填空题

1. 在表单中设计一组复选框（CheckBox）控件是为了可以选择_____个或_____个选项。

2. 标签控件与文本框控件最主要的区别在于它们使用的_____有所不同。

3. 页框能包容的内容对象是_____。

4. 在 Visual FoxPro 中，假设表单上有一选项组：⊙男 ⊙女，该选项组的 VALUE 属性值赋为 0。当其中的第一个选项按钮"男"被选中，该选项组的 VALUE 属性值为_____。

5. VISIBLE 属性的作用是_____。

第8章 菜单设计

学习目的:

在可视化应用程序中,菜单是不可缺少的组成部分,它能给用户提供一个良好的操作方式,菜单系统将各部分功能模块很好地组织在一起,实现了友好的用户界面,使操作更加方便。使用 Visual FoxPro 提供的"菜单设计器"可以帮助用户快速创建实用且高质量的菜单系统,使创建菜单系统变得更加简单。

本章主要介绍 Visual FoxPro 6.0 系统中的菜单设计器,并利用菜单设计器来创建和修改菜单。通过本章的学习,学生应熟练掌握菜单设计过程;熟练掌握创建菜单时常用的命令;熟练掌握使用菜单设计器创建、修改菜单;熟练掌握快捷菜单与顶层菜单的创建。

知识要点:

- 菜单的设计过程
- 使用菜单设计器创建、修改菜单
- 使用快速菜单创建菜单
- 下拉菜单的设计方法
- 快捷菜单的设计方法
- 顶层菜单的设计方法

8.1 菜单设计概述

8.1.1 菜单的类型

常见的菜单有两种:下拉式菜单与快捷菜单。一个应用程序通常以下拉式菜单的形式列出其具有的所有功能,供用户调用。而快捷菜单一般从属于某个界面对象,列出了有关该对象的一些操作。

(1)下拉式菜单是由一个条形菜单和一组弹出式菜单组成,其中条形菜单作为主菜单,弹出式菜单作为子菜单,如图 8-1 所示。

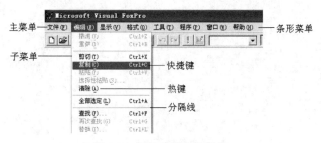

图 8-1 下拉式菜单的结构

（2）快捷菜单一般由一个或一组上下级的弹出式菜单组成。快捷菜单的特点是当右击系统界面上的某个位置时，会在单击处弹出一组菜单项，单击快捷菜单的某个菜单项也可以弹出下一级子菜单。

8.1.2　菜单的热键和快捷键

无论哪种类型的菜单，当使用鼠标单击某个菜单选项时都会有一定的动作，这个动作可以是：执行一条命令，执行一个过程或者激活下级子菜单。为了使用户操作菜单更加方便，可以为菜单选项设置热键或者快捷键。

（1）热键：热键通常是一个字符，当菜单被激活时，可以按菜单项的热键来快速选择该菜单项，例如，Visual FoxPro 系统菜单"编辑（E）"菜单项名称后的大写字母 E 表示该"编辑"菜单的热键，使用 Alt+E 组合键激活"编辑（E）"，如图 8-1 所示。

（2）快捷键：快捷键通常是 Ctrl 键和另一个字符键组成的组合键，例如，Ctrl+C 通常为"编辑|复制"菜单项的快捷键。在使用快捷键时，不要求激活任意菜单项。Visual FoxPro 系统菜单快捷键示例如图 8-1 所示。

8.1.3　菜单系统的设计与原则

在 Visual FoxPro 中，不管应用程序的规模有多大，菜单有多复杂，创建菜单系统都需要以下几个步骤：

（1）规划与设计系统。该步骤用于确定应用程序需要哪些菜单项，包含哪些子菜单，这些菜单应该出现在哪些界面上等。

（2）创建菜单和子菜单。使用菜单设计器创建主菜单和子菜单。

（3）按实际需求为菜单系统设计任务。

（4）生成菜单程序。

（5）运行生成的程序，以测试菜单系统。

在设计菜单系统时，应考虑下列原则：

（1）按照用户所要执行的任务组织系统，而不要按应用程序的层次组织系统。

（2）给每个菜单一个有意义的菜单标题。

（3）按照估计的菜单项使用频率、逻辑顺序或字母顺序组织菜单项。

（4）在菜单项的逻辑组之间恰当地放置分隔线。

（5）将菜单上菜单项的数目限制在一个屏幕之内。如果菜单项的数目超过了一屏，则应为其中的一些菜单项创建子菜单。

（6）使用能够准确描述菜单项的文字。

（7）描述菜单项时，应使用日常用语而不要使用计算机术语。

（8）在菜单项中混合使用大小写字母。

8.1.4　菜单系统的创建流程

根据上述原则设计好菜单后，就可以在 Visual FoxPro 环境中创建菜单，创建菜单的流程如图 8-2 所示。

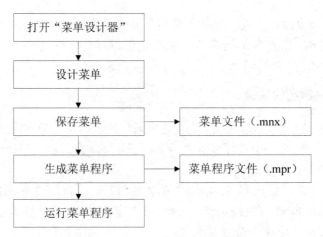

图 8-2　创建菜单流程

1. 打开"菜单设计器"

使用 Visual FoxPro 提供的"菜单设计器"窗口创建菜单，打开"菜单设计器"的方法通常有四种：

（1）使用菜单方式打开"菜单设计器"窗口。

（2）使用工具栏方式打开"菜单设计器"窗口。

（3）使用项目管理打开"菜单设计器"窗口。

（4）使用命令方式打开"菜单设计器"窗口。

以上四种方法都可以打开"菜单设计器"窗口，如图 8-3 所示。具体操作方法将在 8.2 节介绍。

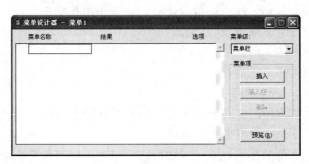

图 8-3　"菜单设计器"窗口

2. 设计菜单

当"菜单设计器"窗口打开后，系统菜单将会增加一个"菜单"的菜单项。"显示"菜单也会增加"常规选项"和"菜单选项"两个菜单项，如图 8-4 所示。

图 8-4　Visual FoxPro 系统菜单

用户根据菜单系统的设计来定义菜单标题和每个菜单标题的菜单项，利用"菜单设计器"窗口创建菜单的具体过程将在 8.2 节中详细介绍。

3. 保存菜单

使用"菜单设计器"创建菜单操作完成后，需要保存菜单，通常保存菜单操作系统会自动生成两个名称相同的文件，一个主文件（.mnx），一个备注文件（.mnt）。

注意：主文件（.mnx）和备注文件（.mnt）必须同时存在，否则菜单程序不能正常运行。

4. 生成菜单程序

菜单保存后生成的菜单主文件（.mnx）不能直接运行，必须在"菜单设计器"窗口激活的状态下，选择"菜单|生成"选项，将菜单主文件（.mnx）生成可以运行的扩展名为.mpr 的菜单程序文件。

5. 运行菜单

若要运行设计好的菜单，则需要执行菜单程序文件（.mpr）。运行菜单的方法将在 8.3 节介绍。

8.2 菜单设计器

8.2.1 打开"菜单设计器"窗口

1. 使用菜单方式打开"菜单设计器"窗口

选择菜单栏中"文件"→"新建"命令，打开"新建"对话框，选择"菜单"单选按钮，并单击"新建文件"按钮，则弹出"新建菜单"对话框，如图 8-5 所示。在"新建菜单"对话框中，单击"菜单"或"快捷菜单"按钮，则打开"菜单设计器"窗口，如图 8-6 所示。

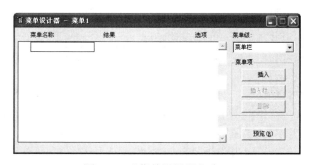

图 8-5 "新建菜单"对话框   图 8-6 "菜单设计器"窗口

2. 使用工具栏方式打开"菜单设计器"窗口

单击"常用"工具栏中的"新建"按钮，则打开"新建"对话框，具体操作方法与上述方法相同。

3. 使用项目管理打开"菜单设计器"窗口

在 Visual FoxPro 环境中打开项目管理器，选择"其他"选项卡，然后选择"菜单"项，再单击"新建"按钮，则打开"新建菜单"对话框，如图 8-4 所示。在"新建菜单"对话框中，单击"菜单"或"快捷菜单"按钮，则打开"菜单设计器"窗口，如图 8-5 所示。

4. 使用命令方式打开"菜单设计器"窗口

新建菜单的命令格式：

CREATE MENU <菜单文件名>

修改菜单的命令格式：

MODIFY MENU<菜单文件名>

以上两个命令都能打开如图 8-5 所示的"菜单设计器"窗口。

8.2.2 "菜单设计器"窗口

"菜单设计器"窗口如图 8-5 所示，用来设置条形菜单或弹出式菜单的组成条目。"菜单设计器"窗口的左侧是一个列表框，每一行可以定义当前菜单的一个菜单项，列表中包括"菜单名称"、"结果"和"选项"三列。窗口的右侧是"菜单级"、"菜单项"和"预览"选项。其中"菜单级"包含菜单栏和菜单栏上各菜单标题（下级菜单），可以在该处实现各级菜单之间的切换；"菜单项"框中包含"插入"、"插入栏..."和"删除"按钮，分别用于插入菜单项、菜单栏、删除菜单项等；"预览"按钮用于预览菜单。

下面分别介绍"菜单设计器"窗口中各组成部分的功能。

1. "菜单名称"列

用来指定菜单在显示时菜单项的名称，并非菜单的内部名字。指定菜单名称时，可以给菜单项设置访问键，定义的方法是在菜单项名称的后面加上（\<字母），如文件菜单的名称为"文件（\<F）"，则字母 F 为"文件"菜单的访问键，即热键，如图 8-7 所示。

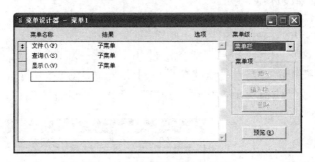

图 8-7 设置菜单名称与热键

注：若在下一级菜单中添加菜单项之间要加分隔线，则可在两个菜单项之间插入一个新菜单项，并在该菜单项的菜单名称列输入"\-"两个字符。例如在"文件（\<F）"菜单项的下级菜单中添加"新建"、"打开"、"保存"、"另存为"、"退出"，并且在"打开"、"保存"之间和"另存为"、"退出"之间分别插入分隔符，如图 8-8 所示。

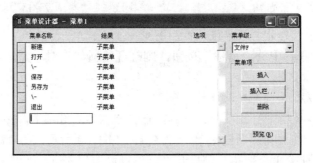

图 8-8 设置分隔线

2. "结果"列

在菜单的使用过程中，当单击某一菜单或菜单条目之后系统会有一个相应的动作，或者弹出子菜单，或者运行某个过程等，这个结果需要在设计菜单时在"菜单设计器"的"结果"

列中预先指定。单击"结果"列右侧向下的箭头，在弹出的下拉列表中共有四个结果可供选择：命令、填充名称、子菜单和过程，如图 8-9 所示。

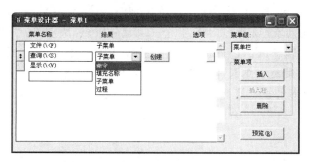

图 8-9　"结果"列的下拉列表选项

（1）若结果为"命令"，表示选择此菜单项后，系统会执行一条命令。当"结果"列选择"命令"项时，在列表框右侧会出现一个文本输入框，将选择此菜单项时要执行的命令输入到该文本输入框中即可。如图 8-10 所示，在"退出"菜单项后的命令文本框中输入"quit"命令，表示退出 Visual FoxPro 系统。

图 8-10　结果列为"命令"选项的设置

（2）若结果为"过程"，表示选择此菜单项后，系统会执行一个过程。当"结果"列选择"过程"项时，在列表框右侧会出现一个"创建"按钮，单击此"创建"按钮，打开该菜单项的过程编辑窗口，在其中编写过程代码，如图 8-11 所示。

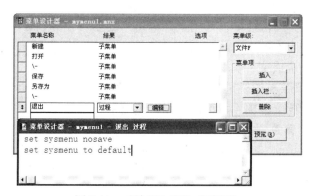

图 8-11　"结果"列为"过程"

（3）若结果为"填充名称"，表示可以由用户定义第一级菜单中的菜单名或子菜单的菜单项序号。当"结果"列选择"填充名称"项时，当前菜单页若是一级菜单就显示"填充名称"，表示让用户定义菜单名；若是子菜单项则显示"菜单项#"，表示让用户定义菜单项序号，定义时将名字或序号输入到它右边的文本框内即可。

（4）若结果为"子菜单"，表示单击该菜单项时会弹出一个下拉菜单。当"结果"列选择"子菜单"项时，在列表框右侧会出现一个"创建"按钮，单击此"创建"按钮，打开该菜单项的下一级子菜单编辑窗口，进行子菜单的设计，如图 8-10 所示。

注：若要从子菜单处返回到菜单栏或上一级菜单，则需要选择"菜单设计器"窗口右侧的"菜单级"下拉列表框中的"菜单栏"选项，此时，窗口退回到主菜单设计界面或子菜单的上一级菜单设计界面。

3．"选项"列

每个菜单条目后面都有一个无符号按钮，叫做"选项"按钮，单击"选项"按钮打开"提示选项"对话框，如图 8-12 所示。

（1）"快捷方式"：用来设置菜单项的快捷键。

方法：用鼠标单击"键标签"文本框，在键盘上按下要定义的快捷键，这时，"键标签"和"键说明"对应的文本框中都会显示所定义的快捷键，如图 8-13 所示。

图 8-12　"提示选项"对话框　　　　　　图 8-13　快捷方式的设置

说明：

● 若要取消所定义的快捷键，需用鼠标单击"键标签"文本框，然后按空格键即可。

● "键说明"的内容可以更改。当激活菜单时，"键说明"的内容将显示在菜单项标题的右侧，以提示该菜单实现的功能。

（2）"跳过"：定义菜单的跳过条件。在"跳过"文本框中，指定一个字符串或字符串表达式，当值为真时，则此菜单项不可用，并以灰色显示。

（3）"信息"：指定菜单项的提示信息。在"信息"文本框中，输入一段提示性的文本（加字符串定界符）。菜单运行时，当鼠标指向该菜单项时，系统的状态栏中将显示提示信息。

当设置完"选项"后，"选项"按钮上会出现一个√，表示已设置选项。

4．菜单级

菜单级是用来选择"菜单设计器"窗口所设计的菜单项的级别。图 8-14 所示为"查询"子菜单的"菜单设计器"窗口，"菜单级"下拉列表中的"查询 S"是"查询"菜单项的内部名称（该内部名称可以修改）。

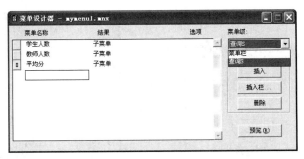

图 8-14 "查询"子菜单的"菜单设计器"窗口

从图 8-13 可以看出,"查询"菜单项包含"学生人数"、"教师人数"和"平均分"三个子菜单项。若要返回主菜单的"菜单设计器"窗口,只需在"菜单级"下拉列表中选择"菜单栏"。

5. 菜单项

在"菜单设计器"窗口右侧的"菜单项"中,有"插入"、"插入栏..."和"删除"三个命令按钮。这些按钮用来对菜单项进行编辑,具体介绍如下:

(1)"插入"按钮:在当前菜单项行之前插入一个新的菜单项。

(2)"删除"按钮:删除当前的菜单行。

(3)"插入栏"按钮:在当前菜单行之前插入一个
VFP 系统菜单,定义子菜单时有效。单击此按钮,打开
"插入系统菜单栏"对话框,如图 8-15 所示。

菜单在运行时,各菜单项的显示顺序与在定义菜单
时"菜单设计器"窗口中定义的菜单项的顺序一致。已
定义好的菜单项,可以通过拖拽菜单行最左边的无符号
按钮来进行菜单项顺序的更改。

6. "预览"按钮

"预览"按钮用来预览菜单的运行效果,但只能看
到菜单的外观,不执行菜单项的命令和过程。

图 8-15 "插入系统菜单栏"对话框

8.2.3 Visual FoxPro 的"显示"菜单

"菜单设计器"窗口打开之后,Visual FoxPro 系统主菜单栏的"显示"菜单中会自动增加"常规选项"和"菜单选项"两个新菜单项。

1. "常规选项"对话框

单击"显示"菜单中的"常规选项"菜单项,打开"常规选项"对话框,如图 8-16 所示。

"常规选项"对话框中各部分选项的内容及功能如下:

(1)"过程":为条形菜单指定过程代码。

(2)"位置":指定当前定义的下拉菜单与当前系统菜单的关系。

● "替换":用定义的下拉菜单替换当前的系统菜单。

● "追加":将定义的下拉菜单添加到当前系统菜单的后面。

● "在...之前":将定义的下拉菜单内容插入在当前系统菜单的某个弹出式菜单之前,
如图 8-17 所示。

● "在...之后":将定义的下拉菜单内容插入在当前系统菜单的某个弹出式菜单之后。

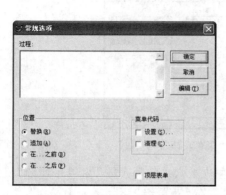 

图 8-16 "常规选项"对话框 图 8-17 "在...之前"选项

（3）"菜单代码"：有"设置"和"清理"两个复选框。选中某复选框后，会打开相应的代码编辑窗口。单击"确定"按钮激活代码编辑窗口。

- "设置"代码放置在菜单程序文件中菜单定义代码的前面，在菜单产生之前执行。
- "清理"代码放置在菜单程序文件中菜单定义代码的后面，在菜单产生之后执行。

（4）"顶层表单"复选框：如果清除该复选框，则定义的下拉菜单将作为系统菜单使用；否则该菜单将添加到一个顶层表单中。

2. "菜单选项"对话框

单击"显示"菜单中的"菜单选项"菜单项，打开"菜单选项"对话框，如图 8-18 所示。在"菜单选项"对话框中，可以定义当前弹出式菜单的公共过程代码。

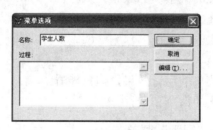

图 8-18 "菜单选项"对话框

（1）"名称"："名称"文本框中显示菜单的名称，如果当前正在编辑的是子菜单，则此处的文件名可以修改；如果当前正在编辑的是主菜单，其文件名是不可改变的。

（2）"过程"："过程"编辑框是提供创建菜单过程代码或显示已存在代码。如果代码超出显示的编辑区，将激活滚动条。若用户正在定义的是主菜单的一个菜单项时，该代码将被主菜单的所有菜单项调用，若用户正在定义的是某个子菜单的菜单项时，该代码将被该子菜单的所有选项调用。

8.3 下拉式菜单设计与应用

下拉式菜单的设计过程比较复杂，首先要新建菜单文件，然后在菜单设计器中定义和设计菜单各个条目，并保存菜单文件。保存后的菜单文件不能直接运行，需要生成菜单程序文件后才能运行。

8.3.1　新建菜单

新建菜单的步骤如下：

（1）单击"文件"菜单中的"新建"菜单项（也可单击"常用"工具栏中的"新建"按钮，或者在命令窗口中输入建立菜单文件的命令：CREATE MENU <菜单文件名>），打开"新建"对话框，如图 8-19 和图 8-20 所示。

（2）在"新建"对话框中，选择"菜单"单选按钮，然后单击"新建文件"命令按钮，打开如图 8-21 所示的"新建菜单"对话框。

图 8-19　"文件|新建"菜单　　图 8-20　"新建"对话框　　图 8-21　"新建菜单"对话框

（3）在"新建菜单"对话框中，选择"菜单"按钮，打开"菜单设计器"窗口，如图 8-22 所示。"菜单设计器"窗口打开之后，Visual FoxPro 系统主菜单栏中会自动增加一个"菜单"菜单项。

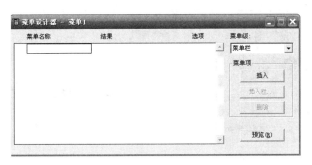

图 8-22　"下拉菜单"的"菜单设计器"窗口

8.3.2　保存菜单

保存菜单文件的步骤如下：

（1）单击"文件"菜单中的"保存"菜单项，打开"另存为"对话框，如图 8-23 所示。

（2）在"另存为"对话框中选择要保存的路径（注意：不选择保存路径，则文件自动保存在"默认目录"中），并为菜单文件命名，如图 8-24 所示。

（3）单击"另存为"对话框中的"保存"按钮，保存菜单文件。也可以直接单击"常用"工具栏中的"保存"按钮或者采用快捷键（Ctrl+S、Ctrl+W）的方式保存菜单文件。菜单文件被保存之后，在保存的位置自动生成两种类型的文件：菜单文件（.mnx）和菜单备注文件（.mnt），如图 8-25 所示。保存后的菜单文件不能直接运行，必需先生成扩展名为.mpr 菜单程序文件才能运行。

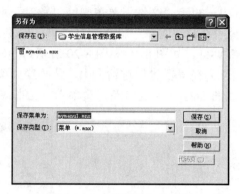

图 8-23　"文件|保存"菜单项　　　　　　　　图 8-24　"另存为"对话框

mymenu1.MNT　mymenu1.mnx

图 8-25　菜单备注文件和菜单文件

8.3.3　生成菜单

定义后的菜单文件（.mnx）中存放的只是菜单的定义，是一个表文件，不能直接运行。菜单在定义之后，必须生成菜单程序文件，然后才能运行菜单程序文件。

生成菜单程序文件的步骤如下：

（1）在"菜单设计器"窗口打开的状态下，单击"菜单"菜单中的"生成"菜单项，如图 8-26 所示，打开"生成"对话框，如图 8-27 所示。

图 8-26　"菜单|生成"菜单项　　　　　　　　图 8-27　"生成菜单"对话框

（2）在"生成"对话框中选择菜单程序文件要保存的位置以及菜单程序文件的名称（默认的保存位置和文件名称与菜单文件相同），然后单击"生成"按钮。生成的菜单程序文件扩展名为.mpr，如图 8-28 所示。

8.3.4　运行菜单

运行菜单程序文件有两种方式，交互方式和命令方式。

1. 交互方式

使用交互方式运行菜单程序文件的步骤如下：

（1）单击"程序"菜单下的"运行"菜单项，打开"运行"对话框，如图 8-29 所示。

图 8-28　菜单程序文件（.mpr）图标　　　　　图 8-29　"程序|运行"菜单

（2）在"运行"对话框中选择菜单程序文件所在的路径，并在"文件类型"下拉列表中选择"程序"或"全部文件"，然后选择要运行的菜单程序文件"MYMENU.MPR"，如图 8-30 所示，单击"运行"按钮，即可运行该菜单。

图 8-30　"运行"对话框

2．命令方式

格式：DO <菜单程序文件.mpr >

说明：可以在命令窗口中直接输入该命令执行，也可以在程序编辑窗口或表单代码编辑窗口中输入该命令并执行。

注意：用 DO 命令运行菜单程序文件时，菜单程序文件后面的扩展名.mpr 不能省略。

8.3.5　修改菜单

设计好的菜单文件可以对其菜单条目或其他信息进行更改，方法是打开菜单文件，在"菜单设计器"窗口中进行更改，将更改后的文件保存并重新生成菜单程序文件。

修改菜单文件的方法有交互方式和命令方式两种。

1．交互方式

（1）单击"文件"菜单中的"打开"菜单项，弹出"打开"对话框，如图 8-31 和图 8-32 所示；

图 8-31　"文件|打开"菜单　　　　　　　　图 8-32　"打开"对话框

（2）在"打开"对话框中指定要修改的文件类型和文件所在的路径，选择要修改的菜单文件，并单击"确定"按钮，打开"菜单设计器"窗口，对菜单文件进行修改。

2. 命令方式

格式：MODIFY MENU <菜单文件名>

说明：在命令窗口中直接输入该命令并按回车键执行，打开"菜单设计器"窗口，此时可对菜单文件进行修改。

注意：修改后菜单文件，要重新生成菜单程序文件，否则运行的还是修改之前的菜单程序。

8.3.6　退出菜单

若要退出自定义菜单运行状态，恢复 Visual FoxPro 系统菜单，可以执行下列命令。

格式：SET SYSMENU TO DEFAULT

说明：该命令既可以在命令窗口中执行，也可以在自定义菜单的"退出"菜单项中使用。

8.3.7　下拉式菜单的应用实例

1. 用户自定义菜单

例 8.1　利用菜单设计来设计一个下拉式菜单，并将菜单文件名保存为 MYMENU2。具体要求如表 8-1 所示。

表 8-1　菜单设计要求

菜单名称	菜单项	结果	快捷键	代码
学生信息浏览（B）	学生表	过程	Ctrl+X	
	成绩表	过程	Ctrl+S	
	课程表	过程	Ctrl+K	
	\-	过程		
	教师表	过程	Ctrl+T	
	授课表	过程	Ctrl+R	
查询（S）	学生成绩查询	命令	Ctrl+H	Do form 学生成绩查询
	学生选课查询	命令	Ctrl+M	Do form 学生选课查询
数据维护（M）	数据备份	过程	Ctrl+C	Do form 数据备份
	数据恢复	过程	Ctrl+Y	Do form 数据恢复
系统管理（G）		过程		Do form 修改密码
退出（Q）	无	过程	无	Close all Set sysmenu to default

操作步骤如下：

（1）单击"文件"菜单中的"新建"菜单项，打开"新建"对话框，选择"菜单"类型，单击"新建"按钮，打开"新建菜单"对话框，如图 8-33 所示。

（2）在"新建菜单"对话框中选择"菜单"，打开"菜单设计器"窗口，如图 8-34 所示。

（3）在"菜单设计器"窗口中输入条形菜单的菜单名称："学生信息浏览"、"查询"、"数据维护"、"系统管理"和"退出"。将"学生信息浏览"、"查询"和"数据维护"菜单项的"结

果"列设置为"子菜单";将"系统管理"菜单项的结果设置为"过程";将"退出"菜单项的
"结果"列设置为"过程",如图 8-35 所示。

图 8-33　"新建菜单"对话框

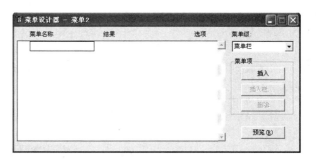

图 8-34　"菜单设计器"窗口

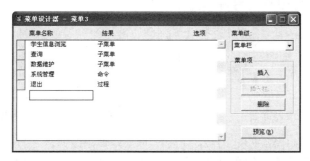

图 8-35　在"菜单设计器"窗口中编辑菜单名称

（4）设置各菜单项的热键。在"学生信息浏览"菜单名称后加上"(\<B)";在"查询"
菜单名称后加上"(\<S)";在"数据维护"菜单名称后加上"(\<M)";在"系统管理"菜单
名称后加上"(\<G)";在"退出"菜单名称后加上"(\<Q)",如图 8-36 所示。

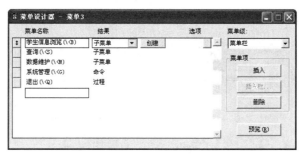

图 8-36　在"菜单设计器"窗口中设置热键

（5）设置弹出式菜单的内部名字。单击"学生信息浏览"菜单项"子菜单"后的"创建"
按钮,将设计窗口切换到"学生信息浏览"子菜单的编辑窗口,如图 8-37 所示。

选择 Visual FoxPro 系统菜单栏中的"显示"菜单项,单击"菜单选项"命令,如图 8-38
所示。打开"菜单选项"对话框,然后在"名称"框中输入"stuinfo",如图 8-39 所示,单击
"确定"按钮即可。

（6）设置子菜单。在"学生信息浏览"子菜单编辑窗口中设置子菜单项:"学生表"、"成
绩表"、"课程表"、"教师表"和"授课表",并将"结果"列设置为"过程"。在"课程表"和
"教师表"之间设置分隔线"\-",如图 8-40 所示。

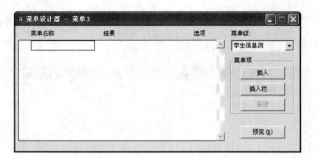

图 8-37　"数据浏览"子菜单页

图 8-38　"显示|菜单选项"菜单项

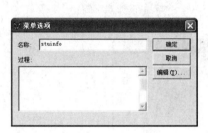

图 8-39　设置菜单内部名字

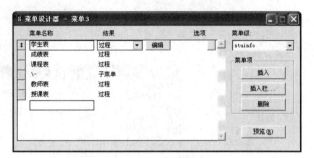

图 8-40　设置"学生信息浏览"子菜单项

（7）单击子菜单项"学生表"结果列后面的"编辑"按钮，在打开的"学生表过程"的编辑窗口中输入查询学生表信息的代码：SELECT * FROM 学生，如图 8-41 所示。以同样的方法编写子菜单项"成绩表"、"课程表"、"教师表"和"授课表"的过程代码。具体代码如下：

- 查询选课信息的代码：SELECT * FROM 成绩；
- 查询课程信息的代码：SELECT * FROM 课程；
- 查询教师信息的代码：SELECT * FROM 教师；
- 查询授课信息的代码：SELECT * FROM 授课。

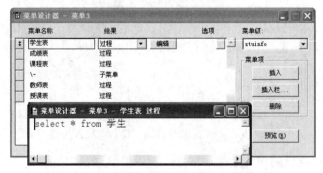

图 8-41　编写"学生表"子菜单项的过程代码

（8）单击"菜单级"下拉列表，选择"菜单栏"，返回条形菜单设计窗口，如图 8-42 所示。

（9）用相同的方法设置：

- "查询"菜单项的内部名称为"query_s"，包含两个子菜单项"学生成绩查询"和"学生选课查询"，"结果"列设置为"命令"，并输入命令：Do form 学生成绩查询；Do form 学生成绩查询，如图 8-43 所示。

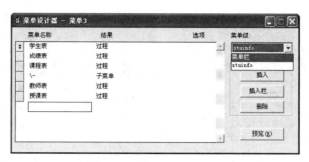

图 8-42　"菜单级"下拉列表

- "数据维护"菜单项的内部名称为"Maintain_s",包含两个子菜单项"数据备份"和"数据恢复","结果"列设置为"命令",并输入命令:Do form 数据备份;Do form 数据恢复,如图 8-44 所示。
- "系统管理"的"结果"列设置为"命令",并输入命令:Do form 系统管理,如图 8-45 所示。
- "退出"菜单项的"结果"列设置为"过程",并输入命令(如图 8-46 所示):

```
close all
set sysmenu nosave
set sysmenu to default
```

图 8-43　设置"查询"子菜单项

图 8-44　设置"数据维护"子菜单项

图 8-45　设置"系统管理"菜单项的命令

图 8-46　设置"退出"菜单项的过程

(10)设置"学生信息浏览"菜单项的子菜单项的快捷键。单击"学生表"菜单项右侧"选项"列所对应的无符号按钮,在打开的"提示选项"对话框,在该对话框中单击"键标签"后的文本框,同时按住键盘上的 Ctrl 键和字母 X 键,然后单击"确定"按钮即可,如图 8-47 所示。

(11)按 Ctrl+S 快捷键保存设计好的菜单,然后单击"菜单"菜单中的"生成"菜单项,在打开的"生成菜单"对话框中单击"生成"按钮。

图 8-47　设置"学生表"菜单项的快捷键

（12）单击"程序"菜单的"运行"菜单项，选择菜单程序文件 MYMENU2.MPR，单击"运行"按钮，运行结果如图 8-48 和图 8-49 所示。

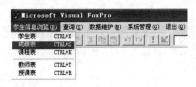

图 8-48　例 8.1 的运行结果（1）

图 8-49　例 8.1 的运行结果（2）

注意：若在菜单设计时，没有正确设置"退出"菜单项的代码为返回系统菜单，则在菜单程序运行状态下，可以在命令窗口中输入 SET SYSMENU TO DEFAULT 命令，使其返回到 VFP 系统菜单。

2．在系统菜单任意位置插入用户自定义菜单

例 8.2　将例 8.1 中设计的下拉式菜单 MYMENU2.MNX 进行更改，使该菜单在运行时，追加到 Visual FoxPro 系统菜单的后面，并将修改后的菜单重命名为 MYMENU3，运行结果如图 8-50 所示。

图 8-50　例 8.2 的运行结果

操作步骤如下：

（1）单击"文件"菜单中的"打开"菜单项，在"打开"对话框中，选择菜单文件 MYMENU2.MNX，单击"确定"按钮。

（2）单击"显示"菜单中的"常规选项"菜单项，弹出"常规选项"对话框，选择"位置"列表中的"追加"选项，如图 8-51 所示，单击"确定"按钮。

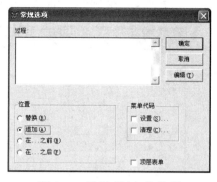

图 8-51 选择"追加"选项

（3）单击"文件"菜单中的"另存为"菜单项，将菜单文件名改为 MYMENU3，单击"保存"按钮。

（4）单击"菜单"菜单中的"生成"菜单项，在打开的"生成菜单"对话框中单击"生成"按钮，生成菜单程序文件 MYMENU3.MPR。

（5）单击"程序"菜单中的"运行"菜单项，选择菜单程序文件 MYMENU3.MPR，单击"运行"按钮。

如果想要在 Visual FoxPro 系统菜单的某个菜单项的前面或后面插入自定义的菜单，可以在"常规选项"对话框中，选择"位置"列表中的"在…之前"或者"在…之后"选项。

3. 为顶层表单添加下拉式菜单

制作好的下拉菜单添加到顶层表单中，可以使对表单的操作更加方便和直观。为顶层表单添加下拉式菜单的具体操作方法和步骤如下：

（1）使用"菜单设计器"设计下拉式菜单。

（2）在使用"菜单设计器"设计菜单的过程中，单击"显示"菜单中的"常规选项"菜单项，在"常规选项"对话框选中"顶层表单"复选框。

（3）保存菜单文件（*.mnx），并生成菜单程序文件（*.mpr）。

（4）打开要添加下拉式菜单的表单文件，将表单的 ShowWindow 属性值设置为"2-作为顶层表单"。

（5）在表单的 Init 事件代码中，添加调用菜单程序的命令：

DO <菜单程序文件名.mpr> WITH THIS [,"<菜单名>"]

（6）在表单的 Destroy 事件代码中，添加清除菜单的命令：

RELEASE MENU <菜单名> [EXTENDED]

例8.3 将例 8.1 中设计的下拉式菜单 MYMENU2.MNX 添加到新建的表单 MYFORM.SCX 中。将"退出"主菜单项改为"关闭表单"，将此菜单文件另存为 MYMENU4.MNX。表单的运行结果如图 8-52 所示。

具体的操作过程如下：

（1）单击"文件"菜单中的"打开"菜单项，在"打开"对话框中，选择菜单文件 MYMEMU2.MNX，单击"确定"按钮。

（2）单击"显示"菜单中的"常规选项"菜单项，在弹出的"常规选项"对话框中，选中"顶层表单"复选框，如图 8-53 所示，然后单击"确定"按钮即可。

（3）修改"退出"的菜单项的"菜单名称"为"关闭表单"，并将其"结果"改为"命令"，在"命令"后的文本框中输入关闭并释放表单的命令：myform.release，如图 8-54 所示。

（4）单击"文件"菜单中的"另存为"菜单项，在打开的"另存为"对话框中将菜单文件名由 MYMENU2.MNX 改为 MYMENU4.MNX。

（5）单击"菜单"菜单中的"生成"菜单项，在打开的"生成菜单"对话框中单击"生成"按钮，生成菜单程序文件 MYMENU4.MPR。

（6）单击"文件"菜单中的"新建"菜单项，在打开的"新建"对话框中选择"表单"

类型，单击"新建文件"按钮。

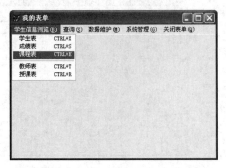

图 8-52　表单 MYFORM.SCX 的运行结果

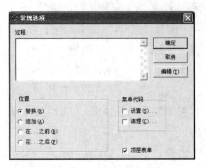

图 8-53　"常规选项"对话框

（7）在表单的空白处单击鼠标左键，在右侧的表单属性窗口中，找到表单的 ShowWindow 属性，将其属性值改为"2-作为顶层表单"，如图 8-55 所示。

图 8-54　"关闭表单"菜单项的结果图

图 8-55　设置表单的 ShowWindow 属性

（8）双击表单空白处，在打开的"代码编辑"窗口中，选择"过程"下拉列表框中的 Init 事件，输入调用菜单程序的命令：DO mymenu4.mpr WITH THIS，如图 8-56 所示。接着选择 "过程"下拉列表框中的 Destroy 事件，输入清除菜单的命令：RELEASE MENU mymenu4， 如图 8-57 所示。

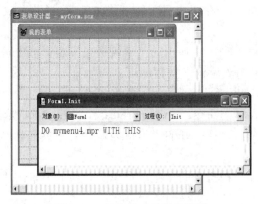

图 8-56　表单的 Init 事件代码

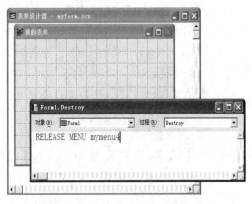

图 8-57　表单的 Destroy 事件代码

（9）保存表单为 MYFORM.SCX，并运行该表单文件，运行结果如图 8-52 所示。

8.4　快捷菜单设计与应用

在 Windows 操作系统中，单击鼠标右键可以弹出一个快捷菜单，在 Visual FoxPro 中也可以设计这种快捷菜单。

8.4.1　定义快捷菜单

快捷菜单的定义过程与下拉式菜单相似，快捷菜单的各菜单项及其功能是在"快捷菜单设计器"中进行定义的，"快捷菜单设计器"的使用方法与"菜单设计器"的使用方法基本相同。快捷菜单设计的基本步骤如下：

（1）单击"文件"菜单中的"新建"菜单项，打开"新建"对话框。

（2）在"新建"对话框中选择"菜单"类型，单击"新建文件"按钮，打开"新建菜单"对话框，如图 8-58 所示。

（3）在"新建菜单"对话框中选择"快捷菜单"选项，打开"快捷菜单设计器"窗口，如图 8-59 所示。

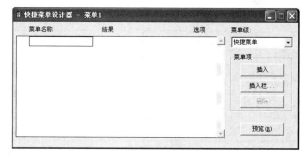

图 8-58　"新建菜单"对话框　　　　　图 8-59　"快捷菜单设计器"窗口

（4）在"快捷菜单设计器"中对快捷菜单的各菜单项进行设计，设计方法与下拉式菜单的设计方法类似，在此不再赘述。

（5）将设计好的快捷菜单保存并生成菜单程序文件，具体步骤请参考 8.3 节。快捷菜单文件和快捷菜单程序文件的扩展名仍然为.MNX 和.MPR。

定义好的快捷菜单不能直接运行，通常需要在某个对象中使用鼠标右键进行调用，下面介绍如何在表单中调用快捷菜单。

8.4.2　在表单中调用快捷菜单

在 Visual FoxPro 中建立的快捷菜单一般都出现在表单中，如何使快捷菜单在表单中正确地运行需要通过编码来实现。快捷菜单的设计过程以及如何在表单中调用快捷菜单的具体步骤如下：

（1）新建快捷菜单文件，在"快捷菜单设计器"中定义快捷菜单的各菜单项。

（2）单击"显示|常规选项"菜单项，在打开的"常规选项"对话框中，单击"菜单代码"中的"清理"选项，然后单击"确定"按钮，接着在"清理"代码中添加清除菜单的命令：RELEASE POPUPS <快捷菜单名> [EXTENDED]。

此命令的功能是在选择、执行菜单命令后能及时清除菜单，释放其所占用的内存空间。如果需要参数，则在快捷菜单的"设置"代码中定义一条接收当前表单对象应用参数的语句，语句为：PARAMETERS 参数。

（3）保存快捷菜单文件并生成快捷菜单程序文件。

（4）打开要调用快捷菜单的表单，在表单中选定需要添加快捷菜单的对象（可以是表单，也可以是表单中任意控件），并在选定对象的 RightClick 事件代码中添加调用快捷菜单程序的命令，格式为：DO <路径><快捷菜单程序名.MPR>。注意：该命令中，菜单程序文件的扩展名.MPR 不能省略。

下面通过一个具体的实例来说明快捷菜单的实现过程。

例 8.4 利用快捷菜单设计器创建一个名为"setlabel_menu.mnx"的快捷菜单，菜单的功能是修改表单"myform_memu.scx"中的标签 Label1 的字体、字号和前景色。其中,标签（Label1）的 Autoxize 属性值为.T.、Caption 属性值为"快捷菜单实例"。菜单中各菜单名称及菜单项设置如表 8-2 所示。

表 8-2　快捷菜单设计要求

菜单名称	菜单项	结果	代码
字体	宋体	命令	Myform_memu.Label1.FontName="宋体"
	隶书	命令	Myform_memu.Label1.FontName ="隶书"
	黑体	命令	Myform_memu.Label1.FontName ="黑体"
	幼圆	命令	Myform_memu.Label1.FontName="幼圆"
字号	10 号	命令	Myform_memu.Label1.FontSize=10
	18 号	命令	Myform_memu.Label1.FontSize=18
	24 号	命令	Myform_memu.Label1.FontSize=24
前景色	红色	命令	Myform_memu.Label1.ForeColor=(255,0,0)
	蓝色	命令	Myform_memu.Label1.ForeColor=(0,0,255)
	绿色	命令	Myform_memu.Label1.ForeColor=(0,255,0)

快捷菜单设计的操作步骤如下：

1. 设计表单

（1）单击"文件"菜单中的"新建"菜单项，打开"新建"对话框，选择"表单"类型，单击"新建"按钮，打开"表单设计器"窗口。

（2）在表单中，利用"表单控件"工具栏，向表单中添加一个名为"Label1"的标签控件。

（3）设置标签控件"Label1"的 Autoxize 属性值为.T.、Caption 属性值为"快捷菜单实例"。

（4）保存表单为"myform_memu.scx"，如图 8-60 所示。

2. 创建快捷菜单

（1）单击"文件"菜单中的"新建"菜单项，打开"新建"对话框，选择"菜单"类型，单击"新建"按钮，弹出"新建菜单"对话框，如图 8-58 所示。

（2）在"新建菜单"对话框中选择"快捷菜单"，打开"快捷菜单设计器"窗口，如图 8-59 所示。

（3）在"快捷菜单设计器"窗口中设置菜单项"字体"、"字号"和"前景色"。将"字体"菜单项的"结果"列设置为"子菜单",如图 8-61 所示。单击"编辑"按钮,进入"字体"子菜单编辑窗口,然后输入菜单名称"宋体"、"隶书"、"黑体"、"幼圆",并设置相应的命令(见表 8-2),如图 8-62 所示。

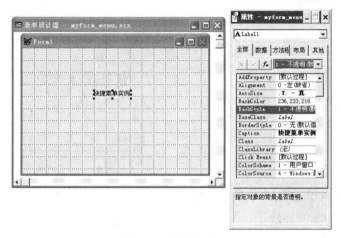

图 8-60　设置表单

图 8-61　设置"快捷菜单"主菜单

图 8-62　设置"字体"子菜单

(4)用相同的方法分别设置"字号"和"前景色"的子菜单,如图 8-63 和图 8-64 所示。

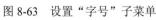

图 8-63　设置"字号"子菜单

图 8-64　设置"前景色"子菜单

(5)单击"文件|保存"菜单项,输入快捷菜单文件名 setlabel_menu.mnx,单击"保存"按钮。

(6)单击"菜单"菜单中的"生成"菜单项,在打开的"生成菜单"对话框中单击"生成"按钮,生成菜单程序文件 setlabel_menu.mpr。

3.设置"常规选项"

(1)单击"显示|常规选项"菜单项,打开"常规选项"对话框,在"常规选项"对话框

中，单击"菜单代码"中的"清理"选项，如图 8-65 所示，然后单击"确定"按钮，接着在"清理"代码中添加清除菜单的命令：release popups setlabel_menu，如图 8-66 所示。

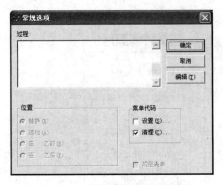

图 8-65　"常规选项"对话框　　　　　图 8-66　"清理"代码编辑窗口

（2）单击"文件|保存"菜单项，再单击"菜单"菜单中的"生成"菜单项，重新生成菜单程序文件 setlabel_menu.mpr。

4．在表单中调用快捷菜单

（1）双击表单"myform_memu.scx"的空白处，打开的"代码编辑"窗口。在"代码编辑"窗口中的"过程"下拉列表框中选择"RightClick"事件，输入调用快捷菜单程序的命令：DO setlabel_menu.mpr，如图 8-67 所示。

（2）运行表单，在表单上右击鼠标，弹出快捷菜单，如图 8-68 所示。

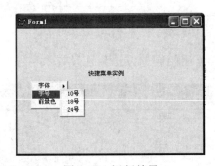

图 8-67　表单的"RightClick"事件　　　　　图 8-68　运行结果

习题 8

一、选择题

1．在 Visual FoxPro 中，使用"菜单设计器"定义菜单，最后生成的菜单程序的扩展名为（　　）。

　　A．MNX　　　　　　　B．PRG　　　　　　　C．MPR　　　　　　　D．SPR

2．Visual FoxPro 中支持两种类型的菜单，分别是（　　）。

　　A．条形菜单和弹出式菜单　　　　　　　B．条形菜单和下拉式菜单

C．弹出式菜单和下拉式菜单　　　　　　D．复杂菜单和简单菜单

3．为了从用户菜单返回到系统菜单应该使用命令（　　）。

    A．SET DEFAULT SYSTEM　　　　　　B．SET MENU TO DEFAULT

    C．SET SYSTEM TO DEFAULT　　　　　D．SET SYSMENU TO DEFAULT

4．为表单建立了快捷菜单 mymenu，调用快捷菜单的命令代码 DO mymenu.mpr WITH THIS 应该放在表单的（　　）事件中。

    A．Destory 事件　　　B．Init 事件　　　　C．Load 事件　　　　D．RightClick 事件

5．扩展名为 MNX 的文件是（　　）。

    A．备注文件　　　　　B．项目文件　　　　C．表单文件　　　　D．菜单文件

6．在 Visual FoxPro 中，要运行菜单文件 menul.mpr，可以使用命令（　　）。

    A．DO menul　　　　B．DO menul.mpr　　C．DO MENU menul　　D．RUN menul

7．下列关于快捷菜单的说法，正确的是（　　）。

    A．快捷菜单中只有条形菜单

    B．快捷菜单中只有弹出式菜单

    C．快捷菜单不能同时包含条形菜单和弹出式菜单

    D．快捷菜单能同时包含条形菜单和弹出式菜单

8．执行 SET SYSMENU TO 命令后（　　）。

    A．将当前菜单设置为默认菜单

    B．将屏蔽系统菜单，使菜单不可用

    C．将系统菜单恢复为缺省的配置

    D．将缺省配置恢复成 Visual FoxPro 系统菜单的标准配置

二、操作题

1．创建一个菜单 Mymenu.mpr，包括"文件（F）"、"编辑（E）"和"退出（Q）"，其中"文件"包括两个菜单项"打开 Ctrl+O"和"退出 Ctrl+Q"。单击任意一个"退出"都返回到系统菜单，其他菜单项的功能不做要求。

2．设计一个顶层表单 Myform.scx，表单标题为"顶层表单"，将上一题创建的菜单 Mymenu 添加到此表单中。

3．在表单 Myform.scx 中创建一个快捷菜单 menu1.mpr，其中包含"复制"、"剪切"和"粘贴"，菜单项的功能不做要求。

第9章 报表设计

学习目的：

在数据库应用系统中，通常使用报表打印数据库中的文档，因此报表设计是应用程序开发的重要组成部分。报表由数据源和布局两部分构成，数据源是报表的数据来源（包括数据库、视图、临时表），报表的布局是指报表的输出格式。

本章主要介绍报表的设计方法，通过本章的学习，学生应熟练掌握报表的创建与输出；熟练掌握报表的布局与控件。

知识要点：

- 报表的创建、修改、删除方法
- 使用报表设计器设计报表
- 使用报表向导设计报表
- 设计分组报表的方法
- 设计分栏报表的方法
- 报表的输出

9.1 创建报表

在 Visual FoxPro 中提供了三种创建报表的方法：

（1）使用"报表向导"创建报表；

（2）使用"快速报表"创建简单的报表；

（3）使用"报表设计器"创建报表。

使用以上三种方法创建的报表文件的扩展名为.frx，同时还生成一个报表的备注文件，它的扩展名为.frt。在报表文件中只存储一个特定报表的位置和格式信息，不存储每个数据字段的值。无论使用上述哪种方法创建报表布局文件，都可以通过"报表设计器"进行修改，从而使报表更加适应用户需求。

9.1.1 使用报表向导创建报表

使用报表向导创建报表，首先应打开报表的数据源。报表的数据源可以是数据库表或自由表，也可以是视图或临时表，然后按照"报表向导"对话框的提示进行一步一步的操作即可完成报表的创建。

例 9.1 利用报表向导创建一个标题为"学生信息"的报表，报表的内容包括学生的学号、姓名、性别、出生日期、民族、政治面貌、所属院系字段。保存报表文件为"student_info.frx"。

利用报表向导创建报表的具体操作步骤如下：

（1）选择"文件"菜单中的"新建"菜单项，打开"新建"对话框，在该对话框中选择

"报表"单选按钮，然后单击右侧的"向导"按钮，如图 9-1 所示，则打开"向导选取"对话框，在该对话框中选择"报表向导"选项，如图 9-2 所示。

图 9-1 "新建"对话框   图 9-2 "向导选取"对话框

（2）打开"报表向导：步骤 1-字段选取"对话框，如图 9-3 所示。在该对话框的左侧"数据库和表"列表框中选择"学生"表；在"可用字段"列表框中选择"学号、姓名、性别、出生日期、民族、政治面貌、所属院系"字段，将这些字段名添加到"选定字段"列表中，如图 9-4 所示。

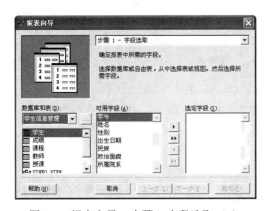

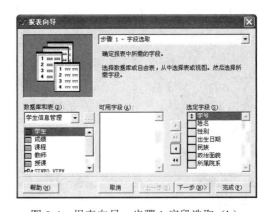

图 9-3 报表向导：步骤 1-字段选取（a）   图 9-4 报表向导：步骤 1-字段选取（b）

（3）打开"报表向导：步骤 2-分组记录"对话框，如图 9-5 所示。该步骤确定数据分组方式。需要注意：只有按照分组字段建立索引之后才能正确分组，最多可建立三层分组。此题不需要分组，所以单击"下一步"按钮。

（4）打开"报表向导：步骤 3-选择报表样式"对话框，如图 9-6 所示。该步骤是用来选择报表的样式。此题选择"经营式"，然后单击"下一步"按钮。

（5）打开"报表向导：步骤 4-定义报表布局"对话框，如图 9-7 所示。该步骤是用来设计报表的布局。此题设置列数为"1"；字段布局为"列"；方向为"纵向"，然后单击"下一步"按钮。

（6）打开"报表向导：步骤 5-排序记录"对话框。该步骤是用来设计记录在报表中出现的顺序。此题按"出生日期"字段的降序进行排序，如图 9-8 所示，然后单击"下一步"按钮。

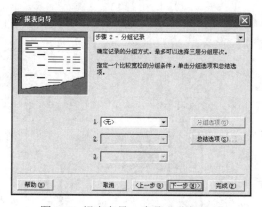
图 9-5　报表向导：步骤 2-分组记录

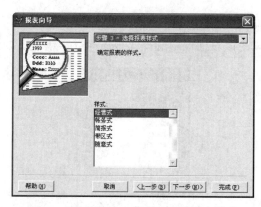
图 9-6　报表向导：步骤 3-选择报表样式

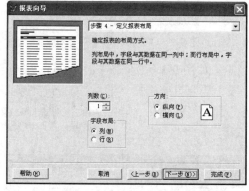
图 9-7　报表向导：步骤 4-定义报表布局

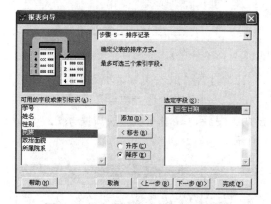
图 9-8　报表向导：步骤 5-排序记录

（7）打开"报表向导：步骤 6-完成"对话框。该步骤是用来设计报表标题和一些保存选项。此题设置标题为"学生信息"并选择"保存报表以备将来使用"，如图 9-9 所示。

（8）单击"预览"按钮，打开预览窗口，可以查看利用报表向导生成的报表的情况。如图 9-10 所示。

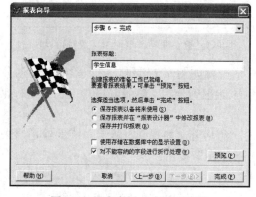
图 9-9　报表向导：步骤 6-完成

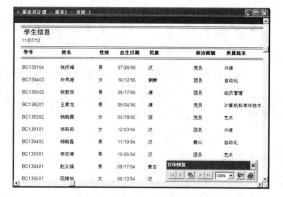
图 9-10　例 9.1 的预览结果

（9）单击"完成"按钮，打开"另存为"对话框，输入报表文件名"student_info.frx"，单击"保存"按钮即可。

例 9.2　利用一对多报表向导创建一个标题为"学生成绩信息"的报表，报表的内容包括学生的学号、姓名、课程号和成绩字段。保存报表文件为"student_score.frx"。

利用报表向导创建报表的具体操作步骤如下：

（1）选择"文件"菜单中的"新建"菜单项，打开"新建"对话框，在该对话框中选择"报表"单选按钮，然后单击右侧的"向导"按钮，则打开的"向导选取"对话框，在该对话框中选择"一对多报表向导"选项，如图 9-11 所示。

（2）打开"报表向导：步骤 1-从父表选择字段"对话框。在该对话框的左侧"数据库和表"列表框中选择"学生"表；将"可用字段"列表框中的"学号"和"姓名"字段名添加到"选定字段"列表中，如图 9-12 所示，然后单击"下一步"按钮。

图 9-11　"向导选取"对话框

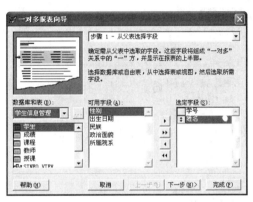

图 9-12　报表向导：步骤 1-从父表选择字段

（3）打开"报表向导：步骤 2-从子表选择字段"对话框。在该对话框的左侧"数据库和表"列表框中选择"成绩"表；将"可用字段"列表框中的"课程号"和"成绩"字段名添加到"选定字段"列表中，如图 9-13 所示，然后单击"下一步"按钮。

（4）打开"报表向导：步骤 3-为表建立关系"对话框，如图 9-14 所示。此题中"学生"表和"成绩"表通过"学号"字段建立关系，然后单击"下一步"按钮。

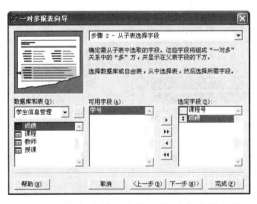

图 9-13　报表向导：步骤 2-从子表选择字段

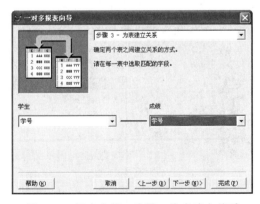

图 9-14　报表向导：步骤 3-为表建立关系

（5）打开"报表向导：步骤 4-排序记录"对话框。选择"出生日期"字段，并将其添加到右侧的"选定字段"列表框中，单击"降序"按钮，如图 9-15 所示，然后单击"下一步"按钮。

（6）打开"报表向导：步骤 5-选择报表样式"对话框。将"样式"设置为"经营式"；"方向"设置为"纵向"，如图 9-16 所示。单击"总结选项"按钮，打开"总结选项"对话框，选择"成绩"字段的"平均值"选项，用来计算每个学生的平均成绩，如图 9-17 所示，然后单击"下一步"按钮。

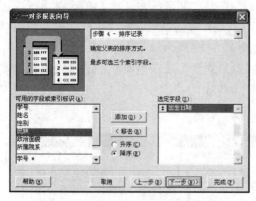
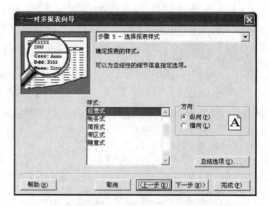

图 9-15 报表向导：步骤 4-排序记录   图 9-16 报表向导：步骤 5-选择报表样式

（7）打开"报表向导：步骤 6-完成"对话框。设置标题为"学生成绩信息"并选择"保存报表以备将来使用"，如图 9-18 所示。

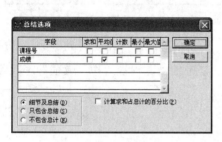
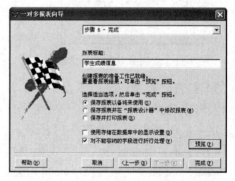

图 9-17 "总结选项"对话框   图 9-18 报表向导：步骤 6-完成

（8）单击"预览"按钮，打开预览窗口，可以查看利用报表向导生成报表的情况，如图 9-19 所示。

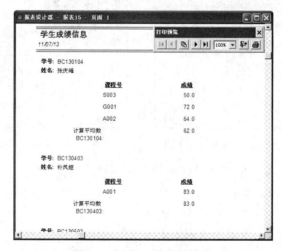

图 9-19 例 9.2 的预览结果

（9）单击"完成"按钮，打开"另存为"对话框，输入报表文件名"student_score.frx"，单击"保存"按钮即可。

9.1.2　使用快速报表创建报表

快速报表是 Visual FoxPro 系统提供的一种快速创建简单格式报表的方法。通常先使用"快速报表"功能来创建一个简单报表，然后在报表设计器上再做修改，达到快速构造所需报表的目的。

下面通过一个例题来说明快速报表的使用方法。

例 9.3　为数据库表"学生.dbf"创建一个快速报表。

（1）选择"文件"菜单中的"新建"命令，在弹出的"新建"对话框中选择"报表"文件类型，然后单击"新建文件"按钮，则打开"报表设计器"窗口，如图 9-20 所示。

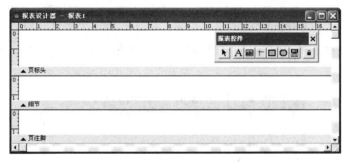

图 9-20　"报表设计器"窗口

（2）打开"报表设计器"之后，在主菜单中选择"报表"菜单项，从中选择"快速报表"选项。系统弹出"打开"对话框，选择数据源"学生"表，如图 9-21 所示，然后单击"确定"按钮。

（3）打开"快速报表"对话框，如图 9-22 所示。在该对话框中可以设置"字段布局"、"字段（F）..."按钮和"标题"等选项。

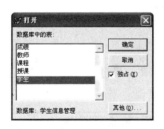
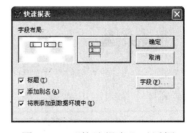

图 9-21　"打开"对话框　　　　图 9-22　"快速报表"对话框

- 字段布局：用于设计报表的字段布局，单击左侧按钮产生列报表，单击右侧按钮产生行报表。
- 标题：表示在报表中为每一字段添加一个字段名标题。
- 添加别名：表示在报表中是否在字段前面添加表的别名。
- 将表添加到数据环境中：是否把打开的表文件添加到报表的数据环境中作为报表的数据源。
- 字段按钮：为报表选择可用的字段。

单击"字段"按钮，打开"字段选择器"对话框。该对话框可以为报表选择所需要的字段，本例中选择"学生"表中的"学号、姓名、性别、出生日期和政治面貌"字段，如图 9-23 所示。单击"确定"按钮，返回"快速报表"对话框。

（4）在"快速报表"对话框中，单击"确定"按钮，快速报表便出现在"报表设计器"中，如图 9-24 所示。

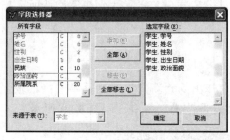

图 9-23　"字段选择器"对话框　　　　图 9-24　通过快速报表设计的报表设计器窗口

（5）单击工具栏上的"打印预览"按钮，打开快速报表的预览窗口，结果部分截图如图 9-25 所示。

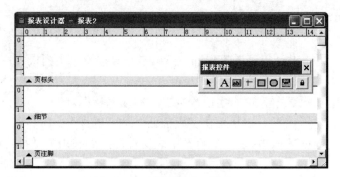

图 9-25　例 9.3 的预览结果

（6）保存报表文件。单击"文件"菜单中的"保存"选项，打开"另存为"对话框，输入报表文件名"student2.frx"，然后单击"保存"按钮即可。

9.1.3　报表设计器

在系统菜单中选择"文件"菜单中的"新建"命令。在"新建"对话框中选择"报表"，单击"新建文件"按钮，出现如图 9-26 所示的"报表设计器"窗口。

图 9-26　"报表设计器"窗口

1. "报表设计器"工具栏

当打开"报表设计器"窗口时，会自动出现"报表设计器"工具栏，如图 9-27 所示。若"报表设计器"工具栏没有被打开，则需单击"显示"菜单中的"工具栏"选项，打开"工具栏"对话框，在其中选择"报表设计器"，如图 9-28 所示，即可打开"报表设计器"工具栏。

图 9-27 "报表设计器"工具栏　　　　图 9-28 "工具栏"对话框

"报表设计器"工具栏上各个图标按钮的功能如表 9-1 所示。

表 9-1 报表设计器工具栏各按钮功能

按钮名称	说明
数据分组	显示"数据分组"对话框，用于创建数据分组及指定其属性
数据环境	显示报表的"数据环境设计器"窗口
报表控件工具栏	显示或关闭"报表控件"工具栏
调色板工具栏	显示或关闭"调色板"工具栏
布局工具栏	显示或关闭"布局"工具栏

2. "报表控件"工具栏

可以使用报表控件工具栏在报表或标签上创建控件。当打开"报表设计器"时，自动显示此工具栏，如图 9-29 所示。单击需要的控件按钮，把鼠标指针移到报表上，然后单击报表来放置控件或把控件拖曳到适当的大小。设置完控件后，可以双击报表上的这个控件，在显示的对话框中设置、修改其属性。

图 9-29 "报表控件"工具栏

此工具栏上各个图标按钮的功能如表 9-2 所示。

表 9-2 报表控件工具栏各按钮功能

按钮名称		说明
选定对象	▶	用于移动或更改控件的大小
标签控件	A	用于显示固定的文本
域控件	▦	用于显示表字段、内存变量或其他表达式的内容
线条控件	±	用于在报表布局中添加垂直或水平直线

续表

按钮名称		说明
矩形控件	▢	用于绘制矩形或边框
圆角矩形控件	◉	用于绘制画圆、椭圆或圆角矩形或边框
图片/ACTIVEX 绑定	🖫	用于输出图片或通用数据字段的内容
按钮锁定	🔒	允许添加多个同样类型的控件，而不需要多次按此控件按钮

3.“布局”工具栏

单击“布局工具栏”按钮，弹出如图 9-30 所示的“布局”工具栏。通过该工具栏可以设置控件的大小和对齐方式等，用来规范和美观报表。

图 9-30　“布局”工具栏

此工具栏上各个图标按钮的功能如表 9-3 所示。

表 9-3　布局工具栏各按钮功能

按钮名称	说明
左边对齐	当选定多个控件时，按最左边界对齐选定控件
右边对齐	当选定多个控件时，按最右边界对齐选定控件
顶边对齐	当选定多个控件时，按最上边界对齐选定控件
底边对齐	当选定多个控件时，按最下边界对齐选定控件
垂直居中对齐	当选定多个控件时，按垂直轴线对齐选定控件
水平居中对齐	当选定多个控件时，按水平轴线对齐选定控件
相同宽度	把选定控件的宽度调整到与最宽控件的宽度相同
相同高度	把选定控件的高度调整到与最宽控件的高度相同
相同大小	把选定控件的大小调整到与最大控件的尺寸
水平居中	按照通过表单中心的垂直轴线对齐选定控件的中心
垂直居中	按照通过表单中心的水平轴线对齐选定控件的中心
置前	把选定控件放置到所有控件的前面
置后	把选定控件放置到所有控件的后面

4.“调色板”工具栏

单击“调色板工具栏”按钮，弹出如图 9-31 所示的“调色板”工具栏。该工具栏中可以设置控件的“前景色”和“背景色”。

图 9-31　“调色板”工具栏

此工具栏上各个图标按钮的功能如表 9-4 所示。

表 9-4　调色板工具栏各按钮功能

按钮名称	说明
前景色	设置控件的默认前景色
背景色	设置控件的默认背景色

5．"报表"菜单

"报表"菜单包含用于创建和修改报表的命令。在"报表"菜单中有如下几个命令：

（1）标题/总结：显示"标题/总结"对话框，指定是否将"标题"或"总结"带区包括在报表中。

（2）数据分组：显示"数据分组"对话框，可以创建数据组并指定其属性。

（3）变量：显示"报表变量"对话框，可以创建报表中的变量。

（4）默认字体：显示"字体"对话框，可以指定报表和标签中标签和字段控件的永久字体、字体样式和字体大小。此设置随报表一起存储。这样，每次修改报表时，默认字体都是相同的。

（5）私有数据工作期：在一个私有工作期中打开报表使用的表，它们将不受其他报表、表单或程序的影响。

（6）快速报表：自动将选定字段放入一个空的"报表设计器"窗口中，快速创建简单的报表布局。

（7）运行报表：显示"打印"对话框，使您可以将报表传送给打印机。运行报表不会改变表、索引或备注字段中的数据。

9.1.4　报表数据源

设计报表时，必须首先确定报表的数据源，可以在数据环境中简单地定义报表的数据源。如果一个报表总是使用相同的数据源，就可以把数据源添加到报表的数据环境中。当数据源中的数据更新之后，使用同一报表文件打印的报表将反映出新的数据内容。

数据环境定义报表使用的数据源包括表、视图和关系，可以用它们来填充报表中的控件。数据环境与报表一起保存，可通过"报表设计器"对数据环境进行修改。定义报表的数据环境之后，当打开或运行该文件时，Visual FoxPro 自动打开表或视图，且在关闭或释放该文件时关闭表或视图。

把数据源添加到报表数据环境中有以下三种方法：菜单方式、快捷菜单方式和"报表设计器"工具栏方式。

1．使用菜单方式设置数据源

（1）在系统菜单中选择"文件"菜单中的"新建"命令，在弹出的"新建"对话框中选择"报表"文件类型，然后单击"新建文件"按钮，打开"报表设计器"窗口，如图 9-32 所示。

（2）在系统菜单中选择"显示"菜单中的"数据环境"菜单项，如图 9-33 所示，则打开如图 9-34 所示的"数据环境设计器"窗口，此时在系统菜单栏上出现"数据环境"菜单项，如图 9-35 所示。

（3）在系统菜单中选择"数据环境"菜单中的"添加"菜单项，则打开"添加表或视图"对话框，如图 9-36 所示。选择"教师"表，单击"添加"按钮，则将"教师"表添加到"数据环境设计器"窗口中，如图 9-37 所示。此时已经把"教师"表设置为当前创建的报表的数据源。

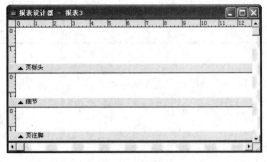

图 9-32 "报表设计器"窗口

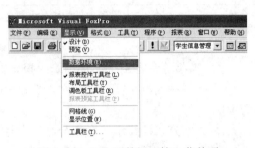

图 9-33 "显示|数据环境"菜单项

图 9-34 "数据环境设计器"窗口

图 9-35 "数据环境|添加"菜单项

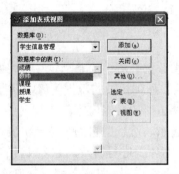

图 9-36 "添加表或视图"对话框

图 9-37 "数据环境设计器"窗口

2. 使用快捷菜单方式设置数据源

（1）在系统菜单中选择"文件"菜单中的"新建"命令，在弹出的"新建"对话框中选择"报表"文件类型，然后单击"新建文件"按钮，打开"报表设计器"窗口，如图 9-32 所示。

（2）在"报表设计器"窗口的空白带区里单击鼠标右键，此时弹出一个快捷菜单，如图 9-38 所示，在该快捷菜单中选择"数据环境"，即可打开如图 9-33 所示的"数据环境设计器"窗口。

（3）在"数据环境设计器"窗口中单击鼠标右键，此时弹出一个快捷菜单，如图 9-39 所示。在快捷菜单中选择"添加"选项，则打开"添加表或视图"对话框，如图 9-36 所示。

3. 使用"报表设计器"工具栏设置数据源

（1）在系统菜单中选择"文件"菜单中的"新建"命令，在弹出的"新建"对话框中选择"报表"文件类型，然后单击"新建文件"按钮，打开"报表设计器"窗口，如图 9-32 所示。

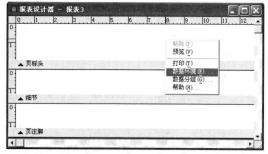

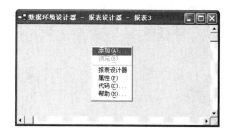

图 9-38　"报表设计器"窗口中的快捷菜单　　　图 9-39　"数据环境设计器"窗口的快捷菜单

（2）在自动打开的"报表设计器"工具栏上，单击"数据环境"按钮，即可打开"数据环境设计器"，在此处设置报表的数据源。

9.1.5　报表布局

在报表设计器中，报表包括若干个带区，如图 9-32 所示的报表设计器包括 3 个带区："页标头"、"细节"、"页注脚"。带区名标识在带区下的标识栏上。带区的主要作用是用来控制数据在页面上的打印位置。在打印或预览报表时，系统会以不同的方式来处理各个带区中的数据。表 9-5 列出了报表的一些常用带区的功能。

表 9-5　报表设计器中各带区功能

带区名称	打印结果	使用方法
标题	每报表一次或单独一页	从"报表"菜单中选择"标题/总结"带区
页标头	每页面一次	默认可用
列标头	每列一次	从"文件"菜单中选择"页面设置"
组标头	每组一次	从"报表"菜单中选择"数据分组"
细节	每记录一次	默认可用
组注脚	每组一次	从"报表"菜单中选择"数据分组"
列注脚	每列一次	从"文件"菜单中选择"页面设置"
页注脚	每页面一次	默认可用
总结	每报表一次	从"报表"菜单中选择"标题/总结"带区

"页标头"、"细节"和"页注脚"这三个带区是快速报表默认的基本带区。如果设计报表时需要使用其他带区，则可以由用户自己设置。设置报表其他带区的操作方法如下：

1. 设置"标题"或"总结"带区

单击系统菜单"报表"选择"标题/总结"菜单项，打开"标题/总结"对话框，如图 9-40 所示。

● 在该对话框中选择"标题带区"复选框，是在报表设计器中添加一个"标题"带区。系统会自动将"标题"带区添加到报表的顶部。若希望把标题内容单独打印一页，则需要将"标题带区"复选框下面的"新页"复选框选中。

● 在该对话框中选择"总结带区"复选框，是在报表设计器中添加一个"总结"带区。系统会自动将"总结"带区添加到报表的底部。若希望把总结内容单独打印一页，则需要将"总结带区"复选框下面的"新页"复选框选中。

2. 设置"列标头"和"列注脚"带区

设置"列标头"和"列注脚"带区可用于创建多栏报表。设置"列标头"和"列注脚"带区的方法如下：

（1）打开"页面设置"对话框。单击系统菜单"文件"中的"页面设置"菜单项，则打开"页面设置"对话框，如图 9-41 所示。

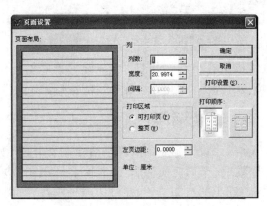

图 9-40　"标题/总结"对话框　　　　　　图 9-41　"页面设置"对话框

（2）在"页面设置"对话框中把"列数"微调器的值调整为大于 1 的值，则为报表设计器添加一个"列标头"带区和一个"列注脚"带区，如图 9-42 所示。

3. 设置"组标头"或"组注脚"带区

若要为报表设计器增加"组标头"或"组注脚"带区，则必须对表的索引字段设置分组，因为只有表中索引关键字值相同的记录集中起来，报表中的数据才能组织到一起。添加"组标头"或"组注脚"带区的操作方法如下：

（1）单击系统菜单"报表"中的"数据分组"菜单项，或单击"报表设计器"工具栏上的"数据分组"按钮，则可以打开"数据分组"对话框，如图 9-43 所示。

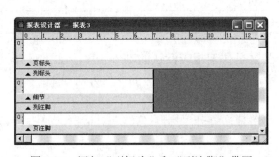

图 9-42　添加"列标头"和"列注脚"带区　　　图 9-43　"数据分组"对话框

（2）单击右侧省略号按钮，则打开"表达式生成器"对话框，在该对话框中选择"成绩.学号"，如图 9-44 所示。

（3）单击"确定"按钮，则在报表设计器中添加"组标头"和"组注脚"两个带区，如图 9-45 所示。

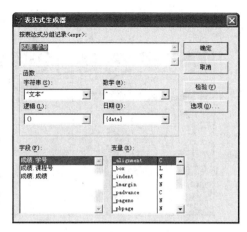

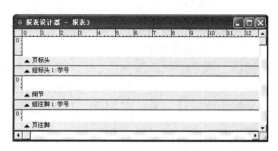

图 9-44 "表达式生成器"对话框　　　图 9-45 添加"组标头"或"组注脚"带区

4. 设置带区的高度

在"报表设计器"中添加所需的带区后，就可以带区中添加控件。若新添加的带区高度不够，则可以在"报表设计器"中对带区的高度进行调整。

调整带区高度的方法有以下两种：

（1）粗略调整：用鼠标拖曳的方法可以粗略调整带区的高度。首先用鼠标选中某一带区的标识栏，然后上下拖曳该带区即可。

（2）精确调整：双击需要调整高度的带区的标识栏，则打开一个对话框，可以在该对话框中设置精确的高度值。例如设置"页标头"带区的高度为 1 厘米，如图 9-46 所示；设置"细节"带区的高度为 0.85 厘米，如图 9-47 所示。

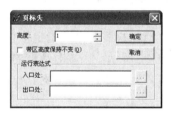

图 9-46 "页标头"对话框　　　　图 9-47 "细节"对话框

9.1.6 报表控件

1. 标签控件

标签控件是用于输入文字，一般用于显示标题文字。

（1）添加标签控件。

添加标签控件的方法非常简单，只需单击"报表控件"工具栏中的"标签"按钮，然后在报表的指定位置上单击鼠标，便会出现一个插入点，此时就可以在插入点处输入本文。

（2）更改文本格式。

首先，选定要更改文本格式的域控件或标签控件。选择控件的方法有以下两种：

- 选择一个控件：单击该控件即可。
- 选择多个控件：选定一个控件后，按住 Shift 键再依次选定其他控件，或是拖动鼠标圈选多个控件。

其次，打开设置文本格式的"字体"对话框。单击系统菜单"格式"中的"字体"菜单项，则打开"字体"对话框，如图 9-48 所示。

2. 线条、矩形和圆角矩形控件

线条、矩形和圆角矩形控件用于在报表上添加相应的图形线条，从而使报表效果更加美观。

（1）添加线条控件。

单击"报表控件"工具栏中的"线条"按钮、"矩形"按钮或"圆角矩形"按钮，然后在报表的一个带区中拖曳鼠标，则会分别生成线条、矩形或圆角矩形。

（2）更改样式。

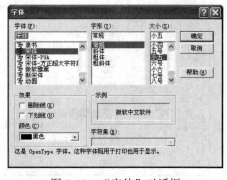

图 9-48 "字体"对话框

垂直线条、水平线条、矩形和圆角矩形所用的线条的粗线可以进行设置，设置的方法如下：

- 选择需要更改样式的直线、矩形或圆角矩形。
- 单击"格式"菜单中的"绘图笔"菜单项，从弹出的子菜单中选择适当的线条粗线与样式。

3. 域控件

域控件是用于打印表或视图中的字段、变量和表达式的计算结果。

（1）添加域控件。

向报表设计器中添加域控件有以下两种方法：

- 打开报表的"数据环境设计器"窗口，将"数据环境设计器"中的数据源的字段名或表拖曳到报表的带区中即可。
- 单击"报表控件"工具栏中的"域控件"按钮，然后在报表带区的指定位置单击鼠标，此时系统会弹出"报表表达式"对话框，如图 9-49 所示。在该对话框的"表达式"文本框中输入字段名，或单击右侧 按钮，打开"表达式生成器"对话框，编辑表达式即可，如图 9-50 所示。

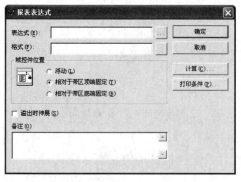

图 9-49 "报表表达式"对话框

图 9-50 "表达式生成器"对话框

若在报表中添加可计算的字段，则可以单击"报表表达式"对话框中的"计算"按钮，打开"计算字段"对话框，如图 9-51 所示。在该对话框中可以选择一个表达式通过计算来创建一个域控件。

（2）定义域控件的格式。

插入"域控件"之后，可以更改该控件的数据类型和打印格式。格式决定了打印报表、域控件的显示方式，但并不改变字段在表中的数据类型。数据类型可以是字符型、数值型或日期型，每一种数据类型都有自己的格式选项。

域控件的格式设置是在"报表表达式"对话框中完成的，如图 9-49 所示。单击该对话框中的"格式"右侧的 ┅ 按钮，即可打开"格式"对话框，如图 9-52 至图 9-54 所示。

图 9-51　"计算字段"对话框

图 9-52　"格式-日期型"对话框

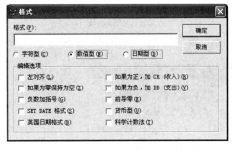
图 9-53　"格式-数值型"对话框

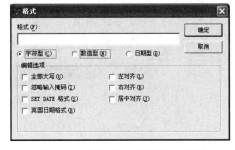
图 9-54　"格式-字符型"对话框

4. OLE 控件

OLE 控件是用于输出图片或通用数据字段的内容。一个 OLE 对象可以是图片、声音、文档等。

（1）添加图片。

单击"报表控件"工具栏中的"图片/ActiveX 绑定控件"按钮，然后在报表的一个需要添加图片的带区内单击并拖动鼠标，此时弹出一个"报表图片"对话框，如图 9-55 所示。在这个对话框中，图片的来源有文件和字段两种形式。

（2）调整图片。

在"报表图片"对话框中可以调整插入到报表上的图片。调整方法有以下三种：

- "剪裁图片"：图片将根据图文框的大小显示，若图片比较大，而图文框比较小，则超出图文框的图片被剪裁；
- "缩放图片，保留形状"：这种方法可以使图片保持完整、不变形，但图片可能无法填满图文框；
- "缩放图片，填充图文框"：通过调整图片的大小来填满整个图文框。

图 9-55 "报表图片"对话框

9.1.7 使用报表设计器创建报表

下面通过例 9.4 来介绍如何使用报表设计器创建一个报表文件。

例 9.4 使用报表设计器创建一个标题为"学生信息一览表"，报表文件名为"student.frx"。具体操作步骤如下：

（1）选择"文件"菜单中的"新建"命令，在弹出的"新建"对话框中选择"报表"文件类型，然后单击"新建文件"按钮，打开"报表设计器"窗口，如图 9-56 所示。

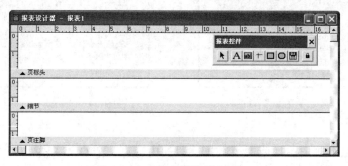

图 9-56 "报表设计器"窗口

（2）添加"标题"带区和"总结"带区：单击 "报表"菜单中的"标题/总结"菜单项，在弹出的"标题/总结"对话框中选择"标题带区"复选框和"总结带区"复选框，按"确定"按钮。"标题"带区出现在报表设计器的顶部，"总结"带区出现在报表设计器的底部，如图 9-57 所示。

（3）调整带区的高度：用鼠标选中"标题"带区标识栏（标识栏变成黑色），向下或向上拖曳来扩展或缩小"标题"带区的空间。用同样的方法调整其他带区的高度，如图 9-57 所示。

（4）输入标题：单击"报表控件"工具栏中的"标签"按钮，在报表的"标题"带区上单击鼠标，此时出现一个闪动的文本插入点，输入标题"学生信息一览表"，如图 9-57 所示。

（5）设置标题文本的格式：单击"报表控件"工具栏上的"选定"按钮，选择标题的"标签"控件。单击系统菜单中的"格式"，选择"字体"菜单项，在"字体"对话框中设置标题的文本的字体、大小、颜色等。本题选择楷体、二号、蓝色、粗体设置，如图 9-57 所示。

（6）对齐设置：单击"报表设计器"工具栏上的"布局工具栏"按钮，打开"布局"工具栏。选定标题"标签"控件，然后单击"布局"工具栏上的"垂直居中"和"水平居中"按钮，使标题位于"标题"带区的中央位置，如图 9-57 所示。

（7）设置"页标头"带区：单击"报表控件"工具栏中的"标签"按钮，在报表的"页标头"带区上分别输入标题"学号"、"姓名"、"性别"、"出生日期"、"民族"和"所属院系"。然后将其全部选定，使用"字体"对话框对其设置文本格式：楷体、四号、粗体；使用"布局"工具栏将其进行"垂直居中"对齐，如图 9-57 所示。

（8）添加线条：单击"报表控件"工具栏上的"线条"按钮，在"标题"带区下方画两条直线；在"页标头"下方画一条直线，如图 9-57 所示。

（9）设置线条格式：按住 Shift 键同时选中三条直线，单击"布局"工具栏上的"相同宽度"按钮，使三条直线一样宽度；选定第二条直线，单击"格式"菜单中的"绘图笔"菜单项，在弹出的子菜单中选择"4 磅"，如图 9-57 所示。

（10）设置数源：在"报表设计器"窗口的空白带区里右击，在该快捷菜单中选择"数据环境"，打开"数据环境设计器"窗口。在"数据环境设计器"窗口中右击，在快捷菜单中选择"添加"选项，将"学生"表添加到"数据环境设计器"窗口中。

（11）设置"细节"带区：打开"数据环境设计器"窗口，将"学生"表拖曳到"细节"带中。此时在该带区中出现 7 个域控件，适当调整位置，如图 9-57 所示。

（12）添加图片：单击"报表控件"工具栏中的"图片/ActiveX 绑定控件"按钮，在报表的"标题"带区左端单击并拖动鼠标拉出一个图文框。在"报表图片"对话框的"图片来源"区域选择"文件"，然后选择图片"student.jpg"。为了保持图片的完整，选择"缩放图片，保留形状"单选按钮，如图 9-57 所示。

（13）设置"页注脚"带区：单击"报表控件"工具栏中的"域控件"按钮，并在"页注脚"带区的右侧单击鼠标，则弹出"报表表达式"对话框,在"表达式"文本框中输入"date()"，如图 9-57 所示。

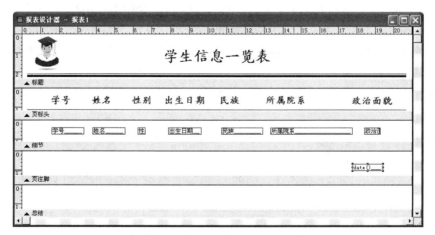

图 9-57 "报表设计器"编辑窗口

（14）单击"打印预览"按钮，得到如图 9-58 所示的预览效果。

（15）单击"文件"菜单中的"保存"菜单项，保存报表文件为"student.frx"。

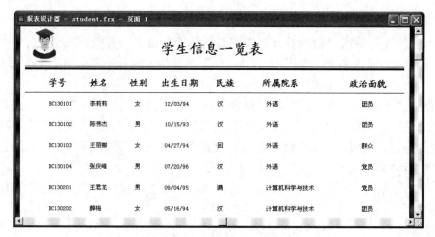

图 9-58　例 9.4 打印预览效果

9.2　分组报表

在设计报表时，有时所要报表的数据是成组出现的，需要以组为单位对报表进行处理。例如，在打印"学生"表时，为了阅读方便，需要按所属院系或性别进行分组。利用分组可以明显地分隔每组记录，使数据以组的形式显示。组的分隔是根据分组表达式进行的，这个表达式通常由一个以上的表字段生成，有时可能相当复杂。可以添加一个或多个组、更改组的顺序、重复组标头或者更改、删除组带区。

分组之后，报表布局就有了组标头和组注脚带区，可向其中添加控件。组标头带区中一般都包含组所用字段的"域控件"，可以添加线条、矩形、圆角矩形，也可添加希望出现在组内第 1 条记录之前的任何标签。组注脚通常包含组总计和其他组总结性信息。

9.2.1　设计报表的记录顺序

报表布局实际上并不排序数据，它只是按它们在数据源中存在的顺序处理数据。因此，为了便于分组处理记录，必须先对报表的数据源进行排序。可以为表设置索引，也可以在数据环境中使用视图或查询作为数据源。在数据环境中也可以设置当前索引，为数据环境设置索引的步骤如下：

（1）在"报表设计器"空白处右击，在弹出的快捷菜单中选择"数据环境"，打开数据环境设计器。

（2）在"数据环境设计器"窗口的某表上右击，在弹出的快捷菜单中选择"属性"命令，打开"属性"窗口，如图 9-59 所示。

（3）选择"数据"选项卡，更改"Order"属性的值为要设置的索引名，如图 9-60 所示。

9.2.2　设计单级分组报表

要打印分组报表必须首先设置分组表达式，使表按分组表达式分组打印。下面通过例 9.5 来详细介绍设计单级分组报表的步骤。

例 9.5　建立一个用来显示"成绩"表中以"课程号"进行分组显示的记录，并显示每门课程的平均成绩。

图 9-59　属性窗口

图 9-60　修改 Order 属性

（1）新建报表：在系统菜单中选择"文件"菜单中的"新建"命令，在弹出的"新建"对话框中选择"报表"文件类型，然后单击"新建文件"按钮，打开"报表设计器"窗口。

（2）设置数据源：在"报表设计器"空白处右击，在弹出的快捷菜单中选择"数据环境"，打开"数据环境设计器"，在数据环境设计器窗口的某表上右击，在弹出的快捷菜单中选择"添加"命令，把"成绩"表添加到数据环境中。

（3）设置报表记录顺序：在"数据环境设计器"窗口的某表上右击，在弹出的快捷菜单中选择"属性"命令，打开"属性"窗口，选择"数据"选项卡，更改"Order"属性的值，将其设置为"课程号"，如图 9-61 所示。

图 9-61　修改 Order 属性

图 9-62　"数据分组"对话框

（4）设置分组：单击"报表"菜单中的"数据分组"菜单项，打开如图 9-62 所示的"数据分组"对话框。在第一个"分组表达式"框内输入分组表达式，或者单击右侧的省略号按钮，在"表达式生成器"对话框中设置分组表达式"成绩.课程号"，如图 9-63 所示。

（5）设置"组标头"带区：单击"确定"按钮，报表新增了"组标头"和"组注脚"带区。调整"组标头"带区的高度，并将"数据环境设计器"的"成绩"表中的"课程号"字段名拖曳到"组标头"带区，如图 9-66 所示。

（6）设置"细节"带区：将"数据环境设计器"的"成绩"表中的"学号"和"成绩"

字段名拖曳到"细节"带区，并调整位置。

图 9-63　例 9.5 的数据分组设置

（7）设置"组注脚"带区：单击"报表控件"工具栏中的"域控件"按钮，并在"组注脚"带区中单击鼠标，此时打开"报表表达式"对话框，将表达式设置为"成绩.成绩"，如图 9-64 所示。然后单击"计算"按钮，打开"计算字段"对话框，选定"平均值"选项，如图 9-65 所示，然后单击"确定"按钮即可。

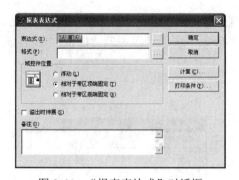

图 9-64　"报表表达式"对话框

图 9-65　"计算字段"对话框

（8）分组后的报表设计器如图 9-66 所示。预览结果的部分截图如图 9-67 所示。

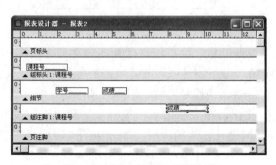

图 9-66　分组后的报表设计器

图 9-67　例 9.5 的预览结果

9.2.3 设计多级数据分组报表

Visual FoxPro 允许在报表内最多可以有 20 级数据分组，嵌套分组有助于组织不同层次的数和总计表达式，但是在实际应用中往往只用到 3 级分组。在设计多级数据分组时，需要注意分组的级与多重索引的关系。

1. 多个数据分组基于多重索引

多级数据分组报表的数据源必须可以分出级别来，例如，一个"教师"表中有"职称"、"性别"和"所属院系"字段，可以按关键字表达式"所属院系+职称+性别"建立索引，或者按"职称+所属院系+性别"来建立索引。在应用中如何建立索引也要视情况而定。

2. 分组层次

一个数据分组对应于一组"组标头"和"组注脚"带区。数据分组将按照在"报表设计器"中创建的顺序在报表中编号，编号越大的数据分组离"细节"带区越近。

3. 设计多级数据分组报表

设计多级数据分组报表的操作方法的前几个步骤与设计单级数据分组报表相同。在打开"数据分组"对话框，输入或生成第一个"分组表达式"之后，接着输入或生成下一个"分组表达式"即可。

下面通过例 9.6 详细介绍多级数据分组报表的创建步骤。

例 9.6 建立一个用来显示"教师"表信息的报表，其中按"职称"和"性别"进行二级分组，报表文件名为"teacher.frx"。

（1）新建报表：在系统菜单中选择"文件"菜单中的"新建"命令，在弹出的"新建"对话框中选择"报表"文件类型，然后单击"新建文件"按钮，打开"报表设计器"窗口。

（2）设置数据源：在"报表设计器"空白处右击，在弹出的快捷菜单中选择"数据环境"，打开"数据环境设计器"，在"数据环境设计器"窗口的某表上右键单击鼠标，在弹出的快捷菜单中选择"添加"命令，把"教师"表添加到数据环境中。

（3）设置当前索引：在"数据环境设计器"窗口的某表上右击，在弹出的快捷菜单中选择"属性"命令，打开"属性"窗口，选择"数据"选项卡，更改"Order"属性的值，将其设置为"职称性别"，如图 9-68 所示。

（4）设置分组：单击"报表"菜单中的"数据分组"菜单项，打开"数据分组"对话框。在第一个"分组表达式"框内输入分组表达式"教师.职称"，在第二个"分组表达式"框中输入分组表达式"教师.性别"，如图 9-69 所示。

图 9-68 设置"Order"属性　　　　　图 9-69 设置"数据分组"对话框

单击"确定"按钮，报表设计器中添加了"组标头 1：职称"、"组注脚 1：职称"和"组标头 2：性别"、"组注脚 2：性别"，如图 9-70 所示。

（5）设置"组标头"带区：调整"组标头 1：职称"和"组标头 2：性别"带区的高度，并将"数据环境设计器"的"教师"表中的"职称"字段名拖曳到"组标头 1：职称"带区；将"数据环境设计器"的"教师"表中的"性别"字段名拖曳到"组标头 2：性别"带区中。如图 9-70 所示。

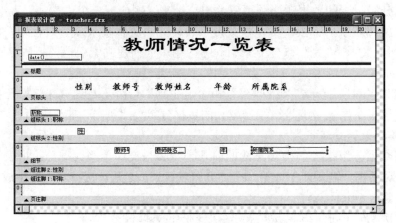

图 9-70　报表设计器-teacher.frx

（6）设置"标题"、"页标头"和"细节"带区，具体设置如图 9-70 所示。

（7）单击"打印预览"按钮，预览效果如图 9-71 所示。

（8）保存报表文件"teacher.frx"。

图 9-71　例 9.6 预览效果

9.3　分栏报表

如果需要打印的表字段较少，打印出来的内容只占页面横向的一小部分，则可以考虑设计成多栏报表，既节省纸张，又方便阅读。下面通过例 9.7 来介绍设置分栏报表的步骤。

例 9.7　建立一个分栏报表，该报表分为两栏显示"成绩"表中"学号"、"课程号"和"成绩"三个字段。报表文件名为 score.frx。

（1）打开"报表设计器"窗口。

在系统菜单中选择"文件"菜单中的"新建"命令，在弹出的"新建"对话框中选择"报表"，然后单击"新建文件"按钮，则打开"报表设计器"窗口。

（2）设置报表数据源。

● 在"报表设计器"的任意带区的空白处右击，在弹出的快捷菜单中选择"数据环境"命令，打开"数据环境设计器"窗口。

● 在"数据环境设计器"窗口的任意空白位置右击，在弹出的快捷菜单中选择"添加"命令，把"成绩"表添加到"数据环境设计器"中。

（3）添加"列标头"和"列注脚"带区。

● 在系统菜单中选择"文件"菜单中的"页面设置"菜单项，打开"页面设置"对话框，将"列数"调整为 2，"宽度"调为 10，如图 9-72 所示。

● 单击"确定"按钮后，此时报表设计器增加了"列标头"和"列注脚"带区，在"列标头"中添加三个标签控件，分别输入"学号"、"课程号"、"成绩"，并对其进行格式化设置，如图 9-73 所示。

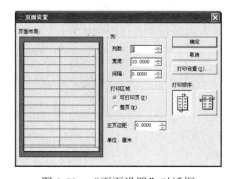

图 9-72　"页面设置"对话框

图 9-73　分栏后的报表设计器

（4）设计报表布局。

将"数据环境设计器"中的"成绩"表拖曳到"细节"带区中，此时在"细节"带区中添加了三个域控件"学号"、"课程号"和"成绩"，调整适当位置即可，如图 9-73 所示。

（5）点击"预览"查看结果，如图 9-74 所示。

学号	课程号	成绩	学号	课程号	成绩
BC130101	A001	88.0	BC130302	D003	88.0
BC130101	A002	90.5	BC130302	F001	69.0
BC130102	A001	96.5	BC130401	B001	70.5
BC130102	S003	78.0	BC130402	D003	88.0
BC130103	G001	82.0	BC130402	B001	70.0
BC130103	A001	93.0	BC130403	A001	83.0
BC130104	A002	64.0	BC130501	A001	70.0

图 9-74　例 9.7 的运行结果

（5）保存报表文件，输入文件名"score.frx"。

9.4　报表输出

9.4.1　预览报表

在报表设计器中设计好的报表可以按格式打印输出了。在输出之前，为了查看打印效果，可以先通过"预览"功能预览打印结果，方法有以下三种：

（1）选择"文件"菜单中的"打印预览"菜单项。

（2）单击"常用"工具栏中的"打印预览"按钮。

（3）在报表设计器中右击，在弹出的快捷菜单中选择"预览"命令。

9.4.2　报表输出

设计好并通过预览满足用户要求的报表可以打印输出了。打印报表的四种方法如下：

（1）选择"文件"菜单中的"打印"菜单项。

（2）单击"常用"工具栏中的"运行"按钮。

（3）在报表设计器中右击，在弹出的快捷菜单中选择"打印"命令。

（4）在命令窗口中输入命令：REPORT FORM <报表文件名> [PREVIEW]。

习题 9

一、选择题

1．在 Visual FoxPro 中，报表由（　　）和（　　）组成。

　　A．元组，属性　　　B．表单，对象　　　C．数据源，布局　　　D．数据源，数据表

2．下列选项中，不能作为报表数据源的是（　　）。

　　A．数据库表　　　B．表单　　　C．视图　　　D．自由表

3．打开报表设计器的命令是（　　）。

　　A．MODIFY REPORT<报表文件名>　　　B．OPEN REPORT<报表文件名>

　　C．CREAETE REPORT<报表文件名>　　　D．DO REPORT<报表文件名>

4．报表的数据源可以是（　　）。

　　A．表或视图　　　B．表或查询　　　C．表、查询或视图　　　D．表或其他报表

5．为了在报表中打印当前时间，这时应该插入一个（　　）。

　　A．表达式控件　　　B．域控件　　　C．标签控件　　　D．文本控件

6．使用报表向导定义报表时，定义报表布局的选项是（　　）。

　　A．列数、方向、字段布局　　　B．列数、行数、字段布局

　　C．行数、方向、字段布局　　　D．列数、行数、方向

7．在命令窗口中，打印报表 YY1 可使用的命令是（　　）。

　　A．REPORT FROM YY1 TO PRINTER　　　B．REPORT FROM YY1 PREVIEW

　　C．REPORT FORM YY1 TO PRINTER　　　D．REPORT FORM YY1 PREVIEW

二、操作题

1. 利用报表向导生成一个报表文件 myreport，包含"学生"表中全部字段。该报表使用"学生信息管理"数据库。

2. 利用快速报表功能创建一个简单报表，该报表内容为"课程"表的"课程号"、"课程名"、"学时"和"学分"，将该报表命名为 report1.frx。

3. 利用报表向导建立一对多报表，以"学生"表为父表，选择其中的"学号"、"姓名"和"性别"字段；以"成绩"表为子表，选择"课程号"和"成绩"字段。报表样式为"简报式"，表之间的关联通过"学号"字段实现，排序方式为按"成绩"降序，报表标题为"学生成绩信息"，报表其他参数为默认值。最后生成报表文件 score.frx。

第 10 章　数据库应用系统的开发

学习目的:

本章主要为了能够让学生加深对前面章节知识学习的理解和系统的掌握,本章通过简单的开发"学生成绩管理系统",系统地介绍和讲解有关数据库应用系统开发的一般过程。通过本案例让学生熟悉和掌握数据库应用系统开发的步骤,加深对 VFP 相关知识的理解与实际应用。

知识要点:

- 数据库系统开发的一般过程
- 学生成绩管理系统的总体设计
- 学生管理系统的数据库设计

10.1　数据库应用系统开发概述

数据库应用系统的开发过程通常包括需求分析阶段、系统总体设计阶段、系统实施阶段、系统发布阶段、系统的运行与维护阶段等。

1. 需求分析阶段

需求分析是整个数据库应用系统开发过程中十分重要的工作。需求分析阶段分为两步,即对整个项目的数据分析和功能分析。数据需求分析主要是搜集系统所包含的原始数据、处理的数据应遵循的规则以及数据间的相互关系以及处理结果的格式等;功能分析则是详细分析出系统各部分如何对各类信息进行加工处理,以实现用户所提出的各类功能需求等。

2. 系统总体设计阶段

系统总体设计阶段是在需求分析的基础上进行的,运用一定的标准,主要实现数据库的设计和功能的设计,即实现一个系统的总体框架,数据库设计将系统使用的数据进行分析、综合以及归纳,建立符合关系数据库要求的数据模型,利用建表、查询以及视图等对象实现。功能设计就是实现系统整体功能层次的划分以及设计的功能模块。系统设计阶段主要是为下一阶段的系统实现做准备。

3. 系统实施阶段

在进行完需求分析和系统总体设计阶段以后,接下来就是具体的实现阶段,系统实现是根据数据库应用系统设计的要求,本阶段主要完成对已经设计好的各个功能模块通过特定的数据管理系统和编程语言进行实现。

在该阶段,要根据系统设计要求和功能实现的情况,对数据库、表中先输入小部分的原始数据,通过试运行来测试数据库和表的结构以及应用程序的各功能模块是否能满足应用系统的要求。在使用软件之前要对其进行测试，验证程序在不同的测试条件下能否保证得到正确的结果，同时也要检测系统工程是否完善、检测是否满足用户的功能需求，若检测过程中对存在的问题、漏洞与缺陷要及时地进行修改与完善，保证软件的安全性、可靠性。

4. 系统发布阶段

对应用系统的设计、实现工作，系统试运行合格后，则进入系统发布阶段。该阶段主要存在两方面的工作：首先是对组成数据库应用系统的各功能模块文件进行项目连编，将源程序代码等编译连接，生成一个可执行的应用系统软件；其次是整理完善文档资料，并与连编生成的应用系统软件一起发布，最后交付使用。

5. 系统的运行与维护阶段

系统投放使用后需要对用户反馈的信息进行维护与纠正，有时还需要根据用户提出的功能进行不断地更新，提高系统的性能。

10.2　程序开发实例：学生成绩管理系统总体设计

本章介绍的学生成绩管理系统是一个具体的系统开发实例，能够实现高等学校学生成绩管理的基本功能，结合前面各章所介绍的基本知识和设计方法，介绍使用 Visual FoxPro 开发数据库应用系统的基本过程和步骤。其主要目的也是为了能够让学生更好地理解和掌握运用 Visual FoxPro 开发数据库应用系统的整个开发过程，同时学生也可以在本实例基础上进行补充和完善相应的其他功能。

10.2.1　系统的需求分析

1. 需求分析

根据学校的成绩管理的实际情况，开发的"学生成绩管理系统"需要处理的是与学生信息相关的各类数据，主要包括学生个人基本信息、学生成绩信息等。

2. 系统功能的分析

本系统主要实现的功能是学生信息、课程信息、成绩信息、系统权限的管理，主要包括信息的录入、修改、删除以及浏览等基本功能，并且对学生成绩的统计汇总和打印输出等功能。系统权限管理包括用户管理和管理员管理等。本系统的主要功能分为如下几个部分：

- 对基本信息的输入和存储。
- 信息的查询和浏览。用户可以查询和浏览学生、课程、成绩等信息。
- 数据的添加和修改。对数据库中的学生、课程、成绩、用户等信息进行添加、修改等操作。
- 数据的打印。对信息报表、成绩单、统计表的打印。
- 系统权限管理。分为用户权限和管理员权限，管理员权限具备系统的所有权限，用户权限只具备部分权限，例如不能随意删除数据以保证系统信息的安全性。

3. 系统功能模块图

通过对系统实现功能的分析、分类和汇总，依据模块化设计的需求得到本系统的功能模块图，如图 10-1 所示。

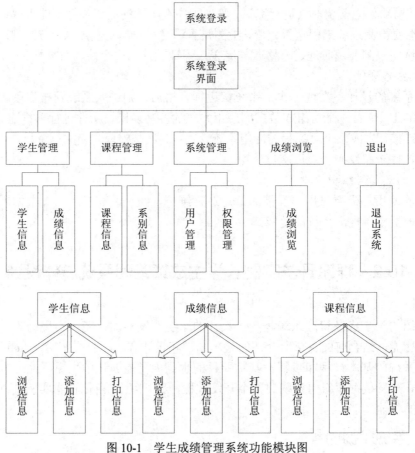

图 10-1   学生成绩管理系统功能模块图

10.2.2   数据库设计与实现

根据本系统的分析，数据库一共由学生基本情况表、成绩表、课程表、系别专业表、用户表以及用户权限表构成。

1. 学生表

学生表主要用于存储学生的个人基本信息，表结构如表 10-1 所示。学号是由 11 位的数字组成的，如：2013(级别)-01(系别)-01(专业)-013(序号)，这样可以与系别专业表的编号相对应。表结构如表 10-1 所示。

表 10-1   学生表表结构

字段名	类型	宽度	空值	说明
学号	字符型	11	否	主索引、升序
姓名	字符型	10	否	普通索引、升序
性别	字符型	2	否	普通索引、升序
出生日期	日期型	8	否	普通索引、升序
籍贯	字符型	16	否	普通索引、升序
联系电话	字符型	11	是	

字段名	类型	宽度	空值	说明
特长	字符型	20	否	
照片	通用型	4	是	
简历	备注型	4	是	

2. 成绩表

学生成绩表根据开设课程的实际成绩评定方法进行设定，即由平时成绩和期末成绩作为一个存储记录。表结构如表 10-2 所示。

表 10-2　成绩表的表结构

字段名	类型	宽度	空值	说明
学号	字符型	11	否	普通索引、升序
课程编号	字符型	6	否	普通索引、升序
平时成绩	数值型	5	是	
期末成绩	数值型	5	是	

3. 课程表

课程表中包含课程编号、课程名称、课程学时、学分。表结构如表 10-3 所示。

表 10-3　课程表的表结构

字段名	类型	宽度	空值	说明
课程编号	字符型	6	否	主键、升序
课程名称	字符型	30	否	普通索引、升序
学时	数值型	3	否	
学分	数值型	4	否	

4. 系别专业表

系别专业表中包括系别专业编号和系别专业名称，其中系别专业编号与学号中的系别、专业位相对应，通过学号中的部分字符串可以实现在系别专业表中查找到相应的名称。表结构如表 10-4 所示。

表 10-4　系别专业表的表结构

字段名	类型	宽度	空值	说明
系别专业编号	字符型	4	否	主键、升序
系别专业名称	字符型	20	否	

5. 系统用户表

系统用户表包括用户名、密码、用户类型，在系统登录时依据用户名判断是否为注册用户，若是注册用户则进行密码验证，最后根据用户类型决定使用的权限。表结构如表 10-5 所示。

表 10-5　系统用户表结构

字段名	类型	宽度	空值	说明
用户名	字符型	10	否	主键、升序
密码	字符型	10	否	
用户类型	字符型	1	否	

6. 用户权限表

用户权限表包括用户类型、类型名称字段。表结构如表 10-6 所示。

表 10-6　用户权限表

字段名	类型	宽度	空值	说明
用户类型	字符型	1	否	主键、升序
类型名称	字符型	20	否	

10.2.3　创建项目和数据库的实现

系统开发中一般由创建的项目与开发的方式不同采用的方法不同，若系统中各个模块由不同的项目组完成，就要组建多个不同的项目，最后整合为一个。本项目为了系统的开发，采用由一个项目承担的方式，这样便于各个模块之间的协调和统一。

1. 创建项目

根据本系统开发的要求创建一个"龙外学生成绩管理系统"项目，项目管理系如图 10-2 所示。

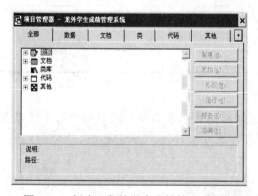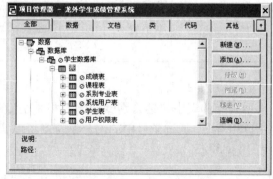

图 10-2　创建"龙外学生成绩管理系统"　　　图 10-3　数据库中的数据表

2. 创建数据库

在本系统的项目管理器中的"数据"选项卡中创建名为"学生数据库"的数据库，并将已经建立好的所有数据表添加到该数据库中，如图 10-3 所示。

3. 设置数据库中表之间的关系

根据系统数据库中所添加的 6 个表中设置主索引、普通索引，将这些表之间建立联系。本系统中数据库表之间的联系如图 10-4 所示。

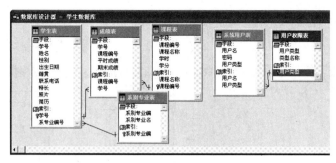

图 10-4　学生数据库中表与表之间的联系

10.3　学生成绩管理系统主窗口、主菜单和登录的设计

10.3.1　创建系统菜单

1. 系统菜单的设计与实现

本系统根据功能模块的设计，主菜单主要由学生管理、课程管理、成绩查询、系统管理和退出五个菜单项构成。

2. 主菜单的具体实现

主菜单的创建具体步骤如下：

（1）在学生成绩管理系统的项目管理器中单击"全部"选项卡的"其他"，然后选择"菜单"，在单击"新建"按钮，弹出"新建菜单"对话框，单击"菜单"按钮，弹出菜单设计器窗口。

（2）在菜单设计器的主窗口中依次输入"学生管理"、"课程管理"、"成绩查询"、"系统管理"和"退出系统"一级菜单项，如图 10-5 所示。

（3）各菜单项的具体设置如表 10-7 所示。

表 10-7　菜单设计设置

菜单名称	结果	菜单级	代码
学生管理	子菜单	菜单栏	
学生信息	命令	学生管理	Do form 学生信息表单.scx
成绩信息	命令	学生管理	Do form 成绩信息.scx
课程管理	子菜单	菜单栏	
课程信息	命令	课程管理	Do form 课程信息.scx
系别信息	命令	课程管理	Do form 系别信息.scx
成绩查询	子菜单	菜单栏	
成绩浏览	命令	成绩查询	Do form 成绩浏览.scx
系统管理	子菜单	菜单栏	
用户信息	命令	系统管理	Do form 用户信息.scx
权限信息	命令	系统管理	Do form 权限信息.scx
退出系统	子菜单	菜单栏	
退出	过程	退出系统	a=messagebox("确定退出吗？"，4+32);If a=6; release windows;endif

创建好的菜单保存为"学生成绩管理系统菜单.mnx"，并运行该菜单生成"学生成绩管理系统.mpr"文件。如图 10-5 所示系统的一级菜单，图 10-6 所示为学生管理的二级菜单。

图 10-5　系统菜单的一级菜单　　　　　图 10-6　"学生管理"菜单的二级菜单

选择"显示"菜单中的"常规选项"，在弹出的对话框中勾选"顶层菜单"复选框。

10.3.2　创建系统的登录窗口

1. 系统登录表单的创建

创建系统登录表单的目的是为了保护系统的安全工作的窗口，通过对用户输入的用户名和密码来检验用户的合法使用和权限。在学生成绩管理系统的项目管理器中单击"表单"，选择"新建"按钮新建名为"系统登录"的表单，应该注意的是首先应该将系统用户表添加数据环境中，然后在该表单中添加的控件包括一个图片、三个标签、一个组合框、一个文本框和两个命令按钮，对各个控件的属性设置如表 10-8 所示。

表 10-8　系统登录表单控件的属性设置

控件名称	属性名称	属性值
Form1	Caption	学生成绩管理系统登录
Form1	Borderstyle	2-固定对话框
Form1	Closeable	.f.-假
Form1	Maxbutton	.f.-假
Form1	Minbutton	.f.-假
Combo1	Rowsource	系统用户表.用户名
	Rowsourcetype	6-字段
Text1	Passwordchar	*

根据以上的要求建立的系统登录表单如图 10-7 所示。

图 10-7　"学生成绩管理系统登录"界面

2．登录窗口控件的代码实现

（1）登录系统 Form1 的 Init 事件的代码。

```
Public n
n=0
```

（2）Command1 登录按钮的 Click 事件的代码。

实现的功能是验证用户和密码，当输入密码错误时将提示重新输入，若用户输入超过 3 次密码，则退出登录。

```
set exact on &&设置精确比较
locate for alltrim(系统用户表.用户名)=alltrim(thisform.combo1.value)
if not found ()
messagebox("用户名为空或输入错误，请重输入！")
thisform.combo1.value=""
else
lx=系统用户表.用户类型
if alltrim(系统用户表.用户密码)=alltrim(thisform.text1.value)
select  用户权限表
locate for  用户类型=lx
messagebox("欢迎使用本系统！")
do form mian.scx
else
n=n+1
if n>=3
messagebox("你已三次输入密码,"+chr(13)+"你已不能登录了")
thisform.text1.setfocus
thisform.text1.value=""
thisform.refresh
endif
endif
endif
set exact off
```

（3）Command2 取消按钮的 Click 事件的代码。

```
Release.windows
```

3．创建用户主窗口界面

用户主窗口的界面显示的是主菜单和其他创建好的表单，设计这个主菜单时应在"常规选项"中设置顶层表单，同时在初始化 Init 事件中调用主菜单.mpr 文件。具体步骤如下：

在学生成绩管理系统项目管理器中新建一个表单，方法同上，并命名为"main.scx"，具体的属性设置如表 10-9 所示。

表 10-9　主窗口控件的设置

控件名称	属性名称	属性值
Form1	AutoCenter	.t.
Form1	AutoOntop	.t.
Form1	Caption	学生成绩管理系统
Form1	ShowWindow	2-作为顶层表单

在表单 Form1 的 Init 事件编写的代码。

Do 学生成绩管理系统菜单.mpr with this,.t.

10.4 创建各模块表单

10.4.1 学生管理模块的创建

学生管理模块的创建完成的是学生基本情况表记录的录入、修改、删除、查询、浏览和打印等操作的相关编程和实现。

1. 创建学生信息表单

在"龙外学生成绩管理系统"项目管理器的"表单"节点中创建"学生信息"表单，表单中涉及的属性的设置如表 10-10 所示。完成的表单界面如图 10-8 所示。

表 10-10 "学生信息"表单控件的属性设置表

控件名称	属性名称	值	控件名称	属性名称	值
Form1	ShowWindow	1-在顶层表单中	Text6	ReadOnly	T
Label1	Caption	学号		ConrrolSource	学生表.特长
Label2	Caption	姓名	Edit1	ReadOnly	T
Label3	Caption	性别		ConrrolSource	学生表.简历
Label4	Caption	出生日期	Optiongroup1	Buttons	3
Label5	Caption	籍贯		AutoSize	T
Label6	Caption	电话	Option1	Caption	学号
Label7	Caption	特长	Option2	Caption	姓名
Label8	Caption	简历	Option3	Caption	性别
Label9	Caption		Combol	RecordSource	6-字段
	AutoSize	T	Commandgroup1	ButtonsCount	4
Label10	Caption	查询条件	Command1	Caption	第一个
Grid1	RecordSource	学生表	Command2	Caption	上一个
	ReadOnly	T	Command3	Caption	下一个
	RecordSourceType	1-别名	Command4	Caption	最末
Text1	ReadOnly	T	Commandgroup2	ButtonsCount	2
	ConrrolSource	学生表.学号	Command1	Caption	查询
Text2	ReadOnly	T	Command2	Caption	打印
	ConrrolSource	学生表.姓名	Optiongroup2	Buttons	4
Text3	ReadOnly	T		AutoSize	T
	ConrrolSource	学生表.性别	Option1	Caption	追加
Text4	ReadOnly	T	Option2	Caption	修改
	ConrrolSource	学生表.出生日期	Option3	Caption	删除
Text5	ReadOnly	T	Option4	Caption	复原
	ConrrolSource	学生表.籍贯	Command1	Caption	追加

续表

控件名称	属性名称	值	控件名称	属性名称	值
Text6	ReadOnly	T	Command2	Caption	修改
	ConrrolSource	学生表.联系电话	Command3	Caption	删除
			Command4	Caption	退出

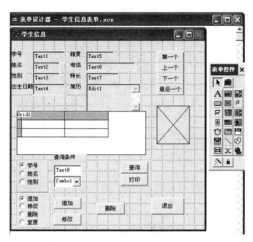

图 10-8　学生信息的表单界面

2. 编写相关控件的程序

（1）Form1 的 Init 事件的编程。

表单的初始化编程不仅要为本表单设置需要的全局变量，而且还要为表单启动后准备一个初始化的界面，可以通过此界面中的导航键进行对"学生表"中的记录查询，查询结果在表格控件中显示，文本框中显示的是当前记录。因为是查看，文本框和表格控件的属性设置为只读，并且其他命令按钮也为无效状态。

```
public tname,xh,sm,xb,rq,jg,dh,tc,j1,xuehao &&设置全局变量
thisform.image1.picture="F:\实验\学生成绩管理系统\照片"+"学生表.学号"+".jpg"
&&为图片空间设置数据源，照片文件名用学号命名
thisform.label9.caption="下表是学生表的全部记录"
thisform.text8.value="学号"
thisform.commandgroup2.command1.enabled=.f.
thisform.commandgroup2.command2.enabled=.f.
thisform.optiongroup2.enable=.f.
thisform.command1.enabled=.f.
thisform.command2.enabled=.f.
thisform.command3.enabled=.f.
thisform.refresh &&  刷新表单
```

（2）Commandgroup1 的 Click 事件的编程。

该事件主要是完成对"学生表"中记录的查询，并且为图片的路径进行设置。

```
do case
case thisform.commandgroup1.value=1
go top
case thisform.commandgroup1.value=2
```

```
if recno()=1
messagebox("这已是第一个记录！")
else
skip-1
endif
case thisform.commandgroup1.value=3
if recno()=reccount()
messagebox("这已是最后一个记录！")
else
skip
endif
case thisform.commandgroup1.value=4
go bottom
endcase
thisform.grid1.column1.text1.setfocus
thisform.refresh
xuehao=thisform.text1.value
thisform.imagel.picture="F:\实验\学生成绩管理系统\照片"+"学生表.学号"+".jpg"
thisform.refresh
```

（3）Optiongroup1 的 Click 事件的编程。

该事件的编程是为了实现能够按照查询的条件进行查询字段的选择。

```
do case
case this.value=1
thisform.combol.rowsource="学生表.学号"&&指定 Combol 关联的字段
thisform.text8.value="学号"        &&为 text8 设字段名
case this.value=2
thisform.combol.rowsource="学生表.姓名"
thisform.text8.value="姓名"
case this.value=3
thisform.combol.rowsource="学生表.性别"
thisform.text8.value="性别"
endcase
thisform.combol.value=""        &&清空当前的 combol
thisform.refresh
if thisform.combol.value<>""
thisform.commandgroup2.command1.enable=.t.
endif
thisform,commandgroup2.command1.refresh
```

（4）Combol 的初始化 Init 事件的编程。

```
this.rowsource="学生表.学号" &&设置数据源
```

（5）Combol 的 InterrectiveChange 事件的编程。

```
thisform.commandgroup2.command1.enabled=.t.
thisform.commandgroup2.command1.refresh
```

（6）Commandgroup2.Command1 查询按钮 Click 事件的编程。

查询按钮实现的功能是查询，并且将查询得到的结果存放在临时表中，同时在表格控件中显示。

```
            zhi=thisform.combol.value
            chaxu=alltrim(zd)+"="+""+alltrim(zhi)+""+"into cursor 临时表"
            selecet * from '学生表' where &chaxu
            tname="临时表"
            xh=""+tname+".学号"+""
            xm=""+tname+".姓名"+""
            xb=""+tname+".性别"+""
            rq=""+tname+".出生日期"+""
            jg=""+tname+".籍贯"+""
            dh=""+tname+".联系电话"+""
            tc=""+tname+".特长"+""
            jl=""+tname+".简历"+""
            thisform.grid1.recordsource=tname
            thisform.text1,controlsource=&xh
            thisform.imagel.picture="F:\实验\学生成绩管理系统\照片"+"学生表.学号"+".jpg"
            chaxunzd=thisform.text8.vlue
            chaxunzhi=alltrim(thisform.combol.value)
            tablecaption='下表所列的是按'"+chaxunzd+"'为"+chaxunzhi+"'查询结果为:"'
            thisform.label9.caption=tablecaption
            thisform.refresh
            thisform.commandgroup2.command1.enabled=.f.
            thisform.combol.balue=""
            thisform.refresh
```

（7）Commandgroup2.Command2 打印按钮的编程。

要想实现打印的功能需要做两个报表，一个报表是学生基本情况报表，另一个是临时报表。

```
            if thisform.grip1.recordsource="临时表"
            select 临时表
            report form 临时表.frx preview
            else
            select 学生表
            report form 基本情况表.frx preview
            endif
```

（8）Optiongroup2 选择按钮的 Click 事件的编程。

Optiongroup2 选择按钮实现的是追加、修改、删除以及复原功能。

```
            tname="学生表"
            select &tname
            xh=""""+tname+".学号"+""""
            xm=""""+tname+".姓名"+""""
            xb=""""+tname+".性别"+""""
            rq=""""+tname+".出生日期"+""""
            jg=""""+tname+".籍贯"+""""
            dh=""""+tname+".联系电话"+""""
            tc=""""+tname+".特长"+""""
            jl=""""+tname+".简历"+""""
            do case
            case this.value=1      &&当选择追加时使按钮有效
            thisform.command1.enabled=.t.
```

```
thisform.text1.controlsource=""
thisform.text2.controlsource=""
thisform.text3.controlsource=""
thisform.text4.controlsource=""
thisform.text5.controlsource=""
thisform.text6.controlsource=""
thisform.text7.controlsource=""
thisform.edit1.controlsource=""
thisform.text1.readonly=.f.          &&  文本框的只读状态取消
thisform.text2.readonly=.f.
thisform.text3.readonly=.f.
thisform.text4.readonly=.f.
thisform.text5.readonly=.f.
thisform.text6.readonly=.f.
thisform.text7.readonly=.f.
thisform.edit1.readonly=.f.
thisform.label9.coption="请输入新记录，然后单击添加按钮"
case this.value=2                     &&选择修改按钮时有效
thisform.command2.enabled=.t.
thisform.text1.readonly=.t.
thisform.text2.readonly=.f.
thisform.text3.readonly=.f.
thisform.text4.readonly=.f.
thisform.text5.readonly=.f.
thisform.text6.readonly=.f.
thisform.text7.readonly=.f.
thisform.edit1.readonly=.f.
thisform.label9.caption="请修改字段的内容，然后单击修改按钮"
thisform.refresh
case this.value=3                     &&选择删除按钮时有效
thisform.command3.enabled=.t.
thisform.label9.caption="请选择删除的记录，然后按删除按钮"
case this.value=4
tisform.text1.controlsource=&xh
thisform.text2.controlsource=&xm
thisform.text3.controlsource=&xb
thisform.text4.controlsource=&rq
thisform.text5.controlsource=&jg
thisform.text6.controlsource=&dh
thisform.text7.controlsource=&tc
thisform.edit1.controlsource=&jl
thisform.text1.readonly=.t.
thisform.text2.readonly=.t.
thisform.text3.readonly=.t.
thisform.text4.readonly=.t.
thisform.text5.readonly=.t.
thisform.text6.readonly=.t.
thisform.text7.readonly=.t.
```

```
thisform.edit1.readonly=.t.
thisform.command1.enabled=.f.
thisform.command1.enabled=.f.
thisform.command2.enabled=.f.
thisform.command3.enabled=.f.
thisform.label9.caption="已经恢复到查询状态了！"
thisform.refresh
Endcase
```

（9）Command1 追加命令按钮的编程。

该追加命令按钮实现的功能是将新的数据记录追加到学生表的末端。

```
select 学生表
go bottom
insert into 学生表(学号,姓名,性别,出生日期,籍贯,联系电话,特长,简历);
values(thisform.text1.value,thisform.text2.value,thisform.text3.value,;
thisform.text4.value,thisform.text5.value,thisform.text6.value,;
thisform.text7.value,thisform.edit1.value)
thisform.grid1.colun1.text1.setfocus
Thisform.refresh
```

（10）Command2 修改命令按钮的编程。

该修改命令按钮实现的功能是刷新表单，除了学号数据不能修改其他均可以修改，这样做的目的是为了防止修改学号造成的学号不唯一的情况。

```
thisform.text1.controlsource=&xh
thisform.text2.controlsource=&xm
thisform.text3.controlsource=&xb
thisform.text4.controlsource=&rq
thisform.text5controlsource=&jg
thisform.text6.controlsource=&dh
thisform.text7.controlsource=&tc
thisform.edit.controlsource=&jl
Thisform.refresh
```

（11）Command3 删除命令按钮的编程。

该按钮实现的功能是删除当前的记录。

```
mb=messagebox('确定要删除当前的记录吗？')
if mb=1
delete
pack
thisform.refresh
Endif
```

（12）Command4 退出按钮的编程。

该按钮实现的功能是退出表单。

```
ms=messagebox('确定要退出表格吗？')
if ms=6
thisform.release
Endif
```

对学生信息表单进行运行，得到如图 10-9 所示的学生信息表单。

图 10-9　"学生信息"表单界面

10.4.2 创建其他模块表单

为了便于开发的学生成绩管理系统的实现，并且保持界面的一致性，采用在已经创建好的"学生信息"表单的基础之上进行必要的修改，这样可以快速地创建其他模块的表单。方法是将已经建好的"学生信息"表单另存为一个类，有关于类的知识在前面的章节已经进行了讲述，这里不再进行讲述。

1. 将"学生信息"表单另存为类

打开"学生信息"表单，选择"文件"菜单中的"另存为类"选项，弹出"另存为类"对话框，如图 10-10 所示。在"类名"中输入"学生信息"，在"文件"文本框右侧单击▦按钮，选择建好的类名，然后单击"保存"和"确定"按钮，如图 10-11 所示为创建好的类。

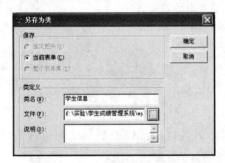

图 10-10 "另存为类"对话框

图 10-11 项目管理器中的类

2. 成绩信息表单的创建

创建的成绩信息表单是基于对学生信息表单进行修改而得到的，具体操作步骤如下：

（1）在项目管理其中新建一个名为"成绩信息"表单。

（2）对项目管理器中的"类"选项卡中存在的"学生信息"类，单击"修改"按钮，此时"学生信息"表单将出现在类设计器中。

（3）选定全部控件，进行复制、粘贴到新建的"成绩信息"表单中。

（4）按照成绩信息表单的要求对复制的表单进行修改。

（5）删除编辑框 edit1、图片控件、标签控件，对标签的标题进行修改使之符合要求。

（6）对 Form1 的 Init 事件进行编程。

```
public tname,zy,xh,xm,kc,ps,qm,xuehao        &&设置全局变量
tname="学生成绩视图"
thisform.label10.caption="下表是学生成绩视图的全部记录"
thisform.combol.rowsource='学生成绩视图.系别专业名称'
thisform.text8.value="系别专业名称"
thisform.commandgroup3.command1.enabled=.f.
thisform.commandgroup3.command2.enabled=.f.
thisform.optiongroup2.value=4
thisform.command1.enabled=.f.
thisform.command2.enabled=.f.
thisform.command3.enabled=.f.
thisform.text7.value=thisform.text5.value*0.6+thisform.text6.value*0.4
thisform.refresh          &&刷新表单
```

（7）对 Commandgroup2.command1 查询命令按钮的修改。

```
zd=thisform.text8.value
zhi=thisform.combo1.value
chaxu=alltrim(zd)+"="+""""+alltrim(zhi)+""""+"into cursor 学生成绩视图表"
selecet * from '学生成绩视图表' where &chaxu
tname="学生成绩视图表"
zy=""""+tname+".系别专业名称"+""""
xh=""""+tname+".学号"+""""
kc=""""+tname+".课程名称"+""""
ps=""""+tname+".平时成绩"+""""
qm=""""+tname+".期末成绩"+""""
thisform.grid1.recordsource=tname
thisform.text1,controlsource=&zy
thisform.text2,controlsource=&xh
thisform.text3,controlsource=&xm
thisform.text4,controlsource=&kc
thisform.text5,controlsource=&ps
thisform.text6,controlsource=&qm
chaxunzd=thisform.text8.value
chaxunzhi=alltrim(thisform.combo1.value)
tablecaption='下表所列的是按"'+chaxunzd+'"为"'+chaxunzhi+'"查询结果为:"'
thisform.label10.caption=tablecaption
thisform.commandgroup3.command1.enabled=.f.
thisform.combo1.value=""
thisform.refresh
thisform.grid1.column1.text1.setfocus
thisform.grid1.refresh
```

（8）对 Optiongroup1 的 Click 事件的编程。

```
do case
case this.value=1
thisform.combo1.rowsource="学生成绩视图.系别专业名称"
thisform.text8.value="系别专业名称"        && 为 text8 设字段名
case this.value=2
thisform.combo1.rowsource="学生成绩视图表.姓名"
thisform.text8.value="姓名"
case this.value=3
thisform.combo1.rowsource="学生成绩视图表.课程名称"
thisform.text8.value="课程名称"
endcase
thisform.combo1.value=""        &&清空当前的 combo1
thisform.refresh
if thisform.text8.value<>""and thisform.combo1.value<>""
thisform.commandgroup3.command1.enabled=.t.
endif
thisform.commandgroup3.command1.refresh
```

运行成绩信息表单，图 10-12 为成绩信息表单界面。

（9）修改打印输出的报表文件。

图 10-12　"成绩信息"表单界面

原"退出"按钮继续使用，其他的设置均使 Enabled 的值设为假。

对于其他数据表的界面的创建，如学生成绩表、开设课程表、系别专业表、系统用户和权限管理表的界面都用"学生信息"类进行修改创建，具体的步骤与"成绩信息"表单相同，这里不再进行讲述。

（10）主程序。

主程序是一个数据库应用系统的总控部分，是系统首先要执行的程序。一般情况下主程序中完成的任务有设置系统运行的状态参数、定义系统全局变量、设置系统主工作界面、调用系统登录表单等。

主程序如下：

```
clear all
close all
set default to e:\F:\实验\学生成绩管理系统          &&设置默认路径
set database    F:\学生成绩管理系统\学生数据库.dbc   &&打开数据库
set talk off                                        &&关闭对话
set escape off                                      &&关闭 Esc 键
set sysmenu off                                     &&关闭系统菜单
set exclusive on
_screen.windowstate=2                               &&设置窗体状态最大化
_screen.caption="学生信息管理系统"                   &&设置窗体标题
do form  系统登录窗口.scx                            &&打开登录窗口
read events                                         &&建立应用程序的事件循环
return
```

10.5 应用系统程序的连编及运行

大多数开发的应用系统都要进行连编，连编的主要目的就将项目中的所有文件（如数据库、菜单、程序、报表、表单以及其他文本文件等）编译在一起，在系统连编之前要确定几个重要的概念和完成相应的设置。

1. 主文件

主文件是"项目管理器"的主控程序，是整个应用程序的起点。在 Visual FoxPro 中必须指定一个主文件，作为程序执行的起始点。它应当是一个可执行的程序，这样的程序可以调用相应的程序，最后一般应回到主文件中。

2. "包含"和"排除"

"包含"是指应用程序的运行过程中不需要更新的项目，也就是一般不会再变动的项目。它们主要有程序、图形、窗体、菜单、报表、查询等。

"排除"是指已添加在"项目管理器"中，但又在使用状态上被排除的项目。通常，允许在程序运行过程中随意地更新它们，如数据库表。对于在程序运行过程中可以更新和修改的文件，应将它们修改成"排除"状态。

指定项目的"包含"与"排除"状态的方法是：打开"项目管理器"，选择菜单栏的"项目"命令中的"包含/排除"命令项；或者通过右击鼠标，在弹出的快捷菜单中选择"包含/排除"命令项。

3. 学生成绩管理系统的连编

学生成绩管理系统开发的所有文件均在"学生成绩管理系统"的项目管理器中，这样可以直接设置系统的主文件、包含文件以及排除文件，具体步骤如下：

（1）在"学生成绩信息管理系统"的项目管理器中选择"代码"选项卡，并右击"main.prg"，在弹出的快捷菜单中选择"设置主文件"命令，设置完成后的主文件均由黑色加粗的字体显示。

（2）数据表一般均被设置为排除文件，本系统中的六个数据库表均被设置为排除的文件。

（3）在单击"连编"之前要关闭所有打开的文件，单击"连编"按钮则将出现如图 10-13 所示的对话框。该对话框的各项说明如下：

● 重新连编项目：用于编译项目中的所有文件，并重新生成.PJX 和.PJT 文件。

● 连编应用程序：.app BUILD APP <应用程序文件名> FROM <项目文件名>，连编生成扩展名为.app 的文件，需要注意的是该应用程序只能在 VFP 中运行。

● 连编可执行文件：.exe BUILD EXE <可执行文件名> FROM <项目文件名> 和应用程序文件（.app）。可执行文件（.exe）既可以在 VFP 环境下运行，也可以在 Windows 环境下运行，但必须和动态链接库 Vfp6r.dll 和 Vfp6rchs.dll（中文版）或 Vfp6renu.dll（英文版）一起构成 VFP 所需的完整运行环境。

● 重新编译全部文件：项目内容发生修改后，可以重新进行编译所有文件。

● 显示错误：制定是否显示编译时遇到的错误提示信息。

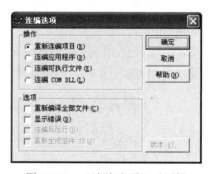

图 10-13　"连编选项"对话框

（4）在"连编选项"对话框中选择"连编可执行文件"，保存名为"学生成绩信息管理系统.exe"，系统则开始进行连编应用程序，并生成"学生成绩信息管理系统.exe"可执行文件。

（5）连编生成的"学生成绩信息管理系统.exe"文件可以直接在 Windows 下运行。

4．应用程序的发布

系统应用程序的发布就是需要为可执行文件创建安装盘。在运行安装向导前在命令窗口中使用命令"close all"关闭所有对象。在系统菜单"工具"中选定"向导"选项下的"安装"命令，启动安装向导，按照相应的步骤就可以完成应用程序的发布操作。

习题 10

一、选择题

1．能运行连编的应用程序的环境是（　　）。

　A．.EXE 文件只能在 Windows 中运行

    B．.EXE 文件只能在 Visual FoxPro 中运行

    C．.EXE 文件能在 Windows 和 Visual FoxPro 中运行

    D．.APP 文件能在 Windows 中运行

2．连编应用程序不能生成的文件是（　　　）。

    A．.EXE 文件　　　　B．.APP 文件　　　　C．.DLL 文件　　　　D．.PRG 文件

3．下列关于程序测试的目的准则的叙述中，正确的是（　　　）。

    A．软件测试是证明软件没有错误

    B．主要目的是发现程序中的错误

    C．主要目的是确定程序中错误的位置

    D．测试最好由程序员自己来检查自己的程序

4．下列叙述中正确的是（　　　）。

    A．应用系统交付使用后不需要进行回访　　B．应用系统交付使用后就不需要进行维护

    C．应用系统交付使用后还需要进行维护　　D．维护知识修护程序中被损坏的指令

5．关于排除文件说法正确的是（　　　）。

    A．排除文件从文件中删除

    B．排除文件不参与系统的连编

    C．排除文件从项目中移去

    D．排除文件不是应用程序系统的成员

6．在应用程序开发的过程中，能准确地确定应用系统必须做什么和具备的功能的阶段是（　　　）。

    A．需求分析阶段　　B．详细设计阶段　　C．软件设计阶段　　D．概要设计阶段

二、填空题

1．调用系统主菜单文件的扩展名为_____的文件。

2．项目中添加一个表单文件，应该在项目管理器的_____选项卡中添加。

3．编译一个应用程序系统时，主文件只有_____个，它是整个系统的_____。

4．VFP 数据管理系统是一种_____系统。

第 11 章　数据结构与算法

学习目的:

数据结构的主要内容有数据的逻辑结构、数据的存储结构、算法设计、算法分析。具体包括线性表、栈、队列、数组、广义表、树和二叉树、图等数据结构的逻辑特征、存储结构、运算以及排序和查找的相关算法。主要研究信息的逻辑结构、物理结构及其基本操作在计算机中的实现。

通过该章的学习, 使学生深刻理解各种常用的数据结构, 以及各种数据结构之间的逻辑关系;同时应该熟练掌握各种数据结构在计算机中的存储表示和在这些数据结构上的运算与实际的算法, 并对于算法的效率能够简要地分析它的目的, 使学生能够根据实际问题的需要选择合适的数据结构和设计算法, 同时也为计算机类相关后续课程的学习打下基础。

知识要点:

- 算法的概念、算法时间复杂度及空间复杂度的概念
- 数据结构的定义、数据逻辑结构及物理结构的定义
- 栈的定义及其运算、线性链表的存储方式
- 树与二叉树的概念、二叉树的基本性质、完全二叉树的概念、二叉树的遍历
- 二分查找法
- 冒泡排序法

11.1　算法

11.1.1　算法的基本概念

计算机解题的过程实际上是在实施某种算法, 这种算法称为计算机算法。算法是解题方案的准确而完整的描述。算法不等于程序, 也不等于计算机方法。

1. 算法的五个特征

(1) 有穷性:算法必须能在有限的时间内做完。算法在经过若干步骤后可以执行完成, 步骤是有穷的。

(2) 确切性:对于每一个输入都有确定性的输出结果。

(3) 可行性:算法可以运行出正确的结果, 具有可行性的特点。算法即使用纸和笔也可以得到满意的结果。

(4) 输入:对于某个指定的算法, 只有 0 个或多个输入, 输入具有合理性。

(5) 输出:一个算法可以有一个或多个输出, 以此来描述算法能够输出结果、确定算法的有穷性。

2. 算法设计的基本方法

计算机的解题过程就是实现某种算法的过程，这些算法可以成为计算机算法。计算机算法不同于人工处理的方法。在实际应用时，各种方法之间往往存在着一定的联系。算法主要有六大类，具体算法如下：

（1）列举法。

（2）归纳法。

（3）递推。

（4）递归。

（5）减半递推技术。

（6）回溯法。

3. 算法的描述

在日常生活、工作和学习过程中，人们经常不自觉地使用算法。比如，我们学习计算机课程，首先要先学习计算机基础，然后学习某种程序语言，接着再学习其他计算机课程；再如，购买商品，首先要知道想买什么，选择哪个商场的哪家店铺，如果对该商品基本上满意的话要购买，不满意的话又要怎么办，以上的描述都属于算法的自然语言描述。算法的描述方法可以有以下几种：自然语言、图形、算法语言和形式语言。其中图形是指 N-S 图、流程图；算法语言是指计算机语言、程序设计语言和伪代码；形式语言是指用数学的方法，避免自然语言的二义性。

4. 算法的基本要素

（1）算法中对数据的运算和操作。

一个算法由两种基本要素组成：一是对数据对象的运算和操作；二是算法的控制结构。

在一般的计算机系统中，基本的运算和操作有以下 4 类：算术运算、逻辑运算、关系运算和数据传输。

（2）算法的控制结构：算法中各操作之间的执行顺序称为算法的控制结构。

描述算法的工具通常有传统流程图、N-S 结构化流程图、算法描述语言等。一个算法一般都可以用顺序、选择、循环三种基本控制结构组合而成。

11.1.2　时间复杂度和空间复杂度

同一个问题可用不同的算法来解决，而一个算法的质量优劣将影响到算法乃至程序的效率。一个算法的评价主要从时间复杂度和空间复杂度两个方面来考虑。

（1）算法的时间复杂度。

算法的时间复杂度是指执行算法所需要的计算工作量。

同一个算法用不同的语言实现，或者用不同的编译程序进行编译，或者在不同的计算机上运行，效率均不同。这表明使用绝对的时间单位衡量算法的效率是不合适的。撇开这些与计算机硬件、软件有关的因素，可以认为一个特定算法"运行工作量"的大小，只依赖于问题的规模（通常用整数 n 表示），它是问题规模的函数。即

$$算法的工作量 = f(n)$$

（2）算法的空间复杂度。

算法的空间复杂度是指执行这个算法所需要的内存空间。

一个算法所占用的存储空间包括算法程序所占的空间、输入的初始数据所占的存储空间

以及算法执行过程中所需要的额外空间。其中额外空间包括算法程序执行过程中的工作单元以及某种数据结构所需要的附加存储空间。如果额外空间量相对于问题规模来说是常数，则称该算法是原地工作的。在许多实际问题中，为了减少算法所占的存储空间，通常采用压缩存储技术，以便尽量减少不必要的额外空间。

例 11.1　矩阵乘法。

```
for(i=0;i<n;i++)
    for(j=0;j<n;j++){
        c[i][j]=0;
        for(k=0;k<n;k++)
            c[i][j]+=a[i][k]*b[k][j];
    }
```

对于循环语句，只需要考虑循环体中语句的执行次数。在以上程序段中 c[i][j]+=a[i][k]* b[k][j] 语句的执行次数是 n^3，所以该程序段的时间复杂度为 $T(n)=O(n^3)$。由此可见，当算法是由若干个循环语句组成时，算法的时间复杂度是由嵌套层数最多的循环语句中最为内层语句的执行次数 f(n) 决定的。

例 11.2　交换 i 和 j 的值。

```
temp=i;
i=j;
j=temp;
```

以上命令是将变量 i 和 j 中的数值进行交换，以上三个语句的执行次数均为 1 次，该程序段的执行时间是一个与问题规模无关的常数，因此算法的时间复杂度为常数，记作 $T(n)=O(1)$。另外，只要程序的执行时间不随着问题的规模 n 增加而增加，那么不论语句的数量有多少，其算法的时间复杂度同样是 O(1)。

空间复杂度是程序运行从开始到结束所需要的存储空间。程序运行所需要的存储空间包含固定部分和可变部分。固定部分中主要包含程序代码、常量、简单变量、定长成分的结构变量所占的空间。可变部分的大小与算法在某次执行中处理的特定数量的大小和规模有关。简单来说，将有 100 个元素的两个数组相加与将有 10 个元素的两个数组相加，所需要的存储空间是不同的。

11.2　数据结构

在现实世界中的大量信息要转换为数据才能在计算机中存储和处理，而数据是信息的载体，是计算机加工的对象，一般计算机中的数据分为两类：数值数据和非数值数据，而数据结构主要是为了研究和解决如何使用计算机处理非数值问题而产生的理论、技术和方法。

在计算机科学和技术领域，数据结构是被广泛使用的术语。数据结构用来反映一个数据的内部构成，即一个数据由哪些成分数据构成，以什么方式构成，呈现什么结构。如果将大量的数据随意地存放在计算机中，不便于对数据的处理。因此，学习数据结构的相关理论是十分必要的，数据结构的结构图如图 11-1 所示。

11.2.1　数据结构的定义

1.　数据结构的概念

数据结构是指相互有关联的数据元素的集合。

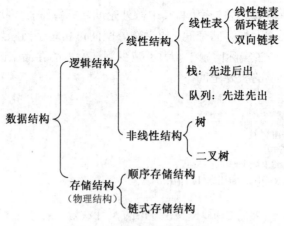

图 11-1   数据结构的结构图

数据结构所研究的三个方面：

（1）数据的逻辑结构，即数据集合中各数据元素之间的逻辑关系；

（2）数据的存储结构，即在对数据进行处理时，各数据元素在计算机中的存储关系；

（3）对各种数据结构进行的运算。

数据：是对客观事物的符号表示，在计算机科学中是指所有能输入到计算机中并被计算机程序处理的符号的总称。

数据元素：是数据的基本单位，在计算机程序中通常作为一个整体进行考虑和处理。

数据对象：是性质相同的数据元素的集合，是数据的一个子集。

2.   数据的逻辑结构和存储结构

数据的逻辑结构是对数据元素之间的逻辑关系的描述，它可以用一个数据元素的集合和定义在此集合中的若干关系来表示。数据的逻辑结构有两个要素：一是数据元素的集合，通常记为 D；二是 D 上的关系，它反映了数据元素之间的前后件关系，通常记为 R。一个数据结构可以表示成

$$B=(D,R)$$

其中 B 表示数据结构。为了反映 D 中各数据元素之间的前后件关系，一般用二元组来表示。

数据的逻辑结构在计算机存储空间中的存放形式称为数据的存储结构（也称数据的物理结构）。

由于数据元素在计算机存储空间中的位置关系可能与逻辑关系不同，因此，为了表示存放在计算机存储空间中的各数据元素之间的逻辑关系（即前后件关系），在数据的存储结构中，不仅要存放各数据元素的信息，还需要存放各数据元素之间的前后件关系的信息。

一种数据的逻辑结构根据需要可以表示成多种存储结构，常用的存储结构有顺序、链接、索引等。而采用不同的存储结构，其数据处理的效率是不同的。因此，在进行数据处理时，选择合适的存储结构是非常重要的。

例如：春、夏、秋、冬是按季节排序的，春在夏前面，是夏的前件，而夏在春后面，是春的后件；又如，在父亲、儿子、女儿和孙子这四个数据元素中，父亲是儿子和女儿的前件，儿子和女儿分别是父亲的后件，儿子是孙子的前件，孙子为儿子的后件，如图 11-2 和图 11-3 所示。

计算机的存储器是由有限个存储单元组成的一个连续的存储空间，数据结构中的各数据

元素在计算机存储空间中的位置关系与逻辑关系有可能不同，而且一般不相同。数据的存储结构的表示方法有顺序存储结构和链式存储结构两种。所谓的顺序存储结构表示需要一块连续的存储空间，并把逻辑上相邻的数据元素依次存储在连续的存储单元中。例如，春、夏、秋、冬这个数据结构中的各个元素可以按照逻辑结构存储在物理位置相邻的存储空间中；而链式存储结构是指在计算机中存储的元素信息除了该元素本身的信息外，还包括存放与该元素相关的其他元素的位置信息，如父亲、儿子、女儿和孙子这个数据结构中的各个数据元素。

春 ➤ 夏 ➤ 秋 ➤ 冬

图 11-2　数据的逻辑结构（1）　　　　　图 11-3　数据的逻辑结构（2）

11.2.2　线性结构和非线性结构

根据数据结构中各数据元素之间前后件关系的复杂程度，一般将数据结构分为两大类：线性结构与非线性结构。如果一个非空的数据结构满足下列两个条件：

（1）有且只有一个根结点；

（2）每一个结点最多有一个前件，也最多有一个后件。

则称该数据结构为线性结构。线性结构又称线性表。在一个线性结构中插入或删除任何一个结点后还应是线性结构。如果一个数据结构不是线性结构，则称之为非线性结构。

11.3　线性表

线性表是最基本、最简单、也是最常用的一种数据结构。线性表的逻辑结构简单，便于实现和操作。因此线性表用途广泛，一般应用于信息检索、存储管理、模拟技术和通信等诸多领域。

11.3.1　线性表的基本概念

线性表是由一组元素组成的一个有限序列。例如，一年四季（春，夏，秋，冬）是一个长度为 4 的线性表，表中的每个季节的名字是一个数据元素，数据元素之间的相对位置是线性的。又如，一个家庭中的子女（老大，老二，老三）是一个长度为 3 的非空线性表。线性表是一种线性数据结构。

线性表可以表示为$(a_1, a_2, \ldots, a_i, \ldots, a_n)$，其中 a_i 为线性表中的数据元素，也称为结点。

11.3.2　非空线性表的结构特征

特点如下：

（1）有且只有一个根结点 a_1，它无前件；有且只有一个终端点 a_n，它无后件；

（2）除根结点与终端结点外，其他所有结点有且只有一个前件，也有且只有一个后件；

（3）结点个数 n 称为线性表的长度，当 n=0 时，称为空表。

11.3.3　线性表的顺序存储结构

特点如下：

（1）线性表中所有元素所占的存储空间是连续的、是按逻辑顺序依次存放的；

（2）线性表中的数据元素可以随机查找。

例如：线性表（春，夏，秋，冬）的顺序存储如图 11-4 所示。

| ... |
| 春 |
| 夏 |
| 秋 |
| 冬 |
| ... |

图 11-4　线性表顺序存储

11.3.4　线性表的顺序存储结构的运算

（1）查找。

按地址查找。例如线性表（春，夏，秋，冬），每个数据元素占用 2 个存储空间（即字节数），假设第一个数据元素"春"的存储地址为 1024，则数据元素"秋"的存储地址计算方法为：1024 + (3-1) × 2=1028。

（2）插入。

例如，将长度为 4 的线性表（1，2，4，6）存储在长度为 6 的存储空间中，并在数据元素 2 和 4 的后面分别插入元素 3 和 5，过程如图 11-5 所示。

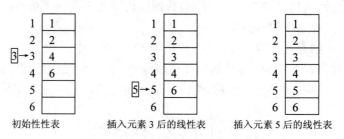

图 11-5　线性表的插入过程

在插入元素 3 时，首先把元素 6 向后移动到第 5 个存储空间中，再把元素 4 向后移动到第 4 个存储空间中，然后在第 3 个存储空间中插入元素 3，插入元素 5 时同理。由此可见，在线性表的顺序存储结构中要插入元素首先需要移动大量的元素，消耗时间多。

（3）删除。

例如，将长度为 4 的线性表（1，2，3，4）中的第一个元素删除，其过程为首先删除第 1 个元素，然后将从第 2 个元素开始直到最后一个元素均依次向前移动一个位置，线性表的长度变成 3。

由于数据元素的移动消耗时间较多，因此，对于数据元素经常需要变动的大线性表来说，采用顺序存储结构，插入和删除操作的效率比较低，而且还需要事先估计线性表长度。

11.3.5　线性表的链式存储结构

（1）特点：线性表中元素所占的空间可以不连续；线性表插入、删除方便；可以不必事先估计线性表长度。

（2）分类：单链表、双链表、循环链表。

（3）数据结构中的每一个结点（数据元素）对应于一个存储单元，这种存储单元称为存储结点，简称结点。

结点由两部分组成：①数据域，用于存储数据元素值；②指针域，用于存放下一个数据元素的地址。

线性链表中，各数据结点的存储顺序与数据元素之间的逻辑关系可以不一致，而数据元素之间的逻辑关系是由指针域来确定的。

例如，线性表（春，夏，秋，冬）存储在具有 8 个结点的存储空间中，存储情况如图 11-6 所示。

存储序号	数据域	指针域
1	秋	8
2		
3	春	6
4		
5		
6	夏	1
7		
8	冬	0

图 11-6　线性表的存储过程

逻辑状态如图 11-7 所示。

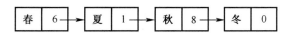

图 11-7　线性表的逻辑状态

在线性链表中，用一个专门的指针 HEAD 存放第一个数据元素的地址，称为头指针；最后一个数据元素没有后件，因此最后一个结点的指针域为空（null 或 0）。当 HEAD=NULL（或 0）时，称为空表。

例如，线性表（春，夏，秋，冬）如果加上头指针，则逻辑状态如图 11-8 所示。

Head

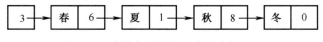

图 11-8　线性表的逻辑状态（含指针）

11.3.6　单链表的基本运算

（1）查找。从头结点开始往后沿指针进行扫描。例如，查找线性表中的结点"秋"，从头指针 3 开始，找到结点"春"，然后由结点"春"的指针域 6，找到下一结点"夏"，再由结点"夏"的指针域，确定结点"秋"的地址为 1。

（2）插入。例如，在线性表（春，夏，秋，冬）的"夏""秋"之间插入数据元素"初秋"。首先给新数据元素分配新结点，存储数据元素的值。假设将新元素存储在地址 2 中，如图 11-9 所示。其次找到结点"夏"的指针域，并将新结点"初秋"的指针域改为 1，然后将结点"夏"的指针域改为 2，如图 11-10 所示。

存储序号	数据域	指针域
1	秋	8
2	初秋	?
3	春	6
4		
5		
6	夏	1
7		
8	冬	0

图 11-9   单链表的插入操作（1）

存储序号	数据域	指针域
1	秋	8
2	初秋	1
3	春	6
4		
5		
6	夏	2
7		
8	冬	0

图 11-10   单链表的插入操作（2）

逻辑状态如图 11-11 所示。

Head

图 11-11   单链表的逻辑状态

（3）删除。例如，删除线性表（春，夏，初秋，秋，冬）中的数据元素"初秋"。首先删除结点"初秋"，然后将前一结点"夏"的指针域改为 1。

综上，线性链表的插入删除操作不需要移动元素，只需改变前后结点的指针域。

11.3.7   双链表和循环链表

（1）双链表中每个结点有两指针域：左指针（Llink）指向前件结点，右指针（Rlink）指向后件结点。

例如，双向链表（春，夏，秋，冬）的物理状态如图 11-12 所示。

逻辑状态如图 11-13 所示。

存储序号	左指针域	数据域	右指针域
1	6	秋	8
2			
3	0	春	6
4			
5			
6	3	夏	1
7			
8	1	冬	0

图 11-12　双向链表的物理状态图

Head

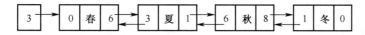

图 11-13　双向链表的逻辑状态图

双向链表的优点是从任一个结点开始既可找到它的前件，也可找到它的后件。

（2）循环链表中增加了表头结点，最后一个结点的指针域指向头结点，整个链表形成一个环。特点是从表中任一结点出发均可找到表中其他结点。

例如，循环链表（春，夏，秋，冬）如图 11-14 所示。

图 11-14　循环链表的逻辑状态图

11.4　栈和队列

栈和队列是最简单、最常用的两种操作受限的线性数据结构。在堆栈中，只能在一端进行插入和删除的操作，因而元素的插入和删除具有先进后出的特点。在队列中，用户在一端插入元素，在另一端删除元素，具有先进先出的特点。

11.4.1　栈的基本概念和运算

1．栈的基本概念

栈是限定仅在表尾进行插入或删除操作的线性表。允许插入和删除元素的一端称为栈顶，另一端称为栈底。如果栈中没有任何元素的话，该栈称为空栈。给定一个堆栈 $S=(a_0,a_1,...a_{n-1})$，则栈示意图如图 11-15 所示。

从堆栈示意图可以看出，a_0 是栈底元素，a_{n-1} 为栈顶元素，若进栈的顺序依次为 a_0、a_{n-1}，则出栈的顺序正好相反，即 a_{n-1} 先出栈，然后依次为 a_{n-2}、a_0，这说明栈是后进先出的线性数据结构。通常用指针 top 指向栈顶的位置，用指针 bottom 指向栈底。在栈中插入一个元素的运算称为入栈，从栈中删除一个元素称为出栈。

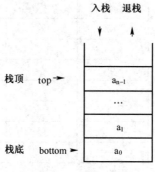

图 11-15　堆栈示意图

2．栈的顺序存储

前面我们说过，数据的存储表示方式有两种：顺序表示和链式表示。这里主要介绍关于栈的顺序存储。

用一维数组存储的栈称为顺序栈。当栈为空时，栈顶指针 top=-1，栈的容量可以通过用户来定义。

3．栈的运算

（1）入栈。

首先让栈顶指针 top 加 1，然后将新元素 x 存放在新的栈顶位置。当栈顶指针已经指向存储空间最后一个位置时，说明栈空间已经满了，不能再进行入栈的操作，这种情况也称为"上溢"。例如，有一个栈 S=（C，H，N，I），示意图如图 11-16（a）所示，若此时一个元素 A 想进栈的话，首先栈顶指针应该加 1，向栈顶移动一个位置，如图 11-16（b），然后元素 A 进栈，如图 11-16（c）所示。

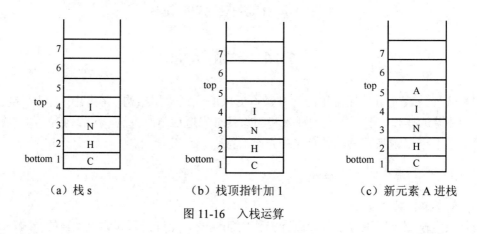

（a）栈 s　　　　　（b）栈顶指针加 1　　　　　（c）新元素 A 进栈

图 11-16　入栈运算

（2）出栈。

首先将栈顶指针 top 所指定的元素赋值给一个变量，然后将栈顶指针 top 减 1。当栈顶指针为 0 时，说明栈为空，不能进行出栈的操作，这种情况也称为"下溢"。例如，将刚才的栈 S 中的元素 A 出栈，过程示意图如图 11-17 所示。

（3）读栈顶元素。

读栈顶元素是指将栈顶元素赋给一个指定的变量。这个运算不删除栈顶元素。因此，栈顶指针的位置不会改变。当栈顶指针为 0 时，说明栈为空，不能得到栈顶元素。

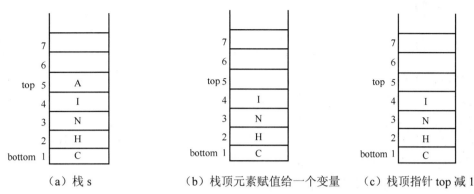

（a）栈 s   （b）栈顶元素赋值给一个变量   （c）栈顶指针 top 减 1

图 11-17　出栈运算

11.4.2　队列的基本概念和运算

1．队列的基本概念

队列是限定只能在表的一端插入元素，在表的另一端删除元素的线性数据结构。允许插入元素的一端称为队尾（rear），允许删除元素的另一端称为队头（front）。现在有一个队列 Q=（$a_0,a_1,...a_{n-1}$），则队列示意图如图 11-18 所示。其中 a_0 是队头元素，a_{n-1} 为队尾元素，若入队的顺序为从 a_0 到 a_{n-1}，则出队的顺序也为从 a_0 到 a_{n-1}。由此可以看出，队列的一种先进先出的线性数据结构。如果队列中无元素，则称为该队列为空队列。

图 11-18　队列示意图

2．队列的运算

（1）入队运算。

入队运算是指从队列的队尾处插入一个元素。例如，有一个队列 Q=（C，H，N，I），如图 11-19（a）所示，有一个元素 A 要入队，则需要将队尾指针 rear 向右移动一个位置，如图 11-19（b）所示，然后在 rear 所指定的位置上存入新元素 A，如图 11-19（c）所示。

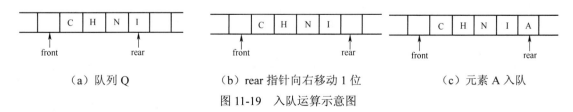

（a）队列 Q   （b）rear 指针向右移动 1 位   （c）元素 A 入队

图 11-19　入队运算示意图

（2）出队运算。

出队运算是指从队列的队头删除一个元素。删除元素只需将队头指针 front 向右移动一个位置即可。例如，要删除队列 Q 中的队头元素 C，示意图如图 11-20 所示。

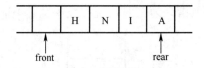

图 11-20　出队运算示意图

3. 循环队列及其运算

队列和堆栈一样可以采用顺序存储结构，如果用一维数组存储队列的话会造成严重的空间浪费。所以，通常情况下，队列的顺序存储结构采用循环队列的形式。所谓的循环队列指将队列的存储空间的最后一个位置绕到第一个位置，形成一个头尾相接的环，这样就能够充分利用数组空间来存储队列元素了。在循环队列中，用队尾指针 rear 指向队列中的队尾元素，用队头指针 front 指向队头元素的前一个位置。因此当队头指针 front 指向的后一个位置直到队尾指针 rear 指向的位置之间所有的元素均为队列中的元素。将我们刚才用到的队列 Q 以循环队列的形式存储，示意图如图 11-21 所示。

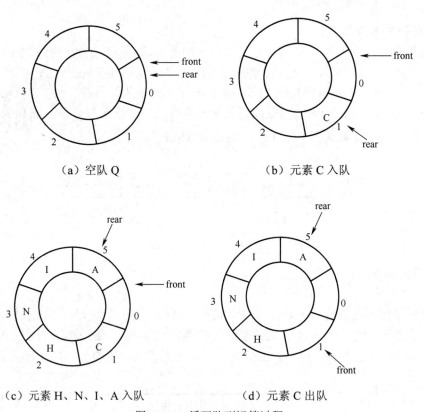

（a）空队 Q　　　　　　　　　（b）元素 C 入队

（c）元素 H、N、I、A 入队　　　（d）元素 C 出队

图 11-21　循环队列运算过程

通过上面的循环队列图示说明可以看出，循环队列主要有两种基本运算：入队运算和出队运算。循环队列的入队和出队的操作与队列以数组的方式存储时相似。循环队列的入队运算是指在循环队列的队尾加入一个新元素，首先需要将队尾指针 rear 加 1，然后将新元素插入到队尾指针所指向的位置。当循环队列非空且队尾指针等于队头指针时，该队列为满，不能再进行入队的操作，这种情况称为"上溢"。循环队列的出队运算是指将循环队列的队头位置退出一个元素并赋值给指定的变量。首先将队头指针加 1，即 front=front+1，然后将队头指针指向

的元素赋值给某个变量。当队列为空时，不能再进行出队的操作，这种情况称为"下溢"。但是，作为循环队列，判断循环队列的状态与上面不同，具体的判断公式为：

　　判断循环队列为满的条件为 rear=(front+1)%m

　　判断循环队列为空的条件为 rear==front

　　出队时队头指针 front 的操作为 front=(front+1)%m

　　入队时队尾指针 rear 的操作为 rear=(rear+1)%m

11.5　树和二叉树

　　树结构是一种非常重要的非线性数据结构，树的元素之间有着非常明显的层次关系。层次结构的数据在现实生活中有着大量的事实存在，比如我们前面提到的父亲、儿子、女儿和孙子这个结构就是一个典型的树，如图 11-22 所示。

11.5.1　树的基本概念

　　什么是树呢？树是包括 n（n≥1）个元素的有限非空集合。如上面的父亲、儿子、女儿和孙子这个树形结构中，父亲、儿子、女儿和孙子都是树中的元素，并且是有限的非空集合。

　　下面就介绍一下关于树这种数据结构中的一些基本术语和基本特征。以图 11-23 为例，具体的说明一下树结构。

图 11-22　树结构实例

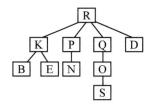

图 11-23　树

　　（1）结点：树中的元素通常称为结点。

　　（2）根结点：在树结构中，每个结点都只有一个前件，称为父结点，没有前件的结点只有一个，就是树的根结点，简称为树的根。如图 11-23 中的结点 R 就是树的根。

　　（3）子树：在树中，除了根结点，其余的元素被划分成 m（m≥0）个互不相交的子集，这 m 个子集，每一个又都是一棵树，并称之为该树的子树，如图 11-23 中（K，B，E），（P，N），（Q，O，S），（D）都是该树的子树。

　　（4）度：结点所拥有的子树数称为该结点的度。例如，根结点 R 的度为 4，结点 K 的度为 2。

　　（5）树的度：树中结点的最大度数称为树的度，图 11-23 中，树的度为 4。

　　（6）叶子结点：度为零的结点称为叶子结点。例如，图 11-23 中 B，E，N，S，D 都为叶子结点。

　　（7）双亲和孩子：如果一个结点有子树，那么该结点是子树根的双亲，子树的根是该结点的孩子。例如，R 是 K，P，Q，D 的双亲，而 K，P，Q，D 是 R 的孩子；又如，K 是 B，E 的双亲，B，E 是 K 的孩子。

　　（8）兄弟：拥有同一个双亲的结点称为兄弟。例如，K，P，Q，D 之间是兄弟。

（9）祖先：从根结点到某个结点的路径上的所有结点都是该结点的祖先。

（10）后裔：从一个结点的所有子树上的任何结点都是该结点的后裔。

（11）高度：根结点的层次为 1，其余结点的层次等于该结点的双亲结点的层次加 1，树中结点的最大层次称为该树的高度。例如，图 11-23 中，树的高度为 4。

（12）森林：树的集合称为森林。

在计算机中，树通常是由多重链表表示。多重链表中的每个结点描述了树中对应结点的信息，而每个节点中的指针域个数将随着树中结点的度数而改变。由于树中结点的度数不能完全一样，所以多重链表中各结点的链域个数也就不同，这将导致对树进行处理的复杂度。如果使用定长的结点来表示树中的每个结点，这样可以简化算法，但是却造成了存储空间的资源浪费。怎样表示树才更方便呢？下面学习的二叉树会是一个很好的表示方法。

11.5.2   二叉树的基本概念

二叉树不是树的一种分类，而是一种独立的非线性数据结构。二叉树和树之间可以相互转换。二叉树可以为空，但是树不能为空。

二叉树是 n（n≥0）个结点的有限集合，该集合或者为空集，或者为有一个根和两棵互不相交的左子树和右子树组成的二叉树。由此可以得到二叉树的五种形态，如图 11-24 所示。

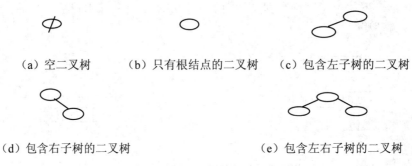

（a）空二叉树   （b）只有根结点的二叉树   （c）包含左子树的二叉树

（d）包含右子树的二叉树   （e）包含左右子树的二叉树

图 11-24   二叉树的五种形态

在二叉树中，每个结点的最大度数为 2，即所有子树，包括左子树和右子树也均为二叉树，而树中每个结点的度数可以是任意的。另外，二叉树中的每个结点的子树区分为左子树和右子树，而树中没有左右子树之分。

11.5.3   二叉树的性质

性质 1   二叉树的第 k 层上，最多有 2^{k-1} 个结点。

当 i=1 时，二叉树上只有一个结点符合性质 1。当 i=k 时，如果结论成立，则第 k 层上有 2^{k-1} 个结点，当 i=k+1 时，每个结点上最多只有两个孩子，所以在第 k+1 层上之多有 $2*2^{k-1}$ 个结点。所以性质成立。

性质 2   深度为 k 的二叉树最多有 2^k-1 个结点。

深度为 k 的二叉树是指二叉树共有 k 层。根据性质 1，只要将第 1 层到第 k 层上的最大的结点数相加，就可以得到整个二叉树中结点数的最大值，即

$$1+2^1+2^2+......+2^{k-1}=2^k-1$$

性质 3　在任意一棵二叉树中，度为 0 的结点（即叶子结点）总是比度为 2 的结点多一个，即 $n_0=n_2+1$。

对于这个性质说明如下：假设二叉树中有 n_0 个叶子结点，n_1 个度为 1 的结点，n_2 个度为 2 的结点，则二叉树中总的结点数为 $n= n_0+ n_1+ n_2$。

其中，度为 1 的结点有一个孩子，度为 2 的结点有两个孩子，故二叉树中孩子结点总数是：

$$n_1+2n_2 \tag{式子 1}$$

树中只有根结点不是任何结点的孩子，故二叉树中的结点总数又可表示为：

$$n = n_1+2n_2+1 \tag{式子 2}$$

由式子 1 和式子 2 得到：

$$n_0 = n_2+1$$

即：在二叉树中，度为 0 的结点（即叶子结点）总是比度为 2 的结点多一个。

性质 4　具有 n 个结点的二叉树，其深度至少为 $\log_2 n +1$。这个性质可以由性质 2 直接得到。

在二叉树结构中，有两种结构特殊的二叉树：满二叉树和完全二叉树。

满二叉树是指高度为 h 的二叉树中有 2^{h-1} 个结点。而完全二叉树是指一棵二叉树中只有最下面两层的结点的度可以小于 2，而且最下面一层的叶子结点集中在左边的位置上。图 11-25 给出了满二叉树和完全二叉树的比较示意图。

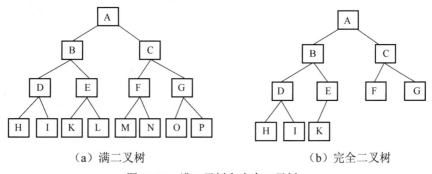

（a）满二叉树　　　　　　　　　　　（b）完全二叉树

图 11-25　满二叉树和完全二叉树

由图 11-25 可以看出，满二叉树也是完全二叉树，而完全二叉树不一定是满二叉树，这里也有两条关于完全二叉树的性质：

性质 5　具有 n 个结点的完全二叉树的深度为 $\log_2 n +1$。

性质 6　设完全二叉树共有 n 个结点。如果从根结点开始，按层序（每一层从左到右）用自然数 1，2，…，n 给结点进行编号，则对于编号为 k（k =1，2，…，n）的结点有以下结论：

（1）若 k=1，则该结点为根结点，它没有父结点；若 k>1，则该结点的父结点编号为 k/2。

（2）若 2k<n，则编号为 k 的结点的左子结点编号为 2k；否则该结点无左子结点（显然也没有右孩子）。

（3）若 2k+1<n，则编号为 k 的结点的右子结点编号为 2k+1；否则该结点无右子结点。

根据完全二叉树的这个性质，如果按从上到下、从左到右顺序存储完全二叉树的各结点，则很容易确定每一个结点的父结点、左子结点和右子结点的位置。

11.5.4　二叉树的存储结构

1.　二叉树的顺序表示

关于二叉树的顺序表示主要针对的是完全二叉树，是指按照层次关系在一片连续的存储单元中存储完全二叉树的各个结点。根据性质 6，可以算出完全二叉树中每个结点的位置。下面根据图 11-25 中的完全二叉树显示二叉树的顺序存储结构，如图 11-26 所示。

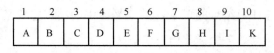

图 11-26　完全二叉树的顺序存储

2.　二叉树的链式表示

二叉树通常采用链式存储结构。与线性表类似，二叉树结点的存储结构由三个域构成：Lchild、data、Rchild。其中，Lchild 为左孩子的指针存放的是该结点左孩子的地址；Rchild 为右孩子的指针，存放的是右孩子的存储地址；data 为数据元素区域，如图 11-27 所示。

图 11-27　二叉树的结点

二叉树的链式存储结构也称为二叉链表，因为二叉树的每个结点都是两个指针域，如图 11-28 所示。

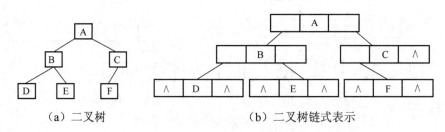

（a）二叉树　　　　　　　　（b）二叉树链式表示

图 11-28　二叉树链式存储结构

11.5.5　二叉树的遍历

什么是遍历？遍历就是指在一个有限结点的集合中，对该集合的所有结点访问且只访问一次。对于二叉树来说，它是一种非线性数据结构，对于一个非线性数据结构要访问集合中的每一个结点需要设定一个次序。在二叉树中，可以大概将二叉树分为三个部分：根、左子树和右子树。这样，遍历的方法有六种，这里主要介绍其中的三种遍历，主要包括：先序遍历、中序遍历和后序遍历。

1.　先序遍历

先序遍历是指首先访问根结点，再遍历左子树，最后遍历右子树；并且在遍历左子树时，仍然遵守上述规则，下面以具体的实例说明，如图 11-29 所示。

如图 11-29（b）所示，在先序遍历这棵树时，首先要访问根结点 A，然后遍历左子树，遵守先序遍历的规则，要先访问根结点，也就是说要先访问左子树的根结点 B，接着访问 B 的左孩子 D，然后访问 B 的右孩子 E，至此左子树访问完毕。接下来访问根结点 A 的右子树，首先访问右子树的根 C，然后是 C 的左孩子 F，由于右子树没有右孩子，所以访问到此结束。

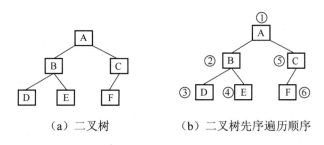

（a）二叉树　　　　（b）二叉树先序遍历顺序

图 11-29　二叉树先序遍历

2. 中序遍历

中序遍历是指首先遍历左子树，然后访问根结点，最后遍历右子树；并且在遍历左子树时，也要遵守上述规则，以图 11-29 中的二叉树为例，中序遍历的顺序如图 11-30 所示。通过图 11-30 可以看出，中序遍历时首先要先访问左子树，在左子树中要先访问左子树中的左孩子 D，然后访问左子树的根结点 B，接着是左子树的右孩子 E，访问完毕后，访问该树的根结点 A；左子树和根结点访问完成，访问该树的右子树，在右子树中，首先也要访问它的左孩子 F，然后访问右子树的根 C，由于右子树没有右孩子，访问到此结束。

3. 后序遍历

后序遍历是指首先遍历左子树，然后遍历右子树，最后访问根结点；并且在遍历左、右子树时，仍然遵守上述规则，后序遍历的顺序如图 11-31 所示。通过图 11-31 可以看出，后序遍历中首先访问左子树中的左孩子 D，然后访问左子树中的右孩子 E，最后是左子树的根结点 B；接着访问该树的右子树中的左孩子 F，由于右子树中没有右孩子，所以访问右子树的根结点 C；最后访问该树的根结点 A，至此访问结束。

图 11-30　二叉树中序遍历　　　　　　　　图 11-31　二叉树后序遍历

11.6　查找技术

11.6.1　查找的概念

查找指在一个给定的数据结构中查找某个指定的元素。不同的数据元素，应采用不同的查找方法。

11.6.2　查找的基本方法

1.　顺序查找

顺序查找，一般是指在线性表中查找指定的元素。

查找方法：从线性表的第一个元素开始，依次将线性表中的元素与被查元素进行比较，若相等则表示找到（即查找成功），若线性表中所有元素与被查元素比较都不相等，则表示线性表中没有要找的线性表（即查找失败）。

两种情况只能采用顺序查找：

（1）如果线性表为无序表，则不管是顺序存储结构还是链式存储结构，都只能用顺序查找。

（2）即使是有序线性表，如果采用链式存储结构，也只能用顺序查找。

2.　二分法查找

二分法查找只适用于顺序存储的有序表，即元素按值非递减排列（即从小到大，但允许相邻元素值相等），效率比顺序查找高。

例如，有序表（11，13，24，28，56，78，80，91）中，利用二分法查找元素 80。步骤如下：

（1）中间项为[(1+8)/2]=4，将 80 与线性表中第 4 个元素进行比较，80>28，则在线性表后半部分进行二分法查找；

（2）中间项为[(5+8)/2]=6，将 80 与线性表中第 6 个元素进行比较，80>78，则仍在线性表后半部分进行二分法查找；

（3）中间项为[(7+8)/2]=7，将 80 与线性表中第 7 个元素进行比较，80>80，查找成功。

采用二分法查找只需比较 3 次，若采用顺序查找需要比较 7 次。

由此，对于长度为 n 的有序线性表，在最坏情况下，二分查找只需要比较 $\log_2 n$ 次，而顺序查找需要比较 n 次。

11.7　排序技术

11.7.1　排序的概念

排序是指将一个无序序列整理成按值非递减顺序排列的有序序列。根据待排序序列的规模以及对数据处理的要求，可以采用不同的排序方法。

11.7.2　基本排序算法

数据处理中经常用到的运算就是排序。排序是指按照要求对序列中的元素以升序或降序进行排列，最后成为一个有序的序列。排序可以采用不同的排序方法，对于同一组数，不同的排序方法，所用的时间也不一样，怎样能够更快地将一组无序的数据高效快速的排序是我们学习的目的。

1.　插入排序

（1）直接插入排序。

直接插入排序是将整个序列中的第一个元素看成一个有序的子序列，然后将以后序列中的元素依次插入到这个已经有序的子序列中，这样，使得每次插入后的子序列是有序的。具体的直接插入过程如图 11-32 所示。

位置	0	1	2	3	4	5
初始序列	24	35	12	45	10	56
①	（24）	35	12	45	10	56
②	（24	35）	12	45	10	56
③	（12	24	35）	45	10	56
④	（12	24	35	45）	10	56
⑤	（10	12	24	35	45）	56
⑥	（10	12	24	35	45	56）

图 11-32　直接插入排序

通过图 11-31 可以看出，该排序方法中首先将初始元素 24 看成一个有序子序列，然后通过和后面的元素 35 比较，排出有序子序列（24，35），然后用 12 与前面的有序子序列比较，找出合适的位置。以此类推，最终排出结果序列。直接插入排序在最坏的情况下需要比较 n(n-1)/2 次。

（2）希尔排序。

希尔排序也是一种插入类排序的方法。主要方法是将一个无序序列分割成若干个小的子序列，然后分别在这几个小子序列中进行插入排序。在希尔排序方法中提到了分割，如何对无序序列进行分割呢？将相隔某个增量 k（n/2，n 为无序序列的长度）的元素构成一个子序列，在排序过程中逐渐减少这个增量，最后当k减到1时，进行一次插入排序，具体的排序过程如图 11-32 所示。希尔排序在最坏的情况下需要比较 O(n1.5)次。相同的一组数为什么直接插入排序要比希尔排序比较的次数多呢？这是因为在希尔排序中子表中每进行一次比较就有可能移去整个线性表中的多个逆序，从而改善了整个排序过程中的性能。

2．交换排序

（1）冒泡排序。

冒泡排序是一种简单的排序方法，它的主要思路是：在序列中含有（k1，k2，…，kn）n 个记录，首先将k1 与 k2 进行比较，若k1＞k2，则交换两个元素的位置，然后将 k2 与 k3 比较。以此类推，直到 kn，只要前面的元素大于后面的，就交换位置。这样，经过一次排序，序列中最大的元素就到了序列的最后一个位置，然后再对前面的 n-1 个元素进行同样的操作，直到排序完成为止。具体的排序过程如图 11-33 所示。冒泡排序在最坏的情况下需要比较 n(n-1)/2 次。

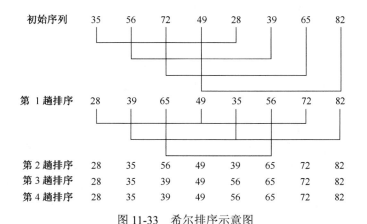

图 11-33　希尔排序示意图

由图 11-34 可以看出，冒泡排序方法是将线性表中的每个数据进行比较，这样就可以将数值最大的数据沉到底部，而将数值最小的数据放到最上面，就像气泡一样，这也就是冒泡排序法名字的由来。

初始序列	35	56	72	49	28	39	65	82
第 1 趟排序	35	56	49	28	39	65	72	82
第 2 趟排序	35	49	28	39	56	65	72	82
第 3 趟排序	35	28	39	49	56	65	72	82
第 4 趟排序	28	35	39	49	56	65	72	82

图 11-34　冒泡排序

（2）快速排序。

快速排序，顾名思义，是目前排序方法中比较快速的一种方法。快速排序的方法是：在待排序的一组序列（k1，k2，…，kn）中选择一个元素作为划分元素，也被称为主元。然后以这个主元为分界点，进行排序，使得在主元前面的元素要小于或等于主元的值，主元后面的元素要大于或等于主元的值。一般情况下选择序列中的第一个元素为主元。具体的排序过程如图 11-35 所示。

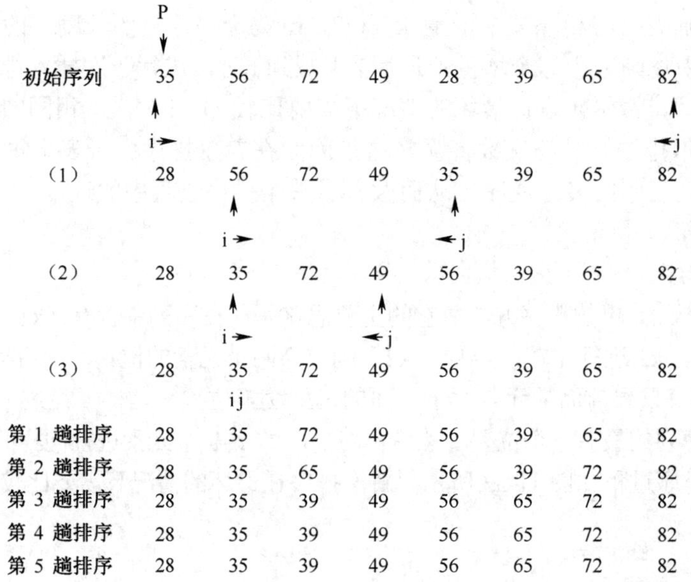

	P							
初始序列	35	56	72	49	28	39	65	82
	i→							←j
（1）	28	56	72	49	35	39	65	82
		i→			←j			
（2）	28	35	72	49	56	39	65	82
		i→		←j				
（3）	28	35	72	49	56	39	65	82
		ij						
第 1 趟排序	28	35	72	49	56	39	65	82
第 2 趟排序	28	35	65	49	56	39	72	82
第 3 趟排序	28	35	39	49	56	65	72	82
第 4 趟排序	28	35	39	49	56	65	72	82
第 5 趟排序	28	35	39	49	56	65	72	82

图 11-35　快速排序

通过图 11-35 可以看出，这里有三个指针，其中 p 指向主元，指针 i 表示当前指定的元素与主元比较后向右移动一个位置，而指针 j 表示当前指定的元素与主元比较后向左移动一个位置，直到指针 i 和指针 j 指向同一个元素时，结束一趟排序。图中的这组数据的比较是这样进行的：首先 35 作为主元，指针 i 和 j 分别指向第一个元素 35 和最后一个元素 82，首先移动指针 j，让指针 j 所指向的数据与主元 35 比较，如果大于主元则 j 继续向左移动一个位置，如果小于主元，则将指针 j 所指向的元素与主元调换位置，在图中当指针 j 指向 28 时，交换 35 与 28 两个数据的位置；然后开始用指针 i 与主元 35 比较，如果小于主元，指针 i 继续向右移动一个位置，如果大于主元，则指针 i 所指向的元素与主元互换位置，在图中当指针 i 指向 56 时，数据 56 与 35 互换位置，然后再从指针 j 开始重复上面的过程，直到指针 i 和 j 指向同一个元素位置。第 2 趟排序时，再以 35 为分界，分别对两边的数据以同样的方法排序。快速排序在最坏的情况下需要比较 n(n-1)/2 次。

3．选择排序

（1）简单选择排序。

简单选择排序的原理是在初始序列中找到最小的元素，然后与第 1 个位置的元素进行交换，然后再从剩余的元素中找到最小的元素，与第 2 个位置上的元素交换…以此类推，直到剩余序列中只包含一个元素位置。简单选择排序方法在最坏的情况下需要比较 n(n-1)次。

（2）堆排序。

堆排序是另一种选择排序。堆排序需要两步：第一步是建堆，第二步是排序。堆排序在最坏的情况下需要比较元素的次数为 $O(n1.5)$ 次。

习题 11

一、选择题

1．下列关于数据结构的叙述中正确的是（　　）。

　　A．数组是同类型值的集合

　　B．递归算法的程序结构比迭代算法的程序结构精练

　　C．树是一种线性结构

　　D．用一维数组存储二叉数，总是以先序遍历的顺序存储各结点

2．链表不具有的特点是（　　）。

　　A．不必事先估计存储空间　　　　　　　B．可随机访问任意元素

　　C．插入删除不需要移动元素　　　　　　D．所需空间与线性表长度成正比

3．树是结点的集合，它的根结点数目是（　　）。

　　A．有且只有 1　　　B．1 或多于 1　　　C．0 或 1　　　　　　D．至少 2

4．非空的循环单链表 head 的尾结点（由 p 所指向），满足（　　）。

　　A．p->next=NULL　　B．p=NULL　　　C．p->next=head　　　D．p=head

5．已知一棵二叉树前序遍历和中序遍历分别为 ABDEGCFH 和 DBGEACHF，则该二叉树的后序遍历为（　　）。

　　A．GEDHFBCA　　B．DGEBHFCA　　C．ABCDEFGH　　D．ACBFEDHG

6．若某二叉树的前序遍历访问顺序是 abdgcefh，中序遍历访问顺序是 dgbaechf，则其后序遍历的结点访问顺序是（　　）。

　　A．bdgcefha　　　B．gdbecfha　　　C．bdgaechf　　　D．gdbehfca

7．一些重要的程序语言（如 C 语言和 Pascal 语言）允许过程的递归调用，而实现递归调用中的存储分配通常用（　　）。

　　A．栈　　　　　　B．堆　　　　　　C．数组　　　　　　D．链表

8．数据结构作为计算机的一门学科，主要研究数据的逻辑结构、对各种数据结构进行的运算，以及（　　）。

A．数据的存储结构　　B．计算方法　　　　C．数据映象　　　　　D．逻辑存储

9．在计算机中，算法是指（　　）。

A．加工方法

B．解题方案的准确而完整的描述

C．排序方法

D．查询方法

10．数据的存储结构是指（　　）。

A．存储在外存中的数据

B．数据所占的存储空间量

C．数据在计算机中的顺序存储方式

D．数据的逻辑结构在计算机中的表示

11．下列关于栈的描述中错误的是（　　）。

A．栈是先进后出的线性表

B．栈只能顺序存储

C．栈具有记忆作用

D．对栈的插入与删除操作中，不需要改变栈底指针

12．对于长度为 n 的线性表，在最坏情况下，下列各排序法所对应的比较次数中正确的是（　　）。

A．冒泡排序为 n/2

B．冒泡排序为 n

C．快速排序为 n

D．快速排序为 n(n-1)/2

13．对长度为 n 的线性表进行顺序查找，在最坏情况下所需要的比较次数为（　　）。

A．$\log_2 n$

B．n/2

C．n

D．n+1

14．下列对于线性链表的描述中正确的是（　　）。

A．存储空间不一定连续，且各元素的存储顺序是任意的

B．存储空间不一定连续，且前件元素一定存储在后件元素的前面

C．存储空间必须连续，且前件元素一定存储在后件元素的前面

D．存储空间必须连续，且各元素的存储顺序是任意的

第 12 章　程序设计基础

学习目的:

程序设计基础是程序设计的启蒙内容。通过学习本门课程,培养学生的动手能力,培养学生学习新知识的能力,提高学生分析问题和解决问题的综合能力,是整个计算机知识体系的基础内容。

程序设计是给出解决特定问题程序的过程,是软件构造活动中的重要组成部分。程序设计过程包括分析、设计、编码、测试、排错等不同阶段。在计算机技术发展的早期,由于机器资源比较昂贵,程序设计的时间和空间代价往往是设计关心的主要因素,但随着硬件技术的飞速发展和软件规模的日益庞大,程序的结构、可维护性、复用性、可扩展性等因素也日益重要。

本章从程序设计的多个角度阐述了程序设计的重要性和必要性。通过对本章的理论和实践学习,能使读者掌握程序设计的基础知识和基本方法,培养和提高读者程序设计和程序调试的能力。掌握好这章的内容,是学习计算机及其他相关课程的必备条件。

知识要点:

- 结构化程序设计方法的四个原则
- 对象、类、消息、继承的概念、类与实例的区别

12.1　程序设计方法和风格

程序设计的发展主要经历了结构化程序设计和面向对象程序设计两个阶段。一个好的程序应不仅与程序设计的方法和技术有关,还与程序设计的风格有关。良好的程序设计风格会使程序结构清晰合理,程序代码便于维护。什么是程序设计风格呢?程序设计风格是指编写程序时所表现出来的特点、习惯和逻辑思路。

良好的程序设计风格:

(1)清晰第一、效率第二;

(2)源程序文档化:符号命名、注释、程序中空格、空行、缩进等;

(3)数据说明的方法:次序规范,变量按字母排序,使用注释;

(4)语句的结构:简单易懂,避免使用 GOTO 语句;

(5)输入和输出:合法合理,格式简单,输入有提示,输出加注释。

良好的程序设计风格的培养,要注意从以下五个方面入手:

1. 源程序文档化

(1)标识符应按意取名。标示符包括模块名、变量名、常量名等,这些名字应该具有一定的实际意义。

(2)程序应加注释。注释是程序员与日后读者之间通信的重要工具,用自然语言或伪码描述。它说明了程序的功能,特别在维护阶段,对理解程序提供了明确指导。注释分序言性注

释和功能性注释。序言性注释应置于每个模块的起始部分，主要内容有：

①说明每个模块的用途、功能。

②说明模块的接口：调用形式、参数描述及从属模块的清单。

③数据描述：重要数据的名称、用途、限制、约束及其他信息。

④开发历史：设计者、审阅者姓名及日期，修改说明及日期。

功能性注释嵌入在源程序内部，说明程序段或语句的功能以及数据的状态。注意以下几点：

①注释用来说明程序段，而不是每一行程序都要加注释。

②使用空行或缩格或括号，以便很容易区分注释和程序。

③修改程序也应修改注释。

2．数据说明

为了使数据定义更易于理解和维护，有以下指导原则：

（1）数据说明顺序应规范，使数据的属性更易于查找，从而有利于测试、纠错与维护。例如按以下顺序：常量说明、类型说明、全程量说明、局部量说明。

（2）一个语句说明多个变量时，各变量名按字典序排列。

（3）对于复杂的数据结构，要加注释，说明在程序实现时的特点。

3．语句构造

语句构造的原则是：简单直接，不能为了追求效率而使代码复杂化。为了便于阅读和理解，不要一行多个语句。不同层次的语句采用缩进形式，使程序的逻辑结构和功能特征更加清晰。要避免复杂的判定条件，避免多重的循环嵌套。表达式中要使用括号以提高运算次序的清晰度等。

4．输入和输出

在编写输入和输出程序时应考虑以下原则：

（1）输入操作步骤和输入格式尽量简单。

（2）应检查输入数据的合法性、有效性，报告必要的输入状态信息及错误信息。

（3）输入一批数据时，使用数据或文件结束标志，而不要用计数来控制。

（4）交互式输入时，提供可用的选择和边界值。

（5）当程序设计语言有严格的格式要求时，应保持输入格式的一致性。

（6）输出数据表格化、图形化。

输入、输出风格还受其他因素的影响，如输入、输出设备，用户经验及通信环境等。

5．效率

效率指处理机时间和存储空间的使用，对效率的追求明确以下几点：

（1）效率是一个性能要求，目标在需求分析给出。

（2）追求效率建立在不损害程序可读性或可靠性基础上，要先使程序正确，再提高程序效率，先使程序清晰，再提高程序效率。

（3）提高程序效率的根本途径在于选择良好的设计方法、良好的数据结构算法，而不是靠编程时对程序语句做调整。

12.2　结构化程序设计

20 世纪 70 年代由 E.W.dijkstra 提出了"结构化程序设计"的思想和方法。结构化程序设计方法引入了工程化思想和结构化思想，使大型软件的开发和编程得到了极大的改善。结构化程序设计方法的主要原则为：自顶向下、逐步求精、模块化和限制使用 goto 语句。

12.2.1　结构化程序设计的原则

（1）自顶向下：程序设计时，应先考虑总体，后考虑细节；先考虑全局目标，后考虑局部目标。不要一开始就过多追求众多的细节，先从最上层总目标开始设计，逐步使问题具体化。

（2）逐步求精：对复杂问题，应设计一些子目标作过渡，逐步细化。

（3）模块化：一个复杂问题，肯定是由若干稍简单的问题构成。模块化是把程序要解决的总目标分解为分目标，再进一步分解为具体的小目标，把每个小目标称为一个模块。

（4）限制使用 goto 语句。

12.2.2　结构化程序设计的基本结构

刚才提到了结构化程序设计的基本结构：顺序结构、选择结构和循环结构。下面分别介绍这三种基本结构。

1．顺序结构

顺序结构是最简单的程序设计结构。只要按照解决问题的顺序写出相应的语句，然后按照自上而下的顺序依次执行就可以了，如图 12-1 所示。

2．选择结构

选择结构用于判断是否满足给定的条件，如果满足条件执行一条语句，不满足执行另外一条语句，所以选择结构也被称为分支结构。它包含简单选择和多分支选择两种，如图 12-2 所示。

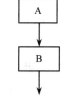

图 12-1　顺序结构

3．循环结构

循环结构可以减少源程序重复书写的工作量，用来描述重复执行某段算法的问题，这是程序设计中最能发挥计算机特长的程序结构。循环结构可以看成是一个条件判断语句和一个向回转向语句的组合。

循环结构的三个要素：循环变量、循环体和循环终止条件，循环结构在程序框图中是利用判断框来表示，判断框内写上条件，两个出口分别对应着条件成立和条件不成立时所执行的不同指令，其中一个要指向循环体，然后再从循环体回到判断框的入口处，如图 12-3 所示。

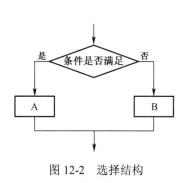

图 12-2　选择结构

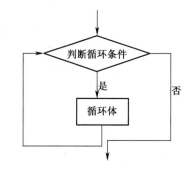

图 12-3　循环结构

顺序结构、分支结构和循环结构并不彼此孤立的，在循环中可以有分支、顺序结构，分支中也可以有循环、顺序结构，其实不管哪种结构，我们均可广义地把它们看成一个语句。在实际编程过程中常将这三种结构相互结合以实现各种算法，设计出相应程序。

12.3　面向对象的程序设计

面向对象程序设计是一种程序设计规范，同时也是一种程序开发的方法论。它将对象作为程序的基本单位，将程序和数据封装到其中，以提高软件的灵活性、重要性和扩展性。

1. 面向对象的相关概念

（1）对象：用来表示客观世界中的任何实体，对象是实体的抽象。对象由一组表示其静态特征的属性和它可执行的一组操作组成。

例如，一个人是一个对象，它包含了描述人的属性（如姓名、性别、出生日期、身份证号等）及其操作（如吃饭、睡觉、学习等）。又如，一个窗口是一个对象，它包含了窗口的属性（如大小、颜色、位置等）及其操作（如打开、关闭等）。

属性，即对象包含的信息，操作描述了对象执行的功能，操作也称为方法或服务。不同对象的同一属性可以具有相同或不同的属性值。例如，小张的性别为"男"，小李的性别为"女"。小张和小李是两个不同的对象，他们共同的属性"年龄"值不同。

对象的基本特点：①标识唯一性；②分类性；③多态性；④封装性；⑤模块独立性好。

（2）类：是具有共同属性、共同方法的对象的集合。类是对象的抽象，对象是对应类的一个实例。例如，学生是一个类，学号为"01"的学生是一个对象，学号为"02"的学生是另一个不同的对象，但是这两个对象具有相同的属性（如学号、姓名、性别等）和操作（如选课等），但属性值和操作的结果可能不同。

（3）消息：是一个实例与另一个实例之间传递的信息。

消息的组成包括：①接收消息的对象的名称；②消息标识符，也称消息名；③零个或多个参数。

例如：MyCircle 是一个半径 4cm、圆心位于（100，200）的 Circle 类的对象，也就是 Circle 类的一个实例，当要求它以绿颜色在屏幕上显示自己时，在 C++语言中应该向它发下列消息：

```
MyCircle.Show(GREEN);
```

其中，MyCircle 是接收消息的对象的名字，Show 是消息名，Green 是消息的参数。

2. 面向对象的特征

（1）对象唯一性。每个对象都有自身唯一的标识，通过这种标识，可找到相应的对象。在对象的整个生命期中，它的标识都不改变，不同的对象不能有相同的标识。

（2）分类性。分类性是指将具有一致的数据结构（属性）和行为（操作）的对象抽象成类。一个类就是这样一种抽象，它反映了与应用有关的重要性质，而忽略其他一些无关内容。任何类的划分都是主观的，但必须与具体的应用有关。

（3）继承性。继承性是子类自动共享父类数据结构和方法的机制，这是类之间的一种关系。在定义和实现一个类的时候，可以在一个已经存在的类的基础之上来进行，把这个已经存在的类所定义的内容作为自己的内容，并加入若干新的内容。

（4）多态性（多形性）。多态性是指相同的操作或函数、过程可作用于多种类型的对象上并获得不同的结果。不同的对象，收到同一消息可以产生不同的结果，这种现象称为多态性。多态性允许每个对象以适合自身的方式去响应共同的消息。

3. 面向对象的要素

（1）抽象。抽象是指强调实体的本质、内在的属性。在系统开发中，抽象指的是在决定如何实现对象之前的对象的意义和行为。使用抽象可以尽可能避免过早考虑一些细节。类实现了对象的数据（即状态）和行为的抽象。

（2）封装性（信息隐藏）。

封装性是保证软件部件具有优良的模块性的基础。

对象是封装的最基本单位。封装防止了程序相互依赖性而带来的变动影响。面向对象的封装比传统语言的封装更为清晰、更为有力。

（3）共享性。

面向对象技术在不同级别上促进了共享。

1）同一类中的共享。同一类中的对象有着相同数据结构，这些对象之间是结构、行为特征的共享关系。

2）在同一应用中共享。在同一应用的类层次结构中，存在继承关系的各相似子类中，存在数据结构和行为的继承，使各相似子类共享共同的结构和行为。使用继承来实现代码的共享，这也是面向对象的主要优点之一。

3）在不同应用中共享。面向对象不仅允许在同一应用中共享信息，而且为未来目标的可重用设计准备了条件。通过类库这种机制和结构来实现不同应用中的信息共享。

习题 12

一、选择题

1. 下面描述中，符合结构化程序设计风格的是（　　）。

    A. 使用顺序、选择和重复（循环）三种基本控制结构表示程序的控制逻辑

    B. 模块只有一个入口，可以有多个出口

    C. 注重提高程序的执行效率

    D. 不使用 GOTO 语句

2. 下列叙述中正确的是（　　）。

    A. 程序设计就是编制程序　　　　　　B. 程序的测试必须由程序员自己去完成

    C. 程序经调试改错后还应进行再测试　　D. 程序经调方式改错后不必进行再测试

3. 在结构化程序设计中，模块划分的原则是（　　）。

    A. 各模块应包括尽量多的功能　　　　B. 各模块的规模应尽量大

    C. 各模块之间的联系应尽量紧密　　　D. 模块内具有高聚合度，模块间具有低耦合度

4. 下列叙述中，不符合良好程序设计风格要求的是（　　）。

    A. 程序的效率第一，清晰第二　　　　B. 程序的可读性好

    C. 程序中要有必要的注释　　　　　　D. 输入数据前要有提示

5. 下列叙述中正确的是（　　）。

    A. 程序执行的效率与数据的存储结构密切相关

    B. 程序执行的效率只取决于程序的控制结构

    C. 程序执行的效率只取决于所处理的数据量

    D. 以上三种说法都不对

第 13 章　软件工程基础

学习目的：

软件工程是研究和应用如何以系统性的、规范化的、可定量的过程化方法去开发和维护软件，以及如何把经过时间考验而证明正确的管理技术和当前能够得到的最好的技术方法结合起来。

通过学习本章知识，使学生掌握软件工程的基本概念、原理和方法，从软件开发技术、软件工程管理和软件工程环境等几个方面了解如何将系统的、规范化的和可以度量的工程方法运用于软件开发和维护中。要求学生通过本门课的学习，基本掌握结构化方法、面向对象方法等软件开发技术，初步了解软件复用的概念及基于构件的开发方法，同时对软件工程管理和环境等内容有一个总体的了解。

知识要点：

● 软件的概念、软件生命周期的概念及各阶段所包含的活动
● 概要设计与详细设计的概念、模块独立性及其度量的标准、详细设计常用的工具
● 软件测试的目的、软件测试的 4 个步骤、软件调试的任务

13.1　软件工程的基本概念

20 世纪 50 年代，软件伴随着第一台电子计算机的诞生而诞生。计算机软件是指计算机系统中与硬件相互依存的另一部分，主要包括程序、数据和相关文档。其中数据是使程序能够正常运行的数据结构。文档是与程序开发、维护和使用有关的图文资料。程序是软件开发人员根据用户需要开发的，使用程序设计语言描述，适合计算机执行的指令序列。但是在计算机系统发展初期，程序是为了某个特定的目的而编写的，也就是硬件通常用来执行一个单一的程序。所以，软件的通用性很有限，带有强烈的个人色彩。

从 20 世纪 60 年代中期到 70 年代中期，计算机系统发展到第二个阶段，这段时期软件开始作为一种产品被广泛使用。但是，随着软件数量的急剧膨胀，软件需求量的日趋复杂，维护的难度也越来越大，开发成本越来越高。失败的软件开发项目屡见不鲜，软件危机也就这样形成了。1968 年北大西洋公约组织的计算机科学家在联邦德国召开的国际学术会议上第一次明确地提出了"软件危机"这个名词。软件危机包括两方面：一方面是如何开发软件以满足日益增长的需要，另一方面是如何维护不断推出的软件产品。1968 年，NATO（北约）的科技委员会召集了近 50 名一流的编程人员、计算机科学家和工业界巨头，讨论和制定摆脱"软件危机"的对策，在这次会议上第一次提出了软件工程这个概念。

13.1.1　软件和软件工程的定义

1. 软件的定义

什么是软件呢？在国标（GB）中，计算机软件的定义为：与计算机系统的操作有关的计

算机程序、规程、规则以及可能有关的文件、文档和数据。

软件指的是计算机系统中与硬件相互依存的另一部分，包括程序、数据和相关文档的完整集合。程序是软件开发人员根据用户需求开发的、用程序设计语言描述的、适合计算机执行的指令序列。数据是使程序能正常操纵信息的数据结构。文档是与程序的开发、维护和使用有关的图文资料。可见，软件由两部分组成：

（1）机器可执行的程序和数据；

（2）机器不可执行的，与软件开发、运行、维护、使用等有关的文档。

软件的特点如下：

（1）软件是逻辑实体，而不是物理实体，具有抽象性；

（2）没有明显的制作过程，可进行大量的复制；

（3）使用期间不存在磨损、老化问题；

（4）软件的开发、运行对计算机系统具有依赖性；

（5）软件复杂性高，成本昂贵；

（6）软件开发涉及诸多社会因素。

根据应用目标的不同，软件可分应用软件、系统软件和支撑软件（或工具软件）。

在把工程应用于软件的过程中，我们会进一步了解了软件的特点：

（1）软件是一种逻辑实体。

软件具有抽象性，不是一个物理实体。人们可以把它记录在纸上或者其他存储介质上，但是没有办法看到软件的具体形态，必须经过长期的观察和使用才能了解它的性能。

（2）没有明显的制作过程。

软件是通过软件开发人员研发出来的，可以复制大量的副本，它与硬件不同，没有明显的制作过程。要想保证软件的质量，必须在软件的开发阶段下功夫。

（3）没有磨损和老化的问题。

软件在运行期间不存在因为使用而磨损、老化的问题。在软件的使用期间可能会因为硬件、环境和需求的改变而进行修改，而这种修改可能会导致软件失效率提高，软件功能退化。

（4）对计算机系统具有依赖性。

受计算机系统的限制，软件在开发和运行期间对计算机系统具有依赖性，这种情况影响了软件的移植性。

（5）复杂性高、成本昂贵。

无论是在日常生活、工作还是在学习中，软件几乎遍及社会的每一个角落。软件的开发往往涉及各个领域的各种专业知识，所以软件的开发过程中需要投入大量的、高强度的脑力劳动，成本高，风险大。

（6）涉及多方面的社会因素。

软件的开发过程中涉及用户、机构以及机构的体制、管理方式等，甚至涉及大众的观念和心理等。

按照功能来划分，软件分为应用软件、系统软件和工具软件。应用软件是指解决特定领域问题的软件，如人工智能软件等。系统软件是针对计算机自身的管理系统资源、提高计算机使用效率和为计算机用户提供各种服务的软件，如操作系统、网络软件和数据库管理系统等。工具软件是指介于应用软件和系统软件之间的，帮助用户开发软件的工具性软件，如编码工具软件、测试软件和维护工具软件等。

2. 软件工程的定义

上面提到，软件工程这个概念是伴随着软件危机而出现的，那么，什么是软件工程呢？在国标中，软件工程是指应用于计算机软件的定义、开发和维护的一整套方法、工具、文档、实践标准和工序。在 1993 年，IEEE（Institute of Electrical and Electronics Engineers，电气和电子工程师学会）给出了一个更加综合的定义："将系统化的、规范化的、可度量的方法应用于软件的开发、运行和维护的过程，即将工程应用与软件中。"

软件工程是应用于计算机软件的定义、开发和维护的一整套方法、工具、文档、实践标准和工序。软件开发过程中需要应用工程化原则。

软件工程包括 3 个要素：方法、工具和过程。方法是完成软件工程项目的技术手段；工具是为支持软件的开发、管理、文档而生成的；过程支持软件开发的各个环节的控制、管理。ISO9000 定义软件工程过程（Software Engineering Process）是把输入转化为输出的一组彼此相关的资源和活动，该定义说明了软件工程过程的两方面涵义。

一方面是指软件工程师在软件工具的支持下完成的一系列软件工程活动，这一过程包括 4 种活动：

（1）软件规格说明（Plan，简称 P）：规定软件的功能及其运行时的限制。

（2）软件开发（Do，简称 D）：开发出满足规格说明的软件。

（3）软件确认（Check，简称 C）：确认能够满足用户提出的需求。

（4）软件演进（Action，简称 A）：为满足用户不断的新的需求，软件使用过程中要不断更新、演进。

另一方面从软件开发的角度上，软件工程过程就是使用适当的资源，对未开发软件进行的一组开发活动，在过程结束时将输入转化为输出。

综合起来说，软件工程的过程是将软件工程的方法和工具综合起来以达到合理、及时地进行计算机软件开发的目的。

13.1.2　软件生命周期

与事物的发展一样，一个软件也有它自己的诞生、成长、成熟和衰亡等阶段，我们称这个过程为软件生命周期（Software Life Cycle）。软件生命周期分三个阶段：软件定义、软件开发、软件运行维护。具体可以分为可行性分析、需求分析、概要设计和详细设计、编码、测试和维护等活动。各个阶段的流程如图 13-1 所示。

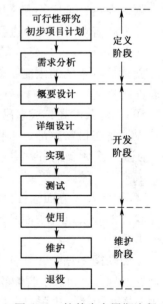

图 13-1　软件生命周期流程

1. 可行性分析

可行性分析又称为可行性研究，是在系统调查的基础上，针对新系统的开发是否具备必要性和可能性，对新系统的开发从技术、经济、社会各方面进行分析和研究，以避免投资失误，保证新系统的开发成功。

可行性分析的目的是用最小的代价尽可能在最短的时间内确定问题是否能够解决，系统的可行性分析包含以下几个方面：

（1）经济可行性：主要是对项目的经济效益进行评价。

（2）技术可行性：分析技术条件是否能够顺利完成开发工作。

（3）时机可行性：是否适应现代社会发展的需要。

（4）管理可行性：主要包括管理人员是否支持、现有的管理制度和方法是否科学、规章制度是否齐全、原始数据是否正确等。

2. 需求分析

需求分析是指对要解决的问题进行详细的分析，弄清楚问题的要求，包括需要输入什么数据，要得到什么结果，最后应输出什么。简单来说，需求分析就是要确定要计算机做什么的过程。需求分析是软件工程中一个关键过程。在这个过程中系统分析员和软件工程师要确定顾客的需要。只有确定了这些需要后他们才能够分析和寻求新系统的解决方法。

3. 概要设计

概要设计是将需求分析得到的数据流图（DFD）转换为软件结构和数据结构。概要设计的方法有很多，在早期有模块化方法、功能分解方法，在 20 世纪 60 年代后期提出了面向数据流和面向数据结构的设计方法，近年来又提出面向对象的设计方法等。

4. 详细设计

详细设计的主要任务是设计每个模块的实现算法所需的局部数据结构。详细设计的表示工具有图形工具和语言工具。图形工具有程序流程图、PAD 图（Problem Analysis Diagram）、NS 图（由 Nass 和 Shneidermen 开发，所以简称 NS）。语言工具有伪码和 PDL（Program Design Language）等。

5. 编码、测试和维护

编码是指利用需求分析、概要设计和详细设计得出来的结果，使用某种程序设计语言编写能够实现预想功能的程序。关于测试和维护，将在后面的章节中具体介绍。

13.1.3 软件工程的目标与原则

1. 软件工程的目标

软件工程的目标是生产一个具有可靠性、可理解性、可维护性、可重用性、可适应性、可追逐性和客户操作性且满足用户需要的产品。软件工程的基本目标是付出较低的开发成本，达到要求的软件功能，取得较好的软件性能，开发软件易于移植，需要交底的费用，按时完成。这些目标的实现不论在理论上还是在实践中均存在很多待解决的问题，它们形成了对过程、过程模型及工程方法选取的约束。

2. 软件工程的原则

软件工程的原则是指围绕工程设计、工程支持以及工程管理在软件开发过程中必须遵循的原则。

13.2　结构化分析方法

在软件的开发过程中，首先要做的是需求分析，而需求分析的主要工作是需求获取、需求分析、编写需求规格说明书和需求评审 4 个方面。常见的需求分析方法有结构化分析方法和面向对象的分析方法。结构化分析方法是强调开发方法的结构合理性以及所开发软件的结构合理性的软件开发方法。结构化分析的常用工具主要有数据流图、数据字典、判定树和判定表。这里主要介绍这几种工具。

1. 数据流图

数据流图（Data Flow Diagram，DFD）是描述数据处理过程的工具，是需求理解的逻辑模型的图形表示。下面介绍数据流图中的主要图形元素：

（1）〇 加工（转换）。加工是对数据进行处理的单元，输入数据经加工变换产生输出。

（2）⟶ 数据流。沿箭头方向传送数据的通道，如订票单中有旅客姓名、年龄、单位、身份证号、日期等数据项，由于数据流是流动中的数据，所以一般在流动的数据旁边标注数据流名。

（3）＝ 存储文件（数据源）。表示处理过程中存放各种数据文件。

（4）▢ 源，潭。表示系统和环境的接口，属系统之外的实体，可以是人、物或其他软件系统。

2. 数据字典

数据字典（Data Dictionary，DD）是结构化分析方法的核心。数据字典能对 DFD 中出现的被命名的图形元素进行确切的解释。

3. 判定树

判定树是从问题定义的文字描述中分清哪些是判定的条件，哪些是判定的结论，根据描述材料中的连接词找出判定条件之间的从属关系、并列关系、选择关系，根据它们构造判定树。

4. 判定表

与判定树相似，当数据流图中的加工要依赖于多个逻辑条件的取值，即完成该加工的一组动作是由于某一组条件取值的组合而引发的，使用判定表描述比较合适。

13.3 结构化设计方法

结构化设计方法（Structure Design，SD）是一种面向数据流的设计方法，目的在于确定软件的结构。它通常与结构化分析方法衔接起来使用，以数据流图为基础得到软件的模块结构。

13.3.1 软件设计的概念

软件设计的基本目标是用比较抽象概括的方式确定目标系统如何完成预定的任务，即确定系统的物理模型。软件设计是开发阶段最重要的步骤，是将需求准确地转化为完整的软件产品或系统的唯一途径。从技术观点来分，软件设计包括软件结构设计、数据设计、接口设计和过程设计；从工程管理角度来看，软件设计包括概要设计和详细设计。概要设计的基本任务是对系统进一步分解，划分模块及确定模块的层次结构。详细设计是为软件结构图中的每个模块确定实现算法和局部数据结构，用某种选定的表达工具表示算法和数据结果的细节。常用的详细设计的工具有程序流程图、N-S 图、PAD 图和过程设计语言等。

从技术观点上看，软件设计包括软件结构设计、数据设计、接口设计、过程设计。

（1）结构设计定义软件系统各主要部件之间的关系；

（2）数据设计将分析时创建的模型转化为数据结构的定义；

（3）接口设计是描述软件内部、软件和协作系统之间以及软件与人之间如何通信；

（4）过程设计则是把系统结构部件转换为软件的过程性描述。

从工程管理角度来看，软件设计分两步完成：概要设计和详细设计。

（1）概要设计将软件需求转化为软件体系结构、确定系统级接口、全局数据结构或数据库模式；

（2）详细设计确立每个模块的实现算法和局部数据结构，用适当方法表示算法和数据结构的细节。

13.3.2　软件设计的原理

1. 抽象

抽象是一种思维工具，就是把事物本质的共同特性提取出来而不考虑其他细节。共同特征是指那些能把一类事物与他类事物区分开来的特征，这些具有区分作用的特征称为本质特征。例如，苹果、香蕉、葡萄等，它们共同的特性就是水果，得出水果这个概念的过程，就是一个抽象的过程。

2. 模块化

模块是指把一个待开发的软件分解成若干小的简单的部分。每个模块可以完成一个特定的子功能，各个模块可以按一定的方法组装起来成为一个整体，从而实现整个系统的功能。

模块化是指解决一个复杂问题时自顶向下逐层把软件系统划分成若干模块的过程。每个模块完成一个特定的子功能，所有模块组装起来成为一个整体，完成整个系统所要求的功能。

3. 信息隐蔽

信息隐蔽是指在一个模块内包含的信息（过程或数据），对于不需要这些信息的其他模块来说是不能访问的。

4. 模块独立性

模块独立性是指每个模块只完成系统要求的独立的子功能，且与其他模块的联系最少、接口简单。模块的独立性至关重要，因为模块的独立性可以使整个软件系统进行分割，从而功能独立，接口简化，更容易进行测试和维护。

模块的独立程度是评价设计好坏的重要度量标准。通常从耦合性和内聚性两个度量标准衡量软件的模块独立性，耦合衡量不同模块彼此间相互依赖的紧密程度；内聚衡量一个模块内部各个元素彼此结合的紧密程度。

（1）内聚性。

内聚性是一个模块内部各个元素间彼此结合的紧密程度的度量，内聚是从功能角度来度量模块内的联系。一个模块的内聚性越强则该模块的模块独立性越强。

在各种内聚性中，内聚性由弱到强的是：偶然内聚、逻辑内聚、时间内聚、过程内聚、通信内聚、顺序内聚、功能内聚。

（2）耦合性。

耦合性是模块间互相连接的紧密程度的度量。一个模块与其他模块的耦合性越强则该模块的模块独立性越弱。

在各种耦合性中，耦合度由高到低的顺序是：内容耦合、公共耦合、外部耦合、控制耦合、标记耦合、数据耦合、非直接耦合。

总之，耦合性与内聚性是模块独立性的两个定性标准，耦合与内聚是相互关联的。在程序结构中，各模块的内聚性越强，则耦合性越弱。一般较优秀的软件设计，应尽量做到高内聚、低耦合，即减弱模块之间的耦合性和提高模块内的内聚性，有利于提高模块的独立性。

13.4　软件调试的方法

在对程序进行了成功的测试之后将进入程序调试（通常称 Debug，即排错）。程序的调试任务是诊断和改正程序中的错误。调试主要在开发阶段进行。

程序调试活动由两部分组成，一是根据错误的迹象确定程序中错误的确切性质、原因和位置；二是对程序进行修改，排除这个错误。程序调试的基本步骤如下：

（1）错误定位。从错误的外部表现形式入手，研究有关部分的程序，确定程序中出错位置，找出错误的内在原因；

（2）修改设计和代码，以排除错误；

（3）进行回归测试，防止引进新的错误。

调试原则可以从以下两个方面考虑：

（1）确定错误的性质和位置时的注意事项。

分析思考与错误征兆有关的信息；避开死胡同；只把调试工具当作辅助手段来使用；避免用试探法，最多只能把它当作最后手段。

（2）修改错误原则。

在出现错误的地方，很可能有别的错误；修改错误的一个常见失误是只修改了这个错误的征兆或这个错误的表现，而没有修改错误本身；注意修正一个错误的同时有可能会引入新的错误；修改错误的过程将迫使人们暂时回到程序设计阶段；修改源代码程序，不要改变目标代码。

13.5　软件测试的方法

软件测试是指使用人工或自动手段来运行或测定某个系统的过程，其目的在于检测它是否满足规定的需求或是检测出预期结果与实际结果之间的差别。软件测试贯穿于软件生命周期。

软件测试是在软件投入运行前对软件需求、设计、编码的最后审核。其工作量、成本占总工作量、总成本的 40%以上，而且具有较高的组织管理和技术难度。

（1）软件测试是为了发现错误而执行程序的过程；

（2）一个好的测试用例是能够发现至今尚未发现的错误的用例；

（3）一个成功的测试是发现了至今尚未发现的错误的测试。

软件测试的目的不仅仅是为了找出错误，而是通过这些错误分析出其产生的原因，可以帮助项目管理者发现当前软件开发过程中的缺陷以便及时改进；另外，还可以帮助测试人员设计出有针对性的测试方法，改善测试的效率。

从是否执行程序的角度上，软件测试的方法分为静态测试和动态测试两种。静态测试中不实际运行软件，主要通过人工进行，工作包括代码检查、静态结构分析、代码质量度量。动态测试是基于计算机的测试，是为了发现错误而执行程序的过程。动态测试主要包括黑盒测试和白盒测试。黑盒测试主要是为了检测产品的功能，白盒测试主要是为了检测产品内部动作是否按照规定执行。

从软件开发的过程上，软件测试的过程包括四个步骤：

1．单元测试

一个软件系统可以分成若干个单元，每个单元作为一个模块完成一个独立的功能。因此，可以将每个模块作为一个独立的实体来测试。单元测试的目的是保证每个模块都能正确运行。

单元测试的依据是详细设计说明和源程序。单元测试时，测试者要了解该模块的 I/O 条件和模块的逻辑结构，主要采用白盒测试，辅之以黑盒测试，使之对任何合理的输入和不合理的输入都能够鉴别和响应。

单元测试的内容包括：

（1）模块接口测试。

对通过被测模块的数据流来进行测试。包括输入的参数是否正确、全局变量的定义在各模块中是否一致、文件属性是否正确、I/O 错误是否检查并作出处理等。

（2）局部数据结构测试。

测试包括数据类型的说明是否一致，是否尚有未被初始化或赋值的变量、变量名拼写是否错误等。

（3）路径测试。

包括选择适当的测试用例，对模块中重要的执行路径进行测试；对基本执行路径和循环进行测试可以发现大量的路径错误等。

（4）错误处理测试。

包括出错的描述是否难以理解、错误是否能够确定、显示的错误与实际的错误是否相符等。

（5）边界测试。

2．集成测试

集成测试是将单元测试的模块放到一起形成一个子系统，主要是为了测试模块之间的协调和通信能否正确、顺利地进行。

在进行集成测试时要考虑到各个模块链接起来后，穿越模块接口的数据是否会丢失；某个模块的功能是否会对另一个模块的功能产生不利的影响；组合起来的模块是否能到达预期的要求等。

在单元测试的同时可以进行集成测试，发现并排除在模块链接中可能出现的问题，最终构成要求的软件系统。

3．系统测试

系统测试是将完成集成测试的各个子系统进行组合，作为一个完整的系统来测试。系统测试中不仅可以发现设计和编码的错误，还可以验证系统能否实现预期的功能。

4．验收测试

验收测试的测试内容与系统测试类似，但是在验收测试的过程中不仅有系统开发人员还包括用户，该阶段是为了验收系统能够满足用户的需求。

习题 13

一、选择题

1．在软件生命周期中，能准确地确定软件系统必须做什么和必须具备哪些功能的阶段是（　　）。

　　A．概要设计　　　　B．详细设计　　　　C．可行性分析　　　　D．需求分析

2．程序流程图中带有箭头的线段表示的是（　　）。

　　A．图元关系　　　　B．数据流　　　　　C．控制流　　　　　　D．调用关系

3. 在软件开发中，需求分析阶段可以使用的工具是（　　）。

    A．N-S 图   B．DFN 图   C．PAD 图   D．程序流程图

4. 在面向对象方法中，不属于"对象"基本特点的是（　　）。

    A．一致性   B．分类性   C．多态性   D．标识唯一性

5. 软件按功能可以分为应用软件、系统软件和支撑软件（或工具软件）。下面属于应用软件的是（　　）。

    A．编译程序   B．操作系统   C．教务管理系统   D．汇编程序

二、填空题

1. 软件指的是计算机系统中与硬件相互依赖的另一部分，包括＿＿＿＿、＿＿＿＿、＿＿＿＿。

2. 软件的分类，可分为＿＿＿＿、＿＿＿＿、＿＿＿＿。

3. 软件工程三要素是＿＿＿＿、＿＿＿＿、＿＿＿＿。

4. 软件生命周期包括软件产品的＿＿＿＿、＿＿＿＿、＿＿＿＿、＿＿＿＿。

5. 软件工程研究的内容包括＿＿＿＿、＿＿＿＿。

6. 需求分析方法包括＿＿＿＿、＿＿＿＿。

7. 结构化的分析方法包括＿＿＿＿、＿＿＿＿、＿＿＿＿。

8. 结构化分析的常用工具有＿＿＿＿、＿＿＿＿、＿＿＿＿、＿＿＿＿。

9. 结构化方法将软件生命周期分为＿＿＿＿、＿＿＿＿、＿＿＿＿三个时期。

10. 开发期包括分析设计和实施两类任务，其中分析设计包括＿＿＿＿、＿＿＿＿、＿＿＿＿三个阶段。实施包括＿＿＿＿、＿＿＿＿两个阶段。

11. 软件设计的基本原理包括＿＿＿＿、＿＿＿＿、＿＿＿＿、＿＿＿＿。

12. 衡量软件的模块独立性使用＿＿＿＿、＿＿＿＿两个定性的度量标准。

13. 详细设计的常用工具有＿＿＿＿、＿＿＿＿、＿＿＿＿、＿＿＿＿、＿＿＿＿。

14. 软件测试过程分＿＿＿＿、＿＿＿＿、＿＿＿＿、＿＿＿＿四步。

15. 数据字典是各类数据描述的集合，它通常包括五个部分，即数据项、数据结构、数据流、＿＿＿＿和处理过程。

16. 软件的需求分析阶段的工作，可以概括为四个方面：＿＿＿＿、需求分析、编写需求规格说明书和需求评审。

17. 软件维护活动包括以下几类：改正性维护、适应性维护、＿＿＿＿维护和预防性维护。

18. Jackson 结构化程序设计方法是英国的 M.Jackson 提出的，它是一种面向＿＿＿＿的设计方法。

19. 测试的目的是暴露错误，评价程序的可靠性；而＿＿＿＿的目的是发现错误的位置并改正错误。

20. 通常将软件产品从提出、实现、使用维护到停止使用退役的过程称为＿＿＿＿。

第 14 章　数据库设计基础

学习目的:

数据库技术和系统已经成为信息基础设施的核心技术和重要基础。数据库技术作为数据管理的最有效手段, 极大地促进了计算机应用的发展。

通过本章数据库设计基础的学习, 使读者系统地掌握数据库系统的基本原理和基本技术。要求在掌握数据库系统基本概念的基础上, 能熟练使用 SQL 语言在某一个数据库管理系统上进行数据库操作; 掌握数据库设计方法和步骤, 具有设计数据库模式以及开发数据库应用系统的基本能力。

知识要点:

- 数据的概念、数据库管理系统提供的数据语言、数据管理员的主要工作、数据库系统阶段的特点、数据的物理独立性及逻辑独立性、数据统一管理与控制、三级模式及两级映射的概念
- 数据模型 3 个描述内容、E-R 模型的概念及其 E-R 图表示法、关系操纵、关系模型三类数据约束
- 关系模型的基本操作、关系代数中的扩充运算
- 数据库设计生命周期法的 4 个阶段

14.1　数据库系统的基本概念

数据库技术从诞生到今天, 不到半个世纪。在这期间, 数据库技术形成了坚实的理论基础, 并伴随着成熟的产业产品上市, 应用领域的广泛, 吸引了越来越多的研究者加入。五十年前, 数据的管理还十分简单, 通过大量的分类、比较和表格绘制的机器运行数百万穿孔卡片来进行数据的处理, 其运行结果在纸上打印出来或者制造成新的穿孔卡片。1951 年 IBM 生产出第一个磁盘驱动器, 此驱动器有 50 个盘片, 每个盘片直径为 2 英寸, 可以存储 5MB 的数据。从此, 数据可以随机地存取数据。随着应用的扩展与深入, 数据库的数量和规模越来越大, 数据库的研究领域也大大拓广和深化了。因此, 掌握数据库技术的相关知识是必须的。如图 14-1 所示为数据库各阶段特点。

14.1.1　数据、数据库、数据库管理系统和数据库系统的基本概念

1. 数据

数据是数据库中存储的基本对象, 描述事物的符号记录。

2. 数据库

数据库是长期储存在计算机内、有组织的、可共享的大量数据的集合, 它具有统一的结构形式并存放于统一的存储介质内, 是多种应用数据的集成, 并可被各个应用程序所共享。各

阶段特点如图 14-1 所示。

		人工管理阶段	文件系统阶段	数据库系统阶段
背景	应用背景	科学计算	科学计算、管理	大规模管理
	硬件背景	无直接存取存储设备	磁盘、磁鼓	大容量磁盘
	软件背景	没有操作系统	有文件系统	有数据库管理系统
	处理方式	批处理	联机实时处理、批处理	联机实时处理、分布处理、批处理
特点	数据管理者	用户（程序员）	文件系统	数据库管理系统
	数据面向的对象	某一应用程序	某一应用	现实世界
	数据的共享程度	无共享，冗余度大	共享性差，冗余度大	共享性高，冗余度小
	数据的独立性	不独立，完全依赖于程度	独立性差	具有高度的物理独立性和一定的逻辑独立性
	数据结构化	无结构	记录内有结构、整体无结构	整体结构化，用数据模型描述
	数据控制能力	应用程序自己控制	应用程序自己控制	由数据库管理系统提供数据安全性、完整性、并发控制和恢复能力

图 14-1　数据库各阶段特点

3. 数据库管理系统

数据库管理系统（Database Management System，DBMS）是数据库的机构，它是一种系统软件，负责数据库中的数据组织、数据操作、数据维护、控制及保护和数据服务等。数据库管理系统是数据系统的核心，主要有如下功能：数据模式定义、数据存取的物理构建、数据操纵、数据的完整性、安全性定义和检查、数据库的并发控制与故障恢复、数据的服务。

为完成数据库管理系统的功能，数据库管理系统提供相应的数据语言：数据定义语言、数据操纵语言、数据控制语言。

数据库管理员的主要工作如下：数据库设计、数据库维护、改善系统性能、提高系统效率。

4. 数据库系统

数据库系统一般由数据库、数据库管理系统（DBMS）、应用系统、数据库管理员和用户构成。DBMS 是数据库系统的基础和核心。数据库 DB、数据库系统 DBS、数据库管理系统 DBMS 之间的关系是 DBS 包含 DB 和 DBMS。

14.1.2　数据库系统的内部结构体系

在数据库系统中用数据模式作为数据结构的一种表示形式，数据库系统中具有三级模式结构，分别是概念模式、内模式、外模式。

1. 外模式

外模式也称子模式与用户模式。外模式是用户的数据视图，也就是用户所见到的数据模式。外模式用于保护数据库的安全，每个用户只能看到外模式中的数据，数据库中的其余数据是不可见的。

2. 概念模式

数据库系统中全局数据逻辑结构的描述，全体用户公共数据视图。概念模式是抽象的描述，不涉及具体的硬件环境与平台，也与具体的软件环境无关。概念模式主要描述数据的概念记录类型及数据以及它们之间的关系，它还包括数据间的语义约束。

3. 内模式

内模式又称物理模式，它给出了数据库物理存储结构与物理存取方法。

其中，内模式处于最底层，反映了数据在计算机物理结构中的实际存储形式；概念模式处于中层，反映了设计者的数据全局逻辑要求；外模式处于最外层，反映了用户对数据的要求。

4. 两级映射

为了实现三级模式之间的转换和联系，DBMS 提供了两级映像，即外模式/概念模式映像和概念模式/内模式映像。这两级映射主要是为了保证数据库系统中的数据具有物理独立性和逻辑独立性。

（1）外模式/概念模式映射。

该映射给出了外模式与概念模式的对应关系，这种映射一般由 DBMS 实现，保证了数据与程序的逻辑独立性。

（2）概念模式/内模式映射。

该映射给出了概念模式中数据的全局逻辑结构到数据的物理存储结构间的对应关系，此种映射一般由 DBMS 实现。

三级模式与两级映射之间的关系如图 14-2 所示。

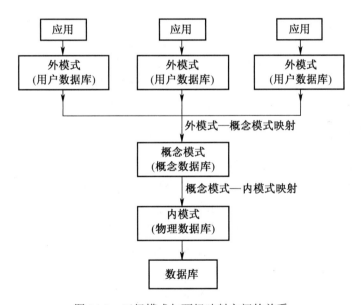

图 14-2　三级模式与两级映射之间的关系

14.2　数据模型

14.2.1　数据模型的基本概念

数据模型用来抽象、表示和处理现实世界中的数据和信息。分为两个阶段：把现实世界中的客观对象抽象为概念模型；把概念模型转换为某一 DBMS 支持的数据模型。

数据模型所描述的内容有 3 个部分，它们是数据结构、数据操作和数据约束。

14.2.2　E-R 模型

1. E-R 模型的基本概念

（1）实体：现实世界中的事物可以抽象成为实体，实体是概念世界中的基本单位，它们是客观存在的且又能相互区别的事物。

（2）属性：现实世界中事物均有一些特性，这些特性可以用属性来表示。

（3）码：唯一标识实体的属性集称为码。

（4）域：属性的取值范围称为该属性的域。

（5）联系：在现实世界中事物间的关联称为联系。

两个实体集间的联系实际上是实体集间的函数关系，这种函数关系可以有以下几种：一对一的联系、一对多或多对一联系、多对多。

2. E-R 模型的图示法

E-R 模型用 E-R 图来表示。

（1）实体表示法：在 E-R 图中用矩形表示实体集，在矩形内写上该实体集的名字。

（2）属性表示法：在 E-R 图中用椭圆形表示属性，在椭圆形内写上该属性的名称。

（3）联系表示法：在 E-R 图中用菱形表示联系，菱形内写上联系名。

14.2.3　层次模型

满足下面两个条件的基本层次联系的集合为层次模型：

（1）有且只有一个结点没有双亲结点，这个结点称为根结点；

（2）除根结点以外的其他结点有且仅有一个双亲结点。

14.2.4　关系模型

关系模型采用二维表来表示，二维表一般满足以下 7 个性质：

（1）二维表中元组个数是有限的——元组个数有限性；

（2）二维表中元组均不相同——元组的唯一性；

（3）二维表中元组的次序可以任意交换——元组的次序无关性；

（4）二维表中元组的分量是不可分割的基本数据项——元组分量的原子性；

（5）二维表中属性名各不相同——属性名唯一性；

（6）二维表中属性与次序无关，可任意交换——属性的次序无关性；

（7）二维表属性的分量具有与该属性相同的值域——分量值域的统一性。

在二维表中唯一标识元组的最小属性值称为该表的键或码。二维表中可能有若干个健，它们称为表的候选码或候选健。从二维表的所有候选键选取一个作为用户使用的键称为主键或主码。表 A 中的某属性集是某表 B 的键，则称该属性值为 A 的外键或外码。

关系模型允许定义三类数据约束，它们是实体完整性约束、参照完整性约束以及用户定义的完整性约束。

从 E-R 图到关系模式的转换是比较直接的，实体与联系都可以表示成关系，E-R 图中属性也可以转换成关系的属性。实体集也可以转换成关系。

14.3　代数运算

关系模型的数据操作中最为著名的是关系代数与关系演算。关系代数运算是关系代数用来表达查询的运算方法。传统的集合运算有并、交和差；关系模型的基本运算包括：插入、删除、修改、查询。其中，查询包括投影、选择、链接和笛卡尔积运算。这里我们利用以下几个关系，简单介绍这几种关系运算。

1. 并运算

并运算是指将具有相同属性的两个关系 R 和 S 进行合并的操作。记作 R∪S={t | t∈R∨t∈S}。现在有两个关系 R 和 S，如图 14-3 所示。将这两个关系进行并运算，结果如图 14-4 所示。

R

R1	R2	R3
A	F	G
B	E	H
C	D	J

S

R1	R2	R3
K	L	M
N	O	P
Q	T	U

图 14-3　关系 R 和关系 S

R∪S

R1	R2	R3
A	F	G
B	E	H
C	D	J
K	L	M
N	O	P
Q	T	U

图 14-4　并运算

2. 交运算

运算是将在关系 R 和关系 S 中找到属于关系 R 又属于 S 的元组的操作。记作 R∩S={t | t∈R∧t∈S}。现在有两个关系 R 和 S，如图 14-5 所示。将两个关系做交运算，结果如图 14-6 所示。

R

R1	R2	R3
A	F	G
B	E	H
C	D	J

S

R1	R2	R3
A	F	G
K	L	M
C	D	J

图 14-5　关系 R 和 S

R∩S

R1	R2	R3
A	F	G
C	D	J

图 14-6　交运算

3. 差运算

差运算是指将属于 R 但不属于 S 中的所有元组组合成一个新的关系，记作 R-S={t | t∈ R∧t∉S}。现在有两个关系 R 和 S，如图 14-7 所示。两个关系进行差运算的结果，如图 14-8 所示。

R

R1	R2	R3
A	F	G
B	E	H
C	D	J

S

R1	R2	R3
A	F	G
C	D	J

图 14-7　关系 R 和 S

R-S

R1	R2	R3
B	E	H

图 14-8　差运算

4. 笛卡尔积运算

笛卡尔积运算是指具有 m 个属性、r 个元组的关系 R 和具有 n 个属性、s 个元组的关系 S 利用该运算生成一个具有 m+n 个属性，r×s 个元组的新的关系，记作 R×S。现在有两个关系 R 和 S，如图 14-9 所示。将两个关系进行笛卡尔积运算，结果如图 14-10 所示。

R

R1
E
B

S

S1	S2	S3
A	F	G
C	D	J

图 14-9　关系 R 和 S

R×S

R1	S1	S2	S3
E	A	F	G
E	C	D	J
B	A	F	G
B	C	D	J

图 14-10　笛卡尔积运算

14.4　数据库设计方法和步骤

数据库设计中有两种方法，即面向数据的方法和面向过程的方法。

面向数据的方法是以信息需求为主，兼顾处理需求；面向过程的方法是以处理需求为主，兼顾信息需求。由于数据在系统中稳定性高，数据已成为系统的核心，因此面向数据的设计方法已成为主流。

数据库设计目前一般采用生命周期法，即将整个数据库应用系统的开发分解成目标独立的若干阶段。它们是：需求分析阶段、概念设计阶段、逻辑设计阶段、物理设计阶段、编码阶段、测试阶段、运行阶段和进一步修改阶段。在数据库设计中采用前 4 个阶段。

1. 需求分析阶段

需求分析阶段主要调查和分析用户的业务活动和数据的使用情况，弄清所用数据的种类、范围、数量以及它们在业务活动中交流的情况，确定用户对数据库系统的使用要求和各种约束条件等，形成用户需求规约。

2. 概念设计阶段

概念设计主要是对用户要求描述的现实世界，通过对其分类、聚集和概括，建立抽象的概念数据模型。这个概念模型应反映现实世界实体之间的联系。

3. 逻辑设计阶段

逻辑设计主要工作是将现实世界的概念数据模型设计成数据库的一种逻辑模式，即适应于某种特定数据库管理系统所支持的逻辑数据模式。与此同时，可能还需为各种数据处理应用领域产生相应的逻辑子模式。

4. 物理设计阶段

物理设计根据特定数据库管理系统所提供的多种存储结构和存取方法等依赖于具体计算机结构的各项物理设计措施，对具体的应用任务选定最合适的物理存储结构（包括文件类型、索引结构和数据的存放次序与位逻辑等）、存取方法和存取路径等。

习题 14

一、选择题

1. 数据库管理系统是（　　）。
   - A. 操作系统的一部分
   - B. 在操作系统支持下的系统软件
   - C. 一种编译系统
   - D. 一种操作系统

2. 数据库管理系统中负责数据模式定义的语言是（　　）。
   - A. 数据定义语言
   - B. 数据管理语言
   - C. 数据操纵语言
   - D. 数据控制语言

3. 在学生管理的关系数据库中，存取一个学生信息的数据单位是（　　）。
   - A. 文件
   - B. 数据库
   - C. 字段
   - D. 记录

4. 数据库设计中反映用户对数据要求的模式是（　　）。
   - A. 内模式
   - B. 概念模式
   - C. 外模式
   - D. 设计模式

5. 负责数据库中查询操作的数据库语言是（　　）。
   - A. 数据定义语言
   - B. 数据管理语言
   - C. 数据操纵语言
   - D. 数据控制语言

二、填空题

1. 如果一个工人可管理多个设施，而一个设施只被一个工人管理，则实体"工人"与实体"设备"之间存在_____联系。

2. 关系数据库管理系统能实现的专门关系运算包括选择、连接和_____。

3. 数据库系统的三级模式分别为_____模式、内部级模式与外部级模式。

4. _____是数据库应用的核心。

5. 数据的逻辑结构在计算机存储空间中的存放形式称为数据的_____。

6. 关系模型的完整性规则是对关系的某种约束条件，包括实体完整性、_____和自定义完整性。

7. 数据模型按不同的应用层次分为三种类型，它们是_____数据模型、逻辑数据模型和物理数据模型。

8. 数据流的类型有_____和事务型。

9. 数据库系统中实现各种数据管理功能的核心软件称为_____。

10. 关系模型的数据操纵即是建立在关系上的数据操纵，一般有_____、增加、删除和修改四种操作。

11. 数据库设计分为以下 6 个设计阶段：需求分析阶段、_____、逻辑设计阶段、物理设计阶段、实施阶段、运行和维护阶段。

12. 数据库保护分为安全性控制、_____、并发性控制和数据的恢复。

13. 一个项目具有一个项目主管，一个项目主管可管理多个项目，则实体"项目主管"与实体"项目"的联系属于_____的联系。

14. 数据库管理系统常见的数据模型有层次模型、网状模型和_____三种。

15. 数据库管理系统相应的数据语言：_____、_____、_____。

16. 按使用方式可将数据语言分为_____和_____语言。

17. 数据库管理员的工作：_____、_____、_____、_____。

18. 数据库管理系统常见的数据模型有_____、_____、_____。

19. 数据模型描述的内容有_____、_____、_____三部分。

参考文献

[1]   教育部考试中心. 全国计算机等级考试二级教程——Visuanl FoxPro 数据库程序设计
       （2013 年版）. 北京：高等教育出版社，2013.

[2]   邱虹坤，王晓斌等. Visual FoxPro 程序设计教程. 北京：清华大学出版社，2013.

[3]   孙淑霞，李思明等. Visual FoxPro 6.0 程序设计教程（第 4 版）. 北京：电子工业出版社，
       2013.

[4]   李雁翎，Visual FoxPro 应用基础与面向对象程序设计教程（第 3 版）. 北京：高等教育出
       版社，2008.

[5]   杨得国，石永福. Visual FoxPro 数据库与程序设计实验. 北京：清华大学出版社，2012.

[6]   范立南等. Visual FoxPro 程序设计与应用. 北京：电子工业出版社，2004.

[7]   林军. Visual FoxPro 6.0 程序设计实验指导与实训（第二版）. 北京：中国水利水电出版
       社，2002.

[8]   李正凡. Visuanl FoxPro 程序设计基础教程. 北京：中国水利水电出版社，2007.

[9]   卢湘鸿. Visual FoxPro 6.0 数据库与程序设计（第 3 版）. 北京：电子工业出版社，2011.

[10]   刘德山，邹健. Visual FoxPro 6.0 数据库技术与应用（第 2 版）. 北京：人民邮电出版社，
       2009.

[11]   王洪海，曹路丹等. Visual FoxPro 6.0 程序设计实训教程. 北京：中国科学技术大学出版
       社，2011.

[12]   王锡智，杨凤霞. Visual FoxPro 6.0 程序设计实验指导（精选教材）. 北京：中国铁道出
       版社，2013.

[13]   教育部考试中心. 全国计算机等级考试 2 级教程：公共基础知识（2013 年版）. 北京：
       高等教育出版社，2013.

[14]   全国计算机等级考试教材编写组. 全国计算机等级考试教程：二级公共基础知识（全新
       版）. 北京：人民邮电出版社，2012.